A total of 60 letters are included. Each letter is represented by the original in Arabic followed by its translation. The compilation is in the public service of information sharing.

Letters

Letters

MV Publishers

Letters

ISBN 978-1-956601-25-1
First edition 2026

United States of America

Published by MV Publishers

to the citizens

Introduction

The "Bin Laden Bookshelf" refers to books and documents found in Osama bin Laden's compound, in Abbottabad, Pakistan, where he was killed by U.S. forces on May 1, 2011.

After the raid on Abbottabad, an interagency task force worked 24/7 to identify which of the recovered materials presented intelligence value. Once the task force pinpointed which materials were most useful to the Intelligence Community (IC), they produced intelligence cables (a secure, classified digital dispatch carrying vital, timely information across the global intelligence network) that were shared throughout the IC. The underpinning materials (hundreds of documents) that informed those cables were then reviewed for declassification and public release. All interagency declassification reviews of the Abbottabad materials were scoped specifically to this distilled set of materials (those with intelligence value) as opposed to the entire trove recovered at Abbottabad.

An interagency Intelligence Community taskforce was formed including career intelligence professionals, with CIA as Executive Agent. It worked under the auspices of the White House and with the agreement of the DNI, to review all documents from Abbottabad. As of January 19, 2017, all documents whose publication would not jeopardize ongoing operations against al-Qa'ida or their affiliates have been released. This includes the ODNI release of a sizeable tranche of documents on May 20, 2015; a second ODNI release of a tranche of material on March 1, 2016; and the final ODNI release of a tranche of documents on January 19, 2017.

On November 1, 2017, CIA released nearly 470,000 files that included draft versions of items previously reviewed as well as other correspondence and materials outside the scope of previous declassification reviews.

These releases align with the President's call for increased transparency, consistent with national security prerogatives. They are required by the 2014

Intelligence Authorization Act: which required the ODNI to conduct a review of the documents for release. Section 309 of the Act required that the Director of National Intelligence conduct a declassification review of certain items collected during the mission that killed Osama bin Laden on May 1, 2011, and make publicly available any information declassified as a result of such review. All publications are unclassified and available commercially or in the public domain. The U.S. Intelligence Community does not endorse any of the publications appearing on this list.

The present book compilation presents the letters written to or from Usama bin Ladin, and amongst the Mujahidin and their families. A total of 60 letters are included. Each letter is represented by the original in Arabic followed by its translation provided by the ODNI at their website.

This compilation is in the public service of information sharing. Some details of the 60 letters included in this compilation are as follows.

- The first entry in this book represents the half page transcript of a video. The video itself, or its Arabic transcript, is not included.
- In the next 5 letters we have UBL speaking to various people, like the King of Saudia Arabia, and issues like the Climate Change, Arab Spring and power of trade boycotts.
- Next 6 letters represent communications among the members of Shura presumably comprising of UBL himself and different Sheikhs like Sheikh Mahmud, Sheikh Abu Yahya, Sheikh Abu Abdallah, Hajj 'Uthman, Sheikh Ilyas, and others. Sheikh Mahmud has written letters observing the situation in Yemen, Somalia, negotiations with Pakistan and Pakistani Taliban, situation with Freedom Flotilla, brothers imprisoned in Iran (including Hamza, son of UBL), matters with Abu Bakr al-Baghdadi, and internal Al-Qaida organization matters, etc.

- Next 3 letters include guidance from the Shura on matters of operations and operational procedures, and guidance on how to conduct strategy with people of the Arabian peninsula. On the matters regarding establishment of an Islamic State, the guidance reads: "We should stress on the importance of timing in establishing the Islamic State. We should be aware that planning for the establishment of the state begins with exhausting the main influential power that enforced the siege on the Hamas government, and that overthrew the Islamic Emirate in Afghanistan and Iraq despite the fact this power was depleted. We should keep in mind that this main power still has the capacity to lay siege on any Islamic State, and that such a siege might force the people to overthrow their duly elected governments. We have to continue with exhausting and depleting them till they become so weak that they can't overthrow any State that we establish. That will be the time to commence with forming the Islamic state."
- Next 5 letters are communications among the Shura members as consultations on ongoing actions, operations, policies and strategies.
- Next letter is from UBL to the Islamic Emirate of Afghanistan, Political Commission, Media Division. This is a letter of condolence on the death of Shaykh Abu Yazid al-Mustafa, together with a group of the knights of jihad and faith.
- Next 6 letters address Somalia (especially Sheikh Khalid to UBL), release negotiations from prison in Iran, and some matters of logistics and operations.
- Next is a brief letter from Abd-al-Majd to Shaykh Abu Abdallah. It alludes to a victory that was on the horizon but now achieved. It describes the work on writing book series, and some translation work into Urdu and Pashu.
- Next 5 letters describe an analysis on the fall of Afghanistan Emirates; a generalized analysis of freedom struggles versus mindset of the men of the armed forces; a plea from Abdullah Azzam to the people of Syria under

Alawite rule; and a personal-level description of the freedom struggle in Egypt. A letter describes some travel details for Hamza, son of UBL, after his release from Iranian prison to somewhere in Pakistan.

- Next letter discusses efforts in Yemen. The English translation is a very compressed gist. The letter in Arabic presents details.
- Next 2 letters are on imprisonment in Iran.
- Next is a condolence letter on the death of Zarqavi.
- Next 3 letters are from Hamza to UBL, from UBL to Hamza, and a message of condolence from UBL to the family of the Martyr.
- Next 20 letters are personal, between Mujahidin, their families, and friends. These letters are not about hobbies, enjoyments, wish lists, vacations and other such things. These 20 letters lament separations, travel restrictions and security concerns, their loved ones becoming Martyrs, and how life goes on.

These letters make a small part of all the released documents. They are a tiny glimpse from around 2007 to the killing of OBL in 2011, although a few letters are dated much earlier. We offered no analysis, nor commentary. The letters are offered for information sharing as released by ODNI, without editing or reformatting, and use terminology that the translators used.

For analysis or commentary, there are additional documents and additional resources.

Table of Content

Note: This is the English transcript of a video: the video or its Arabic transcript are not included.

(Full translation of video)

Praise be to God who has demanded justice and benevolence and forbade tyranny and aggression.

Moreover,
O American people, peace be with those of you who follow the right guidance. The subject of my talk is the despotism of Big
Money and its role in the current wars between us.

I begin by reminding you that if you had reflected on a little of what has been said, you would have been able to avoid wasting much blood and money.

A good example is what one of your former presidents previously warned you about with the despotism of the Big Money and about a day when you would become its laborers.

بيان رقم (2)
دعوتنا .. للنصيحة والإصلاح

إن الحمد لله نحمده ونستعينه ونستغفره ونستهديه، ونعوذ بالله من شرور أنفسنا، وسيئات أعمالنا من يهده الله فلا مضل له ومن يضلل فلا هادي له، وأشهد أن لا إله إلا الله وحده لا شريك له، وأشهد أن محمداً عبده ورسوله .

الحمد لله القائل في محكم كتابه : { كنتم خير أمة أخرجت للناس تأمرون بالمعروف وتنهون عن المنكر وتؤمنون بالله } . آل عمران .

والصلاة والسلام على رسول الله محمدρ القائل : (إن الناس إذا رأوا الظالم فلم يأخذوا على يده أوشك أن يعمهم الله بعقاب منه) رواه أبو داود والترمذي والنسائي .

ملك المملكة العربية السعودية فهد بن عبدالعزيز آل سعود، شعب الجزيرة العربية المسلم..

السلام عليكم ورحمة الله وبركاته وبعد . .

فقد سبق لكم أيها الملك أن أرسلتم إلينا مراراً، وألححتم تكراراً، رغبة منكم في عودتنا للداخل، وأبديتم حرصاً شديداً، وعزماً أكيداً على بلوغ ذلك بوسائل شتى، وطرق عدة .

وعلم الله ما بنا عن بلادنا رغبة، ولا لنا عنها إلى غيرها تشوف، كيف وهي مهبط الوحي ومنبع الرسالة ؟ وقد كانت مسقط الرأس ومرتع الطفولة .

ولكن الوقائع السابقة والقرائن والأحداث اللاحقة أقنعتنا بضرورة وجودنا في الخارج إلى حين، وأكدت لنا أن رغبتكم هذه وراءها ما وراءها .

ونحن لا نقول هذا الكلام من باب سوء الظن وافتراض الشر، ولكن سوابق مَنعنا من النصح، وسلبنا حق السفر، وما تبع ذلك من تجميد أموالنا منذ سنتين والعمل على التشهير بنا في إعلامكم في الداخل والخارج، وأخيرا محاولة قطع صلاتنا بالبلاد وأهلها عن طريق مصادرة وإلغاء وثائق الهوية الشخصية العائدة إلينا دون ذنب ارتكبناه أو جرم اقترفناه، إلا أن نقول ربنا الله ، محاولة منكم لثنينا عن القيام بواجب النصح والبيان، كل ذلك يؤكد حقيقة ما ذهبنا إليه .

غير أن هذه كلها أمور لا نحفل بها كثيرا، لأنها في ظاهرها أمور شخصية، وقضايا خاصة، والخلاف بيننا في حقيقته يتجاوز توافه الأمور الشخصية وصغائر الشؤون الخاصة، إلى أمهات الأمور المهمة، وعظائم قضايا الأمة .

وقد سبق لنا أن وعدنا في بياننا الأول (رقم 1) أن نرجع إلى هذا الموضوع، ووفاء بذلك الوعد يأتي هذا البيان، إحقاقاً للحق وإنصافا للخلق، ليهلك من هلك عن بينة، ويحيى من حي عن بينة .

وسوف نجمل الأمور هنا إجمالا دون تفصيل، وإيجازا دون تطويل، على أن تجد سبيلها للشرح في خطابات لاحقة إن شاء الله مكتفين في هذا الخطاب بالإشارة أحيانا دون العبارة، وبالتلميح دون التصريح، صيانة للقلم، وحفظاً للسان، مقتصرين بالتناول على ما يلي :

أولاً : لقد دأب علماؤنا الأجلاء، ودعاتنا الفضلاء، منذ زمن طويل على نصحكم وتذكيركم، متوخين في ذلك أسلوب الرفق واللين بالحكمة والموعظة الحسنة داعين إلى الإصلاح والتوبة من المنكرات العظام، والمفاسد الجسام، التي شمل التجاوز فيها حقوق المواطنين الشرعية، ومُحكمات الدين القطعية .

ولكن -للأسف الشديد- لم يجدوا منكم إلا الصدود والإعراض، بل والسخرية والاستهزاء، ولم يقف الأمر عند حد تسفيههم فقط، بل تعززت المخالفات السابقة بمنكرات لاحقة أكبر وأكثر، كل ذلك في دولة العقيدة وبلاد التوحيد !! فلم يعد السكوت مستساغاً، ولا التغاضي مقبولاً .

ولما بلغ التجاوز ما بلغ، وتعدى حدود الكبائر والموبقات، إلى نواقض الإســلام الجليات، قامت مجموعة من العلماء والدعاة الذين ضـاقت صـدورهم ذرعا بما أصـم أذانهم من أصـوات الضلال، وغشي أبصارهم من حجب الظلم، وأزكم أنوفهم من رائحة الفساد .

فانبعثت نذر الرفض، وارتفعت أصوات الإصلاح داعية لتدارك الموقف، وتلافي الوضـع، وانضم إليهم في ذلك المئات من المثقفين والوجهاء، والتجار، والمسؤولين السابقين، فرفعوا إليكم العرائض والمذكرات المتضمنة المطالبة بالإصلاح، ففي سنة 1411هـ إبان حرب الخليج رفعت إليكم عريضة وقعها حوالي أربعمائة شخصية من هؤلاء تدعوكم لإصلاح أوضاع البلاد، ورفع الظلم عن العباد . غير أنكم تجاهلتم النصـح، واسـتهزأتم بالناصـحين، وظلت الأوضـاع تزداد سوءاً على سوء .

وحينئذ أعاد هؤلاء الناصــحون الكرة من جديد بمذكرات وعرائض أخرى كان من أهمها مذكرة النصيحة التي سلمت لكم في محرم 1413هـ والتي شخصت الداء ووصفت الدواء، في تأصـيل شـرعي قويم، وعرض علمي سـليم، فتناولت بذلك الفجوات الكبرى في فلسـفة النظام، ومواضــع الخلل الرئيســية في دعائم الحكم، فبينت ما يعانيه علماء ودعاة البلاد من تهميش وتحييد، بل ومن ملاحقة وتضييق .

وأوضــحت حالة الأنظمة واللوائح في البلاد، وما تضــمنته من مخالفات شــملت التحريم والتحليل تشريعاً من دون الله .

وتعرضت لوضع الإعلام في البلاد الذي أصبح وسيلة لتقديس الأشخاص والذوات، وأداة لطمس الحقائق، وتزييف الوقائع والتشهير بأهل الحق، والتباكي على قضايا الأمة لتضليل الناس دون عمل جاد .

وتطرقت إلى حقوق العباد الشرعية المهدورة والمصادرة في هذه البلاد .

وتناولت الوضع الإداري، وما يحكمه من عجز، ويشيع فيه من فساد .

وأبانت حالة الوضع المالي والاقتصادي للدولة، والمصير المخيف المرعب الذي ينتظره في ظل الديون الربوية التي قصــمت ظهر الدولة، والتبذير الذي يبدد أموال الأمة إشـباعاً للنزوات الشخصية الخاصة !! ثم تُفرض الضرائب والرسوم والمكوس وغير ذلك على الشعب؟!!! . وهذا يسـالمرافق الاجتماعية المزرية داخل البلاد، والتي اسـتفحلت بعد المذكرة وتفاقمت، وبخاصـة خدمات المياه أهم مقومات الحياة .

وعرضت حالة الجتدعي من إخواننا التقشف والزهد والاقتصاد في المصاريف تحسبا لما قد أطل والله المستعان .

وكشفت عن حالة يش وما كشفته أزمة الخليج، من قلة أفراده، وضـعف إعداده، وعجز قائد قواده، رغم ما أنفق عليه من أرقام فلكية لا تعقل !! ولا تخفى ؟.

وعلى مســتوى القضــاء والمحاكم، بينت المذكرة تعطيل العديد من الأحكام الشــرعية، واستبدالها بالقوانين الوضعية .

وعلى صـعيد سياسـة الدولة الخارجية كشفت المذكرة ما تميزت به هذه السياسـة من خذلان وتجاهل قضـايا المسـلمين، بل ومن مناصـرة ومؤازرة الأعداء ضـدهم وليسـت (غزة–أريحا) والجزائر عنا ببعيد، وغيرهما كثير .

ولا يخفى على أحد أن تحكيم القوانين الوضـعية، ومناصـرة الكافر على المسـلم معدودة في نواقض الإسلام العشرة، كما قرر ذلك أهل العلم ومنهم الشيخ محمد بن عبد الوهاب رحمه الله.

ومع أن المذكرة عرضت كل ذلك بلين عبارة، ولطف إشارة، مذكرة بالله، واعظة بالحسنى، في أسلوب رقيق ومضمون صـادق ورغم أهمية النصيحة في الإسلام، وضـرورتها لمن تولى أمر الناس، ورغم عدد ومكانة الموقعين على هذه المذكرة، والمتعاطفين معها، فإن ذلك لم يشـفع لها، إذ قوبل مضمونها بالصد والرد وموقعوها والمتعاطفون معها بالتسفيه والعقاب .

غير أن اللواء لم يسـقط بذلك، والراية لم تقع، وأنَّى يكون ذلك وفي أهل الحق عين تطرف، أو عرق ينبض ؟! فقامت مجموعة من أهل العلم والنصــح من جديد فشــكلوا لجنة الدفاع عن

الحقوق الشـرعية، مناصـرة للحق ومؤازرة للمظلوم، غير أنها قوبلت بنفس الأسـلوب، فلاقت نفس المصير وأشد .

كل ذلك بمباركة الهيئات الرسـمية السلطانية التي سـخرها النظام للدفاع عنه لا عن الدين، بعد تضليل وتلبيس الأمور على بعض أفرادها، وفصل وعزل من لم يقبل الابتزاز والتسخير من العلماء الصادقين ولا نزكي على الله أحدا، وفي تآمر مكشوف مع البعض الآخر، فسارعت هذه الهيئات المسخرة إلى إصدار بيانات رد واستنكار، تشبه في صياغتها وأسلوبها البيانات الأمنية والإعلامية، مفتقدة الحد الأدنى من النظرة الشرعية السديدة المفترضة في مثل هذه الهيئات في هذه البلاد ولا غرابة في ذلك فقد فقدت هذه الهيئات مكانتها وضـيعت واجبها، بعد أن سُـلبت استقلالها، وألحقت بالديوان الملكي، تتلقى الأوامر، وتتولى التنفيذ .

لقد أعطت هذه الهيئات بذلك أكبر مبرر للشعب لأن يسحب ثقته منها ويُودِعها من هو أهل لها من العلماء والدعاة الذين أثبتت الابتلاءات والمحن جدارتهم بها فكسـبوا بذلك ثقة الشـعب وتعاطف الأمة .

ثانياً : أما وقد وصل وضع البلاد ما وصل، من شيوع الفساد، والتضييق على العباد، ومحاربة أهل الحق وملاحقتهم في الداخل والخارج، فإننا ومن موقعنا هنا في الخارج، ووفاء بميثاق البيان، وأداء لواجب النصـح، نعلن مواصـلة ما بدأه علماؤنا وإخواننا في الداخل من النصـح والأمر بالمعروف والنهي عن المنكر لأننا جزء لا يتجزأ من الدعوة الإسـلامية، يجمعنا الهدف ويوحدنا المصير .

وبهذه المناسبة نؤكد تمسكنا بمطالب مذكرة النصيحة، وتأييدنا لما دعت إليه لجنة الدفاع عن الحقوق الشرعية وكل المطالب الشرعية الأخرى .

ونظراً لتعذر العمل في الداخل في ظل الإرهاب والقهر المسيطرَيْن حاليا، فإننا ومن موقعنا هنا، وبالتشـاور مع بعض إخواننا في الجزيرة العربية قمنا بتشـكيل هيئة للقيام بمهمة النصـح ومناصرة الحق تحت اسم (هيئة النصيحة والإصلاح) .

وأخيرا نسـأل الله تعالى أن يبرم لهذه الأمة أمر رشـد، يعز فيه أهل طاعته، ويذل فيه أهل معصـيته، ويؤمر فيه بالمعروف، وينهى فيه عن المنكر، كما نسـأله أن يولي علينا خيارنا، ويصرف عنا شرارنا .

ونذكر كل مسـلم بالقيام بواجبه بالأمر بالمعروف والنهي عن المنكر والتعاون على البر والتقوى { إن الله لا يغير ما بقوم حتى يغيروا ما بأنفسهم } .

وآخر دعوانا أن الحمد لله رب العالمين

التاريخ : 1414/11/2 هـ
الموافق : 1994/4/13 م

عنهم / أسامة بن محمد بن لادن

Full Translation

Page 1

Guidance and Reform Council

Release number 2

SUBJECT: OUR CALL FOR GUIDANCE AND REFORM

We pay tribute to God, ask for His help, forgiveness, guidance, and may He protect us from our own sins and bad deeds. Whoever
God guides none will mislead, there is none to guide the misleader, and I bear witness that there is no God but the one God and there is none who share his power, and I bear witness the Muhammad is the servant of God and his messenger.

We bless God Who in his book said, "You (true believers) are the best of people ever raised up for mankind, you enjoin all of what God ordained and forbid what is wrong, and you believe in
God" (Qur'an 3:110).

Blessings and peace be upon God's messenger Muhammad who said,
"The people who don't punish the tyrant, God may have him punish all of them" (Hadith as stated by Abu Dawud, Tarmadhi, and al-
Nisa'i).

I extend my greetings and pray for the blessings of God to the king of Saudi 'Arabia Fahd Ibn 'Abd-al-'Aziz al-Sa'ud and to all the Muslim people of the Arabian Peninsula.

I address you, the king, and say that you have frequently addressed me and often insisted and repeatedly asked me to come back to Saudi Arabia, and you have tried your best and exerted all means and efforts for that to take place.

God is aware how much I want to be in my country, which is the only one I seek to be in, because in it the revelation took place and God's message was given, and it is the country where I was born and spent my childhood.

That said, the past events and the ensuing evidence convinced me to stay outside the country for the time being, and underlined the fact that there is something hidden behind your efforts.

I am not stating these words as a result of doubts and assuming the worst to take place, however what took place in the past, in forbidding me to give advice and to travel, which was followed two years ago by freezing my money, and by having me slandered in your media outlets inside and outside the country, and your trying to sever my relationship to the country and its people by confiscating and revoking my citizenship and ID documents, and by doing that without any misdeed or a crime that I committed. I declare that I rely on God, and that I left as a result of your efforts to deter me from carrying out my duty to give advice and state the facts, and all of this supports what I am trying to say.

I really don't give much attention to these facts because they are minor personal matters, and because our disagreement is not based on trivial personal matters and minor faults, but is based on the most important issues of the nation. Previously, in my first release, I promised to come back to this subject; to fulfill my promise I am issuing this release to reveal the truth and to fairly treat the people, "So that those who were to be destroyed (for their rejecting the faith) might be destroyed in the presence of clear evidence, and those who were to live (believers) might live in the presence of clear evidence"
(Qur'an 8:42).

I will sum up what I am going to say without giving details. I will be short in my address until such time as I can give the details in presentations to follow, God willing. It will suffice in this address to hint at things without saying them, and I will do that to preserve the written words, (TN: avoid) the slip of the tongue, and I will limit my presentation to the following:

First: For a long time, our respected scholars and preachers have been advising and reminding you to adhere to kindness, leniency, wisdom, and they gave you good advice that calls for reform and repentance from committing grave sins and evil deeds, which include trespassing on the citizens' legitimate rights and from the precise religious guidelines.

I am sorry to say that all of what you did wasn't limited to renouncing them (scholars) and turning them away, but you made fun of them, ridiculed and discredited them, you followed the aforementioned transgressions with more severe and powerful forbidden actions which you enforced in the country of religion and monotheism. Keeping silent is no longer agreeable, and overlooking things is not acceptable.

PAGE 2

As a result of your transgression, overstepping the grave sins limits and revoking clear Islamic rules, a group of scholars who were fed up with what is taking place, and who suffered your acts of deception that deafened their ears. These acts of yours clouded their eyes, their smell of corruption inflicted their noses, clouded their eyesight, and they vowed to God to reject your actions. These people called for reform to correct and change the situation, and they were joined by hundreds of educated people, merchants and ex-officials who sent you petitions and memos requesting reform. When the Gulf war took place in the year 1411h (circa July 1990 to June 1991), about 400 of these people sent you a petition calling for reform and putting an end to your unjust dealing with the people. You have neglected their advice, made fun of the advisers, and the situation is getting worse.

The people who extended their advise continued, sending you new petitions and memos, most important of which is their memo sent in Muharram 1413h (circa July 1992) in which they diagnosed the ailment and prescribed the medicine, basing themselves on the Shari'ah. They also submitted a scholarly presentation covering the wide gap in the regime philosophy and the main defects in the governing structure, which covered the marginalization and neutralization that the Scholars and preachers suffer from, and are hunted for.

The memo also covered the rules and regulations that are enforced in the country and that legalize and forbid matters without basing such decisions on God's Shari'ah. It also touched on the country's media situation where it is becoming the means to canonize people and influential persons, falsify the truth, slander the true people, and shed crocodile tears to mislead the people without carrying any serious action. It also covered the squandered and confiscated legitimate rights of the people, and the failure and corruption of the country's administration.

The memo covered the financial and economic situation of the country, the horrible destiny that will be the outcome of the high interests that broke the back of the country, and squandering money to satisfy personal whims!!! As well as the taxes, fees, and excise duties imposed on the people!!! The memo also covered the lousy general services in the country that are becoming worse after sending the memo, and that include water services, which is one of the most important daily needs. All of these are forcing our brothers to live in a state of austerity, renounce worldly pleasures, and restrict their spending in fear of what is going to take place; May God help them.

The memo revealed the hopeless situation and covered what was prevalent during the Gulf crises; i.e. the small count (TN: of the fighting force), its lack of readiness, the failure of its General Command; all of which took place despite the astronomical amounts of money spent on it. As to justice and its courts, the memo revealed that man-made laws replaced Shari'ah laws. The memo also revealed that the country's foreign policy neglects the Muslims' issues, supports the enemies against the Muslims, an example of which is what recently took place in Gaza, Jericho, Algeria, etc. Everyone is aware that enforcing man-made laws, supporting the atheist over the Muslim is considered to be a part of the ten items that contradict Islam, as was deemed by the religion scholars to include Shaykh Muhammad Ibn 'Abd-al-Wahhab; may he rest in peace.

Despite the fact that the memo's composition was supple and kind, refers to the words of God, was amiable, contained true facts, and despite the fact that Islam gives importance to sharing advice with and extending advice to the rulers, and despite the position and the number of the memo's signees and supporters, it still didn't have the approval of its recipients who refused it, opposed it, and badmouthed and punished the people who signed and supported it.

PAGE 3

Despite all of what took place, the banner and the flags (TN: of Islam) didn't drop down, and will never drop down as long as there is an eye that blinks and a heart that beats. Instead, a new group of scholars and advisers formed a Human Rights Committee to support the truth and the oppressed. This committee was received in the same way and had the same fate as the other committees, and that took place with the blessings of the ruler's official organizations that were tasked by the regime to defend it instead of defending the religion. The committee's members were badmouthed, blamed for things they didn't do, and the true scholars who didn't accept to be blackmailed and exploited were ousted; and we don't recommend any to God.

Through an open conspiracy with other scholars, panels were formed to issue renouncing and rebuttal replies whose composition are similar to that of the security and media declarations, and aren't based on the mandated true Shari'ah words. As expected, these panels lost their status and duty after they were stripped of their independence and were annexed to the Royal Bureau that gives them their orders which they have to execute. The creation of these panels gave the people the justification to refrain from trusting them; instead they trust the scholars and preachers whose crises and problems that they passed through proved that they are worthy of the people's trust and support.

Second: What is taking place in the country, to include corruption, restricting the freedom of the people, waging a war on the true people and hunting them within and outside the country, we from our position outside the country, to fulfill our declaration and extend advice, declare that we will continue with the work of our scholars in the interior to extend advice, and enjoin what is right and forbid evil. We will do that because we are an indivisible part of the call for Islam, and are united with it in our aim and fate. On this occasion we declare that we are holding fast to the demands mentioned in the advice memo, we support the legitimate Human Rights Committee, and all other legitimate demands.

Due to the difficulty that we face in carrying out our work in the interior as a result of the existing state of intimidation and subjugation, we from our current position (TN: in the exterior), in consultation with some of our brothers in the Arabian Peninsula, have formed a committee to extend advise and to support the truth, which we named, "The Advice and Reform Committee".

In conclusion, we beseech God to have this nation follow the right path, to honor those who obey Him, degrade those who disobey Him, enjoin what is right and forbid what is wrong, have our best people rule us, dismiss our evil persons, and have us join forces in our devotion and devoutness, "Verily never will God change the condition of a people until they change it themselves" (Qur'an 13:11).

Our last words are, "Praise is to God the Lord of all".

Date: 2/11/1414h corresponding to 13 April 1994

Written on behalf of them (NFI) by,

Usama Bin Muhammad Bin Ladin

(End of translation)

وقبل الختام: .أذكر إخواني الصادقين من فقهاء الدين والدنيا بأن تكوين مجلس يعمل على تقديم الرأي والمشورة للشعوب المسلمة في هذه المرحلة المفصلية واجب شرعي وضرورة عقلية بل هو واجب من أعظم واجبات المرحلة وثغر من أخطر ثغورها وإن بعض المفكرين الإسلاميين في المنطقة وخاصة في الخليج هم محل ثقة جماهير واسعة من المسلمين فهولاء الواجب عليهم آكد بأن يخرجوا ويبدؤوا تكوين المجلس بمن ينضم إليهم من الأمناء الموثوقين من جميع أقطار العالم الإسلامي على أن يكون المجلس في مكان يتيح الحديث مع الأمة بحرية و.أن يكون مدعوما بمركز للبحوث والدراسات.على أن تراعى السرعة الهائلة للأحداث وما تتطلبه من سرعة هائلة في التعامل معها (الأمثل فالأمثل مع الحرص على غاية ما يستطاع من الاتقان)

ومما يهم التنبيه إليه أن لكل شعب من شعوب المنطقة نقطة يعتدل فيها النصاب لصالح نجاح الثورة فينبغي أن تتحرى بدقة فالتأخر يعرض الفرصة للضياع والتقدم يضاعف التكاليف ويعرض الثورة للخطر فنجاح الثورات في مثل هذه الأجواء مرهون بعد مشيئة الله تعالى بأن.تنطلق في النقطة المناسبة وأن يقودها رجال أمناء أقوياء يستوي الموت عندهم والبقاء (لم يتعرضوا) يقدمون في مواضع الإقدام ويحذرون التأخر والإحجام يستعذبون العذاب ويذللون الصعاب يوثقون عهودهم بأيمانهم ويبرهنون صدقهم بدمائهم يتمثلون قول القائل:

أقسمت لا أموت إلى حرا   وإن وجدت الموت طعماً مراً
أخاف أن أذل أو أغرا   فديني الإسلام لن أفر

(طرق اجتناب الاختراق)

وقبل الختام: .أذكر إخواني الصادقين من فقهاء الدين والدنيا بأن من تكوين مجلس يعمل على تقديم الرأي والمشورة للشعوب المسلمة في هذه المرحلة المفصلية واجب شرعي وضرورة عقلية بل هو واجب من أعظم واجبات المرحلة وثغر من أخطر ثغورها وإن بعض المفكرين الإسلاميين في المنطقة وخاصة في الخليج هم محل ثقة جماهير واسعة من المسلمين فهولاء الواجب عليهم آكد بأن يخرجوا ويبدؤوا تكوين المجلس بمن ينضم إليهم من الأمناء الموثوقين من جميع أقطار العالم الإسلامي على أن يكون المجلس في مكان يتيح الحديث مع الأمة بحرية و.أن يكون مدعوما بمركز للبحوث والدراسات.على أن تراعى أهمية السرعة.في التعامل مع الأحداث نظراً لسرعتها الهائلة

ومما يهم التنبيه إليه أن لكل شعب من شعوب المنطقة نقطة يعتدل فيها النصاب لصالح نجاح الثورة فينبغي أن تتحرى بدقة فالتأخر يعرض الفرصة للضياع والتقدم يضاعف التكاليف ويعرض الثورة للخطر فنجاح الثورات في مثل هذه الأجواء مرهون بعد مشيئة الله تعالى بأن.تنطلق في النقطة المناسبة وأن يقودها رجال أمناء أقوياء يستوي الموت عندهم والبقاء (لم يتعرضوا) يقدمون في مواضع الإقدام ويحذرون التأخر والإحجام يستعذبون العذاب ويذللون الصعاب يوثقون عهودهم بأيمانهم ويبرهنون صدقهم بدمائهم يتمثلون قول القائل:

أقسمت لا أموت إلى حرا   وإن وجدت الموت طعماً مرا

أخاف أن أذل أو أغرا   فديني الإسلام لن أفر

(طرق اجتناب الاختراق)

(الأمثل فالأمثل مع الحرص على غاية ما يستطاع من الاتقان)

(Fully Translated)

Page 1

And before concluding, I would like to remind my sincere brothers, theologians of the religion, and the world, that the establishment of a council to work on the advancement of opinion and advice to the Muslim people throughout this phase is a religious duty and an intellectual necessity. It is of the greatest duties during this phase. This is one of the most significant frontiers. Some of the Islamic intellectuals in the region, specifically in the Gulf, are entrusted by the widespread masses of Muslims. For it is the duty of these individuals to ensure that they get out and begin establishing a council with what they have been enabled by the trust of the believers throughout the entire Islamic world. This council must be in a location that provides freedom of speech about the Ummah. It must be supported by a center for research and studies, such that it may respond with astonishing speed to [worldly] events and those requests that require an immediate response. (The ideal and the ideal with keenness about purpose isn't managed from proficiency.)

Regarding the mechanism [for such a council], each member of the society in a region must take into account the false information used to benefit the success of a revolution. Thus, there must be a precise review [of the situation]. Delay gives way to the opportunity for failure and rushing simply compounds burdens and endangers the revolution. Success of the revolutions in atmospheres such as these require that [advice] is provided at the appropriate time, after the Almighty Allah has [allowed the process] to begin. [It also requires] that men of superior faith lead them, [even] until death, and that they remain constant on advancing the situation step by step. [We must be wary] of delays [in the revolutions] for abstention will creep in and the difficult [nature of the work] will overcome those who have given their vows for their faith and those who have proved their cause with their blood. As the saying goes:

"I swear that I will not die except that I am free. / I have found that death has a bitter taste / I fear that I may be humiliated or tempted / For religion of Islam will not flee."

(Methods to prevent penetrations)

Page 2

(TN: This page repeats the above message verbatim with the addition of the following line at the bottom of the page:_

(The ideal and the ideal with keenness about purpose isn't managed from proficiency.)

إن الحمد لله نحمده ونستعينه ونستغفره ونعوذ بالله من شرور أنفسنا وسيئات أعمالنا من يهده الله فلا مضل له ومن يضلل فلا هادي له. وأشهد أن لا إله إلا الله وحده لا شريك له وأشهد أن محمدا عبده ورسوله

أمتي المسلمة

السلام عليكم ورحمة الله وبركاته

وبعد أهنئك بقدوم شهر رمضان المبارك شهر القرآن شهر الصيام وإطالة القيام شهر الصدقة والجهاد فلنجتهد في العبادة ولنتجنب ما يلهينا عن ذكر الله سبحانه وتعالى.

إخواني المسلمين

إن ما تمر به أمتنا من آثار التغيرات المناخية الهائلة وما تخلفه من كوارث ومصائب عظام عمت كثيرا من أرجاء بلاد الإسلام لم يعد كافيا معها التعامل بما تعارف عليه الناس في العمل الإغاثي سابقا ووصول الخيام والغذاء والدواء أمر مطلوب إلا أن المصائب اكبر وأضخم بكثير مما يقدم كما وكيفا ونوعا وتوقيتا فنتحتاج إلى نقلة كبيرة هائلة في أسلوب العمل الإغاثي. حيث إن عدد ضحايا التغيرات المناخية الحالية كبير جدا. فضلا عن الزيادة المتوقعة حسب الداراسات فهي أكبر بكثير من ضحايا الحروب التي تجند لها الدول في جيوشها الأشداء من رجالها وتدخلهم أفضل برامج التدريب وتقتطع لها قدرا كبيرا من ميزانياتها فما تصرفه دول المنطقة على جيوشها أكثر من 100 ألف مليون يورو سنويا دون أن يظهر لذلك أثر في قضية فلسطين بيمنا يتم التعامل مع الإعمال الاغاثية على أنها امور ثانوية جدا فما يصرف عليها لا يقارن البت بما يصرف على تلك الجيوش ولو صرف واحد في المائة فقط من تلك الميزانيات بأمانة وخبرة خلال عقد مضى لتغير وجه الأرض التي يعيش علها الفقراء ولتحسنت أحواله تبعا لذلك وإنما نتعرض له اليوم من تحرك واسع للجفاف في مناطق ولا سيما في افريقيا وفيضانات في مناطلق آخرى والتي خلفت ورائها في باكتسان وحدها خلال أيام بضعة ألاف من القتلي ناهيك عن ملايين المتضررين والمهجرين فهذا يستدعي من أصحاب القلوب الرحيمة واولي العزم من الرجال أن يتحركو ا تحركا جاد سريعا لإغاثة إخوانهم المسلمين في باكستان حيث إن المصيبة كبيرة جدا يعجز اللسان عن وصفها وتحتاج إلى إمكانايات هائلة فانتدبوا بعضكم لتروا حجم المأساة على أرض الواقع ولقد رأيت أحد إخوانكم المسلمين في باكستان والماء يكاد يغمره إلى صدره وهو يرفع طفليه بكلتا يديه وهم في سن الخامسة أو السادسة من عمرهم فهلا تساءلتم عما جرى لبقية أطفاله ثم أما سمعتم النساء الاتي يناشدنكن بحق الله سبحانه وتعالى أن تغيثونهن فيجب على كل من يستطيع إغاثة المسلمين في باكستان أن يستشعر عظم شأن أرواح المسلمين

فملايين الأطفال في العراء يفتقدون الأجواء المهيئة للحياة بما في ذلك المياة الصالحة للشرب مما يعرضهم للأمراض الخطيرة ومما يصيبهم بفقد السوائل من أجسامهم فيؤدي إلى جفافها وذلك بدوره يجعل نسبة الوفيات بين الأطفال مرتفعة جدا أسأل الله تعالى أن يخفف عنهم ويرحم ضعفهم

ثم ونظرا لتسارع الكوارث الناتجة عن التغيرات المناخية فيجب ألا يكون التحرك فقط لتقديم مساعدات عاجلة عابرة وإنما لتكوين هيئة إغاثة متميزة لديها من المعرفة والخبرة والطاقات ما يمكنها من التعامل بكافاءة مع الآثار الجسيمة للتغيرات المناخية المتسارعة والمختلفة فعلى عاتق هذه الهيئة مسؤوليات كثيرة وواجبات عظيمة تتحتاج إلى تتضافر جهود المخلصين فمن مهامها على سبيل المثال لا الحصر

اولا القيام بدراسات للتجمعات السكنية على الأنهار والأودية في العالم الإسلامي والنظر فيما قد ينشأ من الكوارث نتيجة التغيرات المناخية فما حل بمدينة جدة من كوارث السيول في الفترة الماضية كان متوقعا لسبب بسيط جدا وهو أن مدينة جدة وغيرها كثير ليست قائمة على ضفاف الأودية فقط بل إن كثيرا من المنشئات والمباني السكنية أقيمت على كامل مساحة مجاري الأودية وأنا هنا لست بصدد تحديد المسئول عن هذه الكارثة فلهذا مجال آخر وإنما أصف واقع الحال لتجنب تكرار كوارث السيول ولأيجاد حلول جذرية للمخاطر التي تهدد حياة الناس كما ينبغي إعادة النظر والبحث في قواعد الأمن والسلامة في جميع السدود والجسور

ثانيا القيام بما يلزم تجاه الدول التي تصاب بالمجاعات الناتجة عن الحروب أو التغيرات المناخية حيث إن المجاعات غالبا ما تعطي إنذارا مبكرا قبل وقوعها بعام أو أكثر فالتأخر في تقديم العون المطلوب يؤدي إلى وفاة أعداد كبيرة وخاصة من الأطفال ومن نجى من الموت منهم لا يسلم من ضعف جسمه وضعف قدراته الذهنية نتيجة لسوء التغذية

ثالثا القيام بالتشاريع التنموية في المناطق المنكوبة والفقيرة فهناك فرص كبيرة جدا للقيام بتلك المشاريع وهي في مجملها تحتاج إلى مصاريف محدودة على سبيل المثال إنشاء نواد/نواض وترع في الدول التي تجري فيها أنهار أو أدوية موسمية كالسودان وتشاد والصومال واليمن وبناء على عمل ميداني في السودان من قبل فإن الناظم الواحد يستطيع أن يروي عشرات الآلاف من الأفدنة مما يعني إعانة عشرات الآلاف من الناس وتكلفته مع الترع الرئيسة والفرعية قرابة مائتين وخمسين ألف يورو تزيد أو تنقص بحسب قرب أو بعد مواد البناء المطلوبة

رابعا العمل على توفير الأمن الغذائي فالتقارير تتحدث عن أن العالم لو تعرضت فيه دولة آخرى من الدول الرئيسة المصدرة للقمح بمصيبة تؤدي إلى توقف التصدير فإن كثيرا من شعوب العالم وخاصة في منطقتنا سيدخلون في مجاعة قاتلة بكل ما تحمله الكلمة من معنى وعندئذ فإن الأموال لن تدفع الجوع القاتل عن الناس طالما أن الخبز الغذاء الأساسي لهم مفقود في حين أن السودان فيها أراضي زراعية مطرية تقدر مساحتها بمائتين مليون فدان لم يزرع منها إلا القليل فينبغي توعية الناس إلى هذه المخاطر وتشجيع التجار والأسر التجارية على أن تفرغ بعض أبنائها للإغاثة والزراعة فالتجار اليوم هم فرسان هذا الميدان لإنقاذ أمتهم من مجاعات رهيبة متوقعة فيجب التركيز على هذا الجانب والبعد عن الاستثمارات غير المنتجة وغير الحقيقية فلا يصح النظر إلى الاستثمار الزراعي في هذه الظروف على أنه يحتاج إلى جهد كبير بينما أرباحه قليلة إذا قورنت باستثمارات أخرى فالقضية اليوم ليست قضية أرباح أو خسائر وإنما هي قضية حياة أو موت مع مراعاة أن الدخول في ميدان الاستثمارات الزراعية يحتاج إلى بصيرة وعقد اتفاقيات تضمن حقوق المستثمر ولا تعرقل عمله مع العلم أن من أهم دعائم العمل الاستثماري أن يكون مستقلا ليس للدولة الستمثمر فيها مشاركة في إدارته فالاستثمار في أفريقيا كانت منه تجارب مشجعة وأخرى على خلاف ذلك والأمر مرتبط بمعرفة طبعية الشعوب التي نستثمر فيها فعض تلك الشعوب متميزون في أعمالهم خارج بلادهم لأسباب منها دخولهم ضمن طاقات آخرى في العمل وهم متميزون أيضا داخل بلادهم عند مشاركة عناصر أخرى لهم في العمل على أن تكون هذه العناصر الوافدة بيدها الأدارات العليا وأهم مفاصل العمل

خامسا توعية المسلمين بخطر استنزاف المياة الجوفية غير المتجددة للزراعة وإنما ينبغي إنشاء شبكة أنابيب تصل الآبار الزراعية بشكبة مياة الشرب الأساسية لاستخدامها عند الحاجة

وفي الختام أحث إخواني المسلمين على فعل الخيرات وبذل جميع ما يستطيعون لإنقاذ المستضعفين وتفريج كربهاتهم فمن فرج عن مؤمن كربة من كرب الدنيا فرج الله عنه كربة من كرب يوم القيامة فلنعمل لذلك اليوم ولنتدبر قول الله سبحانه وتعالى وما تقدموا لأنفسكم من خير تجدوه عند الله هو خيرا وأعظم أجرا واستغفروا الله إن الله غفور رحيم

أسأل الله العظيم رب العرش الكريم أن يرحم شهداء المسلمين من قتل منهم في الحروب جهادا في سبيل الله ومن مات غرقا في خضم تلك الفيضانات وأن يوسع لهم في قبورهم ويدخلهم جنته (وأن يخلفهم في أهلهم) وأن يعوض ذوييهم خيرا إنه ولي ذلك والقادر عليه اللهم إني أعوذ بك من زوال نعمتك وتحول عافيتك وفجأة نقمتك وجميع سخطك اللهم ربنا آتنا في الدنيا حسنة وفي الآخرة حسنة وقنا عذاب النار وصلي اللهم على نبينا محمد وعلى آله وصحبه أجمعين

التعليق عن الهيئات الإغاثية

أولا

من لا يعرف أن الهيئات الإغاثية كلها تعمل تحت قوانين تتحكم فيها الأمم المتحدة. والتي لا توافقهم لا يعترفون بها. وقد يحظرون عليها لكونها إرهابية أو على الأقل لكونها لا تسلم بالمعايير الدولية للعمل الإغاثي.

أعرف مسئولا لإحدى الهيئات الإغاثية التي تسمي نفسها "إسلامية" ومقرها لندن. وهو مسئول العمل الإغاثي على مستوى باكستان كلها. تكلمت معه بشأن إغاثة المتضررين من الحروب في وزيرستان مثلا وهل ينفع هذا ليكون غطاء لإعانة المجاهدين. ولا تعارض فالمجاهدون متضررون ولهم أهالي وأسر ولهم جرحى ومرضى. فقال أنه من المستحيلات إذ أنهم مراقبون من قبل الاستخبارات ومن قبل الحكومات التي تعترف بهم وتقدم لهم تسهيلات وبدون الاعتراف هم لا يستطيعون حتى أن يتنفسوا. وهذه المراقبة صارمة بالنسبة لهم أكثر لأن اسمهم يظهر انتمائهم الإسلامي.

وهم بدورهم ليثبتوا أنهم لا يحملون نوايا تتعارض مع قوانين اللأمم المتحدة في عدم التمييز على أساس الدين في العمل الإغاثي لا بد لهم أن يساندوا من حين لأخر غير المسلمين كذلك فيوزعون الهدايا والمعونات للمسيحيين في أعيادهم!! ويقدمون المعونات لفقراء الهندوسيين.

وكذلك لا بد لهم أن يوظفوا نسبة من النساء لكي يتماشوا مع الأصول التي وضعتها الأمم المتحدة من عدم التمييز على أساس الجنس. ومن ثم لا يحق لهم في أن يضعوا قيودا على زي النساء أو مظهرهن. فرأيت نسائهم في العمل الإغاثي في زلزال باكستان لا فرق بينهم وبين الغربيات مع كونهن مسلمات بريطانيا ذات أصول باكستانية. ولكنهن وهن في باكستان يلبسن بنطلونات ضيقة مع كامل الميكاج يجرين مع الرجال جنبا إلى جنب.

ومع كل ذلك يدعي الأخ المسئول أنه عمل "إسلامي".

فلا أصول الهيئات الإغاثية يمكنها أن تكون إسلامية ولا الخدمات التي توفرها يمكن أن تكون للمسلمين حسب احتياجاتهم فكيف نطالب بتكوين هيئة إغاثية متميزة؟!!.

ثانيا

القيام بالدراسات الميدانية والمشاريع التنموية والأمن الغذائي وإنشاء شبكات الأنابيب كل هذا في حين عدم وجود دولة إسلامية واحدة على وجه الأرض يبدو غريبا. فهل واقع المسلمين يسمح لهم بذلك؟ بأن يحلوا ويواجهوا الكوارث الطبيعية – وهي ابتلاء أو عذاب من الله أصلا – مع أنه لا حق لهم في تطبيق شريعتهم على أرضهم. فكرت مرارا وما استطعت التوفيق. فما ذكر في الخطاب يبدو وكأننا في مرحلة متقدمة جدا. وكأن دولة الإسلام قائمة في قطر والنصيحة تقدم لقطر آخر.

ثالثا

المصطلحات التي استعملت من (الدراسات الميدانية والمشاريع التنموية والأمن الغذائي وإنشاء شبكات الأنابيب، ثم الاستثمارات الزراعية، والمستقلة عن الحكومة، ثم التغيرات المناخية، والكوارث) في مجموعها مصطلحات يستخدمها الغرب تحمل في طياتها مفاهيم خاصة. يخرج الخطاب

Indeed all praise is due to Allah and we pray for His assistance and forgiveness. We seek refuge in Him from the Evil of our souls and our misdeeds, for who Allah guides will not go astray and he who sends astray won't come to the right path except by His leave. I also bear witness that none deserves to be worshipped beside Allah, and that Muhammad is both His servant and Prophet.

My Islamic nation

Peace, Allah's mercy and blessings be upon you,

Henceforth:

Congratulations on the arrival of the Holy Month of Ramadan, the month of both the Qur'an and fasting and the month of the nightly prayers, alms-giving and Jihad, so let's strive in worshipping and avoid what keeps us away from glorifying Allah, Almighty.

Effects associated with the enormous climate changes (TN: begin footnote) using such expression without mentioning the view of Shari'ah concerning earthquakes and discord seems purely Western. The secularists maintain that these are natural disasters we must confront. In other words, they are saying, we are able to stand up to Allah and confront His judgment and they have neglected what is stated in the Qur'an concerning these events. (TN: End footnote) Indeed, what our Ummah is experiencing, of effects associated with the enormous climate changes and the great suffering the natural disasters are leaving behind that now become prevalent throughout the Muslim countries, renders the traditional relief efforts insufficient.
(TN: Begin footnote) Relief work is mentioned as the only solution for these disasters, without warning that it is a plague or suffering from Allah Almighty, and the first solution is faith and correct deeds. One of the correct deeds is assisting Muslims. Once again, the speech is outside a required legal foundation. (TN: End footnote) Although the provision of tents, food and medicine will always be crucial, the afflictions are taking a larger shape and volume, hence, the quality, method and timing of aid must be equally improved.

Similarly, we are in need of making major efforts in our relief work, as those victimized by the current climate change is a very large number, expected to rise. According to the studies, this number is higher than the number of people victimized by wars, for which the states recruit their strongest men, offer their best training and slash major portions of their budgets.

Regionally, the countries are annually spending 100 thousand million euros on their armies, devoid of any effect on the Palestinian issue, and the relief work is still considered secondary while its resources could not be compared to that of the military. Had only 1% of such expenditures gone to relief, together with a sincere and experienced workforce, the earth's face would have changed, likewise the poor people's condition would have improved much decades ago.

On the other hand, what we are experiencing today (drought growth, particularly in Africa, and flooding in other regions, which in days left behind thousands dead and millions of victims forced to be displaced in Pakistan alone) imposes a moral duty upon the good-hearted and determined among the men, to move earnestly and rapidly in rescue of their Pakistani Muslim brothers. For the calamity is considerable and beyond description, whilst requiring massive means. To observe this you need to send delegations to look into this tragedy in reality.

You have seen one of your Muslim brothers in Pakistan, covered in water up to his chest while trying with both hands to hold two of his five or six year old children above water. So, have you wondered what might have happened to the rest of his children, or haven't you heard about the women who are imploring you by Allah, the Glorious and Almighty, divine right to come to their rescue. It is incumbent, upon everyone who is capable, to aid the Muslims in Pakistan and demonstrate concern towards their precious being.

Millions of children are left in the open, without a suitable living environment, including good drinking water, which has exposed them to dehydration, dangerous diseases and higher death rates. I pray to Allah Almighty to grant them both relief and mercy.

And owing to the high frequency of such disasters caused by climate changes, the effort must not become merely one of providing temporary assistance, rather, to set up a distinct relief organization (TN: Begin footnote) Kindly see the comment about the relief organizations at the end of the speech. (TN:
End footnote) endowed with the knowledge, experience and financial capability crucial for the effective dealing with such more frequent, diverse and massive consequences of climate changes. It is therefore incumbent upon such an organization to shoulder the numerous tasks and major duties that would require the collaboration of those who are sincere. Among its duties, for example, would be...

(Page 2 of 4)

First: To research the residential compounds built along the banks of rivers and valleys in the Islamic World and the prospects of future disasters as a result of climate changes. For what disastrous floods have befallen the city of Jeddah in the past was expected for a simple reason, Jeddah and many other cities were not only built over the banks of valleys, many of their structures and residential buildings were constructed over the entire valleys' paths. I am not pointing to whose responsibility that was, for such may be discussed in a different time. Yet I am attempting to portray what took place, to avoid similar flooding disasters and to find fundamental solutions for the dangers that threaten people's lives. Additionally, it is essential that all dam and bridge safety regulations be examined and revised.

Second: What is also required is to do what is needed towards the countries that are or may be afflicted with famines resulting from wars or climate changes, for the famine most likely gives early warning a year or more prior to taking place; delaying the relief and essential aid would result in a large number of deaths, in particular among children, while those who may not die may not escape malnutrition and some form of brain damage.

Third: The establishment of development projects in the ravaged and poor areas, as there is excellent opportunity for establishing such projects since only modest spending is required. For example, the construction of regulators (TN: Or diversions) and canals in the countries where rivers or seasonal valleys are flowing, such as in Sudan, Chad, Somalia and Yemen. Based on field work in Sudan, the cost of a regulator (TN: Or river diversion) capable of irrigating tens of thousands of acres, together with the main and tributary canals, which also means providing assistance to tens of thousands of people, is about two hundred-thousand euros, more or less, based on the proximity or remoteness of the required construction material.

Fourth: Work towards realizing food-security, as the reports stated that if a calamity befalls any major wheat exporting country and causes a cease in exports, many countries worldwide, and in our region particularly, shall experience deadly famine in the full sense of the word.

At that point, the money would not stave off the deadly hunger as long as the bread, the main nourishment, is lacking. Whereas
Sudan is endowed with rain-irrigated agricultural land of an area estimated at two hundred million acres, only little of that area has been cultivated. So, it is essential to raise peoples' awareness about such dangers and to encourage the merchants and their families to entirely devote some of their sons to relief and agricultural work; the merchants today are the field knights who may rescue their nation from the predictable horrible famines.

So, it is essential to focus on this aspect and avoid investment in unproductive sectors, while it is also wrong to rule out investing in agriculture based on the current circumstances and on the grounds that such requires great effort while the profits are small compared to other forms of investment - for the issue is not an issue of losses and profits, it is an issue of life and death. However, one must also observe that agricultural investment requires perception, while the contracts must secure the investor's rights and not impede his work. Also be informed that the main investment underpinning is the independence of the state, the state must not be involved in the administration. For instance, some of the investment experiences in Africa were encouraging and some were not, as there is association between the success of investment and the people where that investment is made. Some people have an advantage when working outside their country, owing to things like the association between certain workforces, or may have advantage within their countries when in other association with certain elements, provided that such elements control the upper departments and the most crucial division of work.

(Page 3 of 4)

Fifth: We need to raise Muslim awareness about the dangers associated with depleting the underground water used for agriculture that is not renewable, while it is crucial to establish a network of pipes that joins the agricultural wells with the main network of drinking-water, in order to be used in times of necessity.

And last, I encourage my Muslim brothers to be kind and give out all they could to rescue the weak and relieve their suffering. Whoever relieves a believer's suffering, Allah will relieve an
Afterlife of distress for. So, we should work for that and ponder Allah's words, Glorious and Almighty: And whatever good ye send forth for your souls ye shall find it in God's Presence,- yea, better and greater, in Reward and seek ye the Grace of God. For God is Oft-Forgiving, Most Merciful.

I pray to Allah, the Great Lord of the splendid Throne, to grant the Muslims' martyrs mercy, whether those killed during wars and
Jihad in Allah's cause, or who drowned in the sea of that flooding, and to ease for them inside their graves and admit them to Your heaven (to replace them in their families) and to compensate their relatives well. He is indeed the Patron of this and capable of it.

(TN: Supplication seeking Allah's forgiveness)

The comment about the relief organizations:

First: for your information, the relief organizations are all working according to regulations set forth by the United
Nations; those which are inconstant they will not recognize or they may even outlaw on terrorism grounds or for not conducting their business in harmony with international relief work standards.

I know a person in charge of a relief organization calling itself "Islamic" and headquartered in London. He is the persón in charge of all relief work for Pakistan. I have talked to him concerning the relief of war victims, e.g., in Waziristan and whether it is possible to use such an umbrella to assist the
Mujahidin, for there is no contradiction since the Mujahidin are also victims and they have both sick and wounded families. He said that this is next to impossible, as they are watched by the intelligence and governments, and without recognition and facilitation they could not even breathe. He said that they are particularly subjected to a stricter monitoring owing to their name, which indicates their Islamic affiliation.

They even have to prove that their intentions are not incompatible with the United Nations laws pertaining to nondiscrimination based on religion, while every now and then have to provide assistance to non-Muslims, and hand-out gifts to and help

Christians in their religious holidays!! They also have to provide aid to the poor Hindus, and are required to hire a certain percentage of females in compliance with the principles set forth by the United Nations that prohibit discrimination based on gender. Thus, no restriction for how females dress or appear is permitted. So, I have seen their females during
Pakistani earthquake relief work, no different than the Western females, despite the fact that they are British Muslims who have Pakistani origins. However, in Pakistan, they are wearing tight pants, full makeup and are running side by side with men. Despite all of the above, the brother in charge claims it to be
"Islamic" work.

Neither could the principles of the relief organizations possibly be Islamic nor could the services it provides possibly be good for Muslims and according to their needs, so how could
we possibly call for establishing a distinct relief organization!?

Second

(Page 4 of 4)

Performing field studies and food-security development projects and establishing the pipes' networks, all of the above while there is no single Islamic state on the face of the earth, appears to be peculiar. So does the reality of Muslims permit them to accomplish this? That they resolve and confront the natural disasters -while such is basically both affliction and torture by Allah- having in mind that they have got no right to implement the rule of Shari'ah in their lands. Again and again, I have been thinking but could not reconcile my thoughts. What is stated in the speech seems to be discussing a very advanced phase and is assuming the Islamic state is actually established in one country, but advice is offered to another.

Third:

The expressions used, such as (the field studies, the development projects, the food-security and the establishment of pipes' networks, then the agricultural investment independent of the state, followed by the climate changes and disasters) in their entirety are expressions used by the West, and bear certain or special understandings. The speech is outside.

(End of Translation)

بسم الله الرحمن الرحيم

الحمد لله رب العالمين والصلاة والسلام على نبينا محمد وعلى آله وصحبه أجمعين

أما بعد...

إلى الأخ الكريم الشيخ محمود حفظه الله

السلام عليكم ورحمة الله وبركاته

أرجو أن تصلكم رسالتي هذه وأنتم وأهلكم وذراريكم وجميع الإخوة بخير وعافية.

وبعد...

لعلكم تابعتم في الإعلام التتابع السريع والمفاجئ للأحداث فبعد سقوط طاغية تونس بعشرة أيام انطلقت ثورة مصر واحتشد في القاهرة وحدها أربعة ملايين يطالبون بإسقاط أكبر وأعتى وكلاء الكفر العالمي في المنطقة وقبل أن يسقط اشتعلت الثورة في اليمن وقبل أن تحسم الأمور في اليمن قامت الثورة في ليبيا وأحسب أنها ستحسم لصالح المسلمين قريباً بإذن الله رغم جنون نظام القذافي في قمع الثوار. وقبل أن تحسم الأمور في ليبيا قامت ثورة عمان وحددت بلاد الحرمين موعداً للخروج بتاريخ 11 مارس هذا فضلاً عن المظاهرات في الجزائر والمغرب والأردن ولبنان.

فالحدث هائل وعظيم جداً والواقع والتاريخ يظهران أنه سيشمل معظم العالم الإسلامي والأمور بفضل الله تسير وبقوة نحو انفلات ديار الإسلام من الهيمنة الأمريكية فقلق أمريكا من سلسلة الثورات في المنطقة كبير جداً وقد عبرت عنه وزيرة الخارجية بقولها نخشى أن تقع المنطقة بأيدي الإسلاميين المسلحين كان هذا قبل أن تصل الأوضاع إلى ما وصلت إليه بعد أن انطلقت ثورة مصر فمصر هي بوابة السد وسقوطها سقوط باقي الطواغيت في المنطقة وبداية عهد جديد للأمة بأسرها ورغم ذلك إلا أن الظرف العالمي لم يسمح للغرب بالوقوف مع مبارك إلى أن سقط بفضل الله ثم هاهو موقفهم من ثورة ليبيا يتسم بنقاط الضعف التي اتسم بها تعاملهم مع ثورة مصر وهو ما دعا كثير من الكتاب والمفكرين في الغرب إلى توجيه النقد للساسة بأنهم ظهروا وكأنهم متفرجين ولم تكن قراراتهم على مستوى الأحداث مما أظهر للعالم ضعف الغرب وتراجع دوره في العالم.

فهذه الأحداث اليوم هي أهم أحداث لأمتنا منذ قرون فطيلة القرون الماضية والأمة تعيش في ذيل الأمم ويعتدى على دينها ومقدساتها وهي في سبات الغفلة (الجهاد الأفغاني والجهاد اليوم)إلى أن قامت قبل قرابة عقدين محاولات من بعض أبناء الأمة للخروج من التيه عندما وقعت أحداث سوريا والجزائر و مصر واليمن إلا أن تلك المحاولات فشلت في تحقيق أهدافها لأسباب عديدة أرجوا الله أن يوفقني لبيانها في مقال خاص بها ولكن بغض النظر عن الظروف التي اعترت تلك التحركات فهي لم تكن بضخامة تحركات اليوم وإن كانت تحركات اليوم تهددها مخاطر عدة لاسيما بعد نجاحها من ناحية الانزلاق في هاوية الحكم بغير ما أنزل الله لاسيما في البلاد التي تحتكم منذ سنين طويلة للدساتير الوضعية فالحفاظ على تحركات المسلمين اليوم وضبط مسارها يتطلب جهداً واهتماماً بالتأصيل الشرعي والآثار المترتبة على تطبيق الشريعة من جهة والدساتير الوضعية من جهة أخرى آخذين بعين الاعتبار أهمية الترفق مع أبناء الأمة الذين وقعوا تحت التضليل لعقود بعيدة .

إن هذا الواجب العظيم واجب التوجيه والإرشاد المرتبط بمصير أمتنا إلى الآن لا يجد من يسده بتوجيه واع منضبط بكامل قواعد الشريعة وقد سبق أن طالبت في خطاباتي بأن ينتدب الصادقون في الأمة من أنفسهم عدداً من العلماء والحكماء ويشكلوا مجلس شورى يتابع قضايا الأمة ويقدم لها التوجيه والرأي والمشورة ولكن بعد مرور هذه المدة ودخول الأمة في هذه المرحلة المصيرية أصبح لازماً علينا أن نقوم نحن المجاهدين بهذا الواجب ونسد بقدر استطاعتنا هذا الثغر العظيم الذي أصبح من أوجب الواجبات بعد الإيمان لتتحرر الأمة بإذن الله ويعود للدين مجده .

ولا شك أن الواجبات على المجاهدين كثيرة إلا أنه يجب أن يكون لهذا الواجب العظيم الحصة الكبرى من جهودنا حتى لا نبخسه حقه ونعرض انتفاضة الأمة اليوم لما تعرضت له الثورات ضد الاحتلال الغربي سابقاً.

كما ينبغي استحضار مسألة مهمة وهي أن ساحة الجهاد في أفغانستان واجب في ذاتها لنقيم فيها شرع الله ولكنها بالدرجة الأولى سبيل للقيام بالواجب الأكبر تحرير أمة من مليار ونصف واستعادة مقدساتها فبينما نحن نجاهد في أفغانستان استنزفنا رأس الكفر إلى أن بلغ درجة من الضعف مكنت الشعوب المسلمة من استعادة بعض الثقة والجرأة وأزال عنها الضغط القاهر الذي كان يحبط من يفكر بالخروج على وكلاء أمريكا في المنطقة بأنها القوة العظمى وتستطيع إهلاك من تشاء وتثبيت من تشاء فقامت

على أيديهم هذه الثورات الشعبية الواسعة والتي يتصف سوادها الأعظم بمحبته للإسلام في حين أننا في أفغانستان لسنا أمام ثورة شعبية شاملة وإنما أمام مدى واسع لحركة مجاهدة

وإن الغالب على الظن لدى كل متابع للأحداث مطلع على التاريخ أن تلك الشعوب الثائرة ستغير الأوضاع لا محالة فإن ضاعفنا جهودنا بتوجيههم وتفقيههم ولم نتركهم لأصحاب أنصاف الحلول مع الاعتناء بحسن تقديم النصح لهم ستكون المرحلة القادمة بإذن الله هي إعادة الخلافة علماً أن التيارات الداعية إلى أنصاف الحلول كالإخوان مثلاً قد انتشر فيها الفهم الصحيح لاسيما في الأجيال الجديدة فرجوعها إلى الإسلام الحق هي مسألة وقت وكلما ازداد الاهتمام بتوضيح المفاهيم الإسلامية كلما قصرت المدة وقد تحدث أحد موجهي الأسئلة في الانترنت للشيخ أبي محمد حفظه الله وهو من الإخوان عن وجود تيارات تحمل الفهم الصحيح للإسلام داخل الإخوان كما ورد في كثير من وسائل الإعلام بأن هناك تيار سلفي له ثقل داخل الإخوان .

وبناء على ما تقدم فلا يصح بحال أن نبقى منهمكين في جبهة أفغانستان سعياً على أن يكون تحرير الأمة من قِبلها فجبهة أفغانستان قد آتت ثمارها بكسر هيبة الكفر العالمي ولا نعني بذلك أن نوقف الجهاد فيها وإنما نعني أن تكون جل جهودنا منصرفة إلى الاتجاه الذي يظهر أو يغلب على الظن أنه هو السبيل لتحرير الأمة وكما ذكرت المؤشرات قوية من الواقع والتاريخ أن ثورة الشعوب المسلمة إن أضيئت بإدراك حقيقة التوحيد هي الطريق لإعادة الخلافة بإذن الله.

فيجب أن نسعى في زيادة الانتشار الإعلامي المبرمج والموجه وأن تكون جهودنا في توجيه الأمة مدروسة ومستقرة على خطة محددة نتشاور جميعاً عليها حيث إن المرحلة مهمة جداً وخطيرة ولا تحتمل التباين الظاهر بين توجيهاتنا ومبدئياً يظهر لي أن خطوات المرحلة القادمة هي الآتي :

1 . مرحلة التدافع مع النظام وهي مرحلة الأخذ على أيدي الشعوب وتشجيع تمردها على الحكام وذكر أنه واجب شرعي فنركز سهامنا على إسقاط الحكام دون إدخال أي مسائل خلافية .(الكمُون)؟

2 . مرحلة ما بعد إسقاط الحاكم وهي مرحلة التوعية وتصحيح المفاهيم.

3. ....

ونظراً لسعينا في سد هذا الثغر وإعداد خطة لتوجيه الأمة فيجب استنفار جميع الطاقات التي لديها قدرات بيانية نثراً أو شعراً مرئياً أو مسموعاً أو مقروءاً ونفرغها تماماً لتوجيه شباب الأمة وإرشادهم ونترك إدارة العمل في أفغانستان ووزيرستان للطاقات التي لديها قدرات إدارية وميدانية وليس لديها قدرات بيانية

وبناءً عليه فمع وصول رسالتي هذه إليكم ينتهي عملكم الإداري في وزيرستان وتعينوا خلفاً لكم فلان.. وتبدؤوا بأسرع ما يتاح في ترتيب الطريق الآمن لخروجكم في يوم غائم من المنطقة إلى بشاور وما حولها ريثما نرتب لكم بيتاً في المكان التي نحن فيها لتتيسر لكم الأجواء المهيأة للقيام بالواجب السابق ذكره وكما ذكرتم في رسالتكم السابقة بأن الأجواء غير المستقرة وكثرة المشاغل تضعف كثيراً من قدرات العقل على التفكير والانجاز وكذلك لتتاح لكم متابعة الإعلام بشكل أكبر وليسهل التراسل بيننا لتبادل الأفكار وتنقيحها وتنشيط الخطابات للأمة ولتتاح لنا الزيارات لمناقشة الأفكار في الأحداث العظيمة مناقشة شفهية ولا تخفى عليكم أهمية ذلك .وقبل ختام الحديث عن هذه الأحداث الهائلة أود التنويه إلى أن حديثي في هذه المسألة ربما كان مخالفاً لحديثي فيما سواها من مسائل تناولناها خلال المراسلات السابقة ولكن ضخامة الحدث لا تسمح إلا بقمة الاستنفار.

UBL to Atiyah identified in a folder titled "to send"

4 pages translated where necessary (extended summary) from Arabic

During and Post Arab Revolutions Actions

Translation begins here:

Pages 1 and 2

To Shaykh ((Mahmud)),

I am sure that you are following up on the news media on the events taking place; the downfall of the Tunisian tyrant, the revolutions taking place in Egypt, Yemen, Libya, Oman, and the protest marches in Algeria, Morocco, Jordan, and Lebanon.

These are gigantic events that will eventually engulf most of the Muslim world, will free the Muslim land from American hegemony, and is troubling America whose Secretary of State declared that they are worried about the armed Muslims controlling the Muslim region. We also note that Egypt is the most important country, and the fall of its regime will lead into the fall of the rest of the region's tyrants, and the existing international situation doesn't allow the West to support ((Mubarak)) and the West's position towards the Libyan revolution is a weak one. All of this indicates that the Western countries are weak and their international role is regressing.

What is taking place today is critical to our nation, whose religion for centuries has been attacked. Circa two decades ago, the events to correct the situation in Syria, Algeria, Egypt and Yemen failed; and we have to exert all efforts to safeguard the Muslim's actions in the bigger revolutions that are taking place today, and have the countries abide by the Shari'a laws. Up till the moment, there isn't anyone who is performing the important duty of guiding the nation to adhere to the Shari'a laws, and in previous speeches I have suggested that the true Muslims form a Shura (TN: Consultation) Council to follow up on the nation's issues and to extend their advice to them. Time is passing, nothing was done, and it is for the Mujahidin to carry this duty to liberate the nation and restore the glory of its religion.

Though the Mujahidin have several duties to perform, their main duty now is to support the revolutions taking place. Although carrying Jihad in Afghanistan until we impose the laws of God in that country is an important duty that we are carrying out and are able to bleed the main infidel (TN: America), yet our main duty now is to liberate the billion and a half people and have them get hold of their holy places. Our Jihad in Afghanistan encouraged the nation to rise to get rid of the pressure imposed by the agents of America; the country that believes it is the great power that can wipe out or elevate whomever it wants. The nation members acted and carried their popular uprisings, and most of these uprisings love Islam. We in Afghanistan aren't encountering a popular uprising but are encountering the widespread strong actions of a Jihadist Movement.

Pages 3 and 4

History taught us that the people in revolt will change the existing situation, and we at the moment should exert our efforts to guide them and to prevent their being represented by the half-solution people such as (TN: the Muslim) Brotherhood, and we hope that the next stage will be the reinstating of the rule of the Caliphate. As to the Muslim Brotherhood, we note that the young generation's adhering to true Islam is a matter of time, as can be noticed by the Internet reply of Shaykh ((Abu Muhammad)) who is a Brotherhood member, in which he said that within the Muslim Brotherhood there are factions who now adhere to true Islam, and there is also a powerful Salafist faction within the Brotherhood.

Based on the above, it isn't a good thing for us to remain fully occupied with the Afghanistan front, and we should work first on liberating the nation. We got what we wanted from the Afghanistan front by shattering the prestige of the world's main infidel, and though we will continue our Jihad there, yet we should give our main attention to the Muslim nation's revolution that should be illuminated with the monotheism dogma in order to reinstate the rule of the Caliphate.

We should increase our directed media efforts that call for a specific plan that we consult, agree upon and adhere to. I belief that our actions for the forthcoming stage of events should be:
1: Support the people and encourage their rebellion against the rulers.

2: The post-rulers' eviction stage is to be an education stage and the correction-of-notions stage.

We should guide the nation by mobilizing our literate writers, poets, and technicians to advise and guide the nation's men, and we should leave the work in Afghanistan to the administrative and field men.

Upon your receipt of my letter, your administrative work in Waziristan will end, and you are to appoint the person (NFI) to succeed you. You will quickly make arrangements for your safe travel from your area to Peshawar and its suburbs till such time we arrange for you a quiet house in the area that we are in, in which you can contemplate, produce, carry out the above-mentioned task, follow up on the media work, and communicate with us to exchange and revise our ideas to be addressed to the nation, and to verbally discuss the monumental event that is taking place.

Before I end, I note that my words on this matter might be different from my words on other subject covered in our previous correspondence, because we have to really mobilize now due the great event taking place.

(End of translation)

الاقتصاد الألماني

- تعد ألمانيا *أكبر مصدر في العالم*
- صدرت ألمانيا في عام 2008 بضائع قيمتها 955 مليارات يورو
- 40% من اقتصادها وثلث من الوضائف متعلقان بالتصدير
- يعد قطاع *السيارات أهم و أكبر قطاع* في التصدير بحيث أن له 17% من الصادرات في عام 2008
- تعد ألمانيا *المحرك الاقتصادي* لأوروبا

تضررت ألمانيا بالأزمة الاقتصادية بحيث تراجعت المبيعات للخارج ويقول خبراء أن الاقتصاد سيتراجع في هذا العام بنسبة 15%

- يأملون أن يعوض السوق العربي تراجع المبيعات في بعض الأسواق المهمة, فلذا وضعوا أعينهم على بعض الدول التي تنوى استثمار مبالغ ضخمة مثل
- قررت الجزائر استثمار150 مليار دولار إلى سنة 2014
- السعودية تنوى استثمار 100مليار دولار
- وكذلك ستستثمر ليبيا.
- ومما يطمعون فيه كذلك العراق وخاصة في الشمال مثل مدينة أربيل, وفي زيارته الأخيرة إلى العراق قال وزير الاقتصادي السابق أن الوضع الأمني تحسن في العراق كله لا في الشمال فحسب, وأراد بهذا تشجيع المستثمر الألماني
- قطر مثلا تستورد منتجات ألمانية أكثر من المغرب مع أن عدد سكان قطر يساوي فقط 5% من عدد سكان المغرب

- مقاطعة سيارة ألمانية تعني تضرر القطاع السيارات أولا ومعه تتضرر شركات أخرى ومهمة مثل شركة BASF وهي أكبر شركة كيميائية في العالم و كذلك قطاع الصلب, كلاهما قطاع مهم في ألمانيا, و أخيرا تؤدي مقاطعة السيارات إلى فقدان وظائف العمل والى تراجع دخل الضرائب للدولة وغيرها من الضرر, وهذا مقصد السبحة في الشريط, شركات بعضها متعلقة ببعض و مصيرها في آخر المطاف واحد, يسمى هذا بالأماني (Dominoeffekt)

- في حالة الدعوة لمقاطعة البضائع الألمانية يستحسن عرض بديل للتقنية الألمانية, فلعلى البديل يكون البضائع اليابانية أو الكورية الجنوبية لماذا؟

- أولا: اليابان لها تقنية تسد احتياجات الناس لمن أراد أن يستغني عن البضائع الألمانية
ثانيًا اليابان تمر بها أزمة طاحنة ومدمرة, لعل هذه تكون رسالة الى اليابان واضحة اذا كان ذلك يناسب, هذا اقتراح ولا أعرف شيئا عن اليابان

- كذلك الحال بالنسبة لكوريا الجنوبية تقريبا، مع امتياز لكوريا الجنوبية كونها أبعد عن المشاركة في معاداة المسلمين وسحبت قواتها من أفغانستان، وغير ذلك.

نصيحة: تجنب في الخطاب مع ألمانيا الكلام عن اليهود وفلسطين كليا لأن هذا المضوع ذو حساسية كبيرة في ألمانيا ويرجع سلبيا على هدفنا, وأظن أننا لو استطعنا أن نوصل للشعب أننا مع ألمانيا نهدف فقط لإخراجهم من أفغانستان سيتفهم الشعب موقفنا إن شاء الله

- لعل هذا المعيار المزدوج يخدمك في تحريض المسلمين :
بعد نشر الرسوم المسيئة في الدنمرك دعا وزير الداخلية الألماني الصحف الأوروبية كلها لنشر هذه الرسوم, وهذه الدعوة كان لها وزن بحيث لم يقلها وزير الداخلية لدولة ما و إنما قالها وزير الداخلية لدولة يوجد فيها أكبر دار نشر في أوروبا وهي (Axel-Springer Verlag); والجدير بالذكر أن نفس الوزير وعد صحفيين لجريدة ديرشبيكل قبل أول مؤتمر للإسلام أنه لو وصفه احد في هذا المؤتمر بالكافر فسيتعرض لمشاكل
ذكر هذا يخدمنا كذلك في نشر الخوف بين الإعلاميين, سيعتقدون أن ذكرهم يعني استهدافهم, وإذا خاف الإعلام انكسر الحاجز بين الحقائق وبين الناس, فخوفا على حياتهم سينشر الصحفيون ما يشجع الناس للانتخاب من يريد سحب الجنود والله أعلم

(Begin Text of Translation):

The German Economy

- Germany is considered the largest exporter in the world.

- In 2008, Germany exported goods valued at 955 Billion E uros (Comment: At a 1 Jan 2008 exchange rate of 1 Euro to U.S. $1.5, 955 Euros was equaled approximately U.S $1385.)

- 40% of its economy and one third 1/3 rd of its Employment are connected to the export.

The vehicle's division is considered the most important and the biggest part exports where it is 17% of 2008 exports.

- Germany is considered the economic engine of Europe.

Germany has suffered from the economic crises where its sales abroad have regressed, and the economy experts sa y it will regress this year at a percentage of 15%.

- The hope the Arabic market will compensate the fall of sales in some important markets, therefore, they are concentrating on some of the countries that are intending on investing huge amounts, such as

- Algeria decided to invest 150 Billion Dollars until 2014

- Saudi Arabia intends to invest 100 Billion Dollars

- And also Libya.

- And they are craving for Iraq and particularly the north, such the city of Arbil. In his last visit to Iraq, the former economic minister said, the security condition has improved in all Iraq, and not in the north only, and in this he wanted to encourage the German investor.

- Qatar for example, it imports German products more than Morocco despite its population is only equal to 5% of the popul ation of Morocco.

- Boycotting the German automobile means harm to the Automotive sector first and with it other companies will be hurt also, such as BASF the largest Chemical company in the world , and also the steel industry, both are important sectors in Germany. Boycotting the German automotive will lead to the loss of jobs, and shortage in tax income to the government and other damages, and this the in tention of the rosary in the tape, companies connected to others and their destiny at the end of the journey is one, called hope. (Dominoeffekt) Domino effect.

- In case there was a call for boycotting the German merchandise, it better to have a substitute to the German technology, and the substitute may be the Japanese or the South Korean.

First: Japan has a technology to cover the needs of the people, who want to dispense with the German goods,

Second: Japan is going through a destructive and fierce crises, this may be a clear message to Japan if this was suitable, this is a suggestion, and I do not know anything about Japan.

And it is almost the same situation in regard to South Korea, but it is distinguished by being far from participation in the Animosity against the Muslims, and it pulled its troops from Afghanistan, and other than that.

Advice: avoid talking about the Jews and Palestine when talking to the Germans. This subject is very sensitive to in Germany, and it will bring negative results to our goal. I think if we were able to tell the people that we are with Germany, we only mean to get them out of Afghanistan; the people will understand our position, God willing.

- Perhaps the double standard will serve you in encouraging the Muslims.

After the publishing of the caricatures insulting Prophet Muhammad in Denmark, the German Minister of the Interior called asked all the European Newspapers to publish the caricatures, and it has a weight since it was not said by a minister of some country, but the Interior Minister of a country that has the largest publishing house in Europe (Axel-Springer Verlag) , and what is important to mention is, the same minister promised reporters from Der Spiegel a day before the first Summit of Islam that if any one described him in this Summit as a Kafir (Infidel), he will face problems.

Mentioning this will serve us in spreading fear among the Media personalities believing publishing them, means targeting them. If the Media is afraid, the barrier between the truth and the people is broken. Fearing for their lives, the media will publish what encourages the people to vote for who wants to pull the tro ops, and only God knows.

(End Text of Translation):

بسم الله الرحمن الرحيم

الحمد لله رب العالمين والصلاة والسلام على نبينا محمد وعلى آله وصحبه أجمعين

أما بعد...

إلى الأخ الكريم الشيخ محمود حفظه الله

السلام عليكم ورحمة الله وبركاته

وبعد...

أرجو أن تصلكم رسالتي هذه وأنتم وأهلكم وذراريكم وجميع الإخوة بخير وعافية

وصلتني رسالتكم الكريمة وهذه بعض الردود على ما ورد فيها.

- بخصوص رسالة الأخ أبي مصعب عبد الودود فقد تمكنا بفضل الله من فتحها واطلعت على ما تضمنته وسأرفق له رسالة في المرة القادمة بإذن الله كما أرجو أن تفيدوني هل تم إعداد البحث عن مهادنة المرتدين وإرساله إلى الإخوة في الجزائر أم لا وإن كان قد تم فحبذا أن ترسلوا إليّ نسخة منه وإن لم يكتمل بعد فحبذا أن ترسلوا إلي الجزء الذي كتب منه .

*وحبذا أن توجهوا الإخوة في السحاب للاهتمام بترجمة الأدبيات الجهادية بالفرنسية وبما يستطيعونه من لغات إخواننا في إفريقيا فلهذا الأمر أهمية كبيرة أشار إليها الشيخ بشير المدني في تقريره عن المغرب الإسلامي وهو مرفق فحبذا أن ترسلوا نسخة منه للشيخ أبي محمد وأرى أن ترسل نسخة منه للإخوة في السحاب بعد اطلاعك عليه.

وكذلك ترسلون إلى إخواننا في المغرب الإسلامي بأن يزيدوا اهتمامهم بترجمة الأدبيات الجهادية إلى الفرنسية واللغات المحلية .

- أرجو إرسال أسماء القبائل التي ذكرها الشيخ بشير المدني في تقريره وبشكل عام قبائل المنطقة (المغرب الإسلامي) على أن تكون الكتابة مشكلة وموضحة بتعريف الحروف المعجمة من غيرها.
- مرفق بيان للشعب الفرنسي أرجو إعطاؤه لقناة الجزيرة العربية وقناة الجزيرة الدولية وكذلك مرفق نسخة أخرى من البيان في شريحة خاصة للإخوة في الإعلام
ومقطع مصور كتجربة لبيان أمريكا ليطلعوا عليه ويفيدونا بملاحظاتهم الفنية عليه ثم يتلفوه.
- أرجو إرسال رسالة إلى إخواننا في المغرب الإسلامي على وجه السرعة تتضمن الإشارة عليهم بأن لا يتفاوضوا مع الفرنسيين على إطلاق سراح أسراهم بالمال وإنما يكون التفاوض مع الفرنسيين على رفع مظالمهم عن الأمة كتدخلهم في شؤون المغرب
الإسلامي ويكون من أهم المطالب انسحابهم من أفغانستان مع الإشارة إلى أن بدايات التفاوض قبل إبرام الاتفاق لا تلزمهم بشيء
كما أرجو التعميم للإخوة بأن المفاوضات مع الأوربيين يكون على رأسها انسحابهم من أفغانستان ومع الأمريكيين يكون على رأسها التخلي عن دعم اليهود ولا تضاف مسألة اليهود للتفاوض مع الأوربيين لأنها تحصيل حاصل فمتى اضطر الأمريكيون للتخلي عن اليهود سيتخلى الأوربيون .
- بخصوص الصحفيين الفرنسيين لدى الطلبة فإن تأكد أنهم جواسيس فالرأي أن يتم ربط قضية إطلاق سراحهم بخروج الفرنسيين من أفغانستان وإن لم يتم إعلانهم لجدول زمني للانسحاب يقتلا وأما إن كانت هناك شبهة فتتم المفاوضة معهم على الفدية.
- بخصوص العمل داخل أمريكا فالأخ طوفان غير مناسب وأما أخونا الباشا فتقديري أن المهمة فوق طاقته.

- بخصوص كتاب نقاط الارتكاز وما ذكرتم عن مؤلفه فحبذا أن تقترحوا عليّ طريقة للاستفادة منه دون الدخول في تزكية الكاتب وقد كنت في رسالتي للأخ بصير أشرت إلى الكتاب فحبذا أن تحذف هذه الإشارة قبل إرسال الرسالة إلى بصير هذا إن كانت الرسالة لم ترسل بعد.
- بخصوص اليمن فسأوافيك عما ذكرتَه من آراء في رسالة قادمة بإذن الله وكذلك

فيما يخص ما كتبه الأخ طوفان سأوافيك به.

- بعد الذكرى الأخيرة للعمليات المباركة يوم الحادي عشر بأيام صدر خطاب للشيخ أبي محمد وكان تعامل الجزيرة معه ملفت للانتباه فبثت غيرها من القنوات الخبر قبلها وبثته هي في نشرة يكون فيها معظم المسلمون في العالم العربي نائمون وجعلته الخبر الأخير ثم وضعت الخبر في شريط الأنباء والمألوف أن يبقى الخبر في شريط الأنباء 24 ساعه إلا أنها حذفته من شريط الأنباء بعد بضع ساعات دون أن يكون هناك حدث كبير يبرر عدم الاهتمام بالخطاب فحبذا أن تفيدونا بتوقعاتكم وتحليلاتكم لهذا الأمر كما يستحسن أن تسألوا عنه أحمد زيدان.
- كان من ضمن ما أرفقتموه لي سابقاً مقالاً منسوباً لأخينا سيف العدل بعنوان (السيرة الذاتية للقائد الذباح أبي مصعب الزرقاوي) رحمه الله وبعد اطلاعي عليه ظهر لي بجلاء أنه مكذوب في نسبته لأخينا سيف العدل وفيه إساءة لأخينا أبي مصعب رحمه الله ولأخينا سيف وللتنظيم بشكل عام وفيه تحفيز شديد للإخوة في العراق بأن يقيموا دولة لم تكتمل مقومات نجاحها و مما يُظهر أن الكاتب ليس هو سيف العدل ذكره في المقال بأنه أخذ تفويضاً مني ومن الشيخ أبي محمد للتعامل مع قضية أبي مصعب رحمه الله في حين أن في ذلك الوقت لم تكن الوحدة قد تمت بيننا وبين جماعة الجهاد فأي شخص كان معايشاً لنا في تلك الفترة سيقول أنه أخذ التفويض مني ومن الشيخ أبي حفص رحمه الله بينما الكاتب لم يذكر شيئاً عن الشيخ أبي حفص رحمه الله علماً أنه لم تكن هناك

أي مشكلة مما ذكر وأننا لم نفوض أحداً لحلها وفيه سرد لقصص ليس لها أي أساس من الصحة فأرجو أن يتم تحليل النقاط الخطيرة التي احتوى عليها المقال وتوضيح ماذا أراد الكاتب أن يدس فيها كما أرجو أن تقوم بتكذيب نسبته لسيف وتذكر أنه في السجن مما لا يتيح اطلاعه عليه وتبرئة نفسه منه وأن هناك أشخاصاً بل أجهزة تابعة لبعض دول المنطقة مهمتها الافتراء على المجاهدين وتشويه صورتهم ويكون التكذيب بأن سيف العدل براء من المقال دون زيادة في وصف أخينا .

وقد ورد في رسالتك السابقة ذكرك لسيف العدل مع الشيخ أبي الخير والشيخ أبي محمد الزيات مما استدعى ذكر هذه المعلومة وهي خاصة لعلها لا تغيب عنكم فالشيخ أبو الخير والشيخ أبو محمد متقدمون على أخينا أبي خالد سيف العدل مع أني أحسب أن له جهوده التي تفيد الجهاد والمجاهدين ولكن في الأعمال العسكرية التي هي دون استلام القيادة العامة أو النيابة سواء كان نائباً أولاً أو ثانياً نرجو الله تعالى أن يفرج عنهم جميعاً.

- بخصوص التراسل عبر الانترنت فلا بأس بالتراسل في الرسائل العامة إلا أنه حتى مع ما ذكر الإخوة عن برنامج أسرار المجاهدين فسرية العمل الخارجي لا تسمح باستخدامه فحبذا التأكيد على الإخوة الذين يعنيهم الأمر بأن العمل الخارجي لا يكون إلا عبر الرسل الثقات .
- مرفق رسالة لصاحب الطيب أرجو الاطلاع عليها وإرسالها والاطلاع على رسالته إلينا ونسخة من رسالته ورسالتي للشيخ أبي محمد وستصلكم رسالة للشيخ أبي محمد في الرسالة القادمة .
- مرفق رسالة للأخ بشير المدني أرجو إيصالها إليه وإن كان قد سافر فيكون إرسالها بالطرق العادية عبر رسول موثوق.

- أرجو تكليف من يلزم بجمع المعلومات عن صحفيتين من الدنمرك يعملون مع الصحيفة المسيئة للرسول صلى الله عليه وسلم وقد كان تم طردهما من باكستان ثم أعيدتا بضغوط خارجية .
- حبذا أن تفيدني عن المعلومات التي طلبتها عن الإخوة في العراق وهل تيسر لكم أن ترسلوا إليهم السياسة العامة وماذا تم بخصوص ردود الإخوة الذين أرسلتموها إليهم.
- أرجو أن تراسلوا جميع الإخوة في الأقاليم بأن يجتنبوا إجراء اللقاءات مع الإعلام الجهادي لما قد ذكرته سابقاً من أنها تكون خارجة عن المهنية التي استقر عليه أهل هذه الصناعة ولا تحمل الحيوية الكافية مما يوحي للناس بمعاني ليست في صالح المجاهدين كالتخلف وما شابه ذلك فضلاً عن عدم توفر الأخ المهيأ لإدارة الحديث واختيار الأسئلة المناسبة في كثير من الأحيان ولعلكم لاحظتم في الأشرطة الأخيرة للأخ أبي دجانة الخراساني رحمه الله وتقبله في الشهداء الفرق بين البيان الذي يتحدث فيه بمفرده ويبن اللقاء وما ورد فيه من أسئلة عن الماديات مما لم يكن مناسباً للاستفادة من وقت رجل يريد تقديم روحه لله بعد أيام أو ساعات نحسبه والله حسيبه .
- حبذا أن ترسلوا إليّ جميع وصايا الإخوة التسعة عشر الموجودة لدى الإخوة في الإعلام.
- بخصوص تخزين القمح فلي رأي بأن تفرغوا أخوين من أهل هذه المناطق ذوا كفاءة ولديهما حس تجاري أو يكونا أصلاً عاملين في التجارة فتطلبوا منهما أن يكون ضمن تجارتهما التجارة بالقمح والسكر والحبوب وما شابه من ضروريات الغذاء ويكون لهم مستودع متين متقن لا تتسرب إليه المياه مرتفع عن مستوى فيضانات الأودية والأنهار فتشاركون معهما بالكمية التي تحتاجونها من الغذاء علماً أن الكمية الاحتياطية ينبغي أن تكون كافية لكم لمدة سنة على الأقل وهما يتاجران بها فتبقى متجددة باستمرار على أن يتم الاتفاق معهما أنه عندما تبدأ الأزمة يتوقفان مباشرة عن البيع ويبقى المخزون الذي لديهما للإخوة وهما مستفيدان من

هذه الخطة بالأرباح المترتبة على البيع والشراء فنحن لن نشغل مستودعاتهما دون فائدة تعود عليهما.

إلا أنه من الأهمية بمكان أن تكون المستودعات ضمن النطاق الذي يسمح بوصول القمح منه إلى الإخوة عند الضرورة.

أما الطريقة الأخرى التي ذكرتها سابقاً فإن كانت حركتكم كثيرة فيصعب نقلها والتحرك بها فهي شراء براميل نظيفة ـ كانت تستخدم لمواد غذائية كالمشروبات الغازية والزيوت النباتية وليس المواد الكيماوية ـ محكمة الإغلاق تغسل وتنشف في الشمس لمدة يوم مع مراعاة أن لأغطية هذه البراميل حلقة مطاطية لمنع تسرب الهواء مما يحافظ على الحبوب المخزنة فيها لمدة سبع سنوات شريطة أن تكون الحبوب من إنتاج العام الذي سنخزن فيه نظيفة من السوس والحشرات وما شابه .

- بخصوص الأخ الوسيط فبإمكانكم التواصل معه مباشرة فيما يخص الرسائل والأموال علماً أنا قد أرسلنا إليه أمانته المالية .
- حبذا أن تفيدوني عما تم بخصوص البرنامج الذي سيقوم بإعداده أحمد زيدان بخصوص الذكرى العاشرة .
- بخصوص المرافق فأفضل أن يكون من إخواننا البشتون إلا أنه لا يتناسب مع أمنياتنا أن يكون من المهاجرين

  وفيما يخص انقطاعه عن منطقته فأُفضِّل كذلك أن ينقطع عن منطقته ويرتب له غطاء عمل أو تجارة ويستحسن أن يكون متزوجاً ليس لديه أبناء أو أبناءه ما زالوا أطفالاً غير مميزين .
- سبق أن أرسلنا رسالة للإخوة في الخط ولم يصلني إشعار منكم عن وصولها وما تم بشأنها وكذلك رسالة أخينا أبي أنس السبيعي ورسالة أبناء الشيخ سعيد رحمه الله .

- وكذلك بيان الفيضانات الأول لم يصلني إشعار منكم بوصوله وما الذي حال دون بثه في الإعلام مع ملاحظة أنه بعد مرور الوقت فأرجو أن تحذفوه تماماً والبيان الثاني إن تيسر أن يبث خلال أسبوعين فلا بأس وإلا فأوقفوه حيث إنه قد يحتاج إلى تحديد وحبذا أن تفيدني عن أسباب تأخرهما وتأخر الأخ الوسيط بيننا عن الموعد الذي اتفقنا عليه في السابع والعشرين من شهر أغسطس كما أرجو التأكيد على الوسيط أن يستلم منا رسالة في الخامس عشر من شهر أكتوبر لما سبق ذكره من أنها ستتضمن رسالة إلى الشعب الأمريكي قبل الانتخابات النصفية للكونجرس في أول نوفمبر وقد كنا في الرسالة السابقة ذكرنا لكم يوم عشرين أكتوبر إلا أننا خشية من التأخر كما حصل في الموعد السابق قدمنا الموعد فأرجو التأكيد على الأخ بأن يكون موجوداً في هذا الموعد .
- حبذا أن ترسلوا إلينا ما يتوفر لديكم من كتب في الاستراتيجيات ولا يخفى عليكم أنها متوفرة في الانترنت .
- بخصوص أهلي القادمين من إيران يبقون في أماكن آمنة إلى أن يتم التراسل والتشاور أكثر في مسألة ذهاب حمزة إلى قطر أو بقاؤه ونطمئن على النواحي الأمنية قبل مجيء والدته إلينا .
- بخصوص إرسال الأموال إليّ فأرجو تعميد من يلزم بإرسال كامل كشف حسابي الخاص وحبذا أن ترسلوا إليّ مبلغ ثلاثين ألف يورو يؤخذ ما وجد منها من حسابي الخاص ويتم الباقي قرضاً عليّ من الحساب العام على أن يبقى بعض المال في حسابي الخاص لتسيير أمور الأهل والأبناء إذا وصلوا من إيران .

كما أرجو أن تحذف الرسائل السابقة إليهم ومرفق رسائل أخرى لهم مع هذه الرسالة كما أرجو أن تفيدوا الأخ عبد اللطيف بأن يحضر منهم رسائل إلينا.

- مرفق رسالة من ابني خالد للإعلام .

وفي الختام : أرجو الله سبحانه وتعالى أن يحفظكم و يوفقكم لما يحبه ويرضاه وآخر دعوانا أن الحمد لله رب العالمين والصلاة والسلام على نبينا محمد وعلى آله وصحبه أجمعين .

السلام عليكم ورحمة الله وبركاته

أخوكم زمراي

السبت، 17/شوال/1431

Page 1

In the name of Allah the most gracious and the most merciful.

Thanks be to God, the Lord of the Worlds, and peace and prayers be upon our prophet Muhammad, on his family and all of his companions

To the generous brother, Shaykh Mahmud, May God protect him.

Peace, mercy and the blessings of Allah be upon you
I hope this letter finds you, your family and all of the brothers' well and in good health

I received your generous letter and here are some of the responses to its content

-With respect to the letter of Brother Abi Mus'ab 'Abd Al((Wudud)), we were able with the grace of Allah to open it and read its content. I shall attach a letter next time, God willing. I also urge you to inform me as to whether the research was done on establishing a truce with the apostates to send it to the brothers in Algeria, or not. If that was established, please send me a copy of it. Otherwise, send me the section that was written

-I recommend instructing the brothers in Al-Sahab to focus on the translation of the jihadist literature into French and other languages of our brothers in Africa. This issue is extremely important, as Shaykh Bashir Al-((Madani)) had indicated in his report concerning the Islamic Maghreb which is attached. I recommend that you send a copy of it to Shaykh Abi Muhammad and a copy to the brothers in Al-Sahab after reviewing it. You will also send it to our brothers in the Islamic Maghreb to increase their focus in translating the jihadist literature into French and into local languages.

Page 2

Please send the names of the tribes that Shaykh Bashir Al-Madani had mentioned in his report and, in general, the tribes of the area (Islamic Maghreb); so long as the writing would be varied and clearly identifies the vowels from others.

-Attached is a statement for the French people - please provide it to al-Jazeera al-Arabiyah channel and the International alJazeera channel. Also attached is another copy of the statement in a special chip to the brothers in the media, as well as a taped section as an experiment to America's statement for your review and provision of your comments. Destroy it afterwards.

-Please send a letter to the brothers in the Islamic Maghreb urgently that includes an indication for them to negotiate with the French to release their prisoners in exchange of money. Otherwise, the negotiation with the French would be based on lifting their injustice from the nation, just like their interference in the Islamic Maghreb affairs. Amongst the most important demands would be their withdrawal from Afghanistan, although the beginning of the negotiation prior to signing the agreement would not make them commit to anything.

I urge you to issue a circular to the brothers indicating that the negotiations with the Europeans would first include their withdrawal from Afghanistan and with the Americans to first relinquish the support to the Jews. The Jews' issue would not be added to the negotiations with the Europeans because it is a given. When the Americans are forced to relinquish the Jews, the Europeans would abandon them as well.

-With respect to the French journalists in the custody of the Taliban, it is necessary to confirm if they are spies. The idea is to tie their release with the egress of the French from Afghanistan. Should they not provide a timeline for their withdrawal, they would then be killed. If there is suspicion, negotiations would be established for a ransom.
-With respect to the work in America, Brother ((Tufan)) is not appropriate. However, with respect to our Brother ((Al-Basha)), my assessment is that the mission is above his capacity.

Page 3

-With respect to the book 'Pivotal Points' and what you had mentioned about its author, I would recommend that you propose to me a method to benefit from it without getting into recommending the author. In my letter to Brother Bashir, I had made reference to the writer and it would be best to delete this indication prior to sending the letter to Bashir - this is if the letter was not sent yet.

-With respect to Yemen, I shall provide you the opinions I had mentioned, in the next letter, God willing. With respect to what Brother Tufan had written, I shall provide that to you as well.

-A few days following the last commemoration of September eleventh's blessed attacks, a speech by Shaykh Abi Muhammad was issued. His dealing with al-Jazeera attracted attention and, other channels also broadcasted the news before it did. However, it broadcasted it during a news report where most of the Muslims worldwide were sleeping and made it the last section of the news. Then they placed the news in the news tape and it to remain for 24-hours. However, they deleted it from the news tape a few hours later without justification for the lack of interest to the speech. Please provide us with your expectations and your analysis of this issue. It would be best if you could query Ahmad ((Zaydan)) about it.

-Amongst the previously attached material you had provided me, there was an article attributed to our Brother Sayf Al-(('Adl)) entitled "Biography of the Slaughterer Leader Abi Mus'ab AlZarqawi". May God have mercy on him. After reviewing it, it became clear to me it was falsely attributed to our Brother Sayf Al-'Adl as it included an offense to our Brother Abi Mus'ab AlZarqawi, May God have mercy on him. Also, to our Brother Sayf and to the organization, in general. It included a strong motivation to the brothers in Iraq to erect a state which components for success had not been completed. It indicated that the author - not Sayf Al-'Adl mentioned in the article, that he had taken an authorization from me and from Shaykh Abi Muhammad to deal with the case of Abi Mus'ab, May God have mercy on him while at that time, the unity was not achieved between us and the Jama'at Al-Jihad. Therefore, any individual living with us at that time would say that he had taken authorization from me and from Shaykh Abi Hafs, May God have mercy on him, while the writer had not mentioned anything about Shaykh Abi Hafs, May
God have mercy on him.

Page 4

Although there was no problem mentioned, and we did not give the authorization to anyone to resolve it. It also included a narration of unfounded stories, hence the need to analyze the critical points contained in that article and clarifies what the author had wanted to interpolate. I also urge you to deny its attribution to Sayf and remind them he is in jail, which prevents him from reviewing it and acquitting himself from it. Also, that there are individuals, as well as services belonging to countries in the area whose mission is to defame the Mujahidin and disfigure their picture. The denial would be that
Sayf al-'Adl is innocent from what was said, without adding in the description of our brother.

In your previous letter, you had mentioned Sayf Al-'Adl with Shaykh ((Abi Al-Khayr)), and Shayk Abi Muhammad Al-((Zayat)) which led to the mention of this information. It is special and obvious because Shaykh Abu Al-Khayr and Shaykh Abu Muhammad are above our brother Abi Khalid Sayf al-'Adl; although I believe that he has efforts that would benefit the jihad and the Mujahidin. However, in the military work, that is without taking over the general command or the representation whether he is the first deputy or the second. I ask Allah the Almighty to release all of them.

-With respect to the communication over the internet, we have no objection in communication of general messages. However, even with what the brothers had mentioned regarding al-Asrar alMujahidin program, the secrecy of the external work does not allow its use. I recommend confirming with the interested brothers that the external work would only be through the trusted messengers.

-Attached is a letter to Sahib al-((Tib)) (Var: al-Tayib) - please review it and sent it. Also review his letter to us, to include a copy of his letter and my letter to Shaykh Abi Muhammad. You shall receive a letter to Shaykh Abi Muhammad in my next letter.

-Attached is a letter to Brother Bashir Al-Madani - please deliver it to him. If he traveled, then the delivery should be through the regular route and through a credible messenger.

Page 5

- Please task the necessary resources to gather information on the two journalists from Denmark working with the newspaper that insulted the Prophet and who were expelled from Pakistan, but were later returned under foreign pressure.

- Please provide me with the information that I asked for on the brothers in Iraq. Did you send them the general policy? What happened with the responses of the brothers that you sent to them?

-Ask the brothers in the regions to not hold any interviews with jihadi media for the reasons that I mentioned before, including the lack of professional standards that people in this profession have established, and not having enough credibility, and the brother who conducts the interview does not have the qualifications to run it and choose the appropriate questions.
You must have noticed that the latest tapes by Abu-Dajanah alKhurasani (may God rest his soul and accept him among His martyrs) show the difference between the statement that he made on his own and in the interview. The questions that were presented to him were not appropriate for a man who wanted to sacrifice his life within days or hours.

-Please send me the living wills of the 19 brothers that are with the media.

-Regarding storing the wheat, I suggest that you dedicate two brothers from those areas who are qualified, have business sense, and have experience in trade. You should ask them to add wheat, sugar, and grain to the things that they deal with. They should have a good warehouse that water cannot get into and should be above the flood line. You should have them store the amount that you need. Keep in mind that a reserved amount should be sufficient for at least a year. They should sell it and replace it and this way it stays fresh.

Page 6

You should agree with them that they will stop selling the stored amount as soon as a crisis hits. They will benefit from this deal and we do not expect them to allow us to use their warehouses without benefits to them.

The warehouse should be located in an area that would be accessible to the brothers when necessary.

The other method that I mentioned, but is difficult to utilize if you are moving a lot, is to buy clean barrels that were used for food and drinks, not for chemicals, and they should be sealable. You should wash them and dry them in the sun for a day. These barrels have a rubber top to make it airtight and make it possible to store fresh grain for seven years without allowing bugs to get to it.
-Regarding the intermediary brother, you can contact him directly on issues related to letters and money. Also, I sent his money to him.

-Please update me on the program that will be done by Ahmad Zidan on the tenth anniversary.

-Regarding the escort, I prefer to have a Pashtun, but our security situation does not allow us to use an immigrant.

As for his isolation from his area, I prefer that he isolates himself from his area. We should arrange for a business cover for him. It would be best if he is married and does not have kids or infants.

Page 7

-We sent a letter to the brothers at the front, but I did not receive a confirmation from you that they received it. The same applies to the letter for brother Abu-Anas al-Subay'i and the letter for the children of Shaykh Sa'id (may God rest his soul).

-Also, I did not receive a confirmation from you on receiving the statement on the flood. Please give me the reasons that prevented it from being broadcast through the media. After a while, please delete it and replace it with the second statement. If you cannot publish it within the next two weeks, then do not publish it, because it needs to be updated. Please let me know what is causing the delay and the reason that the intermediary is late and did not make it on the date that we agreed upon, the 27th of August. Also, please make sure that you confirm with the intermediary to receive a letter from us of 15 October. This letter will include a message to the American people before the midterm congressional election at the beginning of November. In the previous letter, I told you the 20th, but I am afraid of delay as was the case last time. Please make sure that the intermediary is on time this time.

-Please send us any books available to you on strategies. Keep in mind that there are many of them on the internet.

-Regarding my wife who is coming from Iran, keep her in a safe location until we conduct further communications and consultation on the issue of sending Hamzah to Qatar or keeping him there. We should also make sure of the security situation before his mother comes to us.
-Regarding sending the money to me, please send me a complete statement on my fund. Also, please send me 30,000 euro from my personal fund. If there is not enough money in my personal fund, please take money, as a loan, from the general account. Please keep some money in my personal fund for my wife and children to use once they arrive from Iran.

Page 8

Please delete the older letters to them, and attached are new letters for them. Also, ask brother ‘Abd-al-Latif to bring us letters from them.

-Attached is a letter from my son Khalid to the media.

Finally: I pray to God almighty to protect you and grant you success in all that pleases Him. Praise be to God, and prayers and peace be upon prophet Muhammad, his family and companions.

God’s peace, mercy and blessings be upon you

Your brother, Zamray
Al-Sabbat, 17 Shawal 1431
(TN: Saturday, 26 September 2010)

بسم الله الرحمن الرحيم

والحمد لله رب العالمين والصلاة والسلام على نبينا محمد وعلى آله وصحبه أجمعين

أما بعد....

إلى الأخ الكريم الشيخ أبي يحيى حفظه الله

أرجو أن تصلكم رسالتي هذه وأنتم وجميع الإخوة بخير وعافية وإلى الله تعالى أتقى وأقرب .

وبعد....

وصلتني رسالتكم الكريمة فاطلعت عليها وسررت بما فيها من نصائح فجزاكم الله خيراً على ما أوردتم فيها .

وأعزي نفسي وأعزيكم في إخواننا الذين قتلوا في هذا الطريق العظيم وأحسبهم من الشهداء والله حسيبهم وفي مقدمتهم الشيخ أبو الليث والشيخ ابن الشيخ والشيخ عبدالله سعيد والشيخ أبو منصور الشامي والشيخ أبو صالح الصومالي ومن كان معهم جميعاً وأرجو الله أن يتقبلهم ويسكنهم فسيح جناته وأن يأجرنا في مصيبتنا ويعوضنا خيراً .

وبخصوص ما ورد في رسالتكم أعدكم برسالة قادمة أضمنها الكلمة التي ذكرتم بإذن الله .

وأسأل الله أن يوفقنا وإياكم لما يحبه ويرضاه وأن يثبتنا على هذا الطريق حتى نلقاه وهو راض عنا وأن ينصرنا على القوم الكافرين وآخر دعوانا أن الحمد لله رب العالمين .أخوكم زمراي

In the name of Good the most merciful

Praise be to God and prayers and peace be upon Prophet Muhammad,
his family and companions

To the honorable brother, Shaykh Abu-Yahya, May God protect him,

I hope that you receive this letter while you and all the brothers are well, in good health, and closer to God.

I received your letter and I read it and I was very pleased with the advice in it. May God reward you for it.

I comfort myself and comfort you for our brothers who were killed on this great path. May God consider them martyrs as we do. These brothers are Shaykh Abu-al-Layth, Shaykh Ibn-al- Shaykh, Shaykh 'Abdallah Sa'id, Shaykh Abu-Mansur al-Shami, Shaykh Abu-Salih al-Sumali and whoever was with them. I pray to God to accept them, let them reside in His paradise, comfort us for our loss, and reward us.

Regarding what was mentioned in your letter, I promise to send you a letter that contains the speech that you mentioned, God willing.

I pray to God to grant us success in what pleases Him, steadfastness on this path until we meet him, and victory over the infidels. Praise be to God.

Your Brother,
Zimray

بسم الله الرحمن الرحيم

....

الحمد لله الذي وعد فوفى، وأوعد فعفا، والصلاة والسلام على سيدنا محمد سيد الشرفا، وآله وصحبه المستكملين الشرفا.

***

فضيلة الأخ الكريم/ الشيخ ازمراي حفظه الله ورعاه. السلام عليكم ورحمة الله وبركاته. أرجو أن تكونوا وجميع من معكم في فضل من الله ونعمة وعافية، وأن يوفقكم المولى سبحانه لما يحب ويرضى، وأن يجمع بيننا وبينكم سالمين آمنين غانمين منتصرين على عز في الدنيا وفوز في الآخرة بفضله ورحمته.

وبعد

1- وصلتني رسالتكم الكريمة المؤرخة في 17/ 12/ 2007.

2- عظم الله أجركم في الشيخ أبي الليث والشيخ أبي سهل الليبيين وعدد من الإخوة معهما، ولعل الإخوة أن يوافوكم بالتفاصيل.

3- الوفد والرسالة.

أ- أرسلت لكم في الرسالة السابقة عن مسألة ملا منصور، وقد تطورت تلك المسألة، فقد طلب منه الملا في رسالة على شريط صوتي تسليم من عنده لبيت الله مسعود، للتحقيق معهما، فيما نسبهما منصور لهما، ووعده بيت الله بعرضهما على قضاة أفغان موثوقين، فما كان من منصور إلا أن أظهر الموافقة، وطلب مهلة، ثم قتلهما. فغضب منه بيت الله، وطلب منه مغادرة منطقته، وغضب منه الملا فعزله.

ب- وكنت أنا والحافظ قد اتفقنا قبل الحادثة الأخيرة المشار إليها على عدم إرسال رسائل للملا، وإتلاف رسالتي التي عند الحافظ، حتى تتضح الأمور، خاصة وأن الطيب لم يجده الحافظ، كما أن ياسر نصحنا في هذه الظروف بأن تكون رسائلنا رسائل مجاملة عادية نؤكد فيها على الالتزام بالسمع والطاعة، لأننا لا نعلم كيف تنقل الرسائل؟ ولا لمن تصل؟ ولا كيف تصور؟ فما رأيكم في هذا الاجتهاد؟ والله المستعان.

4- آخر أخبار الزيات.

اتصل مندوب من أهل البلد بأحد إخواننا هناك، وطلب منه اللقاء للتفاهم حول الزيات وشركاه، والتفاصيل عند الحافظ، ولا أدري هل ما ورد في كلمتكم الأخيرة وكلمة أبي محمد[1] عنهم له علاقة بهذا التحرك. نسأل الله التيسير. وليس عندي إلا ما ذكره لي محمود في أشرطته التي أرفقها لكم مع هذه الرسالة[2]. وسأتابع مع الحافظ إن شاء الله.

---

[1] أرفق لكم الحوار الرابع للسحاب مع أبي محمد بعنوان (رؤية للأحداث).

[2] رسائل محمود جاءت أجوبة على أسئلة طرحتها عليه بعد عودته سالماً، وهي موجودة في مجلد بعنوان (أشرطة محمود).

5- تراجعات فضل والتبرئة.

أصدر د. فضل رسالة أسماها (وثيقة ترشيد العمل الجهادي في مصر والعالم). وهي وثيقة استسلام مع سباب وشتائم للشيخ أسامة ولأبي محمد، وأتبعها بحديث مطول مع صحيفة الحياة، كال فيه أضعافاً من السباب.

وقد كتب أبو محمد رداً عليه في رسالة بعنوان (التبرئة)، وأرسل نسخاً منها لعدد من الإخوة لإبداء رأيهم من الناحية العلمية ومن ناحية الأسلوب حتى يخرج من حظ نفسه، ولا ينجر لمستوى الوثيقة. وقد أجابه الشيخ محمود والحافظ. وتجري الآن مراجعة الرسالة بناء على تلك الملاحظات، وإن كنت أرى أن الرسالة جيدة، ويمكن لبقية الإخوة إكمال النقص فيها بردود أخرى.

وقد استفاد أبو محمد من ملاحظات الأخوين، ثم رأى أن يصدر الرسالة في صورتها المعدلة، لأن الاتصالات بينه وبين الإخوة تطول، ولأنه رأى تأخير الرد ليس جيداً، حتى لا يتصور الذين أخرجوا الوثيقة أن هذا ضعف من المجاهدين[1].

وكما سترون فإن محمود ركز على مراجعة الفصل السابع الخاص بالتأشيرة والأمان، وقد أعاد أبو محمد كتابته مع الإجابة على الإيرادات التي أوردها محمود، وإضافة فتوى للشيخ ناصر الفهد حول التأشيرة وأحداث الحادي عشر من سبتمبر، وبعض الإضافات الأخرى. وأرى أنه بهذه المراجعة يكون الفصل السابع قوياً، ويمكن نشر الرسالة. فنسأل الله أن تخرج قريباً وأن تكون موفقة في إيضاح الحق، والله المستعان.

6- سأرسل لمحمود بما طلبتم إن شاء الله في أقرب فرصة.

وختاماً أستودعكم الله الذي لا تضيع ودائعه، وأسأله أن يحفظكم ويحفظنا والمسلمين من كيد أعدائه، ومن ذل الدنيا وخزي الآخرة، وأن يعجل لنا بالنصر العزيز والفتح المبين والفرج القريب. وأرجو إبلاغ سلامي لكل من أعرف طرفكم. والسلام.

أخوكم المحب

27 محرم 1429هـ الموافق 4 فبراير 2008م.

---

[1] أرفق لكم رسالة التبرئة الأصلية بعنوان (التبرئة 1)، وسوف ترون أنها قد أضيفت لها بعض الزيادات عن النسخة التي أرسلت للإخوة، كما أرفق لكم النسخة التي أرسلت لمحمود مع تعليقاته بعنوان (التبرئة . مع تعليقات محمود)، وكذلك النسخة التي أرسلت لحافظ سلطان مع تعليقاته بعنوان (التبرئة مع تعليق حافظ سلطان)، ثم أرفق لكم رسالة التبرئة في صورتها الأخيرة وبعد إضافة بعض ملاحظات محمود وسلطان بعنوان (التبرئة 2).

Page: 1

In the name of God the most merciful

Praise be to God who kept His promises and forgave us our sins and prayers and peace be upon Prophet Muhammad, his family and companions.

To the honorable Shaykh Azmaray, may God protect him,

God's peace, mercy, and blessing be upon you. I hope that you and all those who are with you are in good health enjoying God's blessings. May God grant you success in everything that would please Him and May He gather us in this life or the life to come.

1- I received your letter dated 17 December 2007.

2- May God reward you for the death of the Libyan brothers, al-Shaykh Abu al-Layth and Shaykh Abu Suhayl and other brothers who were with them. Perhaps the brothers can give you the details.

3- The (TN: unclear word) and the letter

A- In the previous letter, I talked to you about the issue of Mullah Mansur. The issue has developed. The Mullah asked him in an audio tape to hand the two that he has over to Baytallah Mas'ud (var: Baitullah) to be questioned about what Mansur accused them of. Baytallah promised to present them to some trustworthy Afghani judges. Mansur agreed and asked for more time, but then killed them. Baytallah became very angry with him and asked him to leave the area. Also, the Mullah got mad at him and fired him.

B- A while before the aforementioned incident, al-Hafiz and I agreed to not send any letters to the Mullah and to destroy my letter that is with al-Hafiz, until things become clearer, especially because al-Tayyib did not find al-Hafiz. Also, Yasir advised us in these circumstances to restrict our letters to regular niceties and only emphasize our commitment to listen and obey, because we are not sure how letters get delivered, who receives them, or who copies them. What do you think of this decision? May God help us.

4- The latest news on al-Zayyat:

A representative from the people of the country contacted one of the brothers there and asked to meet with him to talk about alZayyat and his partners. Al-Hafiz has the details. I do not know if what was mentioned in your last speech and in the speech of Abu Muhammad (footnote 1) about them has any relation with this move.

(TN: below is the footnote)

1) I attach for you the fourth dialogue of al-Sahab with Abu Muhammad, titled (Opinion on Events).

Page: 2

We pray to God to facilitate things. I do not have anything else to mention, except for what Mahmud told me in his tapes which I will send to you with this letter (footnote 1). I will follow up with al-Hafiz, God willing.

5- Fadil's retraction, and the declaration of innocence:

Dr. Fadil published a thesis that he titled 'The Document for Channeling the Jihadi Work in Egypt and the World.' It is a document of surrender that includes cursing and insults to Shaykh Usama and Abu Muhammad. It was also followed by a long interview with al-Hayat newspaper, in which he doubled the insults.

Abu Muhammad wrote a response to him, in a letter titled 'The Declaration of Innocence.' He sent several copies of it to a number of brothers in order for them to express their opinion on it from a scholarly and stylistic point of view, in order to be sure not to fall to the level of Fadil's document. He received responses from Shaykh Mahmud and al-Hafiz, and a revision of the letter is being conducted at this time based on those notes. I personally think that the letter is good and the brothers can add to it in other responses.

Abu Mahmud benefited from the comments of the two brothers and then decided to publish the letter in its amended form, because communication with the brothers is taking a long time and because he thought that delaying the response would not be a good thing and not let others think that there was no response because the Mujahidin are weak (footnote 2).

As you will see, Mahmud focused on chapter seven which is related to the visa and the oath. Abu Muhammad rewrote that chapter and included the feedback that was provided by Mahmud, in addition to the fatwa of Shaykh Nasir al-Fahd on the visa and the events of 9/11 and some other additions. I believe that with these changes, chapter seven is strong. We hope that it will be released soon and that it will be instrumental in showing the truth. May God help us.

6- I will send Mahmud what you asked me to send as soon as possible.

Finally, I leave you in the hands of God and I pray to Him to protect you and guard you from the enemy. May He also expedite our victory. Please convey my greetings to everyone that I know on your side. Peace be upon you.

Your loving brother,

4 February 2008

(TN: below are footnotes)

1) Mahmud's letters came in as responses to questions that I asked him after he returned safely. They can be found in a folder named (Mahmud's Tapes).

2) Attached is the original declaration of innocence under the name (Declaration of Innocence 1). You will see that some additions were added to it when compared to the copy that was sent to the brothers. I also attached to you the copy that was sent to Mahmud with his comments under the name (Declaration of Innocence - with Mahmud's Comments) and the copy that was sent to Hafiz Sultan with his comments under the name Declaration of Innocence - with Hafiz Sultan's Comments). Also, attached is the final copy of the (Declaration of Innocence) after some of the comments by Mahmud Sultan were added to it under the name (Declaration of Innocence 2).

بسم الله الرحمن الرحيم

إلى شيخنا المكرم أبي عبد الله وفقه الله وأعزه/ السلام عليكم ورحمة الله وبركاته

أرجو من الله تعالى أن تكونوا وكل من معكم بخير وعافية.

وعيدكم مبارك ، وتقبل الله منا ومنكم.

أما بعد :

1- بالنسبة لبيان أمريكا ، فقد وصلنا في نفس اليوم الانخابات (يوم اثنين نوفمبر) وكنتُ يومها أتابع في البي بي سي أخبار الانتخابات!! والتأخير لا أدري لماذا، فقد بلغت الرسول بالموعد (خمسطاش أكتوبر) وأكدتُ عليه جداً، وأظنه ذهب في الموعد، ولم أراجعه إلى الآن بدقة، لكني سألت ابن عمه صاحبنا فقال لي إنه جاء الليلة فأحضره لي في الغد. فالله أعلم.
وبسبب هذا التأخر، تشاورتُ مع الإخوة هل ننشرها على كل حالٍ أو نؤخرها قليلا لعل الشيخ عندما يعرف أنها لم تنشر يُرسل شيئا أو تعديلا أو إلغاء وتأجيلا أو غير ذلك، وهي بحسب مضمونها ليس فيها تعلق واضح بالانتخابات، وبقي علينا أن ننظر مناسبة جيدة لإخراجها وأن نراعي هل خروجها في الحين مناسب لوضعنا في شمالي وزيرستان وهكذا أو لا، أو هل خروج الشيخ الآن بالصورة (فيديو) هو المناسب أو يؤجل خروجه –لأنه سيكون له دويّ وتحليلات..إلخ- إلى مناسبة أظهر قريبةٍ مثلا أو حتى إلى ذكرى سبتمبر القادمة...
فتشاورتُ مع أبي يحيى ومنير، وكان خلاصة ما خرجتُ به أن نؤخرها قليلا.. وقد جهّزها منير للنشر ، لكنه تجهيز سريع، وقلت له الآن أن يعيد تجهيزها بشكل أفضل، موضوعاً معها الترجمة الانكليزية (فالنسخة المرفقة لكم هي محل تعديل، وليست المعتمدة).. وننتظر توجيهكم في هذا.
وبعد كتابة ما تقدم، جاءني الملف المرفق من أخينا نور الدين (عزام) وفيه رأيُه بأن ننشرها، وفيه مناقشات وأفكار ومسائل أخرى، كنا تناقشنا في كثير منها معه ومع الإخوة من قبل، ومن المهم أن تطلعوا على الملف.

2- أود لفت نظركم أننا نستعمل اسم منير للأخ عبد الرحمن المغربي.

3- بالنسبة لأوضاعنا بصفة عامة، فهناك تجدد للمخاوف والإشاعات حول حملة محتملة يشنّها الجيش على شمالي وزيرستان بضغط من الأمريكان طبعاً، ولكن قيل لنا إن هذه الضغوط خفت بعد زيارة أوباما للهند ولم يزر باكستان.. وبعث الباكستانيون للطلبة هنا في شمالي (لبعضهم) قالوا : ما لم تتوقف الاتصالات التلفونية من ميران شاه وميرعلي ونحوها فالحملة محتملة.. يُشيرون إلى الضغوط الأمريكية عليهم بسبب الاتصالات.
وعلى ذكر الاتصالات فنحن الآن مانعين الاتصالات إلا بإجازة خاصة، ونسمح لبعض العوائل وهكذا..
والمشكلة ليست فينا نحن (التنظيم) والمنضبطين، بل في أزواع من المتسكعين في أسواق ميران شاه وميرعلي ممن لا ينضبطون ولا يسمعون لأحد، وهم من العرب والأتراك والأذربين وحتى الألمان وغيرهم أخلاط كثيرة.. ودائما نحاول أن ننصح العقلاء والرؤوس في المجموعات، ونتواصل معهم للتقليل من الشر، وتفهيمهم المصلحة العامة، وأيضا نحن ساعون الآن في تكوين مجلس تنسيق للمجموعات التركية اللسان (الإخوة الأتراك، والتركستانيون، والأزبك بعضهم وليسوا ناس طاهر جان، والأذريون، والبلغار ربما) والله الموفق.
إزاء هذه المخاوف وضعنا خطة لإدخال بعض العوائل إلى باكستان ، احتياطاً، وبدأنا بمرحلتها الأولى، وهي البدء بمجموعة اخترناها من العوائل الضعيفة : أرامل وغيرها.. ولما بلغنا بعضهم رفضوا النزول إلى باكستان، وتعرفون كيف الإخوة والعوائل تتصرف.! وبعضُهم تحركوا بالفعل، وبعضهم بصدد التحرك الآن.
وعلى المستوى العسكري ، اشترينا كميات من الذخائر ورسمنا بعض الخطط البسيطة، وأمورُنا فيه صعوبة بسبب نقص حاد في الكوادر، وكثرة الجواسيس حتى أصبحت البيئة موبوءة ، والله المستعان، ولكننا لن نعجز بحول الله وقوته وثقة فيه عز وجل.
كما رأينا أن نركز على "مسعود" فإن انكسار الجيش الخبيث في مسعود سيكون مانعاً له من الإقدام على أية عملية كبيرة في شمالي.. كما قال لنا أبو محمد حفظه الله في مشورته إن مسعود هي خط الدفاع الأول عن شمالي.. أطمئنكم أن الشيخ أبا محمد متابع معنا بشيء من الدقة مثل هذه المشاورات بارك الله فيه.

حصلت خلال هذا الشهر بعض الأحداث المؤسفة الجديدة من قدر الله تعالى، ومنها :
* مقتل الأخ محمد خان (مسلم) وهو عبد الله بن الشيخ سعيد مصطفى أبي اليزيد رحمه الله، ومعه أخ آخر

بلوشي عربي من كوادرنا، اسمه معاوية، كان متزوجاً بإحدى بنات أخينا أبي خليل الفلتاوي (تزوج بها من نحو سنتين تقريباً، وأنجب منها ولداً).. فالآن لم يبق من أولاد الشيخ سعيد إلا الصغير أسامة، وابنته الشيماء أم حفصة المصابة، والله يتولاهم.. العائلة الآن في باكستان تحت ، ولا أدري هل تبلغوا بالخبر أو لا، على أساس أن الإخوة سيخبرونهم بعد العيد.

* ومنها : مقتل عشرين أخاً في قصفٍ واحدٍ أو قصفين مزدوجين على مكان واحد تقريباً يوم العيد، وهم عسكريون كلها مجاهديون من إخواننا من كتيبة من كتائبنا وهي كتيبة أبي بكر الصديق رضي الله عنه..
والسبب هو تجمّعهم للعيد ، ورغم تأكيداتنا وتشديداتنا على الإخوة في اجتناب أي تجمعات، حتى كنتُ قبل العيد بفترة قليلة أكدت عليهم بألا يزيد العدد في المركز الواحد عن خمسة، إلا أنهم يتأولون أحياناً ويجتهدون.. في هؤلاء العشرين عدد من الإخوة الأتراك، وكرديان اثنان من إيران، وثلاث إخوة ليبيون ، واثنين أو ثلاثة من الجزيرة، وشاميّ.
والحمد لله ؛ إنا لله وإنا إليه راجعون، اللهم اؤجرنا في مصيبتنا واخلف لنا خيراً منها.

4- موضوع حمزة ووالدته : فبالنسبة لأم حمزة فهي جاهزة إن شاء الله للانطلاق إلى جهتكم، لكن كنا ننتظر تأكيد الأمر منكم، وأيضا ننتظر أياماً غائمة مناسبة للحركة حسبما وجّهتم.. وبالنسبة للتعليمات بأن لا يتركوا ولا يستصحبوا معهم شيئا مما أحضروه من إيران، فهم عارفون بذلك ، بلغهم عبد اللطيف ثم بلغتهم أنا، حتى إنهم مبالغون في الاحتياط حتى سألت عن الذهب الذي معها، فأشرتُ بأنه إن شاء الله لا خوف من جهته، بل وسألت عن أسنان كانت حشتْها في إيران وخدمتها ببعض الماكسات الظاهر، حسبما فهمتُ من حمزة، فقلتُ لهم إن شاء الله غالب ظني أنه لا ضيرَ في شيء من ذلك.. المشكلة هي أنهم قالوا إنهم عملوها هناك في إيران تحت إشراف طبيبة تابعة للناس الذين كانوا عندهم هناك رسمية.. وأنا غالب ظني إن شاء الله أنه ليس فيها شيء، لكن فضلت أن أذكر لكم كل هذا لتروا الأمر ونتشاور في الاحتياط.

فإن أردتم أن نرسل أم حمزة صانها الله، فأخبرونا هذه المرة، إما بموعدٍ محددٍ ، أو أطلقوا ونترك وسيطنا يأخذهم في الوقت المناسب عندما نرتب لهم معه في يوم غائم مناسب.

وبالنسبة لحمزة، فهو طيبٌ صالحٌ، رأيتُ فيه العقل والأدب، الله يبارك فيه.. لكن طبعاً يا شيخنا المكرم هو شابٌّ صغير وعاش تلك السنين في سجن ، وهو المسكين الآن موضوع في شبه سجن آخر عندنا، فهو قلق من ذلك ويراجعني بأنه لابد أن يتدرب ويشارك ويقدم... وأنه لا يريد المعاملة الخاصة كابن فلان، وهكذا جزاه الله خيرا، فكنتُ أصبّره وأحاججه، ولكنه سهل العريكة ليّن الحمد لله، وذكرته بما جرى لسعدٍ، لكن سعد رحمه الله كان أشد إلحاحاً منه، وأن أهم شيء بالنسبة لك الآن هو أن تكون في مأمنٍ وسلامٍ وإن شاء الله كل شيء يأتي بالصبر وبترتيبٍ حسن.. وقد وعدتُه أن أرتب له بعض التدريب الآمن، والرماية في مناطقة آمنة بمختلف الأسلحة، وللأسف تأخرتُ عليه الآن أكثر مما كنت أودّ ، ولعلي أفعل في الأيام القليلة القادمة بحول الله.. كما أتعهّده بالكتب والملفات المفيدة ، وعنده كمبيوتر والحمد لله وصابرٌ محتسب.
وإن شئتم أن تكتبوا له شيئا مناسباً لطيفاً فاكتبوا.
وكذلك ليتكم تكتبون بأنفسكم لأم حمزة وأنا أعطيهم يقرؤون بأنفسهم أي توضيحات أو توصيات وتذكير.
والله يبارك فيكم.

بالنسبة للمرافق الذي سعينا فيه فقد بلغني الأخ الذي كلفته أن عنده الآتي :
((أما الموضوع الخاص، فالأخ الذي عندي هو أخ مجاهد تدرب عندنا و رجع بعد البقاء هنا لأربعة أشهر تقريباً، عمره يقارب خمسة و ثلاثين سنة (و سأتأكد منه أكثر)، متزوج، عنده أولاد صغار (لكن سأرسل لكم عددهم و عمر كل واحد منهم المرة القادمة إن شاء الله)، و عنده دكان أو بعض الدكاكين في لاهور، و هو رجل فاهم، ناضج، ثقة، يعرف أمور استئجار البيوت، بيع و شراء و جميع التعاملات اللازمة للعيش المدني، و يعرف كيف يتصرف في المدن إن شاء الله لكنه ليس بشتونياً، بل بنجابياً. فما رأيكم؟ و أنا من جانبي، سأرسل لكم ما بقي من المعلومات عنه في المرة القادمة إن شاء الله))اهـ
فكما ترى صاحبي مازال سيتأكد من مواصفات الرجل.. لكن هو من أهل الأوردو (بنجابي) على كل حال.
ولعلي أنظر هذه المرة عند أخينا إلياس كشميري فلعل عنده شخصا مناسبا.

وكما قد تبين لكم من كلامي ، فإن حمزة الآن عندنا في الإقليم، إذ بعد عبد اللطيف تعطلت المشاريع ....
وزادت المشكلة بمقتل محمد خان والأخ معاوية البلوشي لأننا جعلناهما هما المشرفان على الترتيبات للطريق

والتوسعة في أعماق بلوشستان وارتياد الأماكن الآمنة، فذهبا جزاهما الله خيرا واستكشفا ورتبا ثم لما عادا للمنطقة قليل قدر الله أن يستشهدا في قصفٍ أيضا، والحمد لله رب العالمين.

5- أخبرُكم أن إخوتنا أتموا بحمد الله وعلى خير وسلامٍ صفقة السفير الأفغاني وأطلقنا سراحه، ولعلكم تابعتم ذلك في الأخبار، وقد استلمنا كل أو معظم المبلغ (يمكن يكون بقي شيء عند الوسيط الضامن، ولعلهم استلموه الآن)، والوسطاء الضامنون هم آل حقاني، منهم الحاجي إبراهيم أخو الشيخ جلال الدين، رجلٌ آخر.
هذا التتميم للمبلغ (يعادل حوالي ثلاثة ملايين دولار) استلمناه هذه المرة بالعملة المحلية.

6- بالنسبة لموضوع البيعة فنحن كانت البيعة (خلال الثلاث سنوات ونصف الماضية بعد مجيء للإخوة من إيران) للشيخ سعيد فقط، وإنما أنوب أنا عنه في حالات ضيقة، بأن كان الشيخ سعيد بعيداً والأمر مستعجلا (مثلا : أخ سيسافر للعمل الخارجي ونريد نأخذ عليه بيعة، وهكذا ويكون الشيخ سعيد في الجنوب وأنا في الشمال، أو نحو ذلك).. والآن أنا أتولى أخذ البيعات فقط.. وكذلك قلتُ لأبي يحيى يفعل كما كنت أفعل مع الشيخ سعيد في الحالات المستعجلة والضيقة، وفي مرةٍ كان إخوة الشيخ يونس سيسافرون، وكنتُ بعيداً ويصعب عليّ أن ألتقي بهم قبل انطلاقهم، فأرسلتُ لهم تسجيلا صوتياً وأحلتُهم في البيعة على الشيخ عمر خليل وكتبتُ له ورقة معهم أكلفه فيها بأخذ البيعة نيابة عني على هؤلاء الإخوة...إلخ ففعل.
ونحن طبعاً نأخذها نيابة عن الشيخ أسامة بن لادن. ونقول في صيغتها ما مثاله : أبايعك نيابة عن الشيخ أسامة على السمع والطاعة في العسر واليسر والمنشط والمكره وأثرةٍ عليّ، في المعروف، للشيخ أسامة ولمن يوليه عليّ من الأمراء، على الجهاد في سبيل الله لإقامة دين الله ودولة الإسلام التي تحكم بشريعة الله، وأن أحفظ سر الجماعة، وأن أكون حيث أمِرتُ أن أكون.

7- وأما الإخوة المهيؤون للمسؤولية في المستقبل، فكما ذكرتُ لك من قبل : الأخ عبد الجليل، وهناك الأخ قاري سفيان المغربي ، والأخ أنس السبيعي يصلح لبعض المسؤولية إن شاء الله، مع أنه صعبٌ شيئاً ما، لكنه ذو همة وذو رأي ونظر وحزم، أنتم تعرفونه.. وهناك الأخ أبو خليل يعاون في المسؤوليات لكن لا يقدر على شيء كبير، وهناك أخ باكستاني اسمه أحمد فاروق (مسؤول السحاب أوردو) وهو رجل فاضل ويعرف العربية بشكل جيد وصاحب إدارة وعقل وثقافة وهمة، ولعلنا ندخله معنا في الشورى هذه المرة بعون الله، وهناك الأخ أبو دجانة المصري (الباشا) الله يحفظه، والآن بصدد أن نجربه في مسؤولية العمل في باكستان، وطبعا أبو عمرو المصري وأبو صالح وأبو زياد العراقي يصلحون لبعض الأعمال. وهناك الأخ أبو حفص الشهري (ابن عمٍ لأبي عثمان رحمه الله، وهو الآن يدير العمل مكان أبي عثمان، وهو خيرٌ من أبي عثمان فيما نظن)، فهذا من القدامى.
وأما من الجيل الجديد فعندنا : الأخ أبو عبد الرحمن الشرقي، من البحرين، شابٌ فاضل هو الآن في لجنة العمل الخارجي، وأخ كويتي اسمه أبو الحسن الوائلي يعمل معي في الاتصالات ويشارك في الإعلام شابٌ فاضل جداً أحسبه كذلك، وأخ آخر من الجزيرة عسكري ورجلٌ صالحٌ ذكيٌ ذو خلق عالٍ وعقل ودين نحسبه كذلك اسمه أبو حمزة الخالدي (وهو ابن عم الشيخ الخالدي المسجون مع الشيخ الفهد والشيخ الخضير في السعودية)، وهو الآن أمير كتيبة عندنا، هؤلاء الثلاثة عندهم معنا في الساحة ثلاث سنوات تقريباً، ومازالوا يترقون ونظن فيهم الخير والنجاح إن شاء الله.
ويوجد من الجيل الجديد غيرهم أيضا، والله يحفظ الجميع.

8- نرسل لكم مع هذه الرسالة مبلغ ستة عشر لاك روبية، وكنا من قبل أرسلنا لكم ثمانية لاك ونصف. وعلى هذا يبقى عشرة لاك نرسلها لكم بحول الله في إرسالية قادمة ، وهي تمام ما يعادل الثلاثين ألف يورو التي طلبتموها. على أساس الصرف عندنا بمائة وخمسة عشر (الصرف كان نقص ثم زاد).
والله الموفق.
وبالنسبة لتعميد مَن يصلح لشرف على صندوقكم فعندي أخٌ يتولى ذلك إن شاء الله، ومازلتُ لم أتكلم معه، وسأحاول في المدة الآتية بعون الله، ونرسل لكم بحول الله الكشف كاملاً.

9- وعلى ذكر الأوضاع المالية، فنخبرُكم أنه بحمد الله تم منذ حوالي أربعة أشهر (تقريباً من شهر رمضان المبارك الماضي) الاتفاق مع أخينا الشيخ أبي يحيى على الاندماج الكامل مع التنظيم ووافق جزاه الله خيرا على ترك

شرطه الذي كان شرطه هو وإخوانه (وكلُّهم قد استشهدوا رحمهم الله : أبو الليث وأبو سهل وعبد الله سعيد) عندما انضموا إلى التنظيم بأن يكون لهم استقلالهم الماليّ وأن يحتفظوا بمصادرهم ويستثمروها... فالآن الحمد لله انتهى هذا، وكمُل الاتحاد بشكل كامل في كل شيء، وأعطى أبو يحيى كل مصادره وكل ما يأتيه الآن يحوله للميزانية العامة، وصار له هو –من اللجنة المالية في التنظيم- ميزانية خاصة مناسبة لقدره شهرياً يصرفُ منه على ما يحب من متعلقاته وعلاقاته كهدايا للضيوف والمعارف ومعونات من طرفه وغير ذلك، والحمد لله نبشركم أننا على قلبِ رجلٍ واحدٍ تحاباً وثقة وتعاوناً، ونسأل الله أن يبارك في هذا الجمع الذي اجتمع عليه عز وجل.
وقد كنتُ بلغتُ الشيخ أبا محمد بذلك وكتب له الشيخ أبو يحيى برسالةٍ في ذلك، ففرح أبو محمد بذلك أشد الفرح وكتب لي أن أخبركم بهذا.. الحمد لله.

10- أخبرُكم أن الشيخ يونس قد سافر من عندنا، ولكنه مازال في المنطقة الحدودية في جهة بلوشستان، بحيث يرتبون للدخول بحول الله إلى إيران، والله يوفقهم، وكل أصحابه معه وعددهم أظن ستة.. نسأل الله أن يسترهم ويحفظهم ويمدهم بالمدد من عنده.
وبسبب تعثر التواصل بمقتل الإخوة لم أرسل له رسالتكم الأخيرة إليه بعدُ، وإن شاء الله نرسلها متى ما تيسر بتيسير الله وتوفيقه.

11- بالنسبة لملف "عائلي" الذي كنتم أرسلتموه في المرة الأخير إلى عبد اللطيف، فهو مازال عندي فهل أحذفه أو تأمرون فيه بشيءٍ؟

وهذا ما تيسّر وبالله عز وجل العصمة وعليه الاتكال، لا إله غيره ولا رب سواه.

والسلام عليكم ورحمة الله وبركاته

محمود

يوم الثلاثاء 17ذي الحجة1431هـ

Sender is someone with signed name of Mahmud (var. Mahmoud) (tn: more likely 'Atiyatallah). Letter is addressed to "our venerable sheikh Abu 'Abdallah (tn: more likely UBL).

Aside from the traditional greetings, the "Adha" holiday wishes, and compliments writer dates this letter on Tuesday November 24 2010 (17 Dhu al-Hijjah 1431 H). Writer addresses 11 points/issues which are translated below:

Page 1 of 4

1. (tn: Gisted paragraph) Writer refers to the United States election of November (TN; more likely the mid-term election of November 2010); he watched the election on the BBC. Through the writer 's analysis with the "brothers' especially Abu Yahya and Munir (var. Mounir) who decided to delay publishing any comments until possibly "our sheikh" (the writer puts it) has the chance to review, add, and/or modify final output with English translation to it. Writer states he is including a copy for the "sheikh" (meaning UBL) to give his last word.
Writer indicates saying "...and our Nour al-Din (('Azzam)) added his comments too and all is ready for you to review the file. "

2. (tn: verbatim) I would like to draw to your attention that we are using the name of ((Munir)) (var. Mounir) for "brother" 'Abd al-Rahman al-((Mughrabi)) (var. Abdel Rahman al-((Moughraby))).

3. (tn: comprehensive Gisted paragraph) With regard to our overall situation, there are fears about rumors that possibly the military will carry out an attack again in North Waziristan because of the American pressures. However, these pressures have lessened since
Obama's visit to India and did not visit Pakistan. Pakistanis sent for recruitment here in the North are telling each other: if communications do not stop from Miran Shah and Mir 'Ali and thereabouts. And on this (level) the attack remains possible. There were indications about American pressures on them due to these communications. On this subject, Pakistanis say: "we are now going to stop all communications except those with special permits; we will permit some families and the likes. But the problem is not because of us [al- tanzim -(meaning al- Qa'ida)] or those adherents; it is those "loiterers" in the streets of Miran Shah and Mir 'Ali who do not listen to anyone and are undisciplined, (tn: they are those) like the Arabs, the Turks, the Azerbaijanis, and even the Germans and other mix of people. We advise those who are wise and intelligent from among these groups; we ask them to minimize problems and help them understand the general public interests. We are trying to form a council to coordinate with all those with Turkish dialects (the brothers from Turkey, Turkistan, Azerbaijan, possibly people from Bulgaria) - may God help.

And about these fears, we put out a plan to have some families enter Pakistan, just for contingency. We began with the first phase which is starting with a group of weak families (tn: possibly meaning poor/obedient): widows, and others. However, when we informed them, some of them refused going to Pakistan. You know well how the "brothers" and families behave! Some of them moved in fact, and some are in process of moving now.

On the military level, we purchased a quantity of ammunition and drew some simple strategies; our situation is difficult due to sharp decrease in recruits, capabilities, and the increase of spies to the point that the entire atmosphere is polluted (tn: meaning spies are everywhere) - and God is the Savior. However, we shall not be rendered disable with God power and our confidence in the Almighty.

We have decided to focus on "Mas'ud" (tn: name in quote in original text - NFI, possibly a location or a person) because the defeat of the wicked military in Mas 'ud (var. Masoud) would stop it from moving forward in carry out any big operation in the North (tn: possibly a location named Shimali). Like what Abu Muhammad told us (God protect him), in his counseling that Mas 'ud is the first line of defense from the North (Shimali). But you would be pleased that sheikh Abu Muhammad continues to be with us by monitoring with such an exact manner, specially with all his advices and counsels - God bless him.

I received during this month some of the new tragic events, as God willed it. Of these (tragic events):

Page 2 of 4

-- -- The death of Muhammad Khan (Muslim) aka 'Abdullah, the son of Shaykh Sa'id Mustafa Abu al-Yazid, God rest his soul, and with him was a Balushi/Arab from our recruits; his name is Mu 'awiyah. He was married to one of the girls of our "brother" Abu Khalil al-((Faltawi))
(he was married to her for about two years and has one son). Now there are no more sons to sheikh Sa 'id except the youngest one - 'Usamah (var. Osama) and his beautiful daughter 'Um Hafsah, who is injured - may God envelopes them by HIS care. The family is now in Pakistan; I do not know if they received the news; the "brothers" said that they would tell them about that after the holiday.

-- the death of twenty "brothers" in one or two shelling in one place almost on the holiday. They are mujahidin fighters from our "brothers" in one of our brigades, which is Abu Bakr al-Siddiq (tn: brigade) (God accept him).

And the reason was their gathering (tn: together) for the holiday.
This was done despite our enforcement and reassurances to the "brothers" to avoid any gatherings. In fact, a little while before the holiday I stressed to them not to exceed their agreed upon number of five (people) in one center. But they interpret (tn: things wrong) sometime and exert themselves. Among those twenty there were some Turkish "brothers," two Kurds from Iran, three Libyan "brothers, and two or three from the Peninsula (tn: mean the Arabian Peninsula countries) and one Syrian.

Thank God, we are to HIM and return to HIM, May He (God) support us to go through this tragedy and to enable us in inheriting His Goodness.

4. Now about the subject of Hamzah and his mother: with regard 'Um Hamzah, she is ready to go to your side. However, we are waiting to verify the matter with you; also we shall take advantage of convenient "cloudy" days for their move according to your direction. With regard to directives for them to leave things in place, I have already told them not to take in anything they have from Iran with them (tn: Um Hamzah going to 'Abu 'Abdallah); they already know this and 'Abd al-
Latif informed them too. They are even overdoing this (tn: making sure not to take anything) just in case. I even asked them about her teeth (tn: Um Hamzah) which she had filled in Iran; I even helped her with some of the visible mix (tn: teeth filled). By what I understood from Hamzah and I already told them that, God willing, there will be no harm from that (tn: not taking anything with them in their move).
However the problem is that they said they had this done (tn: the teeth filling) in Iran under the supervision of a doctor who is associated with "those people" (NFI) where she was there and officially. I doubt - with God help - that there would be anything. Nevertheless, I preferred to mention this to you in order for you to be aware and we can consult when need be.

Consequently, if you wish that we send Um Hamzah - may God protect - let us know this time of: a) either to schedule a fix time or; b) or give us the green light to decide because we can let our agent take the convenient time after we prepare for them a convenient "cloudy" day.

With regard to Hamzah, he is very sweet and good. I see in him wisdom and politeness - God Bless him. However, our beloved sheikh, he is a young man who lived years in prison; sadly enough, he is now put in nearly another look like prison on our side; and this is why he is wary from this; he comes back to me asking me that he should be trained and participate in giving. He does not want to be treated with favoritism because he is the son of "someone" and as such God Bless him. I calm him down as we pray together and find him to be an easy going and warm - thank God; I reminded him with what had happened to Sa'd, because Sa 'd died - PBUH - as he was impatient and more persistent than he is (tn: Hamzah); and (tn: reminded him) to thank God that he is in a safe place and that with patience all will happen and be fine. I promised him to plan some safe training for him: firing arms and with various weapons; however, I am somewhat behind (tn: in this promise) than what I like. Perhaps I will get to do this in the coming days - God willing.

Also I promised him (tn: Hamzah) with useful books and files; also he has a computer; thank God he is patient and intelligent. If you like to write him, please write him something proper (tn: encouraging).

Furthermore, I wish you would write on your own to Um Hamzah for any clear explanations, recommendations, and reminders; I will give them to read it (tn: what you write) on their own. May God have His blessings on you.

Now with regard the guard we have tried (tn: working) in this; the
"brother" whom I tasked this job informed me that he has the following: ((but the special subject matter, the "brother" who is with me, is a "brother" who is a mujahid and received

his training with us; he returned after he spent here almost four months. He is about thirty five (35) years old (I will verify this with him more); he is married; has small children (but I will send you their number, the age of each one next time - God willing), and he used to have a shop or some shops in Lahore; he is a savvy person, mature, confident, and understands the subject matter of renting, selling, and purchasing homes, including all necessary procedures to lead a civil life; he knows how to behave in cities with God help. However, he is not a
Pashtu; he is a Punjabi; what is your opinion? As far as I am concerned, I will send you all the information about him the next time around - God help me)).

And just like you see, my friend continues to verify the character and qualifications of this man; but anyway (tn: remember) he is an Urdu/Punjabi.

May be I will find this time our "brother" Elyas Kashmiri; he may have a qualified person.

Page 3 of 4

And like you may have noticed from what I said, Hamzah is now with us in the province. Some projects came to a stop because 'Abd al-Latif is away now. The problems increased with the death of Muhammad Khan and brother Mu 'awiyah al-Balushi; they were overseeing road planning and expansion deep into Baluchistan by visiting safe places. May God reward them because they went and explored places and planned things; but a little bit after they returned to the area, they were martyred in a shelling, Thanks be t o God.

5. I would like to tell you about our "brothers" who - Thank God - completed the deal well of the Afghan Ambassador and we freed him. May be you were able to watch the news. We received all or most of the money (it is possible that some money is kept with the warrant agent, but "they" may have receive the sum by now); the warrant agents are from Al Haqqani (tn: Capital "AL" means family or tribe) from whom comes al-Hajji Ibrahim, the brother of Jalal al-Din, another man. The accomplishment of this sum is (equivalent to three million dollar) which we received in local currency.

6. With regard to the pledge, we made the pledge (during the last three years and one half after the "brothers" came from Iran) to sheikh Sa 'id only; but I am his deputy at some circumstances, especially when sheikh Sa 'id was away and the matter was urgent (for example: one "brother" was traveling to work overseas and we need to have him pledge; and when sheikh Sa 'id is the South and I am in the
North, etc.). Now I am in charge of overseeing and accepting pledges.
Also I said to Abu Yahya to do the same in some circumstances, like what I did when sheikh Sa'id (tn: was in charge). One time the "brothers' of sheikh Yunis were traveling and I was away; it was difficult for me to meet them before they left. At that time, I sent them an audio recording and blessed the pledge by asking sheikh 'Umar Khalil (var. Omar Khaleel) in a letter asking him (tn: Khalil) to accept the pledge from these "brothers" in my behalf, which he did.

On our part, we take them (tn: pledges) in behalf of sheikh 'Usamah Bin Ladin as we say a statement in such format : "I pledge to you in behalf of sheikh 'Usamah Ben Ladin and to whomever from the emirs is tasked over me to carry out the jihad mission for the sake of God 's kingdom and the nation of Islam which governs in God 's laws; and to protect the secret of the "jama'ah" (group) and to be wherever ordered to be.

7. With regard the "brothers" who are prepared and ready for the responsibility in the future, like I mentioned to you before: brother (('Abd al-Jalil)); there is brother Qari Sufyan al-((Magribi)) (var. Sufian al-((Mughrabi))); brother Anas al-((Subay'i)) who is good for some responsibilities - with God help - even though he is a bit difficult to an extent; but he possesses energy with good intuition and determination; you know him (tn: well). There is brother Abu Khalil who supports and helps in responsibilities; but he cannot do large things; there is a Pakistani brother named Ahmad Faruq (in charge of al-Sahab in Urdu); he is a respectable man; he knows Arabic in a good way; he possesse s administrative skills, good mind, education, and dynamism; maybe we can incorporate him with in the shurah this time - God willing. There is a brother named Abu Dujanah al- ((Masir)), AKA ((al-Basha)) - may God protect. And now we are in the process of testing/trying him to work in Pakistan; of course, Abu 'Umar al-((Masri)) (var. Abu 'Amru al-Masri); also ((Abu Salih)), Abu Ziyad al-(('Iraqi)) all are good for some of the works. There is also brother Abu Hafs al-((Shihri)) (var. Abou Hafs al-((Shahri))) who is the first cousin to Abu 'Uthman - (PBUH); He is now running the work and overseeing it in place of Abu 'Uthman; I believe he is better than
Abu 'Uthman. And these are from the old "guards."

When it comes to the new generation, we have: brohter Abu 'Abd al-Rahman al-((Sharqi)) from Bahrain; a respectable young man; he is now in the foreign operations committee; a Kuwaiti brother named Abu al-Hasan al-((Wa'ili)) who works with me in communications; he participates in media; I consider him to be is a devout young man; another brother from the Peninsula (al-Jazirah) (tn: not clear if he worked for al-Jazira TV/Radio or to mean from the Arabian Peninsula). He is a fighter; we consider him to be a good man, intelligent, and honorable; his name is Abu Hamzah al-((Khalidi)) (he is the first cousin to sheikh al-((Khalidi)), who is in prison with sheikh al((Fahd)) and sheikh al-((Khudayr)) in Saudi Arabia; he is now an emir of one brigade with us. These three have been with on the ground about three years; they continue to advance and we see blessings and success in them and from - Thank God. There are more from the new generation - and may God protect them all.

8. We are sending with this letter the sum of sixteen "lak" rupees; we sent you earlier eight and one half "lak." Based on the above, there is a balance of ten "lak" which we will send you next time - God willing. This is excellent as it is equivalent to thirty thousand Euro which you asked for and based on the currency exchange here it is 115 (the exchange rate went down and then went up). And God is with us.

With regard assigning someone who would qualify to oversee your treasury, I have a brother who can do this - God willing. I have not talked with him yet, but I shall try soon - God help me - and we shall send - God willing - a full audit.

9. On the subject of finance and situations, let us tell you that - thank God - four months ago (around the month of this past ramadan) we completed an agreement with our "brother" sheikh Abu Yahya to merge in full with al- "tanzim" (tn: al-Qa'idah) and he agreed - may God bless him - on one condition (his condition is that he and all his brothers who were martyred: Abu al-Layth, Abu Sahl, and 'Abdallah Sa 'id) is that when they joined al- "tanzim" they want to have the financial autonomy and to keep their revenues and investments. Thank God, this is over and unity is completed in a full manner in everything. Abu Yahya gave all his resources and every income he receives he transfers to the general budget; now he has for him - from the financial committee in al -"tanzim" - a special budget appropriate for his monthly needs which he can spend anyway he likes (friends, gifts, guest, network circle, etc) - Thank God.

The good news is we are in one heart, loving, confident, and cooperating; we pray God to bless us this group which got together for HIS Glory. Also I had informed Abu Muhammad (tn: possibly al-Zawahiri) about the above (tn: agreement with Abu Yahya) as well as Abu Yahya wrote him too. He is very happy; he wrote me back asking me to tell you about it. Thank God.

10. I would like to inform you that sheikh Yunis left us. However he continues to be in the frontiers area on the Baluchistan side because "they" are planning to enter - God help them - Iran. Al his friends are with him and I believe they count to be six. We pray God to cover for them and protect them.

And with regard the difficulty in communication about the killing of the "brothers," I did not send him your last letter yet; God willing, we shall send when time permits.

11. With regard the family file/folder which you sent last time to 'Abd al-Latif, it is still with me; should I delete it or would like anything from it?

And this is what God enabled me - All Glory to HIM ...and there no other God but HIM.

Peace to you and may HIS mercy and blessing with you you

Mahmud

Tuesday, November 24 2010 (17 Dhu al-Hijja 1431 H)

End of letter

بسم الله الرحمن الرحيم

إلى شيخنا العزيز أبي عبد الله حفظه الله ورعاه وثبّته وسدده وأجرى الحكمة في قوله وفعله وملأ بها قلبه، آمين/

السلام عليكم ورحمة الله وبركاته

الحمد لله على سلامتكم ، فقد وصلتنا رسائلكم الأخيرة يوم الخميس3شعبان ، وكنا أعددنا ما سبق مما ترونه.

وهذه بعض النقاط الممكن الكتابة فيها الآن بناء على رسالتكم الأخيرة، والبعض يحتاج إلى فرصة أخرى، والله الموفق :

1- موضوع اليمن يا شيخنا العزيز، كلامُكم طيبٌ وعميق، نسأل الله أن يزيدَك فهماً وحكمةً وسداداً، وأبشّرُك أننا فرحون به، ونعتبره من فضل الله عليكم وعلينا من الحكمة والتدقيق والإنصاف والرزانة وقوة السداد والإصابة... ولكن أرجو منك أن تركز في الواقع الحالي وتفاصيله؛ وهو أن الحرب قد صارتْ واقعاً وما الحربُ إلا ما علمتم وذقتمو، والحرب أولُ ما تكونُ فتيةٌ...إلخ فالآن

نحن أمام واقع كيف نستطيع أن نتصرف بحكمة وباستيعاب لشبابنا ورجالنا ، لا أقول أن نضعف أمام قواعدنا أو نسايرهم، لا بل نقودهم ونأخذ بأيديهم إلى الرشد بإذن الله، لكن هي عملية حركية في غاية الصعوبة، فلنركز على الكيفيات والآليات العملية لتطبيق ما ذكرتم بارك الله فيكم، فمسألة : أن نضرب الأمريكان ولا نضرب المرتدين، أبدينا لك الرأي فيها وأنت أعلمُ بها، ومسألة الخروج من المعركة تماماً خطيرٌ ومهلكٌ أيضا، والقول بعدم التصعيد كأنه يبدو لي أنه غير واضحٍ ولن يكون عملياً، فالشباب يريدون "الخط" و"العمليات"، والاقتراحات على القيادة بالعمليات والفرَص والرصود (الترصّد والاستطلاعات) كل يوم، فلابد من أوامر واضحة وحسم.. ومسألة أن نترك الجنوبيين مثلا (الحراك) أو غيرهم يستولون على الحكم، نظراً إلى المآلات كما ذكرتم، فيها عندي ترددٌ، فلعل هناك خياراً آخر وهو : الاضطراب

والفوضى، وهو خيرٌ من سيطرة الكفرة المرتدين.

وعلى كل حالٍ ، سأبدأ، في المراسلة مع أبي بصير، في التمهيد لهذه الاستراتيجية بصفةٍ عامة بإذن الله، فأرجو أن يهدينا الله للصواب والخير والفلاح، ولعل في رسائل أبي محمد لك الآن ما يناقش هذه المسألة ويزيدك رأياً.

الخلاصة : الآن إخواننا في حالة حرب حقيقية مع الدولة، ومع الأمريكان طبعاً، وقد بدأوا يضربون حتى مقرات الأمن كما تابعتم ولابد قبل أيام في أبين.. هل المناسب نقول : وقّفوا التصعيد، لا نريد حرباً في اليمن؟! هذا لا أؤيده وكل إخوتي هنا كما رفعوا لكم آراءهم لا يؤيدونه، ونراه خطأ طبعاً.. هل ندفع في اتجاه الهدنة؟ وكيف وما شروطها؟ (لابد أن ندخل في تفاصيل تصورها، ونوجهه إذن، وهنا نشرح لهم استراتيجياتنا وننقل لهم الكلام الجميع الذي سطرتموه وغيره).. ولابد أن نجيب على أسئلة : هل سيرضى الأمريكان والسعوديون بالهدنة أصلاً؟ وأين

سيجلس إخواننا مهادِنين؟! وعلى كلٍ فمرفق لك الآن آخر رسائل أبي بصير، وقبلها هناك رسالة أو اثنان.. وقد وعدَ —وكتبتُ له أستعجلُهُ– بإرسال رسائل مفصلة عن أحوالهم.

2- ويا شيخنا العزيز ، الإخوة في الصومال ينتظرون رسالةً منكم وأوامر، وأيضا المشورة والحسم في المسائل التي طرحوها، فحبذا تخصوهم بشيء ننقله لهم يفرحون به.

3- نبشرك أن الشيخ أبا محمد بخير وعافية، ومعه أهله، ومعه أحد الإخوة العرب، ونسأل الله أن يسترهم ويعافيهم ويبارك فيهم.. ومرفق لكم رسائله وهي تنتظر من فترة.. وقد أصدر كلمة في رثاء الشيخ سعيد، وكان قبلها بعث لنا كلمة عن تركيا، فأوقفناها لأن نشرها لم يكن حين جاءتنا مناسباً لتزامنها مع قصة أسطول الحرية والنهاية التراجيدية لها والتعاطف الشعبي التركي مع القضية ومع

موقف حكومتهم...إلخ ثم بعد مراجعة أبي محمد ألغيناها أصلاً، وهو نموذج أحببتُ ذكرَه لكم.

4- بالنسبة لما حصل للحافظ، فقد كتبتُ لك، رحمه الله، وأما أولاه فهم بخير وطيبون وأطمئنكم أننا نرعاهم حسن الرعاية ونستوصي بهم، وبأسرِهم، وأكرمتُهم إكراميات مالية ومساعدات، وتعهّدتُ أهله الأخرى السودانية، ومازلنا إن شاء الله نوسّع عليهم ونكرمهم ونواسيهم ونقف معهم، وما سألوني شيئا إلا قلتُ لهم نعم، حتى سلاح والدهم (سلاح عام لبيت المال، كلنكوف) كلمني عبد الرحمن أنه يريد أن يبقى عندهم فتركته لهم لمدة أربعة شهور، ثم ننظر، لكن ربما نجيزهم به، الشيخ كتب في وصيته أنه يرد إلى بيت المال فهذه نصٌّ في وصيته وهم يعرفونه لكن أحبوا أن يكون سلاح والدهم معهم، وجددتُ لعبد الرحمن السيارة، وكلهم على عمله الذي تركهم عليه والدهم، بل عبد الله زدتُهُ في الرفعة وفي المهام، والله الموفق. وقد صار عبد الله (اسمه عندنا : محمد خان، ومعروف ايضا بـ : مسلم) من القيادات عندنا العسكريين، وأسدٌ ما شاء الله عليه، وكذا عبد الرحمن على إثره (يعمل في الأعمال الخاصة وتابع للجنة الأمنية).. وأسامة مازال صغيراً وهو سينزل الآن إلى باكستان مع أخته أم حفصة شفاها الله للعلاج، نسأل الله أن يشفيها وأن يربط على قلبها.

5- الشيخ يونس مازال موجوداً.. وكما ترى أننا كتبنا لك ننتظر الإذن النهائي الواضح، فعلى هذا سنقول له يتحرك، متى ما يكون مستعداً، بعون الله، سأسّجل منه سيرته الذاتية كاملة إن شاء الله.. ونبلغه الرسالة.

6- الشيخ إلياس ، بإذن الله أبلغه ما ذكرتم بنفسي وأشرحه له، وهو قد بعث لكم رسائل مرفقة كما ترونها، وقد التقيتُهُ قريباً، وأخباره طيبة، ولابد أن تكتبوا له رسالةً.

7- بالنسبة لعملية لاهور على البريلوية المشركين، فقد نبهنا إخواننا، ونبهتُ بنفسي حكم الله مسعود أن يظهروا أنهم "لا علاقة لهم بها، وأن سبيلنا مع مثل هذه الطوائف المنحرفة هو الدعوة بالحكمة والموعظة الحسنة والبيان" شددتُ على هذه العبارة. والحمد لله.

8- وفيما يتعلق بالتفاوض يا شيخنا الفاضل، فأعطيك نبذة الله يعينني عليها : فقد بدأت العدو الباكستاني منذ مُدَيْدة في مراسلتنا ومراسلة تحريك طالبان (حكيم الله) من وقت الحافظ رحمه الله، وكنا تشاورنا فيما بيننا ثم تبادلنا التشاور مع أبي محمد أخيراً عندما استُؤنف التراسل معه، وكان حاصل رأينا هو : نحن مستعدون لأن نترككم ونحن أصلا معركتنا هي مع الأمريكان، وأنتم إنما دخلتم مع الأمريكان، فإن تركتمونا وشأننا تركناكم، وإلا فنحن رجالٌ وسترون ما يذهلكم والله معنا.

وسرّبنا معلومات (عن طريق سراج حقاني، وبواسطة مساعدة إخوة مسعود وغيرهم عبرَ اتصالاتهم) أن القاعدة وكذا تحريك طالبان عندهم عمليات كبيرة ومزلزلة في باكستان، لكن قيادتهم أوقفتها في محاولة للتهدئة وامتصاص الضغط الأمريكي، ولكن لو قامت توجهت باكستان بشرٍّ إلى المجاهدين في وزيرستان فإن العمليات ستجري، وفيها عمليات كبيرة جداً وجاهزة في القلب.! [هذا معنى الكلام سرّبناه من عدة طرق ووصل إليه قطعاً].

على إثرها بدؤوا في الإرسال إلينا، الاستخبارات، أرسلوا عن طريق بعض الجماعات "الجهادية"!! الباكستانية المرضيّ عنها من قبلهم، وهي "حركة المجاهدين" بقيادة فضل الرحمن خليل، فجاءنا رسول منهم ينقل لنا رسالة من قيادات الاستخبارات : شجاع شاه، وغيره، بأنهم يريدون الحديث معنا نحن القاعدة، فبلغناهم نفس الرسالة، فقط، ثم بعد فترة (قبل ثلاثة أسابيع) بعثوا الرجل نفسه مرة أخرى، وهذه المرة اللافت أنهم أدخلوا في الجلسة "حميد غل"، وحضر معهم الجلسة فضل الرحمن خليل كمُشاوَر! وأرسلوا يقولون : أمهلونا قليلا (قالوا : شهر

ونصف أو شهرين) فنحن الآن بصدد إقناع الأمريكان والضغط عليهم، بأن يتفاوضوا مع القاعدة، وإقناعهم بأن التفاوض مع طالبان بدون القاعدة لا يجديَ، فانتظروا قليلاً، وإذا تمكنا من إقناع الأمريكان فإننا نحن (يعنون أنفسهم الباكستانيين) ما عندما مانع في التفاوض معكم والجلوس معكم. فقال لهم الإخوة : نبلغ قيادتنا الرسالة، وذهب الرسول. فقط.

وأما ما يتعلق بتحريك طالبان، فقد أخبرنا حكيم الله وصاحبُه قاري حسين، أن حكومة البنجاب (شاه باز شريف) كانت أرسلت لهم بأنهم يريدون التفاوض معهم وأنهم مستعدون لأن يعقدوا معهم صلحاً على أن لا يقوموا بأي عمل في البنجاب (في دائرة حكومتهم، وهي لا تشمل إسلام آباد ولا بندي) وأنهم مستعدون لأن يدفعوا أي ثمن....إلخ وكانت المفاوضات جارية كما قالوا لنا.. شددنا عليهم أن يشاورونا في كل شيء ،فوعدوا بذلك ، في آخر اجتماع لي مع حكيم الله سألته فقال لا جديد، وأي جديد سنخبركم، وأخبرته أنا بما جرى معنا، وتواصينا بالحذر منهم، ويرى حكيم أن لا نظهر نحن في الصورة ولا نجلس معهم، فأيّدته في هذا مبدئياً، وقلت له : على كلٍ لا نبرم شيئا إلا بمشورة قيادتنا، وإلا بالتفاهم معكم.

فهذا تقريبا ملخص ما جرى.. وهو كما ترى مجرد كلام!!

فهل الباكستانيون جادون، أو هم يتلاعبون ويختلون؟ الحذر واجب، والاستعداد واليقظة والمحافظة على الهمم والعزائم ضروري.. طبعا هم في كربٍ أيضا، وهم يرون أولياءهم وأربابهم الأمريكان في كربٍ شديدٍ أيضا، وهي حكومة ودولة من طينة النفاق والعياذ بالله... وحسبنا الله ونعم الوكيل.

وسألتم ما رأيكم؟ فنحن نرى يا شيخنا هو ما قلتموه : أي فرصة حقيقية لمهادنة الباكستانيين سنستغلها للتفرغ للأمريكان، هذا واضح.. نعم سيكون فيه صعوبة على كثير من إخواننا الباكستانيين، فلا تنسَ إخوة سوات، وإخوة مسعود حلفائنا وأحبابنا القريبين جداً، وغيرهم، وحتى المجموعات التي معنا، لكن تفهيمهم وإيضاح الأمر لهم وأهميته وأنه خيرٌ ممكن بعون الله.

9- أخونا عزام الأمريكي بخير وعافية ولله الحمد، وما أشاعه الباكستانيون كان خبراً كاذباً لم نعرف بالضبط ما حقيقته، هل كان خطأ منهم واشتباهاً؟ أو وراءه شيءٌ من مكر معين؟

10- الإخوة الأسرى والأهل في إيران، إن شاء الله يكونون بخير، ولكن لم يأتِ أحدٌ إلى الآن بعد أنس السبيعي كما ذكرتُ لكم أنه آخر من جاء من الإخوة، وهو جاء منفرداً بعد أن

سفّر أهله إلى ليبيا عبر تركيا، وعبر الاتصال بمؤسسة القذافي، وإن شاء الله إذا يسر الله مجيء العائلة نرتب الأمر، ولكن يا شيخ ربما الأمر أصعب مما تظن في الطرق والتفتيشات الآن بيننا وبين بيشاور، ولذلك ربما نميل إلى إبقائهم فترة في مكان بعيد عندنا محفوظين، ثم نرتب لهم على مهلٍ وبأمانٍ بعون الله.

11- أما مقترحكم بالنسبة لحمزة ابنكم، فأنا لا أعرف حمزة، وقد كان صغيراً، لكنه كبر الآن، ولعلي أسأل الأخ النعمان المصري فإنه كان قريبا منه فترة على ما أظن في السجن، فإن كنتم على ثقة من ثباته وقوة نفسه... فهذا الاقتراح جيدٌ، لعل الله ييسر خروجه بخير وخروج بقية الإخوة.. وكيف ترون يكون ذهابه إلى قطر؟ فإنه إذا أخروجه سيدفعونه إلينا بالطرق التهريبية المعروفة، فسوف يصل إلينا، فكيف بعدها؟ هل من المناسب أن ينسّق مع سفارة قطر في باكستان مثلا؟ لكن سيأخذه الأمريكان حتماً!! فالأمر يحتاج إلى دراسة التفاصيل والحذر والاحتياط، إلا إذا أمكن أن نقول للإيرانيين : اتركوه يمشي إلى قطر، سنحاول.

12- البحث عن مرافق، كنتُ على اطلاع بما سبق البحث فيه مع الحافظ، وبالمناسبة أنا مطلع على كل رسائلكم للحافظ رحمه الله، أولا بأول ونقرأها معنا ونتشاور فيها.. وأنا الآن أطلع أبا يحيى معي على رسائلكم فقط لا غير، أما إخوة آخرون فبحسب التخصص أو جهة المشورة الممكنة، نقتطع من الرسالة مثلا فقرات نطلع عليها عبد الرحمن المغربي إن كانت تتعلق بالسياسة الإعلامية مثلا، وإن كان بالعمل الخارجي فقد أطلع على الفقرات المتعلقة بها إخوة آخرين.. وأقول : بالنسبة للمرافق، فإن شاء الله نجتهد في البحث، والله الموفق.

13- وسنفعل ما قلتم بالنسبة للأخ الذي من طرفنا في المراسلة : نسأله ونفتش أموره وملابساته... والله يحفظكم جميعاً ، وسبق أن كتبتُ لك رأيي بأن نخفف التواصل، وعندي اقتراح آخر أن نشفر التراسل، فهل يمكن لمن عندك أن يتعلم برنامج أسرار المجاهدين، سأرفقه لكم. مع شروحٍ له، لعل مساعديك يتعلمونه ونتراسل به.

14- وسأحاول البحث عن كتاب التترس للشيخ أبي يحيى وإرفاقه لكم.. وكذا نظرات. فإن لم أجده الآن ففي مرة أخرى والله المستعان.

15- أخبركم بمقتل الأخ حمزة الجوفي رحمه الله، وذلك بقصفٍ بطائرات التجسس في جنوبي وزيرستان (وانه)، وقتل معه آخرون، لم نتأكد منهم لحد اللحظة، يحتمل أن يكون فيهم أبو الحسين المصري.

16- إن شاء الله سنطلب معلومات عن أبي بكر البغدادي ونائبه، وعن أبي سليمان الناصر لدين الله، وسنسعى لسؤال إخوة الأنصار، وغيرهم.. ونحصل على صورة أكثر دقة، والله الموفق، وبإذن الله نواصل مساعينا للوحدة، وقد فعلنا بالفعل، وكتبنا لهم في رسائل التعزية في الأميرين الشهيدين بأنه لعل هذه فرصة لتجديد مساعي الوحدة وإيجاد هيكلة جديدة تجمع الشمل...إلخ

17- الفكرة عن شريط وثائقي عنكم، بالتعاون بين الجزيرة والسحاب، سنسعى فيها، سأتشاور مع منير، ونرسل لزيدان بالفكرة ثم طلب أسئلته.. لكن ظني أنه لابد على الأقل أن تكون أجوبتكم صوتية.. وقد كنتُ طلبتُ منكم يا شيخنا من قبل أشرطة لنا نحن نحتفظ بها، عن تاريخكم وحياتكم وكل شيء، وكيف تطورت الفكرة الجهادية عندكم...إلخ أشياء كثيرة، وأخونا منير بعث لكم أسئلة وغيرها ، لكن لم تجيبنا فتركنا الأمر إلى حين، ونحن مصرّون عليه، ونراه واجباً، وأيضا يا شيخنا العزيز كلمات صوتية قصيرة للإخوة هنا خاصة، نُسْمِعُهم إياهم بدون أن يأخذ أحدٌ نسخة أبداً ثم نحتفظ بها في إرشيفنا أو نعدمها كما تأمرون، لكن لابد منها للناس : للتطمين بالتعيينات وغيرها، والتوصية بالسمع والطاعة والصبر والمصابر والتثبيت ورفع الهمم والتبشير.. الجوفي رحمه الله كان يقول : أنا مع أسامة بن لادن لكن لستُ مع الحافظ سلطان ولا مع خالد الحبيب ولا محمود.. وهكذا عندنا غيرُه منهم من يكاد يصرّح ومنهم من دون ذلك.. نسأل الله تعالى أن ييسر لنا ولكم ما فيه الخير.

18- بالنسبة للظهور الإعلامي، فجزاكم الله خيرا على النصيحة، وقد تشاورتُ مع الإخوة ورأينا أننا في هذه الفترة إلى أجلٍ غير مسمى لا نظهر، تغليبا للاختفاء والأمن وتحاشياً عن الرصد التجسسي ونحن نعاني من الحرب الجاسوسية، وامتصاصاً للضغوط الأمريكية على الباكستان.. وعندنا فكرة بالانتقال خارج وزيرستان قريباً، ربما نتجه إلى نورستان، بعضُنا، ويبقى البعض : أعني القيادات والكوادر المؤسسية كالإعلام واللجنة الشرعية ونحوها، نقسم أنفسنا، قسمٌ يذهب وقسمٌ يبقى، وكما أخبرناكم من قبل أن عندنا كتيبة جيدة هناك، يقودها الأخ

"فاروق القطري" وهو أخ فاضل من الكوادر الطيبين، وقد أرسل إلينا مؤخراً بأنه جهّز لنا الأمور لاستقبالنا، وأن الأماكن جيدة والأنصار وكل شيء، فالله أعلم.. ونسأل الله الإعانة.

19- طلبتم أن "ترشح لي أسماء بعض الإخوة المهيئين لأن يكون أحدهم نائباً لك" ، فأولا نسأل الله أن يعينني على ما كُلفتُ به ، ووالله يا شيخنا إنها مسؤولية كبيرة وإنني ضعيفٌ عنها، وأخشى أن أضيع وأفرط وأخسر، وكنتُ أطلبُ سراً من الشيخ سعيد إعفائي، على استحياءٍ، لأني أيضا بالمقابل أقول في نفسي : مَن للإخوة والعمل والجهاد، وقد احتيج إلينا؟! والكوادر مفقودة والقيادات كما نرى، فأخاف أن هذا قد يكون من الفرار من الزحف ونحوه، فعلى كلٍ، الله يعيننا وإياكم، وأسأل الله أن يفرج عني وأن يهيئ بسرعةٍ من هو خيرٌ مني يتولى الأمر..

أقول : لا أرى ممن هو كامل التهيؤ الآن إلا الشيخ أبا يحيى، وبالمناسبة فهو كان من أيام الحافظ الأخيرة النائبَ الثاني بناءً على التوجيه الذي جاء منكم بتولية نائب ثانٍ، فهو الآن نائبي، وأظنه أهيأ الإخوة.

لكنني غير راضٍ بهذا، وأتمنى أن أجد شخصا آخر، فلو تشيرون عليّ، والسبب : أنني أرى أنه ينبغي أن يكون متفرغاً للعلم والفقه والفتوى والمضيّ في سُلّم العلم، فإن شغلناه بالإدارة أوشك أن نخسر علمه وتأهّله، وقد ورد في السير أنه قيل لسيدنا عمر لمَ لا تولّي الأكابر من أصحاب رسول الله صلى الله عليه وسلم فكان يقول : كرهتُ أن أُلوّثهم بالعَمَلِ. أو كما قال.

والتلوّث من وجهين : من جهة تعريضهم للفتنة في أنفسهم، ومن جرائه فسادُ دينهم.. ومن جهة إسقاط هيبتهم من قلوب الناس، فإن العامل (المسؤول) يقع له مشاحنات ومهاترات وجدل وما شابه ذلك مع الخلق، وربما تجرؤوا عليه وابتذلوه...إلخ

ولذلك كنت ومازلت أحب أن يكون أبو يحيى بعيداً عن ذلك.. ولكن لا أحد من هو أهيأ وأحسن منه وأفضل، بل هو خيرٌ مني وأحق.

البقية ، الشيخ يونس مازال يحتاج إلى عمرٍ ومزيد نضج وتجربة، على عقل فيه ونباغةٍ وذكاءٍ همةٍ.. الله يبارك فيه، ومن أكبر مشاكل مثله أنه جديد يُعتَبَر ، ولا يرضى بمثله الناس، ثم هو الآن مكلف بعمل هو ماضٍ له، والله يوفقه.

ويمكن : أخونا عبد الرحمن المغربي، عقلية طيبة جداً، ودينٌ متين نحسبه كذلك، وخلُقٌ عالٍ، وكتمان وصبر... وفكرٌ صائب ووعي ممتاز، صالح للقيادة بإذن الله، والله يرعاه.. ستكون

مشكلته مع الكبار فقط لا يكادون يقبلون ممن هو أحدُّ منهم (أعني الشيوخ الكبار السن وأنت تعرفهم)، لكن هذه تُحَلّ بالتعيين الصريح منك، لا الكتابي بل الصوتي على الأقلّ، هذا لا نزول عنه، في مثل حال عبد الرحمن لو احتيج إلى تعيينه.. طبعاً هو الآن المسؤول عن السحاب، ولكن يمكن اقتطاعه منها وترقيته، ولعلي أستنبط الأمر وجسُّهُ.. وأنتظر مشورتكم.

وفي الجيل الجديد إخوة طيبون وكوادر وقيادات مستقبل، والله يقويهم، ونحن عاملون على إعداد الكوادر وتهيئة القيادات فأبشر بما يسرّك بعون الله، لكن ظروفنا والله صعبة يا شيخنا ونسعى ونحاول ولكن الحرب الجاسوسية أتعبتنا بالفعل.

من الإخوة المصريون القدامى بقي عندنا : سعدوف، أمير الفتح، أبو المقداد، أبو سليمان (الذي كان يسكن في خوست مع الجوفي أيام الإمارة، وكان عامل تكسي) هؤلاء في العمل معنا جميعاً، لكن لا يصلح معظمهم لهذا الأمر، اللهم إلا أبا المقداد قد يكون أقربهم، وهو من أفضلهم من جهة الفكرة والرأي، لكن في خلقه صعوبةٌ.

من إخوة الجزيرة عندنا أبو عثمان، لا يصلح لهذا الأمر، وعندنا أحسن منه أخٌ اسمه عبد الجليل ممن جاء في آخر أيام الإمارة، وممن سجن في كابل عند ناس سياف ثم أطلقوهم (كانوا ثلاثة : هو وسيف بن عمر عبد الرحمن المصري، وعزام الزهراني رحمه الله). هذا الأخ جيد يمكن أن يكون مؤهلاً في فترة قادمة، وقد نحاول يكون نائباً الآن، أنظر في الأمر وأستنبطه ثم أردُّ عليك في رسالة أخرى.. ولو تذكر هو الذي رشحه لك الحافظ سابقاً ليكون متحدثاً باسم القاعدة.

وأسأل الله أن يفرج عن إخواننا من السجن فيأتون ليساعدوا وليحملوا العبء، فإنهم أكفاء، أبو محمد الزيات وأبو الخير وسيف العدل، وغيرهم، لكن للأمانة إذا يسّر الله خروجهم، فلابد من أن يقضوا على الأقل مدة ستة أشهرٍ (ويمكن إلى سنة) حتى يعرفوا الأمور من جديد كيف تسير، ويجددوا معارفهم ونشاطهم وحيويتهم... وفي هذه الفترة يكونون قريبين نوعاً ما ويُشاوَرون بالتدريج في الأمور، ثم يمكن أن يستلموا الأمور.. نسأل الله أن يفرج عنهم وينصر بهم الإسلام والمسلمين ويجعلهم وإيانا من عباده الصالحين.

20- على ذكر بعض المشاكل، ولا نحب والله أن يشغل بالكم بالمشاكل، ولكن لعل شيئا منها لابد منها لتتصوروا الأمور، فأرفق لكم فقرة كتبتها في رسالةٍ للأخ أبي بصير الوحيشي (كان طلب مني نبذة عن الساحة عندنا).

21- بإذن الله نعيد قراءة الرسالة على مهل، ونرد عليكم في المراسلة القادمة في الفقرات المهمة التي لم نتناولها الآن، مثل فكرة أن تصدروا بياناً فيه التصريح بأننا نصحح بعض ما بدر منا، فهذا لابد أن يكون دقيقا جداً ومتوازناً غاية التوازن مدروساً كامل الدراسة، وقد نحتاج أن تسبقه شيء من الخطوات التدريجية.. ونطمئنك يا شيخنا العزيز أن الجهود في مجال ضبط المنهج وتقويم رؤوس العمل في كل مكان والاتصال بالصالحين من المثقفين وطلبة العلم وغيرهم، نعمل عليه ونجتهد فيه رغم كل الصعوبات (عندنا تواصل مع مجموعة من طلبة العلم، سأختار منهم اثنين أو ثلاثة، مع مثقف أو اثنين أو ثلاثة، لما أشرتم له من : النقد والتمحيص والنصح لنا، ونخبرهم بأننا نريد التصحيح...إلخ ما ذكرتموه)، هذا كله بإذن الله سنبدأ به ونمهّد لكم، ونحن في تصحيح مستمر قبل هذا وفي أثنائه وبعده بعون الله، في مسائل التكفير والغلو والتطرف وغيرها، وفي مسائل الأخلاق والأذواق والاعتدال، وفي مسائل عموم الفكر والتحليل والنظر والبحث، وفي مسائل الفقه، والله وليّ التوفيق.

22- هناك مرفقات أخرى : النصح والإشفاق، ومقال طويل وجيد لأبي يحيى بعنوان (الجهاد ومعركة الشبهات) [لم أجده الآن للأسف]، وآخر مقالاتي في سلسلة انفذ على رسلك في مجلة طلائع خراسان، توجيهات إعلامية، رسالة أبي يحيى للإعلاميين.

وهذا ما تيسّر من الردود الآن.. والله عز وجل مولانا الرحيم الكريم الودود هو المرجوّ أن ييسر كل أمورنا وأموركم وأن يأتي بالفتح القريب والنصر المؤزّر لأوليائه.. والحمد لله رب العالمين.

والسلام عليكم ورحمة الله وبركاته

محمود

السبت 5شعبان1431هـ

(Fully translated)

Page 1

In the name of God, the Merciful, the Compassionate

To: Our Dear Shaykh, ((Abu 'Abdallah)), may God keep him and look after him and gird him and guide him and instill wisdom in his words and his deeds, that it may fill his heart, amen.

Peace be upon you, and God's mercy and His blessings,

Praise be to God that you are well. We have received your latest messages on Thursday, 3 Sha'ban (TN: year unspecified), and we had previously prepared that which you are reading now.

These are some of the points that we can write about at present, based on your last message; there are others that will wait for another opportunity, may God assist us.

1. Regarding Yemen, dear Shaykh, what you have said is good and deep, and we ask God to increase your understanding, wisdom, and guidance. I bring you good news that has made us joyful, and we consider it a result of what God has given you and us of His wisdom, accuracy, justice, and prudence, as well as strength of aim and fire. But I would ask that you focus on the current reality in its details, which is that the war has become a reality. And what is war other than that which you have known and experienced? War in its beginning

Page 2

is youth. But now we are faced with the reality of how to proceed wisely while including our youth and our men. I'm not saying that we should be weak in front of our popular base or make concessions for them. In fact, we should lead them and take them by their hands toward maturity, God willing. But this is a fluid operation of the utmost difficulty, so let us focus on the operational mechanisms by which we can apply what you mentioned - and thank you for that. So the issue is: Do we strike the Americans or the apostates? We have expressed to you our opinion on the matter, and you know better than we do. As well, the issue of exiting the battlefield entirely is a dangerous and risky thing. Saying that we should not escalate, as it seems to me, is ambiguous and will not be practical. The young men want "the line" and "the operations." Every day, there are recommendations to the leadership for operations, opportunities, and observation (surveillance and reconnaissance). Thus, there need to be clear and definitive orders. The issue of leaving the southerners, for example (the movement) (TN: the Southern

Secessionist Movement), or others to take over governing, given what you have mentioned, causes me to hesitate. Perhaps

Page 3
there is another option, which is: Instability and chaos. This is better than the control of apostate infidels.

At any rate, I will begin by writing to ((Abu Basir)) to pave the way for this strategy in general terms, God willing. I ask that God guides me to that which is right and good and sound. Perhaps ((Abu Muhammad))'s letters to you include discussion of this issue, which can help inform your opinion.

In summary: Are brothers are now engaged in an actual war with the government, and of course with the Americans? They have even begun striking the security headquarters, as you have heard, even a few days ago in Abyan. Is it appropriate for us to say, "Stop the escalation. We don't want a war in Yemen!"? I do not support such a position, and all my brothers here, as they have told you of their opinions, do not support it. We believe it to be a fundamental mistake. So do we push in the direction of a ceasefire? How, and what would the conditions of that be? (We should enter into the details of such an idea and grant it permission. We then explain to them our strategy and relay to them all of what you said when you wrote, etc.) We should

Page 4
respond to the questions: Would the Americans and Saudis be satisfied with a ceasefire in the first place? And what will become of our brothers who are committed to the ceasefire?
Anyway, I have attached the most recent letters from Abu Basir, but there were one or two messages before these. He promised - and I wrote to him asking him to be quick about it - to send detailed messages about their status.

2. Dear Shaykh, the brothers in Somalia are waiting for a message from you and for orders, and they also await consultation and settlement in the matters that they brought up. It would be nice if you could do something especially for them that we could convey to them to make them happy.

3. I want to give you the good news that Shaykh Abu Muhammad is well and in good health. His family is with him, as is one of the Arab brothers. We ask God to keep them concealed, to keep them well, and to bless them. I have attached his letters, which have been waiting for a while. He issued a statement on the passing of Shaykh Sa'id, and before that he had sent us a statement about Turkey. We held these up because disseminating them wasn't appropriate at the time we received them due to their coinciding with the saga of the Freedom Flotilla

Page 5

and its tragic end, in addition to the sympathy of the Turkish people to the matter and the position of the Turkish government, etc. After consulting with Abu Muhammad, we cancelled publication of the statements altogether. This is something I had wanted to mention to you.

4. With regard to what happened with al-Hafiz, I had written to you about it, God rest his soul. As for his children, they are fine and doing well, and I was to reassure you that we are looking after them and guiding them and their families. I have given them money and other assistance, and I have pledged to help his other, Sudanese family. God willing, we are still expanding our assistance to them, giving them gifts, and standing beside them. They have asked me for nothing that I have not answered with "yes," even their father's weapon (which was a non-specific weapon from the general use stock, a Krinkov).
(('Abd-al-Rahman)) told me that he wanted it to remain with him, so I left it there for four months, and then we will see. Maybe I will allow them to keep it. The Shaykh had written in his will that his weapon was to return to the general use stock, and he stipulated this in his will. They know this, but they wanted to keep it with them. I renewed the vehicle for 'Abd-al-Rahman, and they are all still doing the work that he left for them. In fact, I have increased 'Abdallah's stature and his tasks, may God assist in that. 'Abdallah (with us, we use the name Muhammad ((Khan)), but he is also known as ((Muslim))) has become one of our military leadership figures, and Lord have mercy, he is a lion. 'Abd-al-Rahman is following in his footsteps (he works in
Page 6

Special Tasks and belongs to the security committee). Usamah is still young, and he is about to go to Pakistan with his sister, Umm ((Hafsah)), for her treatment. We ask God to heal her and treat her heart.

5. Shaykh ((Yunis)) (Var.: ((Younis))) is still present. As you see, we wrote to you and we are waiting for clear and final permission. Once we get that, we will tell him to move, when he is ready, with God's help. I will record his complete CV, God willing, and tell him about the message.

6. Shaykh ((Ilyas)): God willing, I'll inform him of what you mentioned myself and explain it to him. He has sent you the attached messages, as you can see. I met him recently, and he is doing well. You should write him a letter.

7. With regard to the operation in Lahore against the polytheist Barelvis, we have alerted our brothers, and I personally alerted
Hekmatullah ((Mahsud)) that he must declare that they "had no connection to it," and that our method with these errant sects is "to proselytize with wisdom, sound preaching, and explanation." I was insistent upon this particular wording, praise be to God.

8. With regard to the negotiation, Esteemed Shaykh, I would briefly say, with God's help, that the Pakistani enemy has begun to correspond with us and with the (TN: Pakistani) Taliban (((Hakimullah))), ever since al-Hafiz, God rest his soul. We were consulting back and forth, and then we shared some consultation with Abu Muhammad recently when we resumed correspondence with him. Our stance was essentially: We are ready to quit the fight with you, as our battle is primarily with the Americans; however, you entered into it with them. If you leave us alone, then we will leave you alone. But otherwise, we are men, and you will see something that will astonish you, and God is with us.

We leaked information (via Siraj ((Haqqani)), and with the help of the Mahsud brothers and others, via their communications) that al-Qa'ida and the Pakistani Taliban were preparing largescale, destructive operations in Pakistan, but that the groups' leadership had halted the operations in an attempt to calm the situation and absorb the pressure from the Americans. But if Pakistan were to direct its evils against the Mujahidin in
Waziristan, then the operations would move forward, including very large operations that were ready and would occur in the heart of Pakistan (this is the gist of the information we leaked via a number of avenues, and it certainly reached them).

As a result of this, they began sending people to us from the intelligence. They sent messages to us via some of the Pakistani
Jihadist groups that they are comfortable with, including the
Harakat al-Mujahidin, led by Fadl-al-Rahman ((Khalil)). One of their messengers came to us conveying a message for us from the intelligence leadership, including Shuja' ((Shah)) and others, saying that they wanted to talk to us as al-Qa'ida. So we gave them the same message, nothing more. After a while (about three

Page 7
weeks ago), they sent the same man once more. What was noteworthy this time was that they also inserted Hamid ((Gul)) into the meeting, and Fadl-al-Rahman Khalil attended as an advisor. They sent a message saying, "Give us some time, a month and a half or two. We are trying to convince the Americans and pressure them to negotiate with al-Qa'ida, and to convince them as well that negotiating with the Taliban without al-Qa'ida is of no use. Just wait a little bit. If we are able to convince the Americans, then we (meaning the Pakistanis themselves) have no objection to negotiating with you and sitting down with you." So the brothers said to them, "We will inform our command of your message." And only the messenger went.

As for the Taliban movement, Hakimullah and his companion, Qari ((Husayn)), informed me that the Punjabi government (Shah Baz ((Sharif))) had sent them word that they wanted to negotiate with them and that they were ready to agree to an arrangement with them that they would not carry out any acts inside Punjab (in the sphere of control of the government, which does not include Islamabad or Pindi), as well as that they were ready to pay any price, etc. The negotiations were ongoing, according to them. We stressed to them that they should consult with us in all matters, and they promised to do so. In my last meeting with Hakimullah, I asked him, and he said to me, "There is nothing new, and if anything new comes up, we will tell you." I told him what was going on with us, and that we were being very wary of them. Hakim thinks that we should not show ourselves or sit down with them, and I was supportive of this position in principle. I told him, "At any rate, we don't agree to anything without consulting our leadership, or in reaching an understanding with you."

This is basically a summary of what took place. As you know, this is just talk!

So are the Pakistanis serious, or are they just playing with us?
We must be cautious and ready and aware. We must maintain our focus and determination. Of course, they are in a difficult position, as well, and they see their lords and masters, the Americans, in an extremely difficult position, too. This is a government mired in hypocrisy, but there is refuge in God.

So I ask you, what is your opinion? Our opinion, Shaykh, is as I said: We will take advantage of any genuine opportunity for a truce with the Pakistanis so that we can focus wholly on the Americans. This is clear. Yes, there may be difficulty in it for many of our Pakistani brothers; don't forget the brothers in Swat. The Mahsud brothers are our allies and very close comrades,
Page 8
as are others, and even the groups that are with us. But with God's help, it is possible to make them understand, and to explain to them the importance of the matter and how good it could be.

9. Our brother, 'Azzam al-((Amriki)) (TN: "the American"), is fine and doing well, praise be to God. The rumor spread by the Pakistanis was false, but we didn't know exactly what was true.
Was it a mistake they made, or a suspicion? Or was there a specific ruse behind it?

10. The brothers imprisoned in Iran and their families are fine, God willing. But no one has come so far since Anas al-((Subay'i)), and as I told you, he was the last of the brothers to come. He came alone after his family traveled to Libya via Turkey, via a communiqué to the al-Qadhafi Foundation. God willing, if we're able, we will arrange for the family to come.
But Shaykh, perhaps the matter is more difficult than you imagine, in terms of the route and searches between us and Peshawar. For this reason, I think we would prefer to keep them for the time being in a place far from us, where they are safe.
Then we can take our time making arrangements for them, God willing.

11. As for your recommendation regarding your son, ((Hamzah)), I don't know Hamzah. He was young, but he has grown up. Maybe I can ask Brother Nu'man al-

((Masri)), who was close to him for a time when they were in prison, I think. If you trust in his steadfastness and his emotional strength, then this is a good recommendation. Maybe God will facilitate his safe exit, and the exit of all the other brothers. How do you think he should get to Qatar? If they get him out, they will send him to us using the well-known smuggling routes, and he will make it here. But how should he go after that? Is it appropriate for him to coordinate with the Qatari embassy in Pakistan, for example? But the Americans will definitely take him! So the matter requires that we study it in detail and be careful and take precautions. Otherwise, if we are able to tell the Iranians to let him go to
Qatar, we will try to do that.

12. Searching for an aide-de-camp: I was previously aware of the discussion about the aide-de-camp with al-Hafiz. By the way, I read all your messages to al-Hafiz, God rest his soul, as they came, and we would read them and consult one another about them. Now, I share your messages only with ((Abu Yahya)), and no one else. As for the other brothers, depending on the specific focus or the area in which it is possible to get advice, I will take a portion of the message - perhaps paragraphs - and show it to 'Abd-al-Rahman al-((Maghrebi)) if it pertains to media policy, as an example. If it pertains to external activity, I might show the relevant paragraphs to other brothers. As for the aide-decamp, I would say that God willing, we will make every effort to search.
Page 9

13. We will do what you said regarding the brother in the couriers: We will question him and check his background and his qualifications, may God keep you all. I previously wrote to you my opinion that we should reduce our correspondence. I have another recommendation, which is that we should encrypt our correspondence. Is it possible for the people on your end to learn the Mujahidin Secrets program? I will attach it, along with an explanation of it. Perhaps your assistants can learn it and use it in their correspondence.

14. I will try to search for the book al-Tatarrus (TN: The Barricade), by Shaykh Abu Yahya, and attach a copy to you, along with a few other theories. If I'm unable to find it now, I'll do it another time, with God's help.

15. I want to inform you that Brother Hamzah al-Jawfi, God rest his soul, was killed during an airstrike by spy aircraft in South Waziristan (Wana). Others were killed with him, but we still haven't confirmed exactly who. It's possible that ((Abual-Husayn)) al-Masri was among them.

16. God willing, we will request information about ((Abu Bakr)) al-Baghdadi and his deputy, and about the great partisan ((Abu Sulayman)). We will try to ask the partisan brothers and others and get a clearer picture, with God's assistance. God willing, we will continue our efforts toward unity, as we have indeed done. We have written to them in messages of condolence for the two martyred emirs that perhaps this is an

opportunity to renew efforts of unity and to find a new structure that combines everything, etc.

17. The idea about a documentary about you, in coordination with Al Jazeera and Al Sahhab, is something we will work at. I will consult with Munir, and we will send the idea to Zaydan and ask for his questions. But I think that your answers should be recorded in audio at a minimum. I had previously asked you,
Shaykh, for tapes that we could keep about your history, life, and everything, and about how the idea of Jihad developed with you, etc. Many things. Our brother Munir sent you questions and what not, but you did not respond, so we left the matter for the time being. But I am insisting on this matter, and I think it's something we need to do. Also, Dear Shaykh, some recorded audio of shorts speeches to the brothers here especially, where you could let them hear you without anyone taking a copy of it. We could keep them in our archive or destroy them, per your order.
But we should do this for the people, to put them at ease regarding appointments of personnel and other issues, and so you can urge them to listen and obey, to be patient and steadfast, and to raise their awareness and concern. Al-Jawfi, God rest his soul, said, "I am with Usama Bin Laden, but I'm not with Hafiz ((Sultan)), or Khalid al-((Habib)), or ((Mahmud)). Likewise, we have
Page 10

others who nearly make statements, and those who are not like that. We ask God to help us in that which for us and for you is good.

18. With regard to a media presence, thank you so much for the recommendation. I consulted with the brothers, and we think that at this time, and for the indefinite future, we should not be present in the media, owing to our remaining hidden and to security, and to avoid the monitoring by spies. We are suffering in this war of espionage and absorbing the pressures of the
United States and Pakistan. We had the thought of moving outside
Waziristan in the near future. Perhaps some of us will go to
Nuristan, and others will remain. A section goes and a section stays. As we told you before, we have a good battalion there led by "Faruq al-((Qatari))." He is an esteemed brother from the proven cadre. He recently sent us word that he made things ready there to receive us, and that the locations are good and there are partisans, and everything else. We ask for God's assistance.

19. You had asked that I suggest the names of some prepared brothers so that one might become a deputy of mine. First, I ask God's help in that with which I have been tasked. Shaykh, this is a great responsibility, and I am not equal to it. I fear that I squander, go too far, or lose things. I had asked Shaykh Sa'id in secret to excuse me, in shame, because I was also saying to myself, "Who is for the brothers, the work, and for Jihad, that would have need of me?" We have lost cadre and leaders, as we know, and I fear this may be from the fleeing and the slow progress, etc. At any rate, may

God help me as he helps you. I ask God to relieve me and quickly prepare someone better than I to take charge. I would say that I do not think anyone is completely ready to take charge right now, except Shaykh Abu Yahya. And by the way, during the final days of al-Hafiz, Abu Yahya was the second deputy, based on the directive that came from you to designate a second deputy. He is now my deputy, and I think he is the most prepared of the brothers.

However, I am not sold on this, and I hope that I will find another person. The reason is this: I think he should be assigned full time to academics, jurisprudence, fatwas, and climbing the academic ladder. If we busy him with management, I suspect we will lose his knowledge and qualifications. It was asked of our master, 'Umar, "Why not assign one of the senior companions of the Prophet?" His answer was, "I would hate to sully them with work."

Page 11

The sullying would be in two senses: First, that they would be subjected to unrest in their minds, which would in turn corrupt their faith. Second, it would harm their dignity in the hearts of the people. Someone in charge is faced with bickering, recriminations, and arguments and such.

Thus, I have always felt that Abu Yahya should be far removed from this. But I haven't found anyone more suited or better than he. In fact, he is better and more deserving than I am.

Of the remaining, Shaykh Yunis still needs to grow up, and needs to become more mature and get more experience. He has a smart and clever mind, God bless him, but one of the biggest problems people like him have is that they are considered new, and people won't be satisfied with him. Anyway, he's already tasked with work that he has begun, may God assist him in it.

A possibility is our brother, 'Abd-al-Rahman al-Maghrebi. He has a very sound mindset and a sturdy faith, in our assessment. He has ethics beyond reproach and is secretive and patient. He is sound in his thinking and is very aware. He is suitable for command, God willing, and may God look after him. His only problem will be with the senior people; those who have been around longer than he will hardly accept him (I mean the older shaykhs; you know who I'm talking about). But this could be solved by a clear appointment from you, not in writing, but in an audio recording at the very least. There is no choice other than this in a case such as 'Abd-al-Rahman's, if I had to appoint him. Of course, he is now in charge of Al Sahhab, but he could be removed from that and promoted. Maybe I'm perceiving the matter to be more sensitive than it is. I await your counsel.

In the new generation, there are good brothers and the cadre and leadership of the future, may God strengthen them. We are working to prepare the cadre and ready the leadership. I will bring you good news that will make you happy, with the help of God. But our circumstances are difficult, Shaykh, and we are trying, but this war of espionage has really worn us down.

From the senior Egyptian brothers who remain with us, we have ((Sa'duf)), Amir al-((Fatah)), ((Abu al-Miqdad)), and ((Abu Sulayman)) (who was living in Khowst with al-Jawfi in the days of the Emirate, driving a taxi). These men are all with us in our work, but most of them are not suited to this matter. Except Abu al-Miqdad, who might be the best of them, and is certainly the best in terms of his ideology and point of view. But there is difficulty when it comes to his ethics.

As far as the Algerian brothers, we have ((Abu 'Uthman)), but he isn't suited for this matter. We have someone better than he, a brother named (('Abd-al-Jalil)), who came to us during the last days of the Emirate. He was put in prison in Kabul by Sayyaf's men, but they released him (there were three of them: Sayf Bin 'Umar 'Abd-al-Rahman al-((Masri)) and 'Azzam al-((Zahrani)), God rest his soul). This brother is

Page 12

good and might be qualified in the near future. We might try him out as a deputy now. I will look into the matter and study it, and then I'll respond to you in another letter. Perhaps you remember, he's the one that al-Hafiz recommended to you previously to be a spokesman for al-Qa'ida.

I ask God to release our brothers who are in prison. They come to help and to carry the burden, and they are good men. Abu Muhammad al-((Zayyat)), ((Abu al-Khayr)), and ((Sayf al-'Adl)), and others. But to be safe, if God ordains their release, they should spend six months (or even a year) getting familiar again with how things work, and so they can renew their contacts, activities, and livelihoods. At present, they are relatively close, and they consult incrementally in matters. After this, they could take on affairs. We ask God to free them and with them, may He bring success for Islam and the Muslims, and may He make them and us suitable servants.

20. Speaking of some problem, though I don't want to occupy you with problems, but perhaps this is something that you should be aware of. I've attached a paragraph that I wrote in a message to brother Abu Basir al-((Wuhayshi)) (he had asked me for a summary of the situation with us).

21. God willing, I will reread the letter slowly and respond to you in the next missive regarding the important paragraphs that I didn't get to here, such as the idea about you issuing a statement in which you say that we are correcting some things that have come hastily from us. This should be very

precise and balanced and studied. We might need to undertake some measured steps before this. Let me assure you, Dear Shaykh, that we are making every effort to refine our course, assess our officials in every location, and communicate with worthy and learned people and religious students and other. We are working hard at this despite all the difficulties (we are in contact with a group of religious students, and I will choose two or three of them, along with one to three educated men, for that which I had indicated, including critiques, scrutiny, and advise for us, and I will tell them that we want to be corrected, etc., as you had mentioned). God willing, this is everything. We will begin this and pave the way for you. We are continually making corrections, even before this, during, and after this, with the help of God, in matters of ideology, excessiveness, extremist, etc. In matters of ethics, taste, and moderation, and in matters of general thought, analysis, research, and Jurisprudence, may God assist us.
Page 13

22. There are other attachments: The advise and the sympathy; a long but good article by Abu Yahya entitled "Jihad and the
Battle of Uncertainties" (I'm unable to find it, unfortunately); the latest in a series of my articles in the magazine "Vanguards of Khorasan"; media directives; Abu Yahya's message to members of the media.

This is what I am able to respond with. God is great, and makes all things happen for us. He will bring victory soon. Regards.

Mahmud

Saturday, 5 Sha'ban 1431 (TN: 17 July 2010)

بسم الله الرحمن الرحيم
الحمد لله رب العالمين ، والصلاة والسلام على نبينا محمد وعلى آله وصحبه أجمعين.
وبعد:
السلام عليكم ورحمة الله وبركاته
أسأل الله أن تكونوا بخير وعافية وفي مزيد من التوفيق والبركات والألطاف من المولى الكريم.
ثم أما بعد /

فقد طالعت تعليقي الأخوين الشيخين الكريمين أبي الحسن وأبي يحيى على "رسالة الإيمان" ، وأثلج صدري ولله الحمد وسررتُ أيما سرورٍ بما رأيتُ من تعليقات مفيدة رصينة تدل –بفضل الله تعالى- على محبة وصدق وأمانةٍ ونصحٍ للإسلام وأهله، من قبل هؤلاء الإخوة ، فنعم الإخوة والله همْ ، ونعم الجنود للإسلام، نسأل الله أن يبارك فيهم جميعا وفي قيادتهم التي حق لها أن تفتخر بهم وتوقن أن معها رجالا حقا.. فاللهم لك الحمد يا رب العالمين.
رغم أن الشيخ أبا الحسن لم يعلم من هو كاتب الرسالة على ما يظهر من كلامه..
ومع ذلك أجاد ودقق ونصح وأفاد فجزاه الله خيرا، وبارك الله فيه.

لاحضت –خصوصا من الشيخ أبي يحيى- شدة الحساسية من مسألة وجود إطلاقات في كلام الشيخ يمكن أن يفهَم منها معانٍ غير سديدة وخصوصا منها ما يتعلق بالميْل إلى إطلاق أحكام الكفر على أفرادٍ أو جماعاتٍ، وهذا الشعور هو نفس الذي عندي، وسببه فيما أرى هو ابتلاؤنا بجماهير الشباب في ساحاتنا الإسلامية الجهادية منها وحتى غير الجهادية، فوالله إن مسألة التكفير والمسارعة فيه لهي من المهلكات والبلايا العظيمة، وكذا عموم المسارعة إلى الخلاف والطعن على المخالف والحكم علي..! ولا يخفى كثرة الأفهام السقيمة، حتى يغلبون في بعض الأحيان والنواحي على مَن سواهم من أهل الحكمة فيعجم المتلطفون من العلماء والمصلحين عنهم ، والله المستعان..!

ولذلك فأشد على عضد أخي أبي يحيى وسائر إخواني في التأكيد على سائر تلك التنبيهات والتحريرات والنصائح.
والله الموفق والهادي إلى سواء السبيل سبحانه ، نرجو فضله وبركته.

أسأل الله أن يسددكم ويجعلنا وإياكم من أئمة الهدى هداةً مهتدين .. آمين

أمثلة للاتفاقات في التعليقات :

عطية :

فهناك أفعال لها أحكام محددة في الشريعة ، غيبها الحكام وأعوانهم عن أسماع الناس ، فقد تنكرونها [ينكرها بعضكم (أو بعضٌ من الناس)] لبعد عهدكم عن سماعها ، فعلى سبيل المثال :. إذا تولى الحاكم دولة كافرة وناصرها [وظاهرها]ضد الإسلام وأهله ، وزعم العالم بعد ذلك أنه ولي أمر [شرعيّ يجب له السمعُ والطاعة ولا يجوز الخروجُ عليه] ، عندها فإني أسمي الأشياء بمسمياتها الشرعية فالحاكم قد ارتكب ناقضاً من نواقض الإسلام ، يكون به كافراً مرتداً عن الدين ، ويترتب على ذلك واجبات كالتبرؤ منه ، والخروج عليه وخلعه ، والعالم هنا يكون قد نافق نفاقاً أكبر مخرجاً من الملة.

[يظهر لي أنه ينبغي التحرز جيدا في مثل هذه المواضع لا سيما والكلام صادر من الشيخ القائد المقتدى به، فعليه واجبُ الهداية أكمل وأتم من غيره، ويتأكد في حقه حسن البيان والتحرز من وقوع الوهم في أفهام الناس، ووقع الفتنة بشيء من كلامه، لا سيما ونحن نعرف تهيؤ كثير من النفوس من شبابنا وغيرهم –لأسباب متعددة من الواقع السيء المزري للأمة وطبقات علمائها وغير ذلك- للتشدد والانفراد، فما أسرعهم إلى الفتنة وما أسرع الفتنة إليهم!! والمقصود : أن مثل هذا الموضع الذي فيه الكلام على علماء السوء الذين يعملون في الحكومات المرتدة المعاصرة في بلادنا، هو موضع حرجٌ دقيقٌ لابد فيه من التفصيل وشدة التحرز والخوف من الغلط، والقيام بالقسط كما أمر الله وألا يجرمنّا شنآنهم أن لا نعدل.. وقد سبق للعبد الضعيف أن كتب في هذا المسألة بعض الأجوبة المختصرة لعلي أنقل بعضها في الملحق (التعليق الإجمالي).. وأرجع إلى التعليق على الفقرة الحالية، فلعل الأحسن أن تُضمَّن الفقرة المتعلقة بالكلام عن "العالم" بعض القيود والاحترازات مثل : ... والعالم هنا –إن كان قد عرف كفرَ الحاكم وبانَ له أمرُه- يكون قد نافق نفاقاً أكبر مخرجاً من الملة.]

أبو يحيى :

فهناك أفعال لها أحكام محددة في الشريعة ، غيبها الحكام وأعوانهم عن أسماع الناس ، وسعوا في طمسها بكل ما يستطيعون، فقد تنكرونها لبعد عهدكم عن سماعها ، فعلى سبيل المثال :. إذا تولى الحاكم دولة كافرة وناصرها ضد الإسلام وأهله، وزعم العالم بعد ذلك أنه ولي أمر ، تجب طاعته ويحرم الخروج عليه، عندها فإني أسمي الأشياء بمسمياتها الشرعية فالحاكم قد ارتكب ناقضاً من نواقض الإسلام، يكون به كافراً مرتداً عن الدين ، ويترتب على ذلك واجبات كالتبرؤ منه ، والخروج عليه وخلعه ، والسعي لذلك سعياً جاداً عملياً عند العجز وفقد القدرة، والعالم هنا يكون قد نافق نفاقاً أكبر مخرجاً من الملة، **[تنبيه : لا شك أن هذا الكلام ليس على إطلاقه ؛لأن العالم قد يكون منطلقه فيما ذهب إليه اجتهاداً شرعياً صحيحا أخطأ في نتيجته كما يخطئ في أية مسألة علمية أو عملية، فاللبس قد يقع للعالم في أصل الدليل الذي يستند إليه الحكم الشرعي ، وقد يحصل عند تنزيل الحكم الشرعي على الواقعة العينية فكلا الوجهتين يحصل فيهما الخطأ أعني فهم الدليل وتنزيله، فلا يمكن بحال أن يوصف كل عالم أفتى بما ذكره فضيلة الشيخ بأنه نافق نفاقاً أكبر، كما أنني أرى أن استخدام مثل هذه العبارات الجازمة في موضع الاحتمال ستفتح علينا موجة من غلو بعض الشباب المتحمسين لا قبل لنا بها وستشغلنا في مناقشات وردود نشعر أننا بفضل الله تجاوزناها إلى حد ما فأرى لزوم مراعاة هذا الأمر مراعاة تامة ولهذا فأقترح أن تكون هذه العبارة –إن كان ولا بد من إبقائها– على النحو التالي]** :

والعالم الذي يفتي بوجوب طاعة هذا الحاكم مع ظهور ردته يكون قد خالف الحق مخالفة صريحة، تمنع من متابعته عليها،وتوجب الرد عليه وبيان خطئه ومجانبته للحق، حتى ولو كان معذوراً في اجتهاده، فعذره فيما أخطأ فيه شيء ومتابعة الأمة له على زلته شيء آخر، خاصة في المسائل الظاهرة المشتهرة التي تواردت عليها الأدلة وتطابقت كلمة

الأئمة، ويكاد يستوي في معرفتها العالم والعامي، كمسألة كفر من ظاهر الكفار على المسلمين، وزوال ولاية الحاكم الكافر بمجرد ردته، ووجوب السعي لخلعه.

@@@@@@@@@@@@@@@@@@@@@@@

أبويحيى :

فهلم بنا نتدارس أمر ديننا ، ولنراجع سوياً معاني هذه الكلمات ،(تنبيه : لقد تم حذف مقطع طويل في هذا الموطن، ولا أرى داعياً لذكره، لا سيما إن المقصود هنا هو بيان حقائق هذه الأسماء وليس الحكم على عموم الناس وتقسيمهم، وفيما أرى فإن تصنيف الناس بهذه الكيفية –وإن كان صحيحا– فإن بعض «جهلة الشباب وغلاتهم» سيجعلونه مدخلاً للخوض في غمار مسائل عظيمة بغير علم ولا فهم ويخبطون فيها خبط عشواء، فينبغي عند المخاطبة التنبه لهذه الشريحة من الشباب والذين لا يتأذى الجهاد والمجاهدون من طائفة كما يتأذون منهم)

وبين يدي التعريف بمعنى العبادة والإسلام أقول :.

عطية :

فهلم بنا نتدارس أمر ديننا ، ولنراجع سوياً معاني هذه الكلمات.

وفي البداية أود أن أؤكد ، أن الغالبية العظمى من أبناء أمتنا يعبدون الله تعالى ، فامتلاء المساجد شاهد على ذلك .ثم إن هؤلاء ينقسمون إلى قسمين :

قسم يعبدون الله وحده ، وانتبهوا جيداً إلى كلمة وحده . فهؤلاء هم الذين على الصراط المستقيم ، وهم الموعودون بدخول جنات النعيم ، أرجوا الله أن يجعلني وإياكم منهم .

والقسم الثاني يعبدون الله تعالى ويعبدون معه غيره ، وإن كان بعضهم لا يشعر بذلك. وهؤلاء قد ضلوا عن سواء السبيل ، وقاموا بأفعال شركية ، نعوذ بالله من الشرك ، والسبب [الأفضل أن يُقال : ومن أسباب ذلك...إلخ ، فإن السبب ليس هو الجهل فقط، بل أعظم منه في السببية الإعراضُ وعدم القبول للحق والهدى وعدم البحث عنه أصلا، بسبب الاستغراق في الدنيا ومحبتها والرضى بها (أي الاكتفاء والاستغناء والقناعة بها) وتفضيلها، وهذا المعنى في القرآن كثيرٌ جدا، وحاصله أن معظم ضلال وكفر الخلق هو بسبب استحباب الحياة الدنيا على الآخرة، والأفضل أيضا في رأيي أن يُشار في هذه الفقرة إلى هذه الأسباب مجتمعة ولا تُهمل من الذكر] في ذلك أن معنى العبادة ، ومعنى لا إله إلا الله في أذهانهم قد أصابه خلل كبير جداً ، وإصلاح هذا الخلل هو صلب موضوعنا .

[الأحسن عندي هنا إدراج فقرة تقول ما معناه : ...بغضّ النظر عن الحكم عليهم تفصيلا بالكفر والخروج من الملة أو بقائهم في دائرة الإسلام، فإن هذا له أحكامه وتفاصيله، فينظر في مسائله وصوره وشروطه وموانعه، ولكني أصوّر واقع الحال المؤسفَ....]

وبين يدي التعريف بمعنى العبادة والإسلام أقول :.

@@@@@@@@@@@@@@@@@@@@@@@@@@@@@

أبو يحيى :

ثم نأتي إلى معنى شهادة أن لا إله إلا الله فأقول : إن شهادة أن لا إله إلا الله هذه الكلمة العظيمة ، هي دعوة الله للناس كافة ، وهي أعظم كلمة يقولها الإنسان ، وهي الفارق بين الكفر والإيمان ، فبها يدخل الدين الحق إذا كان عارفاً بمعناها ،

عازماً على العمل بمقتضاها ، (تنبيه : لا داعي لذكر هذين القيدين وإن كانا في الحقيقة صحيحين ولكن هناك من سيستعملهما استعمالا خاطئاً من شراذمة الغلاة الذين يتصيدون مبتغاهم بين العبارات، وعليه فسيتم حمل الكلام على معنى : التوقف عن الحكم للإنسان بالإسلام مع نطقه بهما حتى نتحقق ونتبين أنه يعرف معناها وكونه عازماً على العمل بمقتضاها، والمقصود فقط هو التنبيه وإحكام الجُمَل قدر الإمكان بحيث تؤدي الغرض وتوصل المطلوب من غير أن تكون متكأ لحدثاء الأسنان سفهاء الأحلام أعني خوارج العصر)

@@@@@@@@@@@@@@@@@@@@@@@@@@@@@@@@

أبو يحيى :

(تنبيه : ما تحته خط من الكلام السابق، ليس له تعلق قوي بما قبله ، إذ الحديث كان حول قضية التشريع والتحليل والتحريم، ثم انتقل إلى مسألة مظاهرة الكفار على المسلمين بذكر بعض صورها، بل وخرج الحديث عن كونه على اليمن ليشمل دولا أخرى كباكستان وغيرها، وهذا وإن كان ناقضاً معلوما من نواقض الإسلام إلا أنه مسألة مستقلة غير التشريع والتحليل والتحريم، والذي أراه هنا وفيما بعده هو عدم الدخول في مسائل تفصيلية جزئية يمكن الخوض في ملابساتها وتعلقاتها من قبل المخالف ولكن يكتفى في ذلك بالتقرير العام بأن هؤلاء الطغاة قد أعطوا لأنفسهم حق التشريع وسوغوا التحليل والتحريم ونكلوا بمن خالفهم وحاول التمرد على ألوهيتهم، وهي قضية صارت مشتهرة لا يحتاج أمر إثباتها إلى ذكر جزئيات تفصيلية ربما يضعف بها البحث، كما أنني لا أحبذ الإشارة إلى مثل الزنداني لأنه رغم ما فعل من القبائح والفضائح إلا أن كثيراً من محبي الجهاد وأنصاره داخل

اليمن وخارجه يوقرونه ويبجلونه وربما يستشيرونه، بل – وللإنصاف– فإن عدداً لا بأس به من المجاهدين الذين يصلون إلى ساحة الجهاد هنا تم توجيههم وربما تجهيزهم من قبله خاصة بعض المسلمين الجدد من الروس الذين هاجروا من روسيا إلى اليمن بعد دخولهم في الإسلام وبقائهم مدة في جامعة الإيمان ومن ثَم جاءوا هم وعوائلهم إلى ساحة الجهاد، ولا نجد الآن ما يحوجنا إلى فتح جبهة معه ومع أتباعه ، ولا يعد هذا الأمر رقماً صعباً ووزنا ثقيلا في معركتنا مع الصليبيين وأذنابهم، فقد يكون لنا في السكوت سعة أو في التعميم مندوحة تؤدي الغرض ولا تسوقنا إلى مساجلات غير مرضية أحياناً، هذا ما أراه في هذه المسألة فلذا أقترح أن يحذف الكلام عن شاويش اليمن إلا إذا أردتم ذكر بعض النواقض التي تلبسوا بها سوى التشريع في فقرة مستقلة فتذكرون مظاهرة الكفار على المسلمين فيصبح أمرا منفرداً، أما قضية الزنداني وجامعة الإيمان فأرى حذفها على كل حال والله أعلم).

عطية :

..... ومن حاكم عابد بن عبد الرزاق بن كامل، الذي قتل المنصرين في جبلة بإب من أرض اليمن ،وقد نشروا ديانة النصارى وأقنعوا بعض الأسر اليمنية بها فحكم القضاء اليمني بقتله بموجب دين علي بن عبد الله بن صالح إرضاء لأمريكا .

ثم لما قتل أسد من أسود الإسلام زنديقاً من كبار زنادقة الاشتراكيين مشهور بزندقته داخل مجلس النواب قام رئيس جامعة الإيمان يدافع عنه ويقول إنه يصلي وهل عصمت الصلاة دماء مانعي الزكاة [والزنادقة الملحدين]؟ فكيف بمن ينكر أن يكون الحكم لرب السماء عز وجل [وينازع الله في حكمه وكبريائه] ، ألهذه الدرجة اختلطت عندكم مفاهيم الإيمان يا مدير جامعة الإيمان؟

[ينظر هل من المناسب الإشارة إلى مدير جامعة الإيمان بهذه الإشارات شبه الصريحة، إن كان المقصود به هو الشيخ الزنداني، أعني بقولي "المناسب" المناسبة السياسية الدعوية!! فربما يكون الأفضل أن تُلطّف العبارة وتحذف آخرها ويكتفى بـ "...ألهذه الدرجة اختلطت مفاهيم الإيمان؟!" وأيضا يمكن القول في أول العبارة : "قام البعضُ يدافع عنه..."]

@@@@@@@@@@@@@@@@@@@@@@@@@@@@@@@

أبو يحيى :

وقد قال في غزوة المريسيع[لئن رجعنا إلى المدينة ليخرجن الأعز منها الأذل]المنافقون 8 أمام نفر من قبيلته وأصحابه وكان بينهم زيد بن أرقم وكان غلام حدث فأخبر عمه بالخبر فأخبر عمه رسول الله صلى الله عليه وسلم وعنده عمر ، فقال عمر : مر عباد بن بشر فليقتله . (تنبيه : لا شك أن شريحة من الشباب سيفهمون من هذا القول «مر عباد ..فليقتله» أنه دعوة إلى تصفية وقتل هؤلاء العلماء المضلين مع علمي اليقيني أن الشيخ حفظه الله لم يرد ذلك ولم يخطر له على بال إلا أن هذه العبارة تعد صيدا ثميناً لبعض الغلاة الذين يبحثون عما يوافق أهواءهم بعدسات المجهر ، فالذي أراه أن تحذف هذه الجملة رأساً ، وأن يكون الكلام صريحاً واضحاً محكماً في كيفية التعامل معهم ، وهو هجر فتاواهم ، وترك الاستماع لأراجيفهم ، وتحذير الناس من ضلالهم وتضليلهم ، وأن تفند حججهم الواهية التي يلبسون بها على الناس ويخلطون باطلهم بشيء من الحق ليسوّق ويروج بين الدهماء ..ألخ)

"فهذا هو الواجب الذي ينبغي أن يقوم به المسلمون مع علماء القنوات (أرى حذف هذه العبارة فليس كل من يخرج عبر القنوات هم على نمط واحد ويكفي الوصف الذي بعدها مما ذكره الشيخ حفظه الله) اليوم من علماء

السلاطين الرسميين وغير الرسميين ، الذين يكذبون على الله وعلى الناس ويخذلون الناس عن الجهاد في أفغانستان والعراق، تشابهت قلوبهم ".

أبو الحسن :

وقد يتسائل أحد قائلا : فما العمل مع هؤلاء العلماء الذين ظهر نفاقهم وتوليهم للطغاة ؟

أقول : إن مما ينبغي على المسلمين في معاملة هؤلاء وأمثالهم أن ينظروا كيف عامل الصحابة رضي الله عنهم زعيم المنافقين الأول عبد الله بن أبيٍّ بن سلول ، الذي كان له مقام يقومه كل جمعة بين يدي رسول الله صلى الله عليه وسلم ، ويقول : " أيها الناس هذا رسول الله صلى الله عليه وسلم بين أظهركم ، أكرمكم الله به ، وأعزكم به فانصروه وعزِّروه ، واسمعوا له وأطيعوا " ثم يجلس ، حتى إذا صنع يوم أحد ما صنع، وخذل الإسلام وأهله ، ورجع بثلث الجيش ، وانتهت الحرب، قام ليخطب كما كان يخطب من قبل فأخذ المسلمون بثيابه من نواحيه، وقالوا اجلس أي عدو الله لست لذلك بأهل ، وقد صنعت ما صنعت ، فخرج يتخطّى رقاب الناس غاضباً .

فأنزل الله في قرآنه (وما أصابكم يوم التقى الجمعان فبإذن الله وليعلم المؤمنين .. وليعلم الذين نافقوا وقيل لهم تعالوا قاتلوا في سبيل الله أو ادفعوا قالوا لو نعلم قتالاً لاتبعناكم هم للكفر يومئذ أقرب منهم للإيمان يقولون بأفواههم ما ليس في قلوبهم والله أعلم بما يكتمون)[1].

**ملاحظة هامة : تم حذف فقرة غزوة المريسيع وقول عمر :"مر عباد بن بشر فليقتله " لأنه ينبني على ذلك الدعوة إلى قتل هؤلاء العلماء

---

[1] - سورة آل عمران : 166- 167 .

الرسميين وغيرهم طبقاً لما ورد في الفقرة التالية: [فهذا هو الواجب الذي ينبغي...]، وهذا مما لاشك فيه أنه أمر هام وخطير يحتاج إلى مراجعة شرعية لبحث جواز ذلك من عدمه ، فضلاً عن عدم مناسبته لوضع المجاهدين في هذه الأوقات ، خصوصاً في ظل الحملات الإعلامية الظالمة ضد الجهاد والمجاهدين والموجهة لعوام المسلمين بأن المجاهدين أهل تفكير وقتل واستحلال لدماء المسلمين. لذا أرى ضرورة إقرار هذا الحذف وإبقاء الفقرة التالية كما هي ، ليفهم القارئ من حادثة ابن سلول في قيامه بين يدي النبي صلى الله عليه وسلم ، وفعل الصحابة معه من أخذ ثيابه وإسكاته وإجلاسه ... .. الخ .. أقول : ليفهم القارئ أن الواجب مع هؤلاء العملاء هو رد باطلهم وإسكاتهم ما استطعنا وذلك بتعريتهم وإظهار حقيقة عمالتهم وعمالة ولاة أمورهم أمام المسلمين، وتحذير المسلمين من الإصغاء إليهم ومن خطرهم على عقيدة الولاء والبراء وعلى الجهاد والمجاهدين . والله أعلم .

"فهذا هو الواجب الذي ينبغي أن يقوم به المسلمون مع علماء القنوات اليوم من علماء السلاطين الرسميين وغير الرسميين ، الذين يكذبون على الله وعلى الناس ويخذلون الناس عن الجهاد في أفغانستان والعراق ، تشابهت قلوبهم ".

وغيرها من الفقرات المهمة في تعليقات الإخوة جزاهم الله خيرا...
مثل التعليق على الفقرة المتعلقة بعلى عبد الله صالح.
والفقرة المتعلقة بـ "تلزم جماعة المسلمين وإمامهم"
وغيرها كثير..

والحمد لله رب العالمين على توفيقه، ونسأله عز وجل المزيد من فضله، اللهم إنه لا غنى لنا عن بركتك.. آمين

والسلام عليكم ورحمة الله وبركاته

محمود
ربيع الأول 1429هـ

Page 1

In the name of God the most merciful

Praise be to the lord of the universe and prayers and peace be upon our prophet Muhammad, his family and companions

God's peace, mercy, and blessings be upon you.

I pray to God for you to be well and in good health, and to grant you success and blessings.

I read the comments by the two brothers and honorable shaykhs Abu-al-Hasan and Abu-Yahya on the Faith message. I was comforted and greatly pleased with their beneficial comments that are indicative, through the generosity of God, of love, honesty, and sincerity. They are great brothers and great soldiers of Islam.
I pray to God to bless them and bless their leaders who have every right to be proud of them and be assured that they have real men standing by them. Praise be to God. Based on his words, it seems that Shaykh Abu-al-Hasan did not know who the writer of the letter is, but in spite of that, he was generous with his comments, details, advice, and feedback. May God reward him.

I noticed great sensitivity, especially on Shaykh Abu-Yahya's part, with the issue of some strong words in the language of the Shaykh that can be misunderstood, especially on things related to the tendency to accuse individuals and groups of being nonbelievers. This is the same feeling that I have and this is attributed to all that we see in terms of youth in and outside the Islamic Jihadi arena. By God, the issue of Takfir and the rapid utilization of it is one of the greatest problems and troubles. There is a rush to conflict, disagreement, and judgment. You are also aware of some of the rough terminology that in some cases and circumstances allowed others, who speak in gentler tones, to step ahead of them (TN: rough speakers),
May God help us.

Therefore, I would like to urge brother Abu-Yahya and all other brothers to ensure that they emphasize this in their directions, instructions, writings, and advice.

God is the giver of success, and He guides us to the best path. We pray for His generosity and blessings.

I pray to God to support you and make us imams on the right path and an instrument for guidance. Amen.

Examples of the compatibility in the comments:

Page 2

'Atiyah:

There are many actions with specific rulings on them in the Shari'a that the rulers kept away from the ears of people. You might deny their existence (some of you or some people) because they are not used to hearing them. For example: if a ruler supports an infidel country (and aids it) against Islam and its people, and the scholar later claims that he is in charge (and legitimate and should be listened to and obeyed and should not be disobeyed), then I would call things in their Shari'a names, for the ruler committed an act that is contrary to Islam and he should be considered an infidel and an apostate. Based on that, there are several obligations, including rejecting him, revolting against him, and toppling him. Here the scholar is being very hypocritical.

(It seems to me that one needs to be careful with these issues, especially because these words are coming from a Shaykh and a leader who is a role-model. He should lead, make sure of the accuracy of each statement, avoid giving people illusions, and not cause divisions through his words. This is especially true because many of the youth of our nations and others are receptive to radicalism, isolationism, and divisions, due to several reasons including the bad and frustrating situation of the nation and (TN: the problem) of the class of scholars. What I mean is that such talk about bad scholars who work for current apostate governments in our countries is very sensitive issue that should be addressed in detail, with extreme care, and fear of mistakes. We should do great job, otherwise we would be accused of injustice like we are accusing them. In the past, this lowly servant wrote about this issue in some short responses. I might move some of them to attachments folder. I go back to commenting on this paragraph. It would be best if the paragraph on a scholar contains some restrictions and reservations, such as, "If the scholar knows that the ruler is a non-believer, he would be considered a hypocrite.")

Page 3

Abu-Yahya:
There are many actions with specific ruling on them in the Shari'a that the rulers kept away from the ears of people (and strived to lessen them to the best of their ability). They might deny their existence because they are not used to hearing them.
For example: if a ruler supports an infidel country against Islam and its people, and the scholar later claims that he is in charge (should be listened to and obeyed and should not be disobeyed), then I would call things in their Shari'a names, for the ruler committed an act that is contrary to Islam and he should be considered an infidel and an apostate. Based on that, there are several obligations,

including rejecting him, revolting against him, and toppling him (and working hard on that). Here the scholar is being very hypocritical.

Note:

No doubt that these words are not against the approach because the scholar might have the right starting point based on true and legal jurisprudence, but was mistaken in the conclusion like anyone would in scientific and practical issues. Confusion could happen, based on the evidence used to build the argument. It (TN: confusion) also might occur in the application of the Shari'a ruling to the situation. So mistakes can happen in understanding the evidence and in the application of the ruling. You cannot say that any scholar who issues a fatwa, such as the ones that the Shaykh mentioned, is a great hypocrite. I also think that using such absolute language can open a wave of excessiveness against us by some of the enthusiastic youth. Such waves are not desired and they would take us back to debates that, through the generosity of God, we feel that we are beyond them. I think that we should pay great attention to this and if this sentence has to be used, I suggest that it should be as the following:

The scholar who issues a fatwa on the obligation of obeying the ruler even in the presence of evidence of the ruler's apostasy, he would be clearly contradicting the truth. As result, he should not be followed and should be responded to in order to show him his mistake and deviation from the truth. That is the case even if he has an excuse for his decision, for having an excuse does not mean that he should not be criticized.

Page 4

This is especially true on clear and obvious issues that most evidence and scholars agree upon and the educated and the ordinary people know the answer to, such as the issue of declaring anyone who supports the infidels against Muslims as a non-believer and the ruler should not be followed as soon as he becomes an apostate and he should be toppled.

Abu-Yahya:

So, let us study the issue of our faith and let us review together these words (note: a large section of this was removed and I do not think that it should be added, especially because the intention here is to show the truth about these names, and not to judge and divide the people. Categorizing people in such fashion-even when it is accurate-might be used by some youth for incitement and for starting things that they know nothing about. When we address people, we should be careful to this segment of the youth which can be more harmful to jihad and al-Mujahidin than anything else).

On the definition of worship and Islam, I say:

'Atiyah:

So, let us study the issue of our faith and let us review together these words. First I want to confirm that the overwhelming majority of the children of our nation are worshipers of God almighty, and the mosques that are full of worshipers are evidence of that. These people are divided into two sections:

Page 5

One section worships God alone. Notice the word "alone" here.
These people are on the right path and they are the ones who were promised paradise. May God make me and make you among them.
The other section, worships God almighty and something else, even when they do not feel that they are doing so. These individuals have lost the true path and conducted some acts of polytheism. May God save us from polytheism. The reason for (here it is best to say: among the reasons are so and so. The reason is not ignorance only; it is greater than that. It is not accepting the truth and the guidance, and not searching for it at the first place, because they are busy with life and loving it and preferring it. This means being satisfied and pleased with life. This meaning was mentioned repeatedly in the Quran. Most of misguidance and non-belief by the people happens because of love life and preferring it over eternity. In my opinion, it would be best here to point out that these reasons collectively should not be ignored) this is that the meaning of worship and the meaning of "there is no god but God" has been badly damaged. Fixing this damage is the heart of what we are talking about.
(It would be better here to right something like: regardless of the ruling, whether they are declared as nonbelievers, outside the nation, or continue to be within the circle of Islam, it would require guidelines and details. We should look at all issues related to it, including its forms, its conditions, and things that would prevent it, but I am just describing the
unfortunate situation.)

On the issue of defining worship and Islam, I would say:

Abu-Yahya:

Page 6

Then we come to the meaning of the testimony that there is no god but God, I say: this testimony is a great statement and it contains a call to all people and it is the greatest words that a human being can say. These words are the line between nonbelief and believing, and through it one enters the faith of the truth if he was aware of its true meaning and determined to do what it takes.

(Note: there is no need to mention these two conditions, even though they are true, because they might be misused by some who look for anything that could be misinterpreted. They might be interpreted as not accepting Muslims as Muslims when they state these words, instead we will wait until we make sure that they know the meaning of it and do what it takes. The idea here is to be specific in your selection of words and in your sentences so that you express the intended meaning and not to become a target
for the immature and the shallow.)

Abu-Yahya:

(This is not strongly tied to what was mentioned previously; it was talking about the issues of legislating, permitting, and prohibiting, and then it moved to the issue of supporting the infidels against the Muslims and it mentioned some of the forms of that support. Even the statement went beyond Yemen to include other countries, such as Pakistan and others. This might be a known contradiction to Islam, but it is a totally different from the issues of legislating, permitting, and prohibiting. Here, I think that you should not get into small and detailed issues, and instead stay generic by saying that those oppressors gave themselves the right to legislate, and deciding on things to permit and prohibit, and oppressed those who disagree with them and try to revolt against their god-like authority.

Page 7

This is a known issue and proving it does not require getting detailed and into micro details which might weaken this research. I also do not like to mention al-Zindani, because in spite of all the ugly things that he did, many admirers and supporters of Jihad inside and outside of Yemen respect him, honor him and might seek his advice. To be fair, a significant number of al-Mujahidin who reach the jihadi arena here were instructed or prepared by him, especially the new Russian converts to Islam who moved from Russia to Yemen and stayed for a while at al-Iman University and then moved with their families to the field of Jihad. We do not think that there is a need at this time to open a front against him and against his followers. This issue is not too complicated or a heavy weight in our war against the crusaders and their tails. We have to choose between being silent or outspoken in a way that can achieve the goal without getting into unnecessary wrangling. This is my thinking on this issue. I suggest that you delete the part that talks about the sergeant of Yemen unless you want to mention some of the things that they did and were contradictory to Islam in a different paragraph, you should talk about their support to the infidels in their war against the Muslims. As for al-Zindani and al-Iman University, I think that should be deleted completely. God know best.

'Atiyah:

.....who tried 'Abid-al-Razzaq who killed the evangelists in Yemen who were spreading Christianity and were able to convince some families to convert to it. The Yemeni justice system sentenced him to death in accordance to the religion of 'Ali-Bin-'Abdallah Saleh in order to appease the Americans. When one of the lions of Islam killed one of the great heretics of socialism, who is known for his heresies inside the council of representatives, the president of al-Iman University stood up to defend him and said that he prays.

Page 8

Prayer did not preserve the blood of those who refused to allow alms (and the atheist heretics), so why would it preserve the blood of those who deny that the authority is in the hands of God (and competes with God with through his rule and arrogance)?
O director of al-Iman University, did your confusion on the issues related to faith reach this extent?

(Is it appropriate to point to the director of al-Iman
University through this strait forward statement? If your intention is to talk about al-Shaykh al-Zindani, perhaps you should soften the statement and delete the end of it. It would be enough for you to say, "Did the confusion on the issues related to faith reach this extent?" At the beginning of the sentence you can say, "Some got up to defend him.")

Abu-Yahya:

He said about the battle of Muraysi', "We returned to the city in order for the proud to push out the lowly." He said this in front of members of his tribe and his companions, including Zayd Bin-Arqam who was a young man. He told his uncle, the prophet, while 'Umar was with him. 'Umar said, "Order 'Abad Bin-Bishr to kill him." (Note: there is no doubt that a segment of youth might understand the sentence "Order 'Abad Bin-Bishr to kill him" as a call to kill the misleading scholars, while I know very well that al-Shaykh, may God protect him, did not want that and this never came to him mind. This sentence might be valuable find for some extremists who are carefully looking for someone to agree with their desires. I think that this sentence should be completely removed and make the words on dealing with them clear and precise. They (TN: words) should call for disregarding their fatwas, not listen to their absurdity, warn people about their misguidance, and refute their false arguments which they mix with some truth in order to give their arguments some
credibility to be able to promote them.)

Page 9

This is the duty of the Muslims and the way that they should deal with the scholars who appear on TV channels (I think that you should remove this sentence because not everyone who appears on TV channels is the same. It would be enough to use the shaykh's next sentence) today and the official and unofficial scholars of the sultans who lie to God and to people and discourage people from Jihad in Afghanistan and Iraq.

Abu-al-Hasan:

In order for the Muslims to know how to treat those individuals and anyone like them, they need to look at how the companions of the prophets treated the leaders of the hypocrites, 'Abdallah Bin-Abu-Salul, who used to stand every Friday and used to say, "O people, this is the Prophet of God. God honored you through him, so support him, aid him, listen to him, and obey him,"
After he did what he did and disappointed Islam and the Muslims by returning with only one third of the army, he got up to preach as he is used to, but people grabbed him and asked him to stay seated and told him that he is the enemy of God and that he is not worthy of that. He left and walked away in anger.

God said in the Quran, "What ye suffered on the day the two armies met, was with the will of God, in order that He might test the believers, and the Hypocrites also. These were told: come and fight in the way of God, or (at least) drive (The foe from your city).

Page 10

They said: Had we known how to fight, we should certainly have followed you. They were that day nearer to Unbelief than to
Faith, saying with their lips what was not in their hearts, but
God hath full knowledge of all they conceal." (1)

(Important note: the paragraph on al-Murisi' battle and the sentence "Order 'Abad Bin-Bishr to kill him" were removed because it could be interpreted as a call to kill those official and unofficial scholars according to the part that says, "This is the duty that should be..." This is a very dangerous matter that requires a legal review to determine if it is permissible or not. Also, it is not appropriate if you consider the situation of the al-mujahidin at this time, especially in the shadow of the unjust media campaigns against jihad and al-
Mujahidin. These media campaigns are directed toward the Muslims to convince them that al-Mujahidin are takfiris, killers, and people justify the shed of Muslims' blood. Therefore, I think that you should accept this change and keep the next paragraph as it is, in order to let the readers understand from the incident of Ibn-Salul who stood up to preach, but was silenced, grabbed by his clothes, and pulled down by the companions, that it is their duty to respond to the lies of those agents and silence them as much as we can by exposing their collaboration and the collaborations of those in charge them to the Muslims. Also, that it is their duty to warn Muslim to not listen to them and alert them of their danger to the doctrine of loyalty and disavowal and to Jihad and al-Mujahidin. God knows best.

This is the duty of the Muslims and the way that they should deal with the scholars who appear on TV channels today and the official and unofficial scholars of the sultans who lie to God and to people and discourage people from Jihad in Afghanistan and Iraq.

1-Surah of Al 'Umran 166 - 167

Page 11

There are other important paragraphs that contains comments by the brothers, may God reward them greatly, such as their comments on the paragraph related to 'Ali 'Abdallah Salih, the paragraph related to "abiding to the Muslims and their imam (TN: sic), and many other ones."

Praise be to God the lord of the universe for the success that he granted us. We pray to Him to grant us His blessings. Amen.

God's peace, mercy, and blessings be upon you.

Mahmud
Rabi'ah al-Awal 1429
(TN: March 2008)

بسم الله الرحمن الرحيم

والحمد لله رب العالمين والصلاة والسلام على نبينا محمد وعلى آله وصحبه أجمعين أما بعد ......

إلى الأخوين الكريمين الحاج عثمان والشيخ محمود حفظهم الله

السلام عليكم ورحمة الله وبركاته

أرجو أن تصلكم رسالتي هذه وأنتم وذراريكم وجميع الإخوة بخير وعافيه وإلى الله تعالى أتقى وأقرب .

وبعد الاهتمام بتخزين المؤن وخاصة القمح والتمر

- حبذا لو أفدتمونا عن جميع الإخوة اليمنيين الموجودون عندكم
- حبذا لو أفدتمونا عن كيفية تسرب خبر استشهاد ابننا سعد عليه رحمة الله .
- حبذا أن يتم إرسال الوسيط البشتوني
- حبذا لو طلبتم المناهج القطرية من أحمد زيدان أو إن أمكنكم أخذها من الانترنت
- أرجو كتابة رسالة إلى إخواننا في المغرب الإسلامي لإفادتهم بالتصور السابق ذكره وأن يعتبروا أنفسهم جيش المسلمين في المغرب الإسلامي مهمته المساهمة في اجتثاث الشجرة الخبيثة بالتركيز على أصل الساق الأمريكي وليس الانشغال بقوى الأمن المحلية مع الحرص على التفريق بين من يأتي إليهم لقتالهم والأئمة المتفرغين لذلك وبين من يذهبون هم إليهم بضربهم في مقارهم فإن قتال العدو المحلي لا يأتي بالنتيجة التي من أجلها خرجنا وهي إعادة الخلافة الراشدة ورفع الذل والهوان عن الأمة .

والتأكيد عليهم بعدم الإلحاح على قيام دولة إسلامية الآن بل العمل على كسر شوكة العدو الأكبر كضرب السفارات الأمريكية في دول أفريقيا كالسرليون وتوجو وشركات النفط الأمريكية بالدرجة الأولى .

وينبغي أن يهتموا بتدريب عناصرهم التدريب النوعي للقيام بالأعمال الخارجية مع ملاحظة أن لا يبخلون بكمية المتفجرات أو عدد الاستشهاديين مع إفادتهم بما لديكم من خبرات في هذا المجال وتنبيههم من الأخطاء التي مر بها المجاهدون في العمل ضد الأمريكيين والتي سبق ذكر بعضا منها في الرسالة السابقة .

- حبذا أن ترسلوا رسالة إلى الإخوة في اليمن يتم فيها تحذير الإخوة بأخذ الاحتياطات الأمنية وتجنب الحركة إلا في ضرورة ملحة وخاصة القيادات الظاهرة على الإعلام وأن تتجنب هذه القيادات اللقاء بالناس (المطاعم) (محطات الوقود)
- تنبيههم بعد إفادتهم بالتصور العام السابق ذكره على خطورة الدخول في دماء مع القبائل كما سبق أن ذكرنا

*الحرص على أن يكون أحد قادة التنظيم البارزين من الجنوب

- عدم استهداف الجيش والشرطة في مراكزهم وكثرة الطرق على أننا لا نريدكم وإنما نريد الأمريكين الذين يقتلون أهلنا في غزة والتأكيد على العسكر كونوا بعيدًاعن خدمة الصليبين من لا يقاتلنا لا نقاتله فنحن ندافع عن أنفسنا ولا نصيب بشر إلا من جاء لقتالنا هذه المسألة مهمة تزيد من تعاطف الناس مع المجاهدين وتضعف من نفسيات العسكر
- الحرص على محاولة أخذ عهد وبيعة من الذين هم مع القاعدة دون أن يكون عدم البيعة حائل بينكم وبين من لا يبايع وإنما تحرصوا على سعة الصدر وتقبلوهم معكم في العمل ومرور الوقت طالما أنهم يجدون من جانبكم حلماً وعدم انتقام للنفس يقرب بينكم ويجعلهم معكم في آخر المطاف .
- ينبغي أن تكون قيادات الصف الأول من العناصر الممحصة مما يزيل الشك والريب
- بعض أسماء الإخوة القدامى أبو غزوان ، أبو هريرة اليافعي ، أبو ريحانة اليافعي ، أبو عمر الوصابي ، الإخوة الذين في عبيدة عبد القوي الجعدي
- ينبغي أن تتعاملوا مع ما عرضه الرئيس عليكم من الحوار بأسلوب حكيم يظهر أن الخصم هو المصر على تصعيد الأمور المؤدية للقتال وبذلك يكون تعاطف الشعب مع المجاهدين مستمر وبشكل أكبر إن كان عرض هذه الأمور لبقاً سيتحمل الخصم مسؤولية تبعات الحرب وليس نحن ويظهر للناس أننا حريصون على وحدة الأمة الإسلامية وسلامة الناس بأسس سليمة وأما في مسألة التخلي عن السلاح فغير واردة البتة فهو جزء من كياننا وتاريخنا والحفاظ على حياتنا والرجل من غير سلاح لا شك أنه منتقص فماذا جنى الذين تركوا السلاح غير أنهم أصبحوا لا وزن لهم
- يا حبذا أن ترسلوا رسالة إلى الإخوة في الصومال يتم فيها التنبيه على أن لا يعلنوا تضامنهم مع القاعدة وأن يهتموا بموضوع أخذ الفدية وخطف سفن العدو.

ملاحظات هامة

ينبغي مراعاة حال الإخوة الذين في خضم المعارك والقتال كما هو الحال في الجزائر واليمن فإنه يكون من الصعب عليهم الاقتناع أو تفهم طرحنا في عدم ضرب الجيش وقوى الأمن لذا ينبغي أن يساق لهم أكبر قدر ممكن من الأدلة الشرعية والعقلية لإقناعهم كمثال سوريا ومصر السالف ذكره والسودان التي تم الضغط عليها إلى أن تراجعت عن تطبيق الشريعة وانحرف مسارها ومع ذلك زاد الضغط عليها إلى أن تنازلت عن الجنوب ......

كل سهم وكل لغم يمكن أن يتم فيه تدمير عربة أمريكية وهناك غيرها ينبغي صرفها في تفجير العربة الأمريكية دون غيرها من حلف النيتو فضلاً عن من دونهم .

يستثنى من ذلك ما ينبغي استثناؤه كأن تكون قوة من جيش الدولة كالجيش اليمني أو الجزائري متوجهة نحو مراكز الإخوة وليست دورية عامة .

وبعبارة أخرى كل عمل للدفاع المباشر عن الجماعة المجاهدة في تلك الدولة للمحافظة عليها للقيام بمهمتها الأساسية في هذه المرحلة وهي ضرب المصالح الأمريكية فهي تستثنى من القاعدة العامة .

ينبغي التأكيد على أهمية التوقيت في إقامة الدولة المسلمة فهو في غاية الأهمية مما تؤكده الأوضاع والأحوال عبر التاريخ الحاضر فيجب أن نضع نصب أعيننا أن ترتيب العمل في قيام الدولة يبدأ بإنهاك الكفر العالمي صاحب النفوذ الكبير على دول المنطقة الذي يفرض الحاصر على حكومة حماس التي لا يشك عاقل في أنه لا سبيل أمامها إلا السقوط أو الرضوخ لما يطلب منها والذي أسقط الإمارة الإسلامية في أفغانستان ودولة العراق برغم أنه تم استنزافه بصورة كبيرة إلا أنه مازال لدية قدرة على حصار أي دولة إسلامية ولا يخفى ما للحصار من تبعات ثقيلة على الشعوب تجعلها تسعى لإسقاط الحكومة وإن كانت قد انتخبتها انتخابات نزيه

لذا ينبغي المواصلة والاستمرار في استنزافه وإرهاقه ليصل إلى حالة ضعف لا تمكنه من إسقاط أي دولة نقيمها وعندها يكون الشروع في البدء في إنشاء الدولة المسلمة بإذن الله وخلاف ذلك يظهر لي كالذي يضع العربة أمام الحصان .

3 pages translated where necessary from Arabic

Letter addressed to Atiyah on list of names

Translation begins here:

PAGE: 1

In the name of God, Most Gracious, Most Merciful,

To my good two brothers Hajj (('Uthman)), and Shaykh ((Mahmud)), may peace and the blessings of God be yours.

I hope that you, your family, and all the brothers are well and enjoying good health when you receive my letter.

I hope that you are giving your attention to store the provisions, especially wheat and dates (TN: underlined text)

- I hope that you will inform us about all of the Yemeni brothers who are with you.

- I hope that you will inform us about the leakage of the news covering the martyrdom of our son Sa'ad; may God have mercy on his soul.

- I hope that you will send over the Pashtuni mediator.

- I hope that you will request the regional (TN variant, Qatari) curricula from Ahmad ((Zaydan)) and maybe you can copy them from the internet.

I hope that you will write a letter to our brothers in the Islamic Maghreb to inform them with the previously mentioned concept (NFI), and for them to consider themselves as the army of the Muslims in the Islamic Maghreb whose job is to uproot the obnoxious tree by concentrating on its American trunk, and to avoid being occupied with the local security forces. Also they have to differentiate between those who go over to their location to fight them, the Imams who occupy themselves for that purpose, and those they (the brothers) seek to attack in their own headquarters. By fighting the local enemy we don't get the result that we deployed for, which is to reinstate the wise Caliphate and eliminate the disgrace and humiliation that our nation is suffering from.

You should ask them to avoid insisting on the formation of an Islamic State at the time being, but to work on breaking the power of our main enemy by attacking the American embassies in the African countries, such as Sierra Leone, Togo, and mainly to attack the American oil companies.

They also need to give their attention to extend specific training to curry external operations, and they shouldn't be stingy in the quantity of explosives to be used or the number of martyrs. You are to pass to them your experience on this subject, and warm them about the mistakes that Mujahidin did in their operations against the Americans; some of which were mentioned in our previous letter.

- I hope that you send a letter to the brothers in Yemen to have them implement security measures, avoid moving about except for dire need. The same is true for the leadership members who appear in the media outlets, who should also avoid meeting people (in restaurants and gas stations).

- After informing them with above mentioned concept, you should also warn them against the dangers behind a bloody fight with the tribes (as previously mentioned by us)

NB: Of importance is to have one of the important Tanzim (TN: al-Qa'ida) leadership member to be from the south.

PAGES: 2 AND 3

- They should avoid targeting the army and the police force quarters, and often declare that they aren't targeting them, but are after the Americans who are killing our families in Gaza. Also they should clearly tell the military to avoid serving the crusaders, and that they shouldn't fight the party that doesn't fight them, and that they are defending themselves and wouldn't shoot anyone except if they are coming to fight them. This is an important issue that will have the Mujahidin gain the sympathy of the people, and will also weaken the morale of the soldiers.

- Try to have the people who are with the al-Qa'ida swear allegiance (TN: to al-Qa'ida), and if they don't then don't shun them, be open minded, agree to their working with you, and with the passage of time they will appreciate your tolerance, which will make them close to you, and they will join up with you.

- The high rank leadership should be well scrutinized to avoid any doubts.

- Some of the names of the old-timer brothers are, ((Abu Ghazwan)), ((Abu Hurayrah al-Yafi'i)), ((Abu Rihanah al-Yafi'i)), ((Abu 'Umar al-((Wasabi)), and in 'Ubaydah there is 'Abd al-Qawi al-((Jad'i)).

- You should deal with the President's proposal in a prudent way that will show that your enemy is the party that is insisting on escalating the issues and that its action will result in fighting to take place; which fact will have the people sympathies with the Mujahidin and judge the enemy to be the party that is responsible for the fighting consequences. It will also show that we are keen on having a strong foundation for the unity of the Muslim nation and for the safety and security of its people. The issue of abandoning our weapons is totally unacceptable because it (TN: weapons) is part of our existence and history, and we rely on it to safeguard our life. A man is incomplete without a weapon, and the people who laid down their weapons are now worthless.

- We hope that you will send a letter to the brothers in Somalia to have them avoid declaring their solidarity with the alQa'ida, and to give their full attention to collecting ransom money and hijack ships.

General comments:
We have to consider the situation of the brothers who are in the midst of the fighting arena, as is the case in Algeria and
Yemen. It might be difficult for them to understand and accept our proposal to avoid attacking the army and the police force, and for that reason, we have to draw their attention to the Shari'a evidence and the logical assessment (TN: to avoid attacking such countries as) Syria, Egypt, as well as Sudan. Sudan was under pressure to neglect implementing the Shari'a, and thus it deviated from its set path. However, the pressure increased on it (Sudan) and it had to cede the south (TN: vague, translated as is).

Every arrow and every explosive mine can be used to destroy an
American vehicle, and there are others (TN: mines/gear) that should be disbursed to target and bomb American vehicles and prioritize them over NATO vehicles.

We should consider an exception to the rule (TN: of not targeting the military) when an Algerian or Yemeni military unit (not a regular patrol) is on its way to the locations of the brothers.

In other words, any action that is carried at this stage to defend the Mujahidin group in "that country" and allow it to carry its main mission of attacking the American interests is excluded from the general rule.

We should stress on the importance of timing in establishing the
Islamic State. We should be aware that planning for the establishment of the state begins with exhausting the main influential power that enforced the siege on the Hamas government, and that overthrew the Islamic Emirate in
Afghanistan and Iraq despite the fact this power was depleted.
We should keep in mind that this main power still has the capacity to lay siege on any Islamic State, and that such a siege might force the people to overthrow their duly elected governments.

We have to continue with exhausting and depleting them till they become so weak that they can't overthrow any State that we establish. That will be the time to commence with forming the
Islamic state.

(End of translation)

بسم الله الرحمن الرحيم

- بخصوص رسالة الأخ أبي مصعب عبد الودود فقد تمكنا بفضل الله من فتحها واطلعت على ما تضمنته وسأرفق له رسالة في المرة القادمة بإذن الله كما أرجو أن تفيدوني هل تم إعداد البحث عن مهادنة المرتدين وإرساله إلى الإخوة في الجزائر أم لا وإن كان قد تم فحبذا أن ترسلوا إليّ نسخة منه وإن لم يكتمل بعد فحبذا أن ترسلوا إلي الجزء الذي كتب منه. [لعلي أرسلتُ لكم رسالة أبي يحيى إليهم، فهذا كل ما كتب في المسألة بالإضافة إلى بعض التجميعات والفوائد التي سجلتها أنا، وأرسلتها إليكم، ولكن بحث المسألة بشكل كامل، لم يتم لحد الآن]

*وحبذا أن توجهوا الإخوة في السحاب للاهتمام بترجمة الأدبيات الجهادية بالفرنسية وبما يستطيعونه من لغات إخواننا في إفريقيا فلهذا الأمر أهمية كبيرة أشار إليها الشيخ بشير المدني في تقريره عن المغرب الإسلامي وهو مرفق فحبذا أن ترسلوا نسخة منه للشيخ أبي محمد وأرى أن ترسل نسخة منه للإخوة في السحاب بعد اطلاعك عليه.[كنت اطلعتُ عليه منذ زمنٍ، وسأعيد مطالعته، وأعطيه للإخوة كما وجهتم]

وكذلك ترسلون إلى إخواننا في المغرب الإسلامي بأن يزيدوا اهتمامهم بترجمة الأدبيات الجهادية إلى الفرنسية واللغات المحلية . [إن شاء الله قريبا]

- أرجو إرسال أسماء القبائل التي ذكرها الشيخ بشير المدني في تقريره وبشكل عام قبائل المنطقة (المغرب الإسلامي) على أن تكون الكتابة مشكلة وموضحة بتعريف الحروف المعجمة من غيرها. [إن شاء الله في مراسلة أخرى]
- مرفق بيان للشعب الفرنسي أرجو إعطاؤه لقناة الجزيرة العربية وقناة الجزيرة الدولية وكذلك مرفق نسخة أخرى من البيان في شريحة خاصة للإخوة في الإعلام، ومقطع مصور كتجربة لبيان أمريكا ليطلعوا عليه ويفيدونا بملاحظاتهم الفنية عليه ثم يتلفوه. [لم تصلني إلا شريحة واحدة، والبيان والتجربة وصلا، وسنرسل لك رد الإخوة بعون الله].

- أرجو إرسال رسالة إلى إخواننا في المغرب الإسلامي على وجه السرعة تتضمن الإشارة عليهم بأن لا يتفاوضوا مع الفرنسيين على إطلاق سراح أسراهم بالمال وإنما يكون التفاوض مع الفرنسيين على رفع مظالمهم عن الأمة كتدخلهم في شؤون المغرب الإسلامي ويكون من أهم المطالب انسحابهم من أفغانستان مع الإشارة إلى أن بدايات التفاوض قبل إبرام الاتفاق لا تلزمهم بشيء، كما أرجو التعميم للإخوة بأن المفاوضات مع الأوربيين يكون على رأسها انسحابهم من أفغانستان ومع الأمريكيين يكون على رأسها التخلي عن دعم اليهود ولا تضاف مسألة اليهود للتفاوض مع الأوربيين لأنها تحصيل حاصل فمتى اضطر الأمريكيون للتخلي عن اليهود سيتخلى الأوربيون. [أبشر إن شاء الله تعالى نفعل قريباً، وأطمئنكم أننا وجّهناهم من قبل بأن تكون المطالب هي : الخروج من أفغانستان، فقط لا غير، أعني من الأوروبيين، فيكون المطلب واضحاً قصيراً محدداً]
- بخصوص الصحفيين الفرنسيين لدى الطلبة فإن تأكد أنهم جواسيس فالرأي أن يتم ربط قضية إطلاق سراحهم بخروج الفرنسيين من أفغانستان وإن لم يتم إعلانهم لجدول زمني للانسحاب يقتلا وأما إن كانت هناك شبهة فتتم المفاوضة معهم على الفدية. [لا علم لي بشأنهما يا شيخنا، ولعلي أحاول الاتصال بحقاني مثلا ونسأل ثم نقترح عليهم وننصحهم بما ذكرتم]
- بخصوص كتاب نقاط الارتكاز وما ذكرتم عن مؤلفه فحبذا أن تقترحوا عليّ طريقة للاستفادة منه دون الدخول في تزكية الكاتب وقد كنت في رسالتي للأخ بصير أشرت إلى الكتاب فحبذا أن تحذف هذه الإشارة قبل إرسال الرسالة إلى بصير هذا إن كانت الرسالة لم ترسل بعد. [جزاك الله خيراً، وقد كنتُ حذفتُ الفقرة فعلاً من رسالة الصومال حيثُ كنتُ بصدد إرسال رسالتهم ثم تأخرنا في الإرسال لسبب فنّي، والله الموفق، والحقيقة الاستفادة من الكتاب دون تزكية الكاتب لا أدري كيف تكون!! هو إشكالٌ،

ولكن سنفكر هل يمكن أن نعهَد إلى أحدٍ بأن يكتب كتاباً مشابها محرراً مغنياً عنه بحيث يمكن أن ننشره ونعطيه التزكية أو يكون من إصداراتنا، حتى لو أشار الكاتب الجديد في الكتاب الجديد إلى أنه استفاد من كتاب الأخ المصري هذا ومن كتب أخرى ضمن مراجعه الأساسية، وفكرة الكتاب لا شك أنه فكرة صحيحة وجيدة ، وهذا هو الجيد والممتاز في الكتاب، ونسأل الله أن يجزي أخانا خيراً وأن يستر عيبونا ويعفو عنا جميعاً]

- بعد الذكرى الأخيرة للعمليات المباركة يوم الحادي عشر بأيام صدر خطاب للشيخ أبي محمد وكان تعامل الجزيرة معه ملفت للانتباه فبثت غيرها من القنوات الخبر قبلها وبثته هي في نشرة يكون فيها معظم المسلمين في العالم العربي نائمين وجعلته الخبر الأخير ثم وضعت الخبر في شريط الأنباء والمألوف أن يبقى الخبر في شريط الأنباء 24 ساعة إلا أنها حذفته من شريط الأنباء بعد بضع ساعات دون أن يكون هناك حدث كبير يبرر عدم الاهتمام بالخطاب فحبذا أن تفيدونا بتوقعاتكم وتحليلاتكم لهذا الأمر كما يستحسن أن تسألوا عنه أحمد زيدان. [والله يا شيخنا ، ما أدري ماذا نتابع الآن!! لكن لعلنا نحاول متابعة الأمر مع أحمد زيدان بالمراسلة، ونستفسر ونطلب منه تبليغ احتجاجنا للقناة.. وفي ظني أنهم قد يكونون ينتقمون من "الظواهري"!! هذا غير مستبعد، وبحسب المحرر القائم على الشغل في حينه]
- كان من ضمن ما أرفقتموه لي سابقاً مقالاً منسوباً لأخينا سيف العدل بعنوان (السيرة الذاتية للقائد الذباح أبي مصعب الزرقاوي) رحمه الله وبعد اطلاعي عليه ظهر لي بجلاء أنه مكذوب في نسبته لأخينا سيف العدل وفيه إساءة لأخينا أبي مصعب رحمه الله ولأخينا سيف وللتنظيم بشكل عام وفيه تحفيز شديد للإخوة في العراق بأن يقيموا دولة لم تكتمل مقومات نجاحها و مما يُظهر أن الكاتب ليس هو سيف العدل ذكره في المقال بأنه أخذ تفويضاً مني ومن الشيخ أبي محمد للتعامل مع قضية أبي مصعب رحمه الله في

حين أن في ذلك الوقت لم تكن الوحدة قد تمت بيننا وبين جماعة الجهاد فأي شخص كان معايشاً لنا في تلك الفترة سيقول أنه أخذ التفويض مني ومن الشيخ أبي حفص رحمه الله بينما الكاتب لم يذكر شيئاً عن الشيخ أبي حفص رحمه الله علماً أنه لم تكن هناك أي مشكلة مما ذكر وأننا لم نفوض أحداً لحلها وفيه سرد لقصص ليس لها أي أساس من الصحة فأرجو أن يتم تحليل النقاط الخطيرة التي احتوى عليها المقال وتوضيح ماذا أراد الكاتب أن يدس فيها كما أرجو أن تقوم بتكذيب نسبته لسيف وتذكر أنه في السجن مما لا يتيح اطلاعه عليه وتبرئة نفسه منه وأن هناك أشخاصاً بل أجهزة تابعة لبعض دول المنطقة مهمتها الافتراء على المجاهدين وتشويه صورتهم ويكون التكذيب بأن سيف العدل براء من المقال دون زيادة في وصف أخينا.... [المقال قديم منشور في الانترنت، وقد كنتُ رأيتُ أناساً من الكتاب في النت يشككون فيه، وكنتُ قديماً تصفحتُ فيه، ولكن لا يحضرني منه شيء الآن، ولكني عرفتُ أنه مكذوب، ولكن في الحقيقة لم نهتم بنقده، ولكن فكرتكم جيدة، وبإذن الله أقوم أو أكلف من يقوم بقراءته بعناية ونقده ثم نكتب فيه شيئا كما أمرتم، بارك الله فيكم ، وجزاكم الله خيرا على التنبيه على أقدار الإخوة، فأما الزيات وسيف فأعرفهما والتقييم عندي هو كذلك تقريباً لكن أبو الخير لم أعاشره ومعرفتي به سطحية]

- بخصوص التراسل عبر الانترنت فلا بأس بالتراسل في الرسائل العامة إلا أنه حتى مع ما ذكر الإخوة عن برنامج أسرار المجاهدين فسرية العمل الخارجي لا تسمح باستخدامه فحبذا التأكيد على الإخوة الذين يعنيهم الأمر بأن العمل الخارجي لا يكون إلا عبر الرسل الثقات. [الأمر معقد جداً يا شيخنا، فمثلا كيف سيتم التنسيق مع إخوة الجزائر، وحتى العراق واليمن والصومال ترى ما في التواصل معهم من صعوبات!! فأحيانا لا

مناص من النت، مع استفراغ الوسع في إجراءات الأمان فيها، والعراق مثلا، ربما نستطيع التواصل على الأرض، مع أنه ضعيف جداً وتجاربنا معهم في هذا مرهقة]

- مرفق رسالة لصاحب الطيب أرجو الاطلاع عليها وإرسالها والاطلاع على رسالته إلينا ونسخة من رسالته ورسالتي للشيخ أبي محمد وستصلكم رسالة للشيخ أبي محمد في الرسالة القادمة . [اطلعتُ على رسالة صاحب الطيب، وحسناً قال وحسناً ما أجبتم نسأل الله أن يرفع قدركم وقدره وأن يبارك في العمل، وسنلتزم بذلك ما استطعتنا، وماذا يعني بترسيخ القواعد في البلد المجاور بدقة؟ وإن شاء الله نحول الرسائل لأبي محمد]

- أرجو تكليف من يلزم بجمع المعلومات عن صحفيتين من الدنمرك يعملون مع الصحيفة المسيئة للرسول صلى الله عليه وسلم وقد كان تم طردهما من باكستان ثم أعيدتا بضغوط خارجية . [إن شاء الله نفعل]
- حبذا أن تفيدني عن المعلومات التي طلبتها عن الإخوة في العراق وهل تيسر لكم أن ترسلوا إليهم السياسة العامة وماذا تم بخصوص ردود الإخوة الذين أرسلتموها إليهم.
[العراق لم أرسل إليهم السياسة العامة بعد، وأفعل إن شاء الله لاحقا بعد أن يردوا على رسائلنا الأخيرة بعون الله، فقد أرسلتُ إليهم وطلبتُ تعريفاً بقياداتهم الجديدة وبلغتهم سلامكم وغير ذلك، ونحن ننتظر أجوبتهم.. ولكن أرسلت السياسة لليمن وللجزائر، وسأرسلها للصومال أيضا في أول مراسلة بعون الله].
- أرجو أن تراسلوا جميع الإخوة في الأقاليم بأن يجتنبوا إجراء اللقاءات مع الإعلام الجهادي لما قد ذكرته سابقاً من أنها تكون خارجة عن المهنية التي استقر عليه أهل هذه الصناعة ولا تحمل الحيوية الكافية مما يوحي للناس بمعاني ليست في صالح المجاهدين كالتخلف وما شابه ذلك فضلاً عن عدم توفر الأخ المهيأ لإدارة الحديث واختيار الأسئلة المناسبة في كثير من الأحيان ولعلكم لاحظتم في الأشرطة الأخيرة للأخ أبي دجانة الخراساني رحمه

الله وتقبله في الشهداء الفرق بين البيان الذي يتحدث فيه بمفرده وبين اللقاء وما ورد فيه من أسئلة عن الماديات مما لم يكن مناسباً للاستفادة من وقت رجل يريد تقديم روحه لله بعد أيام أو ساعات نحسبه والله حسيبه.

[لي رأيٌ بأن ندعو لتطوير أداء الإعلام الجهادي، ونحدث تغييراً فيه، وعندي هذه الفكرة وربما تكون بعون الله في لقاء نفكر فيه مع "السحاب"، بمعنى أنني طلبتُ من الإخوة أن يكون اللقاء عفوياً تفاعليا حوارياً ، ولن أكتب شيئا منه بل سألقيه مرتجلا، مع تحضير قبله، ثم هو في أيدينا، نحذف ونصلُح منه ما شئنا، ويكون فيه جُرأة في الأسئلة والطرح وحريّة وهكذا... أما الاستغناء عن "الإعلام الجهادي" فهؤلاء هم ناسُنا وهم أولى بنا ونحن أولى بهم {واصبر نفسك مع الذين يدعون ربهم بالغداة والعشيّ يريدون وجهه}، والله الموفق .. ولم يتبيّن لي المقصود من إشارتكم إلى لقاء أبي دجانة، فاللقاء أبو دجانة هو الذي صممه من أوله إلى آخره، والأخ الذي كان يسأله هو أعجمي "باكستاني بريطاني" كان يشتغل معه (من إخواننا الذين وضعناهم معه في العمل، واستشهد مؤخراً في قصف أيضا رحمه الله) وكان يلقي الأسئلة بالانكليزية أصلا وأبو دجانة يجيب بالعربية ثم تمت دبلجة كلام السائل]

- حبذا أن ترسلوا إليّ جميع وصايا الإخوة التسعة عشر الموجودة لدى الإخوة في الإعلام.

[طلبت من عبد الرحمن تجهيزها وإرسالها لي، فإن توفرت هذه المرة أو تكون في مرة قادمة بعون الله]

- بخصوص تخزين القمح فلي رأي بأن تفرغوا أخوين من أهل هذه المناطق ذوا كفاءة ولديهما حس تجاري أو يكونا أصلاً عاملين في التجارة فتطلبوا منهما أن يكون ضمن تجارتهما التجارة بالقمح والسكر والحبوب وما شابه من ضروريات الغذاء ويكون لهم مستودع متين متقن لا تتسرب إليه المياه مرتفع عن مستوى فيضانات الأودية والأنهار فتشاركون معهما بالكمية التي تحتاجونها من الغذاء علماً

أن الكمية الاحتياطية ينبغي أن تكون كافية لكم لمدة سنة على الأقل وهما يتاجران بها فتبقى متجددة باستمرار على أن يتم الاتفاق معهما أنه عندما تبدأ الأزمة يتوقفان مباشرة عن البيع ويبقى المخزون الذي لديهما للإخوة وهما مستفيدان من هذه الخطة بالأرباح المترتبة على البيع والشراء فنحن لن نشغل مستودعاتهما دون فائدة تعود عليهما.

إلا أنه من الأهمية بمكان أن تكون المستودعات ضمن النطاق الذي يسمح بوصول القمح منه إلى الإخوة عند الضرورة.

أما الطريقة الأخرى التي ذكرتها سابقاً فإن كانت حركتكم كثيرة فيصعب نقلها والتحرك بها فهي شراء براميل نظيفة ـ كانت تستخدم لمواد غذائية كالمشروبات الغازية والزيوت النباتية وليس المواد الكيماوية ـ محكمة الإغلاق تغسل وتنشف في الشمس لمدة يوم مع مراعاة أن لأغطية هذه البراميل حلقة مطاطية لمنع تسرب الهواء مما يحافظ على الحبوب المخزنة فيها لمدة سبع سنوات شريطة أن تكون الحبوب من إنتاج العام الذي سنخزن فيه نظيفة من السوس والحشرات وما شابه. [لعلنا نحاول أن نسعى في الخيار الأول، حسب ظروفنا وقدرتنا الآن ، والله الموفق]

- حبذا أن تفيدوني عما تم بخصوص البرنامج الذي سيقوم بإعداده أحمد زيدان بخصوص الذكرى العاشرة . [لم يتم شيء لحد الآن، إلا أنني تشاورتُ في الأمر مع عبد الرحمن، ومع الشيخ أبي يحيى، وكانت هناك بعض الاقتراحات الفنية عند عبد الرحمن طلبتُ منه أن يكتب فيها، وحاصلُها أنه يرى أن هذا المقصد لا يمكن أن يفيَ به من الناحية الإعلامية و"الإخراجية" إلا برنامج مثل "شاهد على العصر" مثلا في الجزيرة وما شابهه من برامج لقاءات حوارية تكون واسعة المدة ومفتوحة وربما تأخذ عدة حلقات، أما برنامج شبه وثائقي فلن تكون المدة الزمنية المتاحة للشيخ للتحدث فيه إلا عشر دقائق أو ربع ساعة على الأكثر، وبالتالي لن يتم المقصود.. وسأراجع أخي عبد الرحمن حتى

يكتب لكم عن الفكرة بشكل أحسن، وأيضا على كل حال نحن قررنا أن نتصل بأحمد زيدان ونطرح عليه الفكرة من أساسها ثم ننظر رأيه هو ايضا وفكرته، وهذا ما كُلفتُ به، وبدأت في تجهيز الرسالة لزيدان، لكني لم أرسلها له لحد الآن، لعلي أفعل قريبا إن شاء الله]

- **بخصوص المرافق...** [إن شاء الله سنسعى بحوله وقوته ومدده سبحانه وهو اللطيف الودود الكريم]
- **سبق أن أرسلنا رسالة للإخوة في الخط ولم يصلني إشعار منكم عن وصولها وما تم بشأنها** [لعلك تقصد الرسالة التي فيها تعزية في الشيخ سعيد رحمه الله، فهذا وزعتُها على عدد لا بأس به من الإخوة، ومعظم الإخوة المهمين، والجميع فرح بها والحمد لله .. وبالمناسبة بخصوص الشيخ سعيد رحمه الله، فحيث أنه تأخر الوقت لرثائه من قبلكم، فأرى أنه لو جاءت فرصة في أي مناسبة أن تشيروا إليه وتتكلوا حوله بما يناسبه من ثناء وإكرام رحمه الله] **وكذلك رسالة أخينا أبي أنس السبيعي ورسالة أبناء الشيخ سعيد رحمه الله** [كلها وصلتهم والحمد لله، ولكن لم أتلق منهم أي أجوبة، وعندما قابلتُ أنس آخر مرة (وهي المرة الثانية أقابله بعد مجيئه إلينا) سألته مداعباً : "كيف أخبار الشيخ؟" فابتسم قائلا : "الحمد لله، الله يجزيه خير، كعادته الشيخ؛ رسالة مقتضبة".. هذا ما قال لي للملاطفة، والله يرعاكم ويحفظكم جميعاً .. أنا بالمناسبة لا أطلع على الرسائل لغيري، ولا أدري هل في رسالتكم له ما يتطلب جواباً، وسأراجعه إن شاء الله]
- **وكذلك بيان الفيضانات الأول لم يصلني إشعار منكم بوصوله وما الذي حال دون بثه في الإعلام مع ملاحظة أنه بعد مرور الوقت فأرجو أن تحذفوه تماماً والبيان الثاني إن تيسر أن يبث خلال أسبوعين فلا بأس وإلا فأوقفوه حيث إنه قد يحتاج إلى تجديد وحبذا أن تفيدني عن أسباب تأخرهما**

[قد نُشرا الآن في النت، البيان الأول والثاني، وقد كان عند الإخوة تردد في نشرهما،

ولكن قلنا لهم انشروهما وتوكلوا على الله، وسبب التأخر في نشر الأول أننا أرسلناه للجزيرة فلم ينشروه رغم مرور أكثر من أسبوعين، ثم أرسل متأخراً للنت وأرسل الثاني معه مباشرة، بسبب تعطّل في طرقنا للنت في تلك الأيام، والحمد لله على كل حال ..
وأرفقتُ لكم نقداً لبعض الإخوة العاملين في السحاب أوردو للكلمة، من باب التمحيص والتدقيق، وأنا اعتذرتُ للإخوة بأن الشيخ ركز ذهنه على زاوية معينة وكان له مقصد إظهار هذا الجانب من اهتماماتنا نحن المجاهدين بشؤون الأمة والشعوب...
وحصل سهوٌ عن تكميل الكلام عن الجانب الإيماني والوعظي، وهكذا الإنسان طاقات، وعندما يكون الإنسانُ لوحده في ظروفنا فمثل هذا القصور متوقع]

وتأخر الأخ الوسيط بيننا عن الموعد الذي اتفقنا عليه في السابع والعشرين من شهر أغسطس [هذا سببه من عندي الظاهر، لأن الرسول عندما جاء قال : موعدي القادم مع فلان تاريخ ثلاثين، فاستقرّ في ذهني ذلك، وغفلتُ عما في الرسالة رغم أنني قرأتها بمجرد الوصول ثم قرأتها مرة أخرى للتحضير للعمل والأجوبة ، ثم إنني تأخرتُ إلى آخر الوقت لأنتظر رسائل داود، فتصادف أنه كان يومان متتاليان عندنا "كرفي" (يعني حظر تجول)، والله المستعان، فالخطأ من عندي، ونسأل الله أن يعيننا وإياكم، والمعذرة لكم، ونجتهد إن شاء الله في الاحتياط للمواعيد]

- **حبذا أن ترسلوا إلينا ما يتوفر لديكم من كتب في الاستراتيجيات ولا يخفى عليكم أنها متوفرة في الانترنت.** [بإذن الله]
- **بخصوص إرسال الأموال إلي...** [أبشروا بإذن الله، لكن قد لا أستطيع هذه المرة إرسال شيء إليكم، الوقت ضيق فعلا، فإن شاء الله نجهز المبلغ المطلوب للمرة القادمة، وحبذا تنوّروني في كيفية إرساله، فنحن نحوله بواسطة صراف من جهتنا، ويستلمه رسولنا هناك، فهو يستلم بالروبية، فإن شئتم يحافظ على قيمته ويعطيه لرسولكم بالروبية كما هو، أو

نطلب من رسولنا أن يحوّله إلى اليورو هناك قبل تسليمه لرسولكم، ما هو الأفضل لكم، وهل إرسال مبلغ كهذا على دفعةٍ مناسبٌ أمنياً؟ .. وأرسل لكم كشف حسابكم كما كان أعطاني إياه داود رحمه الله في حوالي منتصف رمضان]

كما أرجو أن تحذف الرسائل السابقة إليهم ومرفق رسائل أخرى لهم مع هذه الرسالة [ليس لديَّ أي رسائل سابقة لهم، وسأعطيهم (لحمزة) هذه إن شاء الله قريباً] **كما أرجو أن تفيدوا الأخ عبد اللطيف بأن يحضر منهم رسائل إلينا.**

- **مرفق رسالة من ابني خالد للإعلام.** [لم تصلْ!]

السلام عليكم ورحمة الله وبركاته

وعليكم السلام ورحمة الله وبركاته

11أكتوبر

(TN: The file is an original message which was replied to by
inserting blue text after each point.)

Gist begins:

(In the name of God the passionate the merciful)

Original Author: Stating that the message of Abu Mus'ab 'Abd-alWadud was opened and that he promised to respond to him. He was asking if someone had prepared an article about pacifying the renegades, to be sent to Algeria.

Blue response: I might have sent the message of Abu Yahya to them, but a complete research was not done.

Original Author: Hopefully if you direct al-Sahab people to translate the Jihadi articles into French, as mentioned by
Shaykh Bashir al-Madani in his report on the Islamic Maghreb,
Hopefully you should send a copy to Shaykh Abu Muhammad and another copy to al-Sahab.

Blue response: Have seen the text and will review it again and give copies to the brother as suggested.

Original Author: Emphasize to our brothers in the Islamic Maghreb to translate literature into French and local languages.

Blue response: Will do, with God's help.

Original Author: Kindly send us the names of the Tribes that were mentioned in Shaykh Bashir al-Madani's report of the
Islamic Maghreb.

Blue response: Will do that in the next correspondence.

Original Author: Attached statement to the French people, please give to Al Jazeera Arabic and Al Jazeera International.
Attaching another copy for our media people and a slide on the
American statement to look at and give suggestions, then destroy.

(Page 2 of 10)

Blue response: I only got one slide and will send the brothers' response.

Original Author: Should send a message to the brothers in the Islamic Maghreb not to negotiate with the French on releasing the hostages for money ransoms. They should negotiate on the interference in the region and the request to withdraw from Afghanistan. Should also inform all that negotiations with
Europeans should be on Afghanistan withdrawal. As for the Americans, it should be for stopping their support to Jews.

Blue response: We will do that and we have informed them that negotiations with Europeans are about Afghanistan withdrawal only.

Original Author: As for the French journalists, if it is proven that they are spies, their case is tied to the Afghani withdrawal, and if no time table is given, they would be killed.
If the case is not proven, then negotiation for a ransom.

Blue response: Have no information (My Shaykh), probably I should contact Haqqani; we'll ask and then suggest and advise on what you said.

Original Author: As for the book Reliance points (TN: Nuqat al-
Irtikaz) I wish to be given guidelines on how to benefit from it. I have mentioned that in my message to Basir with the book. I wish this note to be removed if the message has not been sent.

(Page 3 of 10)

Blue response: I have already removed the note from the Somali message. I think we can benefit from the book without mentioning the author. The book idea is good but no need to promote the
Egyptian author.

Original Author: After the last memorial of the blessed operations on the eleventh, a message was released for Shaykh
Abu Muhammad. The way Al Jazeera handled the message was strange. they practically ignored it; you should give us your responses on the reasons, or maybe ask Ahmad Zaydan.

Blue response: By God My Shaykh, we do not know what to follow up on. We could write to Ahmad Zaydan, maybe they are taking their revenge on al-Zawahiri, this is possible, relying on the editor at that time.

Original Author: You sent me an article by Sayf al-'Adil (an article about al-Zarqawi) and after reviewing I feel it is not really written by Sayf al-'Adil and has some insults to al-
Zarqawi....

(Page 4 of 10)

and to the rest of the organization. It has encouragement to our brothers in Iraq to establish their state without securing the means of its success. This shows that it was not Sayf al-'Adil, that he has taken authorization from me and Shaykh Abu Muhammad, to deal with the al-Zarqawi case. The unity has not yet come between us and the al-Jihad group, since Sayf took authorization from me and Shaykh Abu Hafs. Note that Sayf is now in prison and cannot defend himself. We feel that there some states who are distorting the mujahidin reputation.

Blue response: The article is old and published on the internet.
Some have suspected its authenticity. I will ask some brothers to look into it and prepare a response. I know al-Zayat and
Sayf, but know Abu al-Khayr only casually.

Original Author: Concerning using the internet for correspondence, it is ok for general messages, but the secrecy of the mujahidin does not allow its usage, as couriers are the only way.

(Page 5 of 10)

Blue response: The issue is highly complicated (My Shaykh). How can we correspond with brothers in Algeria, Iraq, Yemen and Somalia? Sometimes there is no other means after taking precautions. As for Iraq, we will try, but it is too difficult.

Original Author: Attached is a message from Sahib al-Tayyib; kindly read and distribute, and a copy of his and my message to al-Shaykh Abu Muhammad. The message of Abu Muhammad will come to you in the next message.

Blue response: I saw the letter of al-Tayyib and he said well as you did too... we will forward those messages to Abu Muhammad.

Original Author: We need information about two female journalists from Denmark working with the newspaper who insulted the Prophet (PBUH).They were expelled from Pakistan, then returned.

Blue response: Will do, with God's will.

Original Author: What about the information that I asked about, the brothers in Iraq. Have you sent them the general policy, and what were their responses?

Blue response: The general policy was not sent yet, will do after they respond to our message to inform us about their leadership. But have sent the policy to Yemen and Algeria and will send it to Somalia at the first chance.

(Page 6 of 10)

Original Author: Circulate to all brothers not to give interviews to Jihadi sites. The content is not always satisfactory. As an example, the interview of Abu Dajanah al-Khurasani, given before he was martyred, which did not give good impressions.

Blue response: We should develop the Jihadi media, and have an idea to coordinate with al-Sahab. We have to rely on Jihadi interviews. As for the Abu Dajanah interview, the interviewer was a British Pakistani who used to work with us and was also martyred.

Original Author: Hopefully you could send me the recommendations of the nineteen brothers which are available with the brothers in the media.

Blue response: Have asked 'Abd-al-Rahman to prepare it, to be sent when convenient.

(Page 7 of 10)

Original Author: Concerning the wheat, I suggest you choose two experienced men from the region to work in grain and sugar trade, and should have a silo on high ground and should reserve what is enough for one year. But the silos should be within reach of the brother when there is a necessity. As for the other method, if you move plenty you should use well sealed clean barrels.

Blue response: We will try to apply the first suggestion according to our abilities.

Original Author: Hopefully if you inform me about the program that Ahmad Zaydan will prepare for the tenth anniversary.

Blue response: Nothing happened; will discuss it with him and
Shaykh Yahya,

(Page 8 of 10)

some technical suggestions from 'Abd-al-Rahman that such program only suits a program like a "Witness on the century" on Al
Jazeera that takes many sessions. As for the suggested program, the Shaykh will not be able to talk more than 15 minutes. Will contact Brother 'Abd-al-Rahman about the matter. Also, we should ask Ahmad Zaydan and see his opinion.

Original Author: Concerning the companion.

Blue response: We will try our best, with God's help.

Original Author: Have sent you a message about the brother on the line and have not received your response about what took place.

Blue response: Probably you mean the message of condolence about Shaykh Sa'id, which I have distributed to a number of brothers. All were happy about it. Hopefully you could write a condolence message.

Original Author: Also, the message of our brother Abu Anas alSuba'i and the message of the sons of Shaykh Sa'id.

Blue response: They received it all and I have not received a response. When I met Anas, I asked him what the news was about the Shaykh. He responded thank God may God reward him, as usual the Shaykh's message is short. That is what he said to me, may
God protect you.

(Page 9 of 10)

I usually do not read other people's messages, I don't know whether you have in your letter to him anything that needs a reply, and I will see him anyway.

Original Author: Also, the statement about the flooding, I have not received a message about your receiving it, and why it was not broadcasted. Please do not disseminate as it is late, and the second message do not broadcast if more than two weeks pass by. I would like to know why they were delayed.

Blue response: The first and second messages were published on the net, brothers were reluctant to publish the first one. The reason for its delay was because we sent it to Al Jazeera and they did not publish it after two weeks. I attach the response from our people on al-Sahab on the two messages. I gave my apologies that the Shaykh concentrated on a special angle and did not cover the side of the faith, since people alone have certain energy and capacity.

Original Author: The courier was delayed, as we agreed on the
20th of August.

Blue response: This is the explanation, as the courier said that he will be back on the 30th. I failed to read the message and awaited the message of Dawood. We got two consecutive days of curfew, so it is my mistake, and I should look harder at dates in the future.

(Page 10 of 10)

Original Author: Would like to get whatever available of books on strategy, and you knows it is available on the internet.

Blue response: With God's permission.

Original Author: Concerning sending money to me.

Blue response: Publish it by God's will, and may not be able to send you anything due to short time, maybe will prepare the required amount next time. Would you inform me about how to send it? We usually transfer money by an exchange office, to be received there in rupees. If you want to keep the value you let your representative take it in rupees, or if you want to transfer it to euros. Is sending it as such safe, security-wise? Will send you your account details as given to me by the late
Dawood in mid-Ramadan.

Original Author: Would also want you to delete the old messages to them, with this message.

Blue response: Do not have any previous messages and will give them to (Hamzah) soon.

Original Author: Also I request that you ask Brother 'Abd-al-
Latif to bring messages from them to us. Attached is a message from my son to the media.

Blue response: Did not arrive.

Original Author: Peace be upon you with God's mercy and blessings.

Blue response: And peace be upon you with God's mercy and blessings.

October 11 (as dated by the author)

Gist ends

بعد ان إبتعدت عن الدين الحق واتبعت هؤلاء ائمة الضلال دعاة جهنم حكام المنطقة .

أن المتتبع لتصريحات حاكم الرياض ونائبه ووزرائه في هذه الفترة الحرجة و أحداث قتل الأمريكين في الرياض واليهود في المغرب يلحظ بوضوح أن هؤ إنما يتبعون كلمات بوش ومنهجه ويحاربون الإسلام محاربة ظاهرة فهذا تصر الملك فهد عن المؤمنين الصادقين من العلماء والمجاهدين في سبيل الله بأنهم اصحاب فكر ضال وأنهم الزمرة الفاسدة ووأصحاب الفكر الضال وهم الذين يعتنقون الإسلام جملة وتفصيلا من غير تفريق كما أنزل على سيدنا محمد صا الله عليه وسلم وإنما هو في الحقيقة يقصد هذا الدين وهذا كفر بواح مخرج من الملة فهو ينكر آيات الجهاد ويسميه فكرا ضالا فماذا جنى المجاهدين غير أنهم استجابوا لله وللرسول بجهاد الكفار المحتلين فتضليل جهادهم هو تضليل للمنهج وليس لأشخاصهم هذه هي الحقيقة التي كشفتها تلك الأحداث كما أن تصريحات الأمير عبدالله بأن كل من يبرر تلك العمليات ضد الصليبين بإسم الإسلام فإنما شريك لهؤلاء المجرمين كما زعم فهذا يظهر بوضوح أن للنظام دينا غير دين فهو لا يريد دينا يحث على دفع المحتلين وقتل الكفار الصليبين وإن كان دين الإسلام وهو يعلم سلفا أن الدين يأمر بهذه الأعمال ولا يخفى عليه آيات الجهاد وأحاديثه .

وأن المرجع لهذه الأمة كتاب الله وسنة نبيه وليس الحكام واتباعهم فالله هو الذي يعلم من هو على هدى أو ضلال مبين (وقال موسى ربي أعلم بمن جاء بالهدى من عنده ومن تكون له عاقبة الدار انه لا يفلح الظالمون) .

Full translation

(TN: First line is red handwritten note.)

From here we can suggest these ideas as a discussion with the sons of the Peninsula

After they distanced themselves from the true religion and followed the unjust nation, hell called upon the rulers of the area.

For those who follow the declarations by the ruler of Riyadh and his deputy and ministers in this difficult period, since the killing of Americans in Riyadh and the Jews in Morocco it can be surmised that these people follow the words of Bush and his program. They fight Islam in a clear war. There are announcements by King Fahd that the true believers, the scholars and those who struggle for the sake of God, the King states that they are misguided and corrupt, with poor thinking. These are the people who observe Islam in detail, without any prejudice, just like it was sent through our master Muhammad, God's prayers upon him. In truth, he means that this is outside the religion, and outside the law, and by that he is denying the verses that call for Jihad, and he names it corrupt thinking. What did the Mujahidin do except that they answered the call of God and the Prophet by resisting the occupying non-believers and the denigrating of their Jihad. It amounts to denigration of the belief and not to them personally, and that is what was discovered during these events and the declarations by Prince 'Abdallah; whoever justifies these operations against the Crusaders in the name of Islam is a partner with those criminals, as he claimed. This shows a clear indication that the regime has a religion, other than that sanctioned by God. They do not want a religion that urges pushing the occupiers and killing the non-believing Crusaders. If it were Islam, then he would have known in advance that the religion orders him to conduct such operations and does not hide the verses about Jihad from him.

The salvation for this nation is God's book and his Prophet's Sunnah, and not the rulers and their followers. Only God knows who is on the right path or the wrong path (and Moses said, my Lord I know what comes with wisdom from him and who has consequences of the region and he will not give tyrants success).

So who are the ones with the straying minds and the corrupt factions, those who follow what God and the Prophet had said about the obligation to expel the Jews and the Christians from the Arabian Peninsula, or those who opened the Peninsula to them and gave them military bases? The Almighty Lord said (those who allow partners for God are unholy and they should not be allowed near the forbidden mosque after their year) and the God's Prophet, prayers be upon him, said as was stated by Al-Bukhari about Ibn 'Abbas...

(TN: cut off.)

بسم الله الرحمن الرحيم

الشيخ / أبو يحيى حفظه الله ... السلام عليكم ورحمة الله

وصلتني رسالتك الكريمة وجزاك الله خيراً ووددت أريد تحميلك رسالة للشيخ حفظه .. ولقد انتظرنا رده طويلاً بالنظر لمعضلات الأحداث عندنا كجماعة مقاتلة لا زالت قائمة تستعيد بإذن الله وكوني المسئول الوحيد منها هنا وملزم بأفرادنا وحركتهم ولقد تأسفت كثيراً عن هذا التأخير الذي أحتفظ لنفسي والجماعة تحتفظ بحق عدم قبول قراراته والذي كنت أتوقع أنه يكون بالجميع في مستوى الأحداث في ليبيا وتسارعها ... وعليه فأحمل أمام الله مسئولية عدم انتظار رده الكريم وأحمله أمام الله ثم أمام أبا عبد الله والدكتور ثم أمام قيادة الجماعة [المقاتلة] عن أي مكروه يحدث لنا في الطريق وناتج عما جعله مرتبطاً مباشرة به دون الرام نفسه بزعمه لذلك وأما أنت فما استطعت فعله أظن أنك فعلته وأنا وأفرادنا ملزمون بالحركة عاجلاً كي لا تتطور الأحداث للأسوأ

والله من وراء القصد

الأحد / 20-3-2011م محبكم / عبد القيوم

Full Translation Begins:

In the name of God the merciful the compassionate

To Shaykh / Abu Yahya, may God save you

Peace be upon you with God's mercy and blessings

I have received your generous letter and may God bless you. I only would like to give you a message for Shaykh 'Atiyah. We have waited a long time for his reply, considering to the ramifications of the events near us, and as a fighting group which is still standing and will stay so with God's permission.

Being the only person in charge here, and committed to its members and their activities, I was very sorry for this delay. I and my group reserve the right to make a stand by not accepting its reasoning. I expected all to be on the level of the events in Libya and its acceleration. I consequently bear, in front of God, the responsibility of not awaiting his generous response. I consider him responsible in front of God and in front of Abu 'Abdallah and the Doctor and in front of the Fighting Group leadership. He is responsible for any bad encounter that we may face us along the road, resulting from what he considered to be directly connected to him, without committing himself for a while.

As for yourself, I think you did what you could, and I and the members are committed to move soon, so that matters will not egt worse.

God is behind our intentions

The one who loves you

'Abd-al-Qayyum

Sunday 20 March 2011

إلى الأخ الكريم أبي عبد الله الحاج عثمان حفظكم الله

السلام عليكم ورحمة الله وبركاته

أرجوا أن تكونوا وجميع الإخوة وأهليهم وذراريهم بخير وعافية وإلى الله أتقى وأقرب... أما بعد

1. وصلتنا رسالتكم الأخيرة مع رسالة الشيخ أبي محمد والأخ عبد اللطيف ، ولكن رسالتكم تعذر فتحها ويبدو أنه بسبب خلل أثناء الإرسال من طرفكم فأرجو إرسال نسخة أخرى منها بعد التأكد من أنها قابلة للفتح .

2 . بالنسبة لاقتراحكم السابق بخصوص تكليف الشيخ محمود بالمهام المقترحة فهذا جيد على أن يتم التكليف في المسؤوليات العليا بخطابات من الشيخ أبي محمد بمدة زمنية محددة [سنة هجرية] ، ويضاف إلى مهمة الشيخ محمود أن يكون أحد المتحدثين باسم التنظيم ويتولى الدعوة والتحريض على الجهاد ونصرة المجاهدين ولاسيما في المواقع الساخنة كفلسطين والعراق وأفغانستان والصومال والمغرب الإسلامي ، ومناصرة دولة العراق الإسلامية والذود عنها وتفنيد الشبه التي تثار حولها كما يتولى الرد على جبهة المخذلين والمثبطين والمرجفين بقيادة

سلمان العودة ومن شابهه على أن تكون الردود هادئة غير مستفزة وعلمية وموضوعية منضبطة بالضوابط الشرعية ومقتصرة على بعض من ينبغي الرد عليهم فكثير من الناس من المرجفين المتحدثين باسم الحكومات ينبغي تجاهلهم ، ويستحسن الرد على ما تروجه زوراً وبهتاناً قنوات الضرار العربية السعودية من أن القاعدة لها صلة بإيران ، كما ينبغي اغتنام أول فرصة مناسبة للحديث عن دور الشيخين الجليلين أبي عبيدة البنشيري وأبي حفص المصري رحمهما الله تعالى في الجهاد وعظيم مكانتهما في أعين المجاهدين ورد الغيبة عنهما حيث يتكرر النقد لهما بغير حق وخاصة من عبد الله أنس وصهره .

3 . بالنسبة لاقتراحكم بخصوص تكليف سعدوف في بعض الأعمال المحاسبية فهذا جيد .

4 . بخصوص تكليف الشيخ أبي الليث من طرف الشيخ أبي محمد فهذا جيد أيضاً .

5. بالنسبة لكفالة ياسر فما اعتمدتموه حسناً .

6. بالنسبة للخطابات الموجهة لأمراء القاعدة في الدول أو الأقاليم يقتصر التوقيع عليها من طرفي والشيخ أبي محمد . ألا هل بلغت اللهم فاشهد

7- بالنسبة للوفد الذي زاركم وسلمكم رسالة زعموا أنها من صاحبنا ، ثم جاءكم من شكك في صحتها .

فأقول إن معرفة حقيقة هذا الوفد في غاية الأهمية والتعامل معهم بناء على ذلك

فلا يخفى عليكم أن هؤلاء القوم معظمهم على منهج الرجل الذي سلم أخانا شريف فرج الله عنه ، فيجب تذكر ذلك عند التعامل معهم للضرورة ، وهؤلاء لا يرون حرجا أن تقودهم استخبارات الدول المرتدة .

وخلاصة القول إن هؤلاء قد قنعوا بأن يقيموا من الدين ما يسمح به الطاغوت ، وتخلوا عن أن يكون الدين كله لله تعالى وبناء على ما تقدم فإن الخطر يتهدد قيام إمارة إسلامية ، حيث إنهم الخلف إذا غاب صاحبنا ، وهم يريدون أن يسحبونا معهم في غيهم ، فيجب الحذر منهم ، لذا فكل مطلب يؤدي إلى تعطيل أو إضعاف الجهاد المتعين ، فيجب رفضه والاعتذار منه ، وينبغي أن يكون لديهم يقين بأنه ليس لهم أن يعطوا عهودا للدول ولاسيما المنخرطة في الحرب على المسلمين نيابة عنا ، وإلا سنكون حلقة من سلسلة تقودها الاستخبارات ، ويجب أن تحفظوا أسراركم منهم ، وينبغي كلما جلستم معهم أن تتذكروا وكأنما صاحب شريف فرج الله عنه بينهم .

فأمريكا تستهدفنا في كل مكان على وجه الأرض ونحن في حالة دفاع عن ديننا وأنفسنا،وإنما نحيد من تقتضي مصلحة الجهاد تحييده أو مهادنته بالضوابط الشرعية .

ـ وأما بخصوص ما ورد في الرسالة بشأن وقف القتال بين السنة والشيعة فينبغي شرح الأمور لصاحبنا وإن الأمر مخادعة ومغالطات له فهم الذين أشعلوا الحرب ومصرون على مواصلتها والتهدئة بأيديهم ويهدفون إلى السيطرة على العالم الإسلامي ابتداء من العراق وجزيرة العرب .

8 . أرجو اقتطاع مبلغ ما يساوي عشرة آلاف دولار من حسابي ووضعها في ميزانية المجاهدين .

9 . وصل قريباً مني مبلغ اثني عشرة ألف يورو مطلوب أن تصل إلى المجاهدين فأرجوا اقتطاع هذا المبلغ من حسابي طرفكم ووضعه في ميزانية المجاهدين ثم إشعاري في رسالة قادمة بذلك حتى يتيسر استيفاء المبلغ هنا من المعنيين كما أرجو أن تقتطعوا مبلغ خمسة عشر ألف كلدار من حسابي للمجاهدين يتم بها شراء ثلاثة أضاحي ما لم تكن الحاجة لغير ذلك أشد .

10. وصل من طرفكم مع الرسالة التي تعذر فتحها مبلغ خمسة وثلاثين ألف يورو ، جزاكم الله خيرا ، و أرجوا إرسال الباقي .

11 . مرفق رسالة للأخ بكر أرجو أن تهتموا بالتعاون مع الأخ عبد اللطيف في إيصالها له .

وفي الختام أستودعكم الله الذي لا تضيع ودائعه والسلام عليكم ورحمة الله وبركاته

2007/12/17

To the Generous Brother Abu 'Abdallah al-Hajj 'Uthman (may God bless you)

Peace be upon you, with God's mercy and blessings

I hope you, the brothers, families and children are doing well, and you are closer and closer to God...

So,

1. Your message that you sent to us with Shaykh Abu Muhammad and brother 'Abd-al-Latif has arrived. However, we could not open it and we think there was an error from your side at the time of sending it. Thus, we need for you to please to resend a copy of it, but first make sure it will open.

2. In regard to your previous suggestion to assign Shaykh Mahmud to do the suggested duties, this is good. However, his assignment should include the highest responsibility of messages that are coming from Shaykh Abu Muhammad for a year (Hijri year). Also add one more task to Shaykh Mahmud's duties. He needs to be one of the spokesmen for the organization. He also needs to be in charge of the preaching, provoking Jihad and supporting the Mujahidin in hotspots such as Palestine, Iraq, Afghanistan, Somalia and the Islamic Maghreb. Also he should support the Islamic State of Iraq and defend it from any disproval and rumors. He also needs to respond to the front of betrayals, frustrations and inconsistencies led by Salman al'Awdah and anyone who is similar to him. His answers should be tranquil not instigating, educated and objective according to the Shari'ah principles. His responses should address only the people that he selects, because many government spokesmen are unstable and he needs to ignore them. It is better if he comments on what Saudi 'Arabia channels have been circulating, incorrect news that stated al-Qa'ida has links to Iran. He also needs to take the first opportunity and talk about both magnificent Shaykhs Abu 'Ubaydah al-Banshiri and Abu Hafs al-Masri (may God have mercy on them), and their rules in Jihad and their rank among the Mujahidin. He should respond to any unfair nonsense criticism against them, this disapproval that has been repeating over and over by 'Abdallah Anas and his son-in-law.

3. In regard to your advice to assign Sa'dun to do some accounting duties, this is good.

4. In regard to assign Shaykh Abu Layth based on Shaykh Abu Muhammad's recommendation, this is good too.

5. In regard to Yasir's bail, you (nfi) did not sponsor him, which is fine.

6. In regard to the messages that are directed to the Emirs of al-Qa'ida in countries and regions, these messages need to be signed by me or Shaykh Abu Muhammad. I informed you, and God is my witness.

7. In regard to the delegate that visited you and delivered to you a message, they claimed that message was from our friend, then you received something of suspicious accuracy. I am saying to you, it is very important to find out the truth of that delegate and deal with them based on your finding. I am not going to hide it from you, the majority of the delegates are following same path of that man (nfi) who surrendered our brother Sharif (may God send him free). You need to mention this when you start dealing with them, because it is vital, and these people have no shame in allowing the apostate state intelligence to lead them. The point is, these people are satisfied performing this religion based on what the idol allows them to do. They abandoned this religion; this religion as a whole belongs to God Almighty. Because of them, there is a real threat against the establishment of the Islamic Emirate, and their desire to withdraw from it, and you need to be careful of them.
Therefore, every demand will delay and weaken the appointed Jihad. You have to reject it and excuse yourself from it, and they must keep in mind that they have no right to give any promises for the state that involve war against Muslims on their behalf. Otherwise, it will be a succession run by the intelligence, and do not disclose your secrets to them. When you sit with them, I need you to mention to them that God sets Sahib Sharif free. America will target us everywhere in this life and our position is to defend ourselves and religion. We are with anyone who is interested in Jihad or making peace according to Shari'ah principles.

- In regard to the message suggesting that the fight between Sunni and Shia should stop, we should explain the matter to our friend, because it is based on deception and sophisms. They are the ones who ignited this war and insist to keep it going. It is in their hands; they could make it calm, but their goal is to control the Islamic world, from Iraq to the Arabian Peninsula.

8. I need you please to take the amount of 10,000 dollars out from my account and put it in the Mujahidin's balance.

9. I have recently received the amount of 12,000 euro designated for the Mujahidin. Please take this amount from my account that is in your side and put in the Mujahidin's balance. I need you to inform me of this in your next message, so this amount will be accounted for by the designated people. Also I need you please to take out amount of fifteen thousand Kaldars (TN: rupees) from my account for the Mujahidin to purchase three sheep, unless you need the money for something more important.

10. 35,000 euro has arrived from your side, with the message that we could not open, may God reward you with good deed, and please send the rest.

11. I attached a message to brother Bakr, it is important, and I need you please to work together with brother 'Abd-al-Latif to deliver the message to him.

In the end, may God be with you and peace be upon you, with
God's mercy and blessings

17 December 2007

بسم الله الرحمن الرحيم

الحمد لله رب العالمين والصلاة والسلام على نبينا محمد وعلى آله وصحبه أجمعين

أما بعد.....

إلى الأخ الكريم إلياس كشميري حفظه الله

السلام عليكم ورحمة الله وبركاته

أرجو أن تصلكم رسالتي هذه وأنتم وأهلكم وذراريكم وجميع الإخوة بخير وعافية

وبعد ...

سررت بوصول رسالتكم الكريمة واطلعت على ما جاء فيها

وبخصوص الاستشارة في بعض المسائل الإعلامية فأرجو التفاهم فيها مع الشيخ محمود

وكذلك لدينا عمل مهم جداً سيحدثكم الشيخ محمود عن تفاصيله فأرجو القيام به على أكمل وجه وأسأل الله تعالى أن يوفقكم

كما أرجو أن نبقى على تواصل وتفيدني بالخطوات التي تتخذونها في ذلك العمل .

وفي الختام : أرجو الله أن يوفقكم ويحفظكم ويعينكم على التعاون مع إخوانكم في نصرة هذا الدين وآخر دعوانا أن الحمد لله رب العالمين والصلاة والسلام على نبينا محمد وعلى آله وصحبه أجمعين .

السلام عليكم ورحمة الله وبركاته

أخوكم زمراي الجمعة، 26/شعبان/1431

1 page translated where necessary from Arabic

Translation begins here:

In the name of God, Most Gracious, Most Merciful

Praise is God the Lord of all, and blessings and peace be upon His Messenger, His people, and His companions.

To brother Ilyas al-((Kashmiri))

I pray that peace and the blessings of God be yours,

I hope that you, your family, and all the brothers are well and enjoying good health when you receive my letter.

I received and read your letter, and re the advice requested on the media issues, I kindly ask you to refer this matter to Shaykh Mahmud. Also I note that we have important work that
Shaykh Mahmud will inform you with its details, I hope that you will carry this work in the best way you can, and I will pray to
God to grant you success.

I Hope that we will maintain our correspondence and that you will keep me informed with the steps that you have taken in executing the work given to you.

I end up with praying to God to grant you success, to safeguard you, to help you cooperate with you brothers in support of the religion, and praise is to God the Lord of all, and May peace and God's blessings be upon His messenger Muhammad, his people, and companions.

Best regards,

Your brother ((Zamrai))

Friday, 26 Sh'aban 1431-h (circa 7 August 2010)

(End of translation)

بسم الله الرحمن الرحيم
شيخنا المكرم حفظكم الله ورعاكم/ السلام عليكم ورحمة الله وبركاته
أسأل الله أن تصلكم هذه الرسالة وأنتم في خير حالٍ وفي حفظٍ وستر ومزيدٍ من التوفيق، وكل من معكم من أهلٍ وأنصار.
وعسى إن شاء الله أنكم منشرحو الصدر متفائلون ترجون الخيرَ وتأمّلون نصرَ الله القريب، والله يرعاكم.
وبعد :
نخبركم أننا بحمد الله بخير وعامة الإخوة، هذه المدة الأخيرة الأوضاع أهدأ والإخوة أكثر حذراً وانتشاراً وكُموناً، والله المستعان.
الشيخ أبو محمد بخير والمراسلة معه مستمرة، إلا أنه هذين الشهرين أخبرنا بأن رسوله لن يأتي فيهما، فلعله تكون بيننا وبينه مراسلة في آخر أبريل هذا إن شاء الله.
ونبدأ متوكلين على الله في النقاط الحاضرة.
فأولها موضوع حمزة ، وبالله التوفيق :
مازلتُ والله في حرج معكم جميعاً في هذا الموضوع وأرجو منكم أن تفهموا وجهة نظري وأن نعالج الموضوع بتؤدةٍ.
فأنا يا شيخنا المكرم ليس عندي غرضٌ في الموضوع كما تعرف، وما أريد إلا الخيرَ والسلامة والتوفيق، وأنت والدُهُ وهو بَضعتُك، وأنت أميرُنا ونحن لك مطيعون، وإنما هي مسؤولية كبيرة أردتُ أن أتثبّت فيها، وأصدُقُك أنني شعرتُ أنكم في طرفكم ربما لم تتفهّموا الحالة الأمنية للطريق بشكل كامل.
إذا كنتُم تأمروني بإرساله مع الرسول على أي حالٍ ومهما يكن من أمر (يعني لا يهمّك حتى لو مُسِك لا قدّر الله في الطريق) فأنا أفعل على بيّنةٍ ، فامروني بهذا صريحاً.
وإلا فإنني قد حاولت الترتيب لتنزيله وإيجاد طريقة مناسبة ومطمئنة من الناحية الأمنية بحسب الأسباب، فالحقيقة أنني لم أجد، ووجدنا التفتيشات في هذه المدة على الطريق ازدادت واشتدت، والأمر خطرٌ جداً، هذا بالنسبة للمشي مع الطريق العام، فإن كان لابد فنبحث في تنزيله من طريق التهريب، كما ينزل الإخوة المجاهدون.
وهناك خيارٌ آخر، وهو أن نرتب له للذهاب إلى إقليم بلوشستان، ومن هناك نرتب مع الأخ (أبي عبد الله السندي وأصحابه) يستلمونه، ثم هل يبقى في بلوشستان (هم يرتبون له هناك، عندهم إمكانية لذلك) أو يحوّلونه إلى بيشاور كما كنتم تريدون ، تنظرون في هذا.
والله المستعان.
فالخلاصة إذن : هناك ثلاث خيارات :
الخيار الأول : نرسله لكم عبر وسيطنا على كل حال. وهذا الخيار عندي غلطٌ ولا يجوز الإقدام عليه لما أرى من الأسباب الظاهرة، لما ذكرتُ من التفتيشات والصعوبات الأمنية على الطريق، ثم لأن وسيطنا يمكن أن يتعرض هو نفسه للأسر لو حصل شيءٌ لحمزة لا قدر الله، وهو وسيطنا الذي بيننا وبينكم فالأمر خطرٌ مضاعف!!.
ويمكن أن يُعدّل هذا الخيار بأن : نرسل حمزة مع شخص آخر غير وسيطنا، (لا علاقة له بوسيطنا الخاص) بعد أن نعطيه أرقام تلفون وسيطكم (أسلم أو غيره) ويتصل بهم إذا وصلوا هناك ويسلمه إليهم.
الخيار الثاني : أن أقوم بإرساله إلى بيشاور عبر أناسٍ آخرين (غير وسيطنا)، وبالطريقة التي ينزل بها المجاهدون من عندنا إلى بيشاور، وهي طريقة تهريب، حيث يتحركون من وزيرستان إلى جهة قبائل خيبر ومن هناك ينزلون على بيشاور (ينزلون على باره على ما أظن أو قريبا منها) ويدخلون بيشاور. هذا الطريق فيه خطرٌ أيضا لكن أقل من الأول، ويتفادى تعرّض وسيطنا الخاص لأي احتمال خطر لأن نزول حمزة سيكون في هذه الحالة عن طريق إخوة آخرين مجاهدين. طبعاً في هذا الخيار مسألةٌ وهي : أن الإخوة الذين نختارهم لصحبته (تنزيله) إلى بيشاور هل نخبرهم مَن هو هذا الأخ؟ لكي يجدّوا في الأمر جداً، فهذا ليس بمناسبٍ أمنياً، أو لا نخبرهم بل نقول لهم وصّلوه إلى بيشاور وهو يتصرف وعنده العناوين وأرقام الهواتف، فهذا ممكن وهو المختار، ومع ذلك ربما تفهم الناس شيئاً.
الخيار الثالث : أن نرسل حمزة إلى بلوشستان، وهذا أسهل علينا وعندنا الطريق (من جنوبي وزيرستان) وندخله عند أناس هناك يجلس عندهم إلى أن يأتي الأخ عبد الله السندي ويستلمه. وهذا الخيار أقل الخيارات خطراً وأقربها للسلامة وأسهلها عندي، وهو المرجّح من الخيارات الثلاثة. ثم كما قلتُ لكم : ترتبون مع عبد الله السندي (بواسطتي أو مباشرة (إذا أرسل الأخ عبد الله أرقام التلفون الخاصة إن شاء الله.
والله الموفق لما فيه الخير.
ملاحظات :

ـــــــ أنني شاورتُ الأخ منير في مسألة إرسال حمزة فهو موافقٌ لي في عدم الإقدام على إرساله والحالُ كما وصفتُ.. ولم أتشاور مع أبي يحيى لعدم التقائنا منذ أكثر من ثلاثة أشهر، ولم أكتب له في المراسلات.

ـــــ الكلام كله على حمزة كرجلٍ، وأما العائلة (امرأة حمزة وولداه) فليس ثمتَ مشكلة في تنزيلهم من الطريق الأول العادي (الخيار الأول)، وإذن فالفكرة هي : نزول حمزة لوحده والعائلة على حدةٍ.

لكن في حال اختيارنا لخيار بلوشستان (الخيار الثالث) فيستطيع الذهاب مع عائلته.

ـــــ لقد أرسل لي الأخ عبد الله السندي بطاقة خالد، ومعها رخصة سياقة له أيضا، وهما صالحتان لأن يستعملهما حمزة إذا تحرك إن شاء الله، فإما تأمروني بأمركم فيهما، وإما سأعطيهما لحمزة ليتحرك بهما إذا قررتم الشروع في أحد الخيارات.

تنبيه :

إذا كان القرار هو اختيار طريق بلوشستان، فتخبروني، ولكن يحتاج مني بعض الوقت لإكمال ترتيبه، ليس كثيراً إن شاء الله، وإنما احتجتُ للتنبيه لتذكيركم بصعوبة ظروفنا وتحركنا عموماً ولكي لا تقلقوا.

بالنسبة لحمزة :

فهو بخير وأهله وأولاده، وصابرٌ إن شاء الله، ويريد أن يتدرب ويتعلم، وكنت أريد أن أستأذنكم في أن نعطيه المجال لبعض الحركة التي نحاول أن نرتبها له باحتياط شديد، من أجل أن يحضر بعض التدريبات الخاصة.. وعلى كلٍ الآن هو أخذ عائلته إلى بيت أخينا أبي خليل، فهم عنده من أيام، لأنني رتبتُ له مع أبي خليل حضور دورة خاصة له في تعلّم المتفجرات، وشددتُ عليهم في الأمن وعدم الخروج أو الحركة أو كذا مما يعرّض للخطر. وبالله التوفيق.

مواضيع أخرى :

ـــــ بأسفٍ أخبرُكم بأن الأخ أبا الحارث السندي (صهر أبي عبد الله السندي) قد أُسِر من قبل الاستخبارات الباكستانية في كراتشي ، وهذا قبل أزيد من شهرين.. نسأل الله أن يفرج عنه.

ـــــ ولحد الآن لم أتلق أي أجوبة من عائلة البي إم.

مع أني تلقيتُ جواباً من الأخ أبي عبد الله السندي، وأرسلَ إليّ بطاقتي خالد (بطاقة شخصية، ورخصة سياقة)، كما كتبتُ أعلاه، ولكن الأخ عبد الله السندي لم يعطني أي تفاصيل أخرى، ولكن وعدَ بأنه سيرسل لي أرقام الهاتف الخاصة التي طلبناها منه قريباً. والله الموفق.

ـــــ لقد أرسلتُ مصحف أم حمزة، فعساه وصل إليكم.

ـــــ وأيضا بدأنا في تحويل مبلغ واحد كرور روبية (يعني عشرة مليون) إلى الأخ أسلم ، وكتبتُ له بأن يحوّلها إلى دولار أو يورو ، ويحتفظ بها، فتكون عندكم.

ـــــ وبخصوص المبالغ التي عندنا ، فقد قمنا بتحويل جزء كبير من المبالغ الروبية إلى ذهبٍ، ودولار ويورو ، والحمد لله.

طبعا مع مصاريف كبيرة صرفناها بالروبية مباشرة : دعم للجماعات والمجموعات الجهادية العديدة في القبائل (شورى شمالي، والمسعوديين، وخليفة حقاني، وتحريك طالبان، وغيرهم ، بالإضافة إلى مجموعات المهاجرين) إذ لابد أن ندعم الناس، وقد سمع الكلُ بالصفقة. بالإضافة إلى مصاريف الكفالات الدفعة الحالية، والميزانيات للعمل وسداد ديون وغيرها ((الديون قليلة جدا الحمد لله)).

واشترينا أسلحة متعددة وذخائر وتجهيزات استعداداً لأية حرب محتملة.

واستحدثنا بعض الميزانيات الجديدة لبعض الورش، وبعض المجموعات المتعاونة.

ورفعنا قيمة بعض الميزانيات أيضا.

والحمد لله.

وبفضل الله حتى تدفق الأموال من الخارج هذه المدة جيدٌ وطيب، ومن داخل باكستان كذلك. وذلك فضل الله.

ـــــ نتابع هذه الأيام الثورات العربية وما حصل من تغييرات في البلاد العربية، ونحمد إليكم الله تعالى على زوال طاغيتي تونس ومصر.

والآن الأوضاع في ليبيا كما تتابعون، وفي اليمن، وسوريا كذلك.

[أرفق لكم بعض ما كتبته لبعض إخواني حول هذه الثورات]

وفي الجملة نظن أن هذه التغييرات كبيرة وفيها خيرٌ كثير بإذن الله.

وهل فكرتم في إصدار كلمة للأمة بهذه المناسبة فيها تضامن وإظهار للسرور مع الأمة لما تم من زوال بعض الطواغيت، وتأييد للثورة على الظلم والفساد والإجرام والطغيان...، وفيها بعض التوجيهات والتذكير للشباب وللأمة جمعاء، وفي الجملة تكون كلمةً عامّة لا تدخل في التفاصيل، ولكن يظهر منها التأييد والسرور لهذه النعمة التي أنعم الله بها على الناس من التخلص من الطواغيت، وحث على إكمال الطريق بالجهاد والتوبة والرجوع إلى الله وبالاستقامة على طاعة الله والتحذير من مكر الأمريكان وغيرهم، والتبشير بقرب نهاية دويلة اليهود مثلا.... وهكذا

فإن لم يكن منكم كلمة الآن، فلعلكم تنتظرون حتى تنضج هذه الثورات وتنتهي إلى مستقرّها تقريباً، ويكون لكم كلامٌ عليها في شريط العشرية (الذكرى العاشرة للحادي عشر من سبتمبر). وبالله التوفيق.

ونرفق لكم بعض العناصر والأفكار حول هذه التغيرات الكبرى (لتفتيح المسائل والتفكير فيها)، وهي ورقة كتبتها للإخوة عندنا للتشاور فيها.

سأرفق لكم بعض ما كتبناه أو صدر من عندنا من كلمات بخصوصها.

ـــــ ونرفق لكم أيضا رسالتين من الطيب آغا.. وجوابي عليهما.

ـــــ وآخر المراسلات مع الجزائر والصومال واليمن.. وجوابي على الإخوة في الجزائر.

ـــــ ورسالة مني للإخوة في الصومال. وأخرى لأبي بصر (اليمن).

وكما ترون فالإخوة في الصومال يقترحون عليكم كتابة رسالة للأخ حسن ظاهر عويس تشجعونه وترفعون معنوياته وتتعهّدونه، والله يبارك فيكم.

ـــــ ونرفق لكم أيضا بعض الكتب الإدارية وغيرها من ملفات من النت.

ـــــ بالنسبة للشيخ يونس، فهو بخير وقد أرسلتُ له رسالتكم الأخيرة وإن شاء الله وصلته، وأرسل إليّ قبل نحو شهر بأنه سيتحرك إلى الصومال مباشرة ربما، إذا نجح الترتيب وكان متقناً بالبحر حيث وجدوا مهربين موثوقين يوصلونهم إلى هناك مباشرة عبر الإخوة البلوش (في مدة إقامتهم في بلوشستان مدة عدة الأشهر الأخيرة استطاعوا التعرف على الطرق البحرية).. ورأوا هو وأصحابه أن الدخول إلى إيران والمكوث فيها غير مناسب، كذا كتبَ لي باختصار، وقد كتبتُ له جواباً قبل أيام أوصيته بالتثبت من أمن الطريق، ثم عرضتُ عليه فكرة لكي يتأمل فيها ويدرسها ربما هو وبعض مَن معه، والفكرة جاءتني على ضوء الثورات الشعبية العربية الراهنة وخلاصتها: أنه قد يكون من المناسب أن يوزع إخوانه على تونس وسوريا ومكانٍ آخر. وهذا يقتضي أن ينتظر قليلا بالنسبة للإخوة السوريين حتى تنجح الثورة في سوريا ويسقط نظام بشار الأسد أو تتحول البلد إلى انفلات وفوضى.. والله المستعان.

وللتذكير، هو الشيخ يونس معه ثلاثة من الإخوة سوريون، وواحد تونسيّ، وآخر جزائريّ (كان يعيش في ألمانيا).

فالتونسيّ بإمكانه أن يسافر إلى تونس الآن مباشرة ويدخل تونس بسهولة، وقد سافر أناسٌ من عندنا ودخلوا.

والثلاثة السوريون لعلهم يتمكنون بإذن الله قريبا.

يبقى هو والأخ الجزائري، لعله يناسبهم أن يذهبوا إلى الصومال، أو حتى يختفوا بسهولة في إيران أو غيرها ماداموا اثنين.

إن التغيرات التي حصلت في المنطقة العربية كبيرة جداً ولابد أن تتغير معها الكثير من الأمور.

بالنسبة لليبيا على وجه الخصوص فآخر ما جاءنا من الإخوة في ليبيا أنهم بدؤوا يرتبون أمورهم، وأنهم لهم نشاطٌ ودورٌ هناك والحمد لله. إخوة الجماعة المقاتلة الخارجين من السجن وغيرهم، وفي الشرق الليبي (بنغازي ودرنة والبيضاء وما قاربها) هناك صحوة إسلامية جهادية نشطة من زمان ينتظرون مثل هذه الفرصة، ونظن أنه عن قريب سيبدأ يظهر نشاط الإخوة وأسماؤهم و"تسجيلاتهم".

وفيما يتعلق بليبيا أيضا فنتيجة للحماسة عند الإخوة وما أتيح من فرصة جهادية هناك وتشوّق الإخوة للجهاد ضد الطواغيت هناك... فقد حصل أن الأخ أنس السبيعي الليبي وإخوة آخرون استأذنوا في النزول إلى ليبيا.

وأرفق لكم رسالة من أنس (اسمه عندنا الآن عبد القيوم) كتبها لأبي يحيى وحوّلها أبو يحيى إليّ يعتِبُ عليّ في التأخر عليه في الجواب، وطبعاً سبب تأخري موضوعيٌ جداً والحمد لله أنا فيه معذورٌ إن شاء الله وهو بُعدي وكُمُوني واختفائي وتقليلي من التواصل والحركة هذه المدة، ولم يتصلني رسائله التي يشير إليها حتى هذه اللحظة.

وعلى كل حالٍ صورتُ رسالته لكي تطلعوا عليها، وأرفقُ لكم ما كتبتُهُ لأبي يحيى لكي يبلغه والإخوة الآخرين إياه.

وخلاصتُهُ أننا أعطيناه الإذن للنزول إلى ليبيا.

طبعا للتنوير : هو (أنس) حالتُهُ النفسية سيئة جداً من يوم ما جاءنا من إيران، وتعرفون أنه من هناك (من إيران) أرسل أهله وأولاده كلهم حتى الكبيرَيْن منهم (عبد الله وعبد الرحمن) رغم أنهما بالغان رجلان، وعندما جاء هنا كان يظهر عليه التأثر جدا والقلق والكآبة، وهو بطبيعته في صعوبة في العِشرة والمزاج فكان لا يرتاح مع معظم الإخوة ولا في المراكز، فكان الإخوة دائما -بعلمي وعلم أبي يحيى وإذننا ومساعدتنا- يسعون لتوفير مكانٍ خالٍ له يرتاح فيه أو مركز على الأقل ليس فيه إخوة كثيرون بل يكون معه في واحدٌ أو اثنان يخدمانه مثلا، وهكذا. لكن في الجملة كانت حالتُهُ قلقة، وكان يتصل بأهله في ليبيا، رغم علمِه بمنعنا للاتصالات، ورغم أنه معروفٌ أنه رجل خطيرٌ مطلوب للأمريكان...إلخ !! اتصل بالتلفون مراراً

ولما جاءت الثورة الحالية والحرب في ليبيا وخاصة عندما علم أن الأخ عروة الليبي (كان معه في سجن إيران) قد سافر ودخل إلى ليبيا، واتصل عليه وشجّعه وقال له إن الطريق ميسّرٌ وسهلٌ... فتحمّس جداً للنزول وكتب ما كتب.
ونسأل الله لنا وله ولسائر الإخوة التوفيق والإعانة.

_____ هل قرأتم الملف الذي أرسلتُهُ لكم قبل أشهر للأخ طوفان باسم "أرهبوهم" .. وهل علقتم عليه؟ لأن الأخ له أفكارٌ وطلبات ونشاط ويريد منكم أو من أبي محمد كلمةً لتوجيهه، لأنه -بصراحةٍ- لا يسمعُ مني أنا ولا أظن من غيري هنا.

_____ بالنسبة للإخوة في إيران ، فقد أرسلَ إليّ منسّقُنا هناك قبل أيام خبراً مجمَلا غير مفصّل؛ يقول إن بعض الإخوة الكبارِ خرجوا وكيف نفعل معهم، فأرسلتُ إليه فوراً بطلب التفاصيل، وقلتُ له : الكبار يأتون عندنا ضروري، ونحن منتظرون.
طبعا كان قد خرج الأخ أبو السمح المصري. وهو الآن باقٍ في إيران، ويبدو أنه استأنف ممارسة نشاط إعلامي واتصلاتٍ بعنوان "جماعة الجهاد" كما ترون في ملفٍ مرفق.
كذلك خرج الأخ عبد الله رجب الليبي (أبو الورد قديما) وهو هناك في إيران كذلك.
وخرج الأخ أبو مالك الليبي (عروة) وهو أحد الإخوة البارزين في المقاتلة، وبقي في إيران ولم يأتِ عندنا، ثم قبل حوالي شهر سافر إلى ليبيا ودخلها بسلام والحمد لله، واتصل ببعض إخواننا من هناك، وعندنا معه تواصل بالنت وننتظر منه رسائل. وهو أحد الإخوة الميدانيين المهمين ونتوقع أن يكون له دور في ليبيا.
_____ ومن قبل أظنني أخبرتكم عن خروج ابني الشيخ أبي الخير وبعائلتيهما (أحدهما متزوج ابنة الشيخ أبي محمد المصري، فهو عديل حمزة) والآخر لا أدري ممن تزوج.. وهما الآن في بلوشستان رتبنا لهما هناك وقلنا لهما يبقيان هناك مختفيين حتى إشعارٍ آخر وأرسلتُ لهما رسالة وشرحتُ لهما بعض الشرح لحالنا وطمّنتهما، وهما هناك (في بلوشستان) مع أحد إخواننا الأمناء الطيبين إن شاء الله. [ويمكن أن نأخذ حمزة عندهما، تحت إشراف ذلك الأخ البلوشي].

الأخ عروة الليبي المذكور عندما كان في إيران قبل حوالي شهرين (قبل نزوله إلى ليبيا بقليل) كان كتب لي رسالة على الإيميل وأخبرني فيها أن بعض الإخوة الليبيين الذين في بريطانيا تكلموا معه بالآتي :
أن الاستخبارات البريطانية تكلموا معهم (مع الإخوة المشار إليهم الليبيين في بريطانيا) وطلبوا منهم أن يحاولوا الاتصال بمن يعرفون في القاعدة، ويخبروهم ويعرضوا عليهم ويعرفوا فكرتهم في : أن بريطانيا مستعدة للخروج من أفغانستان إذا كانت القاعدة ستتعهّد بشكل صريح بأن لا تعمل ضد بريطانيا ومصالحها.
هذه هي الرسالة باختصار..
أنا كتبتُ للأخ عروة في جوابي له : إنه بإمكاننا التفكير في الأمر والوصول إلى شيء مناسب في هذا الصدد، وسأنقل الفكرة للقيادة.. فلعله بلّغ الإخوة الليبيين الآن وهم ربما يكونوا بلغوا البريطانيين. ليس عندي تأكيد طبعاً، ولعله (عروة) في رسائل قادمة يكون عنده شيء، رغم أنه الآن سيكون مشغولا في ليبيا جداً.
فهذا ما حصل، ونسأل الله أن يلهمنا رشدنا وأن يتولانا برعايته.

ملاحظة : تخلصتُ من كل الكروت (الشرائح) التي كانت بيننا في السابق، وكسّرتها وأعدمتها، والآن أستعمل معكم كروتاً جديدة ، وأرجو منكم كذلك تكسير وإعدام كل الكروت السابقة ونستعمل الجديدة، وهكذا نفعل كل مدة نغيّر الكروت.

أيضا سامحونا أن نرفق معكم رسالة صغيرة للأخ أسلم تحولونها إليه فيها بيان أن المبلغ الذي أرسلتُه إليه مع رسائلكم هذه هو كفالته المقررة عندنا...

ننتظر رسائلكم وأخباركم.
وأسأل الله أن يوفقنا وإياكم لما يحب ويرضى وأن يبرم لنا وللمجاهدين في سبيل أمرَ عزّ وفرج وفتح قريب.. آمين
والسلام عليكم ورحمة الله وبركاته
محمود
أوائل جمادى الأولى1432هـ
السبت 2011/5/5م

To the honorable Shaykh, may God protect you and guide you,

Greetings. I pray to God for this letter to find you well and in good health.

We are doing well and recently things have been calmer. The brothers are more careful and keeping low profile.

Shaykh Abu Muhammad is fine and communication with him continues, but he told us that for two months his carrier will not be coming. Hopefully we will communicate with him towards the end of April.

-Regarding ((Hamzah)):
I am embarrassed to talk to you about this. I hope that you will understand my point of view. As you know, I do not have an interest in this and all I want is safety, security, and success. You are his father and you are our Amir and we will obey. I have the feeling that you are not aware of the security situation here. I tried to find a way to send him to you on the main road, but I was not able to find one due to the intensified security procedures and searches. We can look into sending him by smuggling him in like the Mujahidin brothers. We can arrange for him to go to Baluchistan and from there we can arrange with the brother ((Abu 'Abdallah)) al-Sindi and his friends to receive him there and then decide if he should stay there or send him to Peshawar as you wanted.

In summary, there are three options:

-The first option: We can send him to you through our middle-man, but this is bad option and should not be utilized due to the security situation and because it might lead to the capture of our middle-man. So this option doubles the risk.

We can alter this option by sending Hamzah with an individual other than our middle-man (he will have nothing to do with our middle-man). We will give him the phone numbers of your middle-man (Aslam or someone else) and he can call him once they get there and hand him Hamzah.

The second option: Is for me to send him to Peshawar through other individuals (other than our courier) like all the brothers who go from our area to Peshawar. It is a smuggling route. They go from the Waziristan region, Federally Administered Tribal Areas, Pakistan towards the Khyber tribes and from there they go down to Peshawar (they go down to Bara, I believe, or somewhere nearby) and then enter Peshawar. This route is dangerous, but less dangerous than the first one. This way, our carrier will avoid any danger because Hamzah will be taken by other mujahidin brothers.

Page: 2

The question is should we tell the brothers who will be escorting him who this individual is in order to take the matter seriously or should we just say take him to Peshawar and he will find his way there? Even with that, people might know who he is.

The third option: is to send Hamzah to Balochistan. This is easier for us and we can send him from south Waziristan. We can send him to people there and he can stay there until 'Abdallah al-Sindi arrives and gets him. This is the least dangerous option and the easiest. I recommend this option. As I told you, you can arrange with 'Abdallah al-Sindi (directly or through me if he sends his phone numbers).

Notes: I talked to brother ((Munir)) about sending Hamzah, and he agrees with me that we should not send him due to the situation that I described to you. I did not discuss this with ((Abu Yahya)) because we did not meet for the last three months and I did not write to him about this in our correspondence.

-Here, we are talking only about Hamzah as a man. As for the family (his wife and two children), there is no problem in sending them the regular route (first option). The idea is to send Hamzah and his family separately.

However, If we decide on the Balochistan option (third option), he can go with his family.

-Brother 'Abdallah al-Sindi sent me ((Khalid))'s identification documents and drivers license and they can be used by Hamzah when he moves. You either tell us what to do with the identification documents or I will give them to Hamzah to use if you go with one of these options.

Attention: If the decision is to go with The Baluchistan route, I will need some time to complete the arrangement (not too long). I want to warn you and remind you of the difficulty of the situation here and for you not to get worried.

As for Hamzah, he and his family are fine. He wants to receive training and to learn. I wanted your permission to give him some space to move in a manner that we will carefully arrange for, in order for him to attend some special training. Anyway, he took his family to the house of our brother ((Abu Khalil)).

.

Other topics:

-Sorry to inform you that more than two months ago, brother ((Abu al-Harith)) al-Sindi (the brother-in-law of Abu 'Abdallah al-Sindi) was detained by the Pakistani intelligence in Karachi.

Page: 3

- So far I did not get any responses from the family of B M (TN: sic) in spite of the fact that I received a response from brother Abu 'Abdallah al-Sindi and Khalid's identification documents that I told you about earlier. Brother, 'Abdallah al-Sindi did not give any more details, but promised to soon send the phone numbers that we asked him for.

-I sent the Quran of (('Um Hamzah)) and hopefully you received it.

Also we started transferring ten million rupees to brother Aslam. I wrote to him and asked him to exchange them to dollars, euros and keep them so that you (TN: in plural form) can have them.

Regarding the money that we have, we exchanged a large part of the rupees to gold, dollars and euros.

Of course, there are lots of expenses that we paid for in rupees directly in support of several jihadi groups in the tribes (Shura Shamali, Ms'udis, Khalifah Haqqani, Tehrik e-Taliban Pakistan, and others. This is in addition to groups of immigrants) because we have to support people. Everyone heard of the deal. We also paid for the expenses of sponsorships. We do not have many debts. Praise be to God. We also bought weapons, ammunition, and equipment in preparation for any possible war. We also renewed some of the budgets for some workshops and collaborating groups. We also raised some of the budgets.

Praise be to God, the flow of money from outside and from inside Pakistan these days is good.

-We are watching the Arab revolutions and the changes in the Arab countries. Praise be to God for the fall of the tyrants of Tunis and Egypt. Now we are watching the situation in Libya, Yemen, and Syria. Attached is some of what the brothers wrote to me about these revolutions.

In general we believe that these are major changes and have good things in them.

Did you think about issuing a statement to the nation to show solidarity with the people, express happiness for the fall of the tyrants, and support the revolutions against injustice, corruption, brutality and oppression? It should contain instructions and reminders to the youth and the entire nation. It should be generic and not go into details. It should also urge people to continue on the path of jihad, repentance, and return to God. It should also contain a warning about the deceitfulness of the Americans and others. It should also say that the Jewish state is about to end, and so on.

Perhaps you are waiting for these revolutions to mature and see what shape they take. I am sure that you will talk about these revolutions on your tape for the tenth anniversary of 11 September 2001.

Attached are some of the thoughts and reflections on the major changes. This is a paper that I wrote to the brothers here in order to discuss it.

Page: 4

I will attach some of what I wrote and what was published here on that issue.

I will also attach two letters from ((al-Tayib)) Agha and my response to them, and the latest correspondence with Algeria, Somalia, and Yemen, and my response to the brothers in Algeria. Attached also is my letter to the brothers in Somalia and another letter to ((Abu Basir)). As you can see, the brothers in Somalia are suggesting that you write letter to brother Hasan ((Zahir)) (variant: Dhahir) to encourage him and lift his sprit. Also, attached are some administrative books and other files from the internet.

Reagrding Shaykh ((Yunis)), he is fine and I sent to him your latest letter, and God willing he received it. A month ago, he wrote to me and told me that he might go to Somalia directly if he can make the arrangement. Through the Baluchi, they found some trusted smugglers to get them there directly (during their stay in Balochistan for the last ten months, they got to know the sea routes). He and his friends decided that going to Iran and staying in it is not appropriate. That is a summary of what he wrote to me. I wrote to him a response a few days ago and asked him to confirm the security of the route. I also suggested an idea for him and his friends to study and consider. The idea came to me in light of the popular revolutions. The idea in short is to distribute his brothers in Tunis and Syria and other locations. This is going to require the Syrian brothers to wait until the revolution succeeds and the Asad regime falls and the country turns into chaos.

Just to remind you, Shaykh Yunis has three Syrian brothers, one Tunisian, and one Algerian
(used to live in Germany) with him. The Tunisian can travel to Tunis now and he can easily enter Tunis. Some of people from here traveled to Tunis and were able to get in. The three Syrians hopefully will be able to get in soon. All that remains is him and the Algerian brother. It might be appropriate for them to go to Somalia or easily hide in Iran or some other place since there is only two of them.

The changes that took place in the Arab region are big and many things will change with them.

Regarding Libya, the latest that we received is that the brothers are starting to organize themselves and they have activities and role there. Brothers from the Combating Group who got out of prisons and others in East Libya (in Binghazi, Darnah, and al-Bayda' and its surroundings) say that there is an active Islamic jihadi revival and that they have been waiting for this chance for a long time. I believe that the brothers' names, activities and recordings will start to appear soon.

Also regarding Libya, as result of the excitement among the brothers with this opportunity for Jihad in Libya, brother ((Anas al-Subay'i)) al-Libi and other brothers asked for permission to go to Libya.

Attached is a letter from Anas (whose name here now is 'Abd al-Qayyum). He wrote to Abu Yahya and Abu Yahya forwarded it to me. He accuses me of being late in responding to him. I have a very good reason for being late. I am trying to stay away, lower my profile, and decrease my communications and movement. Also, so far, I did receive those letters that he talks about.

At any rate, I made a copy of his letter for you to look at. I also attached what I wrote to AbuYahya in order to inform him and other brothers there.

In short, we gave him permission to go to Libya.

For clarification: Anas' morale has been very bad since he came to us from Iran, and you know that from Iran he sent his wife and children, even the oldest two ('Abdallah and 'Abd alRahman) who are young men. When he arrived here, he seemed upset, worried, and depressed.

Page: 5

In general, he is hard to get along with and he is not comfortable with most brothers. The brothers, with my knowledge and Abu Yahya's knowledge, always tried to give him an empty space to get him comfortable in and to have one or two brothers serve him. In short, his situation was worrying and he was calling his wife in Libya, in spite of knowing that communication was banned and in spite of knowing that he is considered dangerous and wanted by the Americans. He used the phone repeatedly. When the current Libyan revolution started and when he learned that brother 'Urwah al-Libi, aka Abu Malik al-Libi, who was with him in prison in Iran and travelled there and called him and encouraged him and informed him that route was easy, he got very excited and wrote what he wrote.

We ask God for success and aid to us and to all the brothers.

Did you read the file that I sent to you a few months ago under the title "Terrorize Them" and did you comment on it? The brother has thoughts, requirements, and activities. He needs some instructions from you or Abu Muhammad because honestly, he does not listen to me or to others here.

Regarding the brothers in Iran, a coordinator for me there sent some generic news without details. He said that some of the higher brothers got out and they are wondering what to do with them. I responded to him immediately and asked him for details and told him that all high brothers should come to us and we are waiting for them.

Brother ((Abu al-Samah)) al-Masri left and now he is in Iran. It seems that he resumed media activities and communications under the title "Jama'at al-Jihad" as you can see in an attached file.

Also, brother (('Abdallah Rajab)) al-Libi (previously known as Abu al-Ward) left and he is in Iran too.

Also, Abu Malik al-Libi, who is one of the prominent brothers in the Combating Group, left to Libya. He stayed in Iran and he did not come to us. About a month ago, he traveled to Libya and he got there safely. He called some of the brothers. We are also in touch with him through the internet and we await his messages. He is one of the important brothers in the field and we expect him to have a role in Libya.

I believe that in the past, I told you that the sons of ((Abu al-Khayr)) al-Masri and their families (one of them is married to the daughter of ((Abu Muhammad)) al-Masri and he is the brotherin-law of Hamzah. I do not know who the other one is married to) left and they are now in Baluchistan. We made arrangement for them there and told them to disappear in there until further notice. I sent a letter to them and explained our situation to them. They are in Baluchistan with one of the good and trustworthy brothers. We might take Hamzah to them and keep him under the Baluchi brothers.

This is the summary of the letter.

Page: 6

I wrote to brother 'Urwah in my response to him that we can think about this and can reach something acceptable on this matter. I will forward the idea to the leadership. He might have already informed the Libyan brothers and they might have informed the Brits. We do not have confirmation, of course. Perhaps 'Urwah will have something new in the next message, despite of being very busy in Libya.

This is what happened.

Note: I got rid of all the cards (chips) that were between us in the past. I broke them and destroyed them. Now I use new cards with you. Please, I need you to break and destroy the previous cards and use new ones. We should do this each time we change the cards.

Also, please forgive me for sending a short letter to brother Aslam, which I need you to give to him. It states that the sum of money that I sent to him with your letters is his agreed upon sponsorship.

We await your letters and news

God's peace, mercy and blessing be upon you

Mahmud

5 April 2011

(End Text of Letter)

بسم الله الرحمن الرحيم

الحمد لله والصلاة والسلام على رسول الله وبعد :

إلى الأخ المحترم / حكيم الله محسود أمير تحريك طالبان سدده الله على الحق

السلام عليكم ورحمة الله وبركاته

أرجو من الله أن تكونوا بخير في دينكم ودنياكم، وان يزيدنا وإياكم هدى وسدادا، ويثبتنا على طريقه حتى نلقاه وهو راض عنا.

فقد اطلعنا على لائحة التحريك التي أرسلتموه إلينا لنعطيكم فيها رأينا، وكنا من قبل قد أرسلنا إلى الأخ قاري حسين – رحمه الله–، وقلنا له إننا سنرسل تعليقنا إليكم قريبا، ولكن قدر الله أنه قتل بعد ذلك بفترة قصيرة، وطلبنا منه أن يخبركم بالأمر ولا أدري إن كان قد فعل أم لا.

وعلى كل حالٍ فالتقويم العام الإجمالي للائحة أننا لا نراها مناسبةً لضبط الحركة في كثير من مسائلها العامة أو التفصيلة، وحسب التجربة فإن نتائجها ستكون عكسية وخلاف ما نريد من الانضباط والاتفاق، وستكون سبباً في إثارة كثير من المشكلات التي أنتم في غنى عنها الآن، وهذا هو تقويم إجمالي للائحة، وقد كتبنا بعض التعليقات الجزئية التفصيلة على شيءٍ من مسائلها مع أننا لم نستوعب كل ما عليها من المؤاخذات لكثرتها، وسنرسل لكم إن شاء الله تعالى بعضها فيما بعد إن يسر الله سبحانه، فالذي نراه باختصار :

أولاً : أن هذه اللائحة بالعموم لا تصلح لأن تكون نقاطها سبباً في ضبط التحريك ولا في جمع كلمة الناس عليها خاصة عند النزول إلى التطبيق العلمي الذي هو المقصود ابتداءً.

ثانياً : أن هناك بعض المؤاخذات الشرعية التي يجب تصحيحها، وقد كتبنا بعض التعليقات السريعة على ذلك، ولم نستطرد خشية التطويل هذا مع ضيق الوقت وكثرة الأعمال.

ثالثاً : سنجتهد إن شاء الله في إرسال باقي التعليقات، وذكر التفاصيل في بعض المسائل الشرعية التي أشرنا إليها من قبل ونسأل الله أن يعيننا وإياكم على طاعته، والله تعالى أعلم.

رابعاً : هناك مسائل مهمة لم تتعرض لها الوثيقة، مثل اللجنة العسكرية وفروعها، مع أن التنظيم أصلا جهادي عسكري، وكذلك ما يتعلق بالعمليات الاستشهادية وضوابطها وضوابط الأهداف التي تُستهدف بها، وكذلك لجنة التدريب والإعداد سواء الإعداد العسكري أو الإعداد التربوي.

خامساً : كل تعليقاتنا على اللائحة مرفقة مع هذه الورقة وقد ميزناها بكتابة خطٍّ تحتها.

وكتبه / الشيخ محمود ، والشيخ أبو يحيى. 27/ذو الحجة/1431هـ.

In the name of Allah, the Merciful, the Compassionate.

To the respected brother/ Hakimullah Mahsud, Leader of the
Taliban Movement, God keep him.

(TN: After the prayers to God to protect him and praising him, he writes)

We looked at the movement list you sent to us, asking us for our opinion. We have previously written to brother Qari ((Husayn) may God have mercy on him, and we informed him that we will send our comments to you soon. But he was killed a short time after that, and we had asked him to inform of the matter, but I do not know if he did, or not.

Anyway, as for the complete general evaluation of the list, we do not see that it is suitable to control the movement in many of its general or detailed issues. And based on experience, its results will be negative and different than what we need of control and agreement. It will become a reason for the flare up of many problems that you do not need now. This is a general evaluation of the list, and we have written some partially detailed comments on some of its issues, despite not comprehending all that it contained on issues, for they are many. God willing we will send you some of them. But what we see, in summary:

1- This list in general, its points are not suitable for becoming a reason for controlling the movements, or in uniting the word of the people to it, especially when it comes to the scientific application which is primarily intended.

2- There are some religious issues that must be corrected, and we have written some quick comments about that, and we did not continue for fear of taking long; the time is short, and there is too much work.

3- We will strive to send the rest of the comments and details in the religious issues we referred to previously, and we ask God to help us. 4- There are important issues which the document did not allude to, such as the military committee and its branches, although the organization is Jihadist Military, and also what is related to the Martyrdom operations and their

rules, and the targets'
rules used for
targeting, and also
the training
committee and
preparations, military,
and educational.

5- All our comments about the list are attached to this paper, and we have indicated them by underlining.

Written by: Shaykh/ Mahmud and Shaykh/ Abu Yahya

27 Dhu-al Hijah 1431 (TN: 4 December 2010)

بسم الله الرحمن الرحيم

Islamic Emirate of Afghanistan | **إمارة افغانستان الإسلامية**

Political Commission | **اللجنة السياسية**

Press Committee | **قسم الإعلام**

No.................. | الرقم ....

Date.................. | التاريخ ....

تعزية بمناسبة استشهاد الشيخ أبي يزيد المصطفى رحمه الله تعالى

يقول الله عز وجل: {وَلَا تَحْسَبَنَّ الَّذِينَ قُتِلُوا فِي سَبِيلِ اللَّهِ أَمْوَاتًا بَلْ أَحْيَاءٌ عِنْدَ رَبِّهِمْ يُرْزَقُونَ (169) فَرِحِينَ بِمَا آتَاهُمُ اللَّهُ مِنْ فَضْلِهِ وَيَسْتَبْشِرُونَ بِالَّذِينَ لَمْ يَلْحَقُوا بِهِمْ مِنْ خَلْفِهِمْ أَلَّا خَوْفٌ عَلَيْهِمْ وَلَا هُمْ يَحْزَنُونَ (170) يَسْتَبْشِرُونَ بِنِعْمَةٍ مِنَ اللَّهِ وَفَضْلٍ وَأَنَّ اللَّهَ لَا يُضِيعُ أَجْرَ الْمُؤْمِنِينَ (171)} آل عمران.

بقلوب صابرة محتسبة مؤمنة بقضاء الله وقدره تلقينا نبأ استشهاد البطل المغوار القائد المحنك الشيخ أبي يزيد المصطفى ومجموعة من فرسانِ الجهاد والشهادة، رحمَهم اللهُ جميعاً وأسكنهم الفردوس الأعلى مع النبيين والصديقين والشهداء والصالحين وحسن أولئك رفيقا.

إننا باسم إمارة أفغانستان الإسلامية نعزي إخواننا المجاهدين في تنظيم القاعدة خصوصا والأمة الإسلامية عموما بفقدان هذا البطل المغوار بما عزى به سبحانه عباده المؤمنين حيث قال: {إِن يَمْسَسْكُمْ قَرْحٌ فَقَدْ مَسَّ الْقَوْمَ قَرْحٌ مِّثْلُهُ وَتِلْكَ الأيَّامُ نُدَاوِلُهَا بَيْنَ النَّاسِ وَلِيَعْلَمَ اللّهُ الَّذِينَ آمَنُواْ وَيَتَّخِذَ مِنكُمْ شُهَدَاء وَاللّهُ لاَ يُحِبُّ الظَّالِمِينَ}آل عمران140

أيها الإخوة المجاهدون! إن استشهاد القادة الأبطال لن يؤثر سلبيا على سير الجهاد ضد الكفر والباطل لأنه ما ترجّل فارس في معركة دارت بين جند الرحمن وأولياء الشيطان إلا فتح الله بدمائه على المسلمين من الانتصارات ما لم يكن في الحُسبان.

فنسأل الله سبحانه وتعالى أن يتقبله في أعلى الدرجات و أن يعوض المجاهدين و يخلفهم خيرا، و أن يجعل دمائه الطاهرة سببا لانتصار المجاهدين وهزيمة المحتلين في كل مكان.

ونوصي إخواننا المجاهدين أن تسيرُوا على دربِ شهدائكم المخلصين وكونوا رحمةً على المؤمنين ونقمة على الكافرين، واجعلوا أنفسكم متمثلين لقول الله عز وجل: {مِنَ الْمُؤْمِنِينَ رِجَالٌ صَدَقُوا مَا عَاهَدُوا اللَّهَ عَلَيْهِ فَمِنْهُمْ مَنْ قَضَى نَحْبَهُ وَمِنْهُمْ مَنْ يَنْتَظِرُ وَمَا بَدَّلُوا تَبْدِيلًا } الأحزاب (23)

Website: www.pol-islamicemirate.com الموقع:

Email: Politicalpress1@yahoo.com Politicalpress2@gmail.com Politicalpress3@hotmail.com البريد الإلكتروني:

بسم الله الرحمن الرحيم

Islamic Emirate of Afghanistan

Political Commission

Press

إمارة افغانستان الإسلامية

اللجنة السياسية

قسم الإعلام

Committee

No..................

Date….............

الرقم ....

التاريخ ....

أيها الإخوة المجاهدون!

إننا نبشركم باقتراب النصر وهزيمة العدو الصليبي، فعلينا جميعا أن نراعي جانب الدقة والتدبير في تسيير أمورنا الجهادية، وصيانة صفوفنا من التفرّق والأنانية، والتنبه لجميع المؤامرات التي تحاك للإساءة إلى سمعة المجاهدين، وتركيز جهودنا في ميدان المقاومة على ضرب العدو الغاصب، وعدم الانشغال بكل ما يصرفنا عن الهدف الأصلي، وصرف التوجّه إلى أهّم الأهداف ونحن على يقين كامل أن النصر حليف المجاهدين ماداموا مخلصين في جهادهم وأعمالهم مع الله يقول المولى سبحانه وتعالى:(يَا أَيُّهَا الَّذِينَ آَمَنُوا إِنْ تَنْصُرُوا اللَّهَ يَنْصُرْكُمْ وَيُثَبِّتْ أَقْدَامَكُمْ) سورة القتال (7)

فاستمروا في جهادكم وقتالكم ضد المحتلين وأعوانهم المنهزمين ورصوا صفوفكم والله معكم ولن يتر كم أعمالكم.

والسلام عليكم ورحمة الله وبركاته

Website: www.pol-islamicemirate.com الموقع:

Email: Politicalpress1@yahoo.com Politicalpress2@gmail.com البريد الإلكتروني:

Politicalpress3@hotmail.com

Page 1

In the name of Allah, the Compassionate, the Merciful.

Islamic Emirate of Afghanistan
Political Commission
Media Division

No. (TN: blank)
Date (TN: blank)

Condolences on the occasion of the martyrdom of Shaykh Abu-Yazid al-Mustafa, may Allah bestow his soul.

God has said, "Think not of those who were killed in the way of Allah as dead. Nay, they are alive, with their Lord, and they have provision. They rejoice in what Allah has bestowed upon them of His bounty and rejoice for the sake of those who have not yet joined them, but are left behind (not yet martyred) that on them no fear shall come, nor shall they grieve. They rejoice in a Grace and a bounty from Allah and that Allah will not waste the reward of the believers." (Qur'an: Surah Al 'Umran, 3:169-171).

With hearts filled with patience, hope, and the belief in God's judgment and acts, we received word of the martyrdom of the heroic fighter and veteran leader, Shaykh Abu-Yazid al-Mustafa, together with a group of the knights of jihad and faith. May God rest their souls, all of them, and make them to live in the highest paradise with the prophets, the true believers, the martyrs, and the righteous, as they are the best to be friends with.

In the name of the Islamic Emirate of Afghanistan, we offer our condolences to our brothers the mujahidin of al-Qa'ida and to the Islamic Nation in general for the loss of this heroic fighter. As God said in condolence to his faithful worshipers, "If a wound (and killing) has touched you, be sure a similar wound (and killing) has touched the others. And so are the days (good and not so good), we give to men by turns: that Allah may test those who believe, and that He may take martyrs among you. And Allah likes not the Zalimun (polytheists and wrong-doers)."
[Qur'an: Surah Al 'Umran 140].

O mujahidin! The death of the heroic leaders will not impact the course of the jihad against unbelief and falsehood negatively. When a single knight is dismounted in the battle between the soldiers of God and the guardians of the devil, God opens the doors to unexpected victories for the Muslims with his blood.

We ask God to receive him into the highest heavens and to recompense the mujahidin and send them blessings. We ask that his pure blood become the cause of the mujahidin's victory and the defeat of the occupiers everywhere.

We commend our brothers the mujahidin to walk in the way of your righteous martyrs. Be a comfort to the believers and a punishment to the unbelievers, and bring yourselves into accordance with the word of God: "Among the believers are men who have been true to their covenant with Allah: of them some have fulfilled their obligations, and some of them are still waiting, but they have never changed in the least." (Qur'an: Surah Al Ahzab 23).

Page 2

O mujahidin brothers!

We bring you the good news that victory is near, and the crusader enemy will be defeated. We must all observe precision and preparation in managing the matters of our jihad. We must keep our ranks free of divisions and selfishness. We must be alert against all the conspiracies which are contrived to harm the reputation of the mujahidin. We must focus our efforts in the field of resistance on striking the usurping enemy. We must not become preoccupied with anything that distracts us from the original goal. Turn your attention to the most important goals. We are sure that victory is on the side of the mujahidin as long as they are true in their jihad and in their dealings with God, as God said, "O believers! If you help the cause of Allah, He will help you and establish your feet firmly." (Qur'an: Surah Al
Qital 7).

Continue your jihad and your fight against the occupiers and their cowed helpers. Order your ranks, and God will be with you and will not abandon you and your works.

Peace and blessings be upon you.

Website: www.pol-islamicemirate.com
Email: Politicalpress1@yahoo.com, Politicalpress2@gmail.com,
Politicalpress3@hotmail.com

(TN: End of Translation)

بسم الله الرحمن الرحيم

إعظام الآمال بجهاد الصومال

(كذبوا الآن جاء القتال)

الحمد لله معزّ أوليائه من ذلة، ومكثرهم من قلة، وناصر المظلوم ولو بعد حين، القائل :
{ذَلِكَ وَمَنْ عَاقَبَ بِمِثْلِ مَا عُوقِبَ بِهِ ثُمَّ بُغِيَ عَلَيْهِ لَيَنصُرَنَّهُ اللَّهُ إِنَّ اللَّهَ لَعَفُوٌّ غَفُورٌ }الحج60
والصلاة والسلام على نبينا محمدٍ المصطفى، نبيّ الملحمة والمرحمة، إمام المجاهدين وقائد الغر المحجلين، وعلى آله وصحبه والتابعين.

وبعد :

فيا أيها الإخوة المجاهدون في الصومال الثباتَ الثباتَ والصبرَ الصبر، فإن الله مع الصابرين ومع المؤمنين ومع المتقين ومع الذين اتقوا والذين هم محسنون، والله مولاكم ، والكافرون لا مولى لهم.
{اللّهُ وَلِيُّ الَّذِينَ آمَنُواْ يُخْرِجُهُم مِّنَ الظُّلُمَاتِ إِلَى النُّوُرِ وَالَّذِينَ كَفَرُواْ أَوْلِيَآؤُهُمُ الطَّاغُوتُ يُخْرِجُونَهُم مِّنَ النُّورِ إِلَى الظُّلُمَاتِ أُوْلَئِكَ أَصْحَابُ النَّارِ هُمْ فِيهَا خَالِدُونَ}البقرة257

ولا بأس عليكم في تحرّفكم لقتالٍ أو تحيّزكم إلى فئةٍ، فأنتم إن شاء الله الكرارُ لا الفرار، وأنتم أهل العزائم، وقد سمعنا منكم حكمةً وأنكم تستعدّون لحربٍ طويلة، نسأل الله أن يقوّيكم وينزّل عليكم سكينته، ويمدّكم بمددٍ من عنده : {هُوَ الَّذِي أَنزَلَ السَّكِينَةَ فِي قُلُوبِ الْمُؤْمِنِينَ لِيَزْدَادُوا إِيمَاناً مَّعَ إِيمَانِهِمْ وَلِلَّهِ جُنُودُ السَّمَاوَاتِ وَالْأَرْضِ وَكَانَ اللَّهُ عَلِيماً حَكِيماً}الفتح4

فاستعينوا بالله ولا تعجزوا، ووالله إن العدوّ الكافر لهو أهون على الله وأحقر مما تظنون..!

كيف وهم يعادون أولياء الله ويحاربونهم ، وقد قال الله :

{إِنَّ الَّذِينَ يُحَادُّونَ اللَّهَ وَرَسُولَهُ كُبِتُوا كَمَا كُبِتَ الَّذِينَ مِن قَبْلِهِمْ وَقَدْ أَنزَلْنَا آيَاتٍ بَيِّنَاتٍ وَلِلْكَافِرِينَ عَذَابٌ مُّهِينٌ }المجادلة5

{إِنَّ الَّذِينَ يُحَادُّونَ اللَّهَ وَرَسُولَهُ أُوْلَئِكَ فِي الأَذَلِّينَ }المجادلة20

وقال : "مَن عادى لي ولياً فقد آذنته بالحرب".

أيها الإخوة ، الآن جاء القتال وحصحص الحق، فاتقوا الله واصبروا واصدقوا الله يصدقكم :

{وَلاَ تَهِنُوا وَلاَ تَحْزَنُوا وَأَنتُمُ الأَعْلَوْنَ إِن كُنتُم مُّؤْمِنِينَ }آل عمران139

{وَلاَ تَهِنُواْ فِي ابْتِغَاء الْقَوْمِ إِن تَكُونُواْ تَأْلَمُونَ فَإِنَّهُمْ يَأْلَمُونَ كَمَا تَأْلَمونَ وَتَرْجُونَ مِنَ اللّهِ مَا لاَ يَرْجُونَ وَكَانَ اللّهُ عَلِيماً حَكِيماً}النساء104

{يَا أَيُّهَا الَّذِينَ آمَنُواْ إِذَا لَقِيتُمْ فِئَةً فَاثْبُتُواْ وَاذْكُرُواْ اللّهَ كَثِيراً لَّعَلَّكُمْ تُفْلَحُونَ وَأَطِيعُواْ اللّهَ وَرَسُولَهُ وَلاَ تَنَازَعُواْ فَتَفْشَلُواْ وَتَذْهَبَ رِيحُكُمْ وَاصْبِرُواْ إِنَّ اللّهَ مَعَ الصَّابِرِينَ}الأنفال46،45

أيها المجاهدون ، استعينوا بالله وادّرعوا بالأرض كما أوصاكم أسامة واحفروا الخنادق وهيئوا القواعد الآمنة، وأعدوا العبوّات ولغّموا المداخل والطرقات والمقرّات وركزوا على نصب الأكمنة، واضربوا العدو بعد ارتخائه وقد تعب وهو خائف قد دخل أرضكم كالسارق المرتاب، وأعدوا المفارز المحكمة من شبابكم، وكونوا على قلبِ رجلٍ واحدٍ، وإياكم والخلاف والتنازع، واقطعوا الطرق وخطوط الإمداد، وما أطولها وما أشدّ تهلهلَها، واعلموا أن أشرف الكسب الغنيمة واذكروا قول نبيكم : "وجعل رزقي تحت ظل رمحي" ، والإخوة المجاهدون من المهاجرين فسهّلوا لهم الطرق وافتحوا لهم الأبواب وسلطوهم على أعداء الله فإن قلوبهم حرّى ونفوسهم إلى الجنة عَجلى، فهم والله للحرب الوقود، وللجهاد العمود، لما بين الهجرة والجهاد من النسب، وذلك سرّ يعرفه أهل الجهاد، واستنيروا بتجارب إخوانكم في أفغانستان وفي العراق، والله مولاكم.

والله الموفق لا إله غيره ولا رب سواه.

واحذروا قصف الطائرات أيها الإخوة، واستفيدوا من خبرات إخوانكم في أفغانستان والعراق وغيرها : خبرات وفنون التجمع والتفرّق، والحركة والتنقل ليلا ونهاراً، والتمويه وغيرها من خدع الحرب.

ولا تعطوا لعدوّكم الجبان الخسيس فرصةً لينالَ منكم عن بُعد، وإياكم والتهاون والتفريط، وإياكم ثم إياكم وخلقَ اللامبالاة، بل عليكم بالحزم والكيس والأخذ بالأسباب، {ولا تلقوا بأيديكم إلى التهلكة وأحسنوا} . قال نبينا صلى الله عليه وسلم : "المؤمن القويّ خيرٌ وأحبُّ إلى الله من المؤمن الضعيفِ وفي كل خيرٌ؛ احرصْ على ما ينفعك واستعنْ بالله ولا تعجزْ".

ولا يهولنّكم كثرة عدد عدوكم ولا عدتهم، ولا يهولنكم أن مِن ورائهم أمريكا والغرب الكافر، فإن أمريكا معهم بلا شك ولا ريب، والطائرات التي تقصف مقاديشو هي طائرات أمريكية، ولكنّ الله معنا.!

والله أكبر ، والله أعلى وأجلّ.

{كَم مِّن فِئَةٍ قَلِيلَةٍ غَلَبَتْ فِئَةً كَثِيرَةً بِإِذْنِ اللّهِ وَاللّهُ مَعَ الصَّابِرِينَ}البقرة249

{وَلَيَنصُرَنَّ اللَّهُ مَن يَنصُرُهُ إِنَّ اللَّهَ لَقَوِيٌّ عَزِيزٌ}الحج40

{يَا أَيُّهَا الَّذِينَ آمَنُوا كُونُوا أَنصَارَ اللَّهِ كَمَا قَالَ عِيسَى ابْنُ مَرْيَمَ لِلْحَوَارِيِّينَ مَنْ أَنصَارِي إِلَى اللَّهِ قَالَ الْحَوَارِيُّونَ نَحْنُ أَنصَارُ اللَّهِ فَآمَنَت طَّائِفَةٌ مِّن بَنِي إِسْرَائِيلَ وَكَفَرَت طَّائِفَةٌ فَأَيَّدْنَا الَّذِينَ آمَنُوا عَلَى عَدُوِّهِمْ فَأَصْبَحُوا ظَاهِرِينَ}الصف14

{يَا أَيُّهَا الَّذِينَ آمَنُوا إِن تَنصُرُوا اللَّهَ يَنصُرْكُمْ وَيُثَبِّتْ أَقْدَامَكُمْ}محمد7

فكونوا مع الله وفي صفّ الله، في كل موقفٍ وفي كل حركةٍ وسكنة، وأعلنوا الحق الذي معكم وارفعوا رايته، فوالله لن يرضى الأعداءُ عنا أبداً –كما قال الله- حتى نتّبع ملتهم، ولن يقبلوا إلا بأن نتخلّى عن ديننا الذي أكرمنا الله به وهدانا إليه وأضلّهم عنه، أعاذنا الله وإياكم من ذلك.

وكونوا مع إخوانكم وأمتكم، واحذروا –بارك الله فيكم- أهل النفاق من بني جلدتنا والمرجفين والمخذّلين والمثبّطين والمبطّئن والمعوّقين.!

تالله إنها لجادّةٌ ما أوضحَهَا في كتابِ الله وفي سنة رسول الله صلى الله عليه وسلم.!

يا أمة الإسلام ويا شباب الإسلام ، أبشروا وأمّلوا وعظّموا في الله تعالى الرجاء، فقد جاء الفرج إن شاء الله واقترب النصر {إن مع العسر يسراً إن مع العسر يسراً} ولن يغلب عسرٌ يسرين، واعلموا "أن النصر مع الصبر وأن الفرج مع الشدّة".

إن العدوّ الكافر الظالم قد أعماه الغرور وأذهله حقده عن رؤية وخامة عاقبة أفعاله.!

وإن غزو أثيوبيا لبلاد الصومال الإسلامية، ودخول الصليبيين وأوليائهم بلاد الإسلام -على أنه ظلم عظيم وفجور منهم قاتلهم الله وكبتهم- لهو فتحٌ لسوق جديدة واسعة للجهاد، تحيي بها طائفة من أمتنا وتروج بها دعوة الحق بعد الكساد، ونحن والله أمة الجهاد والاستشهاد، لا نخشى الحرب والنزال، إنما يفسدنا القعود، ونموت بترك الجهاد..!

{يَا أَيُّهَا الَّذِينَ آمَنُواْ اسْتَجِيبُواْ لِلّهِ وَلِلرَّسُولِ إِذَا دَعَاكُم لِمَا يُحْيِيكُمْ وَاعْلَمُواْ أَنَّ اللّهَ يَحُولُ بَيْنَ الْمَرْءِ وَقَلْبِهِ وَأَنَّهُ إِلَيْهِ تُحْشَرُونَ}الأنفال24

فالآن ستبدأ المعركة الحقيقة في الصومال شامة الإسلام في القرن الأفريقيّ، الآن ستكون لأهل الإسلام هنا الفرصة لذيقوا أعداء الله الويلات ويتدربوا وتتربى أجيالهم في مدرسة الجهاد، ويبنوا النفوس ثم الأمة والدولة على مهل وثبتٍ.!

وعما قريب إن شاء الله سترون وستسمعون.

والحرب بيننا وبين عدوّنا سجالٌ ، حتى يفتح الله بيننا وبينهم بالحق وهو خيرُ الفاتحين.

وهل يخشى المؤمن شيئا وقد ضمن له مولاه إحدى الحسنيين؟!

{قُلْ هَلْ تَرَبَّصُونَ بِنَا إِلاَّ إِحْدَى الْحُسْنَيَيْنِ وَنَحْنُ نَتَرَبَّصُ بِكُمْ أَن يُصِيبَكُمُ اللّهُ بِعَذَابٍ مِّنْ عِندِهِ أَوْ بِأَيْدِينَا فَتَرَبَّصُواْ إِنَّا مَعَكُم مُّتَرَبِّصُونَ}التوبة52

وإن أمة الإسلام تتقدّم وتسيرُ رويداً بفضل الله ومنّته من حسنٍ إلى أحسن وتقتربُ كل يوم من التمكين والظفر المبين.

{والعاقبة للتقوى} {والعاقبة للمتقين}.

أبشروا بالخير الكثير ، وإنما هو الصبر واليقين ، فبهما تُنال الإمامة في الدينا والدين.

وارغبوا إلى الله تعالى، وأكثروا من الدعاء، والإلحاح فيه، ولا سيما في هذه الأيام المباركة، فوالله يا أيها الإخوة إن الدعاء لهو من أعظم أسلحتنا، ولا يملكُ عدوّنا منه شيئاً..!

ومَن استطاع منكم اللحاق بإخوانه فلا يتأخّر، ولا سيما أهل البلاد القريبة، فالواجب في حقهم متأكد، والله خير الناصرين.

اللهم يا مَن لا يُخلف وعدُك ولا يهزَم جندُك ، انصر دينك وكتابك وسنة نبيّك وعبادك المؤمنين.

اللهم هذه أثيوبيا الصليبية جاءت بخيلها ورجلها ومِن ورائها قائدة أهل الصليب أمريكا تحادّك وتحارب دينك وأولياءك ، الله فاهزمهم وزلزلهم وأرنا فيهم عجائب قدرتك.

الله انصر عبادك الموحّدين المجاهدين في سبيلك ولإعلاء كلمتك في الصومال، وأعنهم وقوّهم وأمدّهم بمدد من عندك.

اللهم إنا نجعلك في نحورهم ونعوذ بك من شرورهم.

اللهم بك نصول وبك نجول وبك نقاتل.

يا مولى المؤمنين ويا وليّ الصالحين.

آمين آمين

والحمد لله رب العالمين.

عطية الله

الأربعاء7ذوالحجة1427هـ

(Fully Translated)

In the name of Allah, the most merciful, the most graceful

The Magnification of Hope in the Somali Jihad

(They have lied, the fight has come)

Praise be to God, Who denied his followers humiliation, magnified their small numbers, and supported the oppressed, though it comes later, the Almighty who says, "That (is so). And if one has retaliated to no greater extent than the injury he received and is again set upon inordinately, God will help him: for God is One that blots out (sins) and forgives (again and again)" [Partial Qur'anic verse -Surat Al-Hajj 22:60], peace and prayers be upon him, our prophet Muhammad, the chosen, the prophet of the epic and the mercy, the Imam of the Mujahidin, the commander of the unique, and on all his family, companions, and those who followed his path.

Henceforth:

To you, the Mujahidin brothers in Somalia, steadfast and patient, God is with those who patiently preserve the pious, for
God is with those who restrain themselves, and those who do well. He is your Protector, and the nonbelievers have no one to protect them.

God Almighty says, "God is the Protector of those who have faith: from the depths of darkness He will lead them forth into light. Of those who reject faith, the patrons are the evil ones: from light they will lead them forth into the depths of darkness. They will be companions of the fire, to dwell therein
(forever)." [Partial Qur'anic verse - Surat Al-Baqara 2:257]
There is no harm that you are distorted or siding with a certain side or group, as God willing, will make you the ones on the attack and not the ones who run away. You are the people of resolve. We heard your wisdom and that you are geared up for a long war. We ask God to strengthen you, to be present with you, and to provide you His reinforcements, God Almighty says, "It is He Who sent down tranquility into the hearts of the Believers, that they may add faith to their faith, for to God belongs the forces of the heavens and the earth, and God is full of knowledge and wisdom "[Partial Qur'anic verse - Surat Al-Fatah 48:4].

Therefore, depend on God and do not be discouraged. I swear to
God that the nonbeliever enemy is more despicable than what you think and so easy for God to handle...!

This enemy is fighting the followers of God, God Almighty says,

"Those who resist God and His Apostle will be humbled to dust, as were those before them: for We have already sent down clear signs. And the unbelievers (will have) a humiliating Penalty..."
[Partial Qur'anic verse - Surat Al-Mujadalah 58:5]

And, "Those who resist God and His Apostle will be among those most humiliated." [Partial Qur'anic verse - Surat Al-Mujadalah
58 20]:

And, "Who attacked someone I protect, I will allow him to be counterattacked."

O brothers, now is the time to go fighting, the entitlement has become manifest, so fear God and be patient. God will fulfill
His pledge if you complete yours:

"So lose not heart, nor fall into despair, For ye must gain mastery if ye are true in faith." [Partial Qur'anic verse -
Surat Al-'Umran 3:139]

And, "And slacken not in following up the enemy: If ye are suffering hardships, they are suffering similar hardships. But ye have Hope from God, while they have none. And God is full of knowledge and wisdom." [Partial Qur'anic verse - Surat Al-Nusa' 4:104]

And, "O you who believe! When you meet a force, stay firm, and call God in remembrance much (and often), that you may prosper.
Obey God and His Apostle, and fall into no disputes, lest ye lose heart and your power depart. Be patient and perseverant, for God is with those who patiently persevere." [Partial
Qur'anic verse -Surat Al ○ - ○ Anfal 8:45,46]

O Mujahidin! Depend on God and hold on to the land, as Usama advised you, dig the trenches, prepare safe bases, get the explosives ready, plant mines in the entrances, the roads, and in the buildings. focus on setting up traps, hit hard on the enemy as they are tired and terrified. They entered your lands like doubtful bandits. Establish strong detachments from your youth, be united like one person, be cautious of disputes and conflicts. Cut the roads on the enemy, disrupt his logistics and supplies; they are pretty vulnerable. Be mindful that victory means taking booty. Do not forget the sayings of your Prophet,
"God made my livelihood under the tip of my arrow."

The mujahidin in Somalia should ease the work of the immigrated mujahidin and direct them to fight the enemy of Allah, as the mujahidin have warm hearts and their eyes are directed to paradise.

The mujahidin in Somalia must learn from their brothers, the mujahidin in Iraq and Afghanistan.

The mujahidin in Somalia should be careful of the air bombardments and should benefit from the art of gathering and dispersion experience, as well as movement, night and day transportation, camouflage, and other techniques related to war tricks.

Good luck comes only from God.

To you, the mujahidin in Somalia, you should not give the enemy the chance to hit from a distance. Be careful of taking things lightly and beware being careless. You should be firm and considerate in pursuing causes. To you, the mujahidin in Somalia, you should never care about the enemy's number or the enemy's equipment, or who's behind the enemy, whether it's the United States or the infidel West. The United States is definitely with them, and the planes that are shelling Mogadishu are no doubt American, but Allah is with us!

Our Prophet (PBUH) said "The believer who is strong is good and more liked by God than the weak one, seek goodness either way, maintain what is good for you, depend only on God, and never give up."

God is on our side!

God Is Great, God is Higher and Superior and Grandest.

God Almighty says, "How oft, by God's will, has a small force vanquished a big one? God is with those who steadfastly persevere." [Partial Qur'anic verse - Surat Al ○- ○ Baqarah 2:249]

And, "God will certainly aid those who aid His (cause), for verily God is full of Strength, Exalted in Might, (able to enforce His Will). [Partial Qur'anic verse - Surat Al ○ -Hajj 22:40]

And, "O ye who believe! Be ye helpers of God. As said Jesus, the son of Mary, to the Disciples, "Who will be my helpers to (the work of) God." Said the disciples, "We are God's helpers!" Then a portion of the Children of Israel believed, and a portion disbelieved: But to those who believed, We gave power against their enemies, and they became the ones that prevailed. [Partial Qur'anic verse - Surat Al ○ - ○ Anfal 6:14]

And, "O ye who believe! If ye will aid (the cause of) God, He will aid you, and plant your feet firmly. [Partial Qur'anic verse - Surat Al ○ - ○ Anfal 47:7]

Therefore, stay with God, stay with your brothers and your nation, and beware of the people of hypocrisy among us. Victory is near, hopes and prayers to the mujahidin of Somalia. The attack of Ethiopia against the Islamic Somalia and the fact of having the crusaders and their allies advance to the Islamic countries will be cause for a new jihad assertion that you are not afraid to face. To the contrary the end of the enemy will come, so do not abandon jihad.

O the Umma (TN: nation) of Islam, and to you the youth of Islam: rejoice, be hopeful, seek salvation from God, after clouds the sun shines. Go willing, victory is near [So, verily, with every difficulty, there is relief], and be mindful, "Victory comes with patience, and relief comes after hardship."

The blaspheming, oppressor enemy is blind by conceit; his hatred has overtaken him and has caused him not to see the massive consequences of his actions!

Ethiopia's invasion of the Islamic Somali lands and the entry of the crusaders and their collaborators to the Islamic lands are a grave injustice and an act of immorality. God will fight them. All this creates a new wide arena for Jihad. I swear we are the nation of Jihad and martyrdom We fear no wars or fighting, we could die if we stop our Jihad...! God Almighty says,

"You who believe! Give your response to God and His Apostle, when He calls you to that which will give you life. Know that God cometh in between a man and his heart, and that it is He to whom ye shall (all) be gathered. [Partial Qur'anic verse - Surat Al ○ - ○ Anfal 8:24]

Now the real war will begin in Somalia, the nexus of Islam in the Horn of Africa. Now the people of Islam have the chance to have the enemies of God taste the scourge of war. The people of Islam will teach and train their generations in the school of Jihad; they are the ones to establish the souls and then the nation and the state, gradually but surely.

Soon enough you will hear and see.

The war between us and our enemy is a contest; it has its ups and downs.

Does the believer fear anything when he has been secured by God one of the two best: victory or martyrdom!?

God Almighty says, "Say: 'Nothing will happen to us except what
God has decreed for us: He is our protector': and on God let the
Believers put their Trust. Say: 'Can you expect for us (any fate) other than one of two glorious things - (martyrdom or victory)?' But we can expect for you either that God will send
His punishment from Himself or by our hands. So wait
(expectant); we too will wait with you." [Partial Qur'anic verse - Surat Al ○- ○
Tawbah 9:52]

The nation of Islam is proceeding ahead and slowly approaching, all with the blessing of God, and day by day, it is getting closer to getting better and over, and closer to a showing triumph,"And the end is (best) for the pious," "And the end is (best) for the righteous."

The prayers should multiply especially the insistence in praying is important, as praying is considered one of the great weapons knowing that the enemy doesn't possess any!

Anyone among you who is able to join the brothers, do not delay, particularly those in the surrounding countries, they are obligated surely, and God is the best aid.

O God, Here comes Ethiopia, the crusader, is backed by the United States, the leader of the crusaders, who is challenging and fighting the religion of the Mujahidin,

O God, give support to Your slaves the monotheists, the ones who went to Jihad for your sake and to raise the word of Islam in Somalia.
O God, get hold of the enemies by the throat, and we ask for Your help against their wickedness.

O God, with Your aid we can attack them, and with You we are able to move around, and with Your help we can fight.

O God, the protector of the believers, the protector of the pious.
Amen.
Amen.

And praise be to God Almighty,

'Atiyatallah

Wednesday, 7 Dhu l-Hijja 1427 (TN: December 28, 2006)

وقد اقترح الوسيط أن احضار رسالة من العقيد أو
تسويقه لشخص موضوع من جانب السعودية.
وانه لا يمكن احضار رسالة من مندوبيه،
كما وانه لا أمل لنا عن واقعي أو ملموس بموضوع
المرضى في هذه المرحلة لأنه في مثل هذه الأحوال
يصعب العمل بهذه الطريقة. وقد اقترحت حل
موضوع ارسال أحد المرضى حيث يمكننا توضيح
الوضع قبل الشروع في أي أمر أو حوار.
وربما نقوم بالاتصال بالوسيط بعد ٢-٣ أيام
بعد طلب منه مبدئياً السماح بالتحدث هاتفياً
مع بعض المرضى مثل محمد ابن العبد وأحد المشايخ
هناك على الأقل حتى نتأكد من صحة الوسطاء
وحيث من يملكونهم في هذا الأمر ولكي نتمكن من معرفة
مدى الأهمية والدرجة التي يوليها الإيرانيين لهذا
الموضوع.
ومنظور كل شخص أنهم في موقف متذبذب
ويخافون من نتائج الأوضاع هناك لهذا ربما
ويرغبون بإقامة ~~[illegible]~~ علاقة وتفصيلها
بحيث منه أي أمر لا يصيب في صالح الموالين لهم
وأرى أنه من المناسب الحوار معهم لأجل حل موضوع
المرضى وإمكانية الحصول على معلومات نوعية
من طرفهم دون الدخول معهم في اتفاقيات مقبولة للأحد
أو وعود لا يمكننا الالتزام بها.
أرجو منكم الرد والإشارة بما يلزم
وإذا رغب الأخوة بإرسال المندوب للتفاوض
فإنني اقترح الشيخ ابو حسين لسهولة تنقله وكونه كون
ملائمة بالعمر لذلك عند الاحتياجات الأخرى. ولكم
السلام المؤمن المحب صلاح ٦/٥/١

ولكم
الحاج

(TN: One handwritten page)

And I have told the negotiator that getting a personally signed message from the mayor is an extremely difficult issue, and that we can get a message from his agents. Additionally, we are still not sure or knowledgeable of the situation of the patients until this moment, and that in such conditions it is difficult to work in such circumstances. I insisted on the subject of sending one of the patients, so that we can evaluate the situation before we enter any issues or dialogue.

I am going to call the intermediary after three days, and I will ask him to initially allow me to talk by phone with some of the patients, like Muhammad, the son of the mayor, and some of the shaykhs there; at a minimum, so that we are assured of the seriousness of the intermediaries and those whom they represent, and to evaluate the size of importance and level given to that issue by the Iranians.

In my personal opinion, they are in a hesitant situation and are afraid of complications, so they want to establish a relationship and activate that relationship in order not to incur any harm on the people who are allied with them. I say that we talk to them because of the patients and the possibility of getting material support from them, without entering into long-term agreements or giving promises that we may not be able to fulfill.

Please respond and advise what to do.

And if the brothers want to send a representative to negotiate,
I propose Shaykh Abu Husayn, due to the ease of his movements that his features allow, in addition to the other factors, and
Allah only knows.

Regards
You loving brother,
Hafiz
5/6

بسم الله الرحمن الرحيم

الأخ الكريم/ بدر خان حفظه الله تعالى، السلام عليكم ورحمة وبركاته، نرجو أن تكونوا والإخوة الكرام في خير حال، وأن يجمع الله بيننا قريباً على ما يحب ويرضى، وبعد

1- وصلتنا منك رسالة كريمة بدون تاريخ، وحمدنا المولى سبحانه على أخباركم الطيبة فيها.

2- بالنسبة لما ذكرته عن أخيك الكريم فقد أخبرنا عبد الله خان بأن الأمر قد ترتب بينهما وقد وافقنا على جميع ما طلب والله الموفق لما يحب ويرضى.

3- بالنسبة لفكرتك الأخيرة فنرجو أن تكون بالتنسيق مع عبد الله خان.

4- برجاء أن تذكر التاريخ في رسالتك القادمة إن شاء الله تعالى.

وختاماً لكم ولجميع من عندكم سلامنا ودعاؤنا، وتقبل الله تعالى صيامكم وقيامكم وعملكم الصالح، ونرجو أن تذكرونا بدعائكم الصالح في هذه الأيام المباركات، والسلام. الثلاثاء، 27 رمضان، 1423هـ - 3 ديسمبر 2002م.

Full translation

In the name of God, The Most Compassionate, The Most Merciful.

Dear brother Badr Khan, may God protect you.

Peace and blessings be upon you.

I hope that you and the respectable brothers are in good health, and may God reunite us soon, as it pleases Him.

1- We received an undated letter from you, and we thanked God to hear your good news.

2- With regards to what you mentioned about your dear brother, 'Abdallah Khan informed us that the issue was resolved between the two, and we agreed on everything he asked for. God is the one to grant success to what pleases Him.

3- With regards to your last idea, we hope you coordinate it with 'Abdallah Khan.

4- Please mention the date in your next letter, God willing.

In closing, please give my regards to everybody, and let them know that they are in our prayers. May God accept your fasting, staying up late to pray, and your good deeds. Please remember us in your prayers in these blessed days.

Peace be upon you,

Tuesday 27 Ramadan 1423, which corresponds to 3 December 2002.

بسم الله الرحمن الرحيم

الحمد لله رب العالمين والصلاة والسلام على نبينا محمد وعلى آله وصحبه أجمعين

أما بعد......

إلى الأخ الكريم الشيخ محمود حفظه الله

السلام عليكم ورحمة الله وبركاته

أرجو أن تصلكم رسالتي هذه وأنتم وأهلكم وذراريكم وجميع الإخوة بخير وعافية أسأل الله تعالى أن يسدد آراءكم ويوفقكم ويعينكم على القيام بمسؤولياتكم .

وصلتني رسائلكم الكريمة واطلعت على ما تضمنته وكذلك على آرائكم جميعاً فيما يخص الأقاليم وابتداءً سأذكر لك رأي فيما يخص الأقاليم ثم أشرع في باقي المسائل .

* بخصوص الصومال :

فقد أرفقت رسالة للأخ مختار أبي الزبير ضمنتها الرد على بعض ما ورد في رسالته وذكرت له بأن الرد على ما بقي من المسائل سيكون في رسالة منك ونسخة منها إلى الأخ أبي محمد وأخرى لكم .

وفيما ذكرتم عن مسألة القضاة فقد يكون من الصعب على الإخوة هناك تنفيذه فهم نظراً لاتساع الإقليم وتباعد الناس تواجههم صعوبة في توفير القضاة وقد يكون تنصيب عدة قضاة في كل منطقة فيه حرج عليهم من ناحية توفير وتفريغ الأفراد المهيئين ومن ناحية أخرى توفير المباني والمرتبات لهم فالأمر فوق طاقتهم لاسيما مع ظرفهم الحالي وبناءً عليه فقد يكون من الأسهل عليهم أن ينصبوا في كل تجمع للناس قاضي يقضي في جميع المسائل التي يحتاج الناس فيها للقضاء باستثناء المسائل التجارية فهي كما تعلمون بابها واسع وتحتاج قاضياً

متميزاً ويخفى بعضها على القضاة عادةً إلا أن يكون القاضي قد درسها بتوسع خاصة في هذا الزمن فقد جدت مستجدات كثيرة على التجارة .

*في مسألة البيعة من الإخوة في الصومال فتكون على الجهاد لإقامة الخلافة .

*في مسألة تدريس البنات فأرى أن يترك هذا الأمر لهم .

* فيما يخص طلبهم بأن نخصهم بالحديث ضمن البيانات فهذا حسن وسنسعى فيه بإذن الله.

*كما أرجو أن توصوا الإخوة في الصومال بالرفق وتذكروهم بالأحاديث الصحيحة التي تحض عليه وفيما يخص الجماعات الصوفية فأكدوا عليهم بأن يسعوا بكل جهد لتحييدهم وإن أبى بعضهم الحياد فلا يعمموه عليهم وإنما في كل جماعة يسعون لتحييد من يقبل الحياد منها ولهذا الأمر أسباب لا تخفى عليكم منها أنهم سيكونون ورقة للخصوم وأي استفزاز من جهتنا سيدفعهم أكثر إلى الخصوم .

ويتم تنبيههم إلى أهمية التفريق بين حجم عداء كل خصم من خصومنا لنا وبين المجتهد في قتالنا عن قناعات راسخة لديه وغير المجتهد كل هذه العوامل ينبغي أن يراعايها من يريد كسب الحرب .

* حبذا أن تتدارسوا مع الإخوة في الصومال كيفية تخفيف الضرر عن المسلمين في سوق بكارة إثر ضرب الإخوة لمقر القوات الإفريقية فهل يكون مناسباً أن تكون عملياتهم على القوات الإفريقية أثناء قدومهم أو مغادرتهم في المطار دون القيام بالعمليات على مقارهم إلا إن كانت عمليات نوعية كبيرة أو عبر حفر الأنفاق للوصول إلى قلب المعسكر مع التزامن بهجوم من الخارج فتدارسوا الأمر وأفيدوني جزاكم الله خيراً .

وتعقيباً على عملية أوغندا في الساحة العامة فأحسب أنه كان ينبغي أن يكون التركيز على ترتيب عملية متقنة محكمة لاغتيال الرئيس الأوغندي موسيفيني فهو أمر مهم للتأثير على الحرب هناك إلا أنه إن تعذر فيكون استهداف الإخوة لأهداف عسكرية أو اقتصادية مهمة.

* ولي رأي حبذا أن تدرسوه وإن استحسنتموه فارسلوه إلى الإخوة في الصومال وهو أن يشجعوا وفداً من وجهاء القبائل الموثوقين في الصومال لزيارة بعض التجار في الخليج وكذلك بعض العلماء ليطلعوهم على حال المسلمين في الصومال وموت أطفالهم من شدة الفقر ويذكروهم بواجبهم تجاه إخوانهم ويوضحوا له معاناة الناس هناك بالصور والأرقام الموجودة لدى المنظمات الإغاثية ويقولون لهم أن الفقراء والمساكين ينتظرون منكم جهداً بسيطاً لانقاذ حياة أبنائهم (حيث إن هؤلاء الفقراء من أحق الناس بما يحتاجون إليه من مال الأمة العام المكدس عند أمراء الخليج) ويقولون إنهم رجال يستطيعون العمل وإعالة أنفسهم وأبنائهم إلا أن الماء يجري في النهر ولا يستطيعون رفعه إلى أراضيهم فيقدمون لهم مشاريع على بعض الأنهار ويفيدونهم أن المشاريع التي نحتاجها ليست سدود وإنما هي نواظم (حواجز اسمنتية هندسية معترضة في مجرى النهر) لرفع مستوى الماء قليلاً ليدخل إلى الترع فتروى الأراضي وفيما يخص تفاصيل بناء الناظم فيمكن للإخوة في الصومال أن يأخذوها من أحد مهندسي الري في الصومال وإن لم يتيسر ذلك فيمكنهم إرسال أخ إلى السودان فيزور نهر القاش في مدينة كسلا السودانية فكنا قد أنشأنا ناظم على ترعة متتيب وكان المهندسون معنا المهندس إبراهيم والمهندس الدكتور صلاح من مهندسي الري في السودان .

ومن السبل لإتمام مشاريع النواظم أن يجمع الإخوة في الصومال ما تيسر لهم من الأموال ويبدؤوا عمل ناظم وبعد أن يبدأوا في المشروع يقوموا بتصويره وإرسال الصور إلى أهل الخير ليفيدوهم بأنهم قد جمعوا بعض المال من الأهالي على فقرهم ولم يتيسر إتمام المشروع بما أتيح لهم من المال فهذا أمر دافع لأن يغير أهل الخير إغاثتهم من الأغذية والضروريات فقط إلى عمل مشاريع تنموية.

ومن السبل أيضاً أن يعدوا الأهالي بأنه إن أنتم ساهمتم في بناء الناظم سنؤجركم أراضي لمدة سنين إلى أن تأخذوا المبلغ الذي دفعتموه وكذلك يمكن أن يعرضوا على أصحاب الأموال والتجار بأن يساهموا في بناء النواظم ويمكن أن تكون مساهمتهم بمقابل فنأخذ من أحدهم مئة ألف مثلاً ونؤجره عدداً من الفدانات لمدة من الزمن تسدد المبلغ علماً أن ناظم واحد يمكن أن يسقي أربعين ألف فدان إذا كانت الأرض منبسطة مع ملاحظة أن أرض الصومال أرض إستوائية فيمكن الجمع مع زراعة المحاصيل الحولية التي توفر احتياجات الناس السريعة زراعة مساحات أخرى بساتين كالنخيل فهو محصول استراتيجي وأكثر الفاكهة والخضروات احتواءً على العناصر الغذائية.

وكذلك من الأشجار التي تناسبها المناطق الاستوائية شجرة زيت النخيل ويمكن إستيراد شتلاتها من اندونيسا أو ماليزيا فزيت النخيل موجود في المنطقة حول الصومال إلا أن شتلاته في ماليزيا مهجنة ولها ميزات اقتصادية منها أنها غزيرة الانتاج وتنتج في مدة وجيزة وللعلم أن دخل الفدان الواحد من زيت النخيل قبل سنوات ويفترض أنه قد ارتفع يبلغ سبعمئة وخمسين دولار وأرض الصومال من أخصب الأراضي في الدنيا فإذا استثمرت ستزول بإذن الله معاناة ملاين المسلمين وستزداد المقومات التي تدعوا الناس للحفاظ على الإمارة الإسلامية علماً أن الإهتمام ببناءالنواظم التي يأخذ بناء الواحد منها ثلاثة أشهر يتيح للإمارة توفير فرص العمل لمعظم المسلمين عندهم ومما يزيد فرص عمل الناس أن لا نكثر من زراعة المحاصيل التي تحصد بالحصادات ونشجع على زراعة المحاصيل التي تحصد يدوياً.

وقد يخطر ببال بعض الإخوة أن العدو قد يقصف هذه المشاريع ويدمر زراعة الناس فأقول : إن في هذا الأمر صعوبة كبيرة على العدو لأنه صدام مباشر مع احتياجات الشعب الإنسانية ثم إن الناظم لا يعتبر هدفاً عسكرياً ذي بال فضلاً عن أن ترميمه أمر يسير وردة الفعل الدولية عليه كبيرة جداً لأنها أرزاق عوام الناس وتشكل عداء أكبر للحكومة العميلة في الصومال .

*كما ينبغي تنبيه و تحذير الإخوة المسؤولين والعاملين في أجهزة الإمارة من أن يدخلوا في المسائل التجارية فهو أمر في غاية الخطورة ويتعارض مع مهمة الدولة سياسة الدنيا بالدين وحفظ الأمن والعدل في القضاء أما أمور الدنيا فإن قامت الدولة بواجباتها وشجعت رعيتها على الأمور التي ضمن طاقتهم وتصلح حال بلادهم فإن الرعية سيسيرون في هذه المسائل فهم أقدر على عمارة الأرض بالزراعة والتجارة وغيرها

فموظفو الدولة أو الإمارة ما ينبغي لهم أن يتنافسوا في التجارة فقوة الناس مالياً في أي دولة هي قوة للدولة وتكفي الإمارة الزكاة فضلاً عن أن الزراعة في الصومال تكون نسبة الزكاة منها العشر لأن دخول أعضاء الإمارة أصحاب القرار في التجارة إفساد للإمارة ودمار للحركة الإسلامية ويؤدي إلى فجوة كبيرة بينها وبين الناس وهدم للدولة بأيدي منشئيها ولكم عبرة بالحركة الإسلامية في السودان الذين ضحوا بأنفسهم في سبيل قيام الدولة التي تعلن تطبيق الشريعة فأقاموا الدولة ومن قبل أن يتراجعوا عن تطبيق الشريعة كانوا قد دخلوا في مسائل خطيرة بسبب أنهم قد أصبحت الدولة بأيديهم وما زالوا يفكرون في تقوية الحركة التي أسسوها قبل السيطرة على الدولة مما أدى إلى احتكارهم لكثير من السلع التي يحتاج إليها كل الناس والتجارة فيها من حقوق جميع الناس كالغاز والسكر واحتكارهم للأسواق الحرة فبدلاً من أن تنعم السودان بعدل النظام الإسلامي أشارت تقارير الشفافية الدولية إلى أن السودان من أكثر الدول التي تعاني من فساد مالي وإداري كبير ومن هنا يكون التفكير بالدخول في التجارة لتقوية الكيان الإسلامي الحاكم خطأ كبير ودمار للكيان .

ومن المسائل المهمة أن ما يدور في مجالس الشورى أسرار ينبغي حفظها فعلى سبيل المثال التشاور على مكان عمل الناظم فلا ينبغي لأحد أعضاء الشورى أن يخبر ابنه أو أحد المقربين منه بمكان النظام قبل معرفة عوام المسلمين فيشتري من الأراضي التي بجانب الناطم في حين أن ثمنها منخفض ثم بعد علم الناس بعمل الناظم سيتضاعف ثمنها وبذلك يكون أخذ لأموال الناس بالباطل .

*كما ينبغي تحذير الإخوة من أن قطع الأشجار بشكل واسع تجاري لعمل الفحم دون زراعة بديل عنها في موسم الأمطار أمر خطير على بيئة المنطقة فينبغي قصره على قدر حاجة استهلاك الناس في الصومال وأما ما هو للتصدير فضرره كبير .

* لا يخفى عليكم أنه مع التغيرات المناخية يحدث جفاف في بعض المناطق وفيضانات في مناطق أخرى فيجب تنبيه الإخوة في الصومال لأخذ أقصى الاحتياطات الممكنة وهذا يقع على عاتق القادة أكثر من القاطنين حول الأنهار والأودية

ومن هذه الاحتياطات أن يتم إنشاء جهاز لإنذار الأهالي وتأسيس نقطة مراقبة متقدمة في أول النهر لإنذار الناس عند حصول أمطار غزيرة وفيضانات بواسطة جهاز لا سلكي.

ملاحظة : مراعاة الحذر من سقوط أي رسالة تكون وثيقة يظهرها الأعداء لإثبات هذا الأمر مما يعني أن تكون الرسائل مع الإخوة في الصومال آخذة نفس حكم الرسائل المحتوية على معلومات سرية وخطيرة وتنبيه الإخوة باستخدام نفس الطريق في إرسال رسائلهم التي تتحدث عن هذا الأمر .

* بخصوص المغرب الإسلامي فقد قرأت رسالة واحدة تتحدث عن أن هناك بعض الجهات ترغب في عقد الهدنة مع الإخوة ورأينا أن عقد الهدنة ضمن ضوابطها الشرعية أمر حسن حيث إننا نرغب في تحييد كل من يمكن تحييده في فترة حربنا مع العدو الأكبر أمريكا أما مسألة العشرة ملايين يوروا سنوياً لا أرى التشدد فيه وإنما الذي يهمنا أن تتم الهدنة . وأما الرسالة الثانية فللأسف الشديد لم نتمكن من فتحها رغم محاولات عدة وهي رسالة الأخ أبي مصعب عبد الودود فحبذا أن تعيدو إرسالها إلينا بعد التأكد من فتحها .

*بخصوص اليمن :ذكرتم في رسالتكم بأنكم تنتظرون رسائل مفصلة عن أحوال اليمن من أبي بصير فإن وصلتكم فحبذا أن ترسلوها إليّ وكنتم قد ذكرتم أنكم ستبدؤون في مراسلة الأخ

أبي بصير والتمهيد للسياسة الجديدة فأرى أن نتريث في ذلك إلى أن نطلع على ما عندهم للتشاور في المسألة بشكل أوسع و اتخاذ القرار الأنسب بإذن الله .

* بخصوص ما ذكره الإخوة في العراق عن الخلاف بينهم وبين جماعة أنصار الإسلام فاستمروا في التواصل معهم وتذكيرهم بأن يبذلوا ما في وسعهم لتجنب الخلاف والصدام ما استطاعوا إلى ذلك سبيلاً وأوصوهم بالاستعانة في حل الخلاف بوجوه العشائر والعلماء وبمن معهم ممن كان مع جماعة أنصار السنة سابقاً.

*بخصوص ما ذكرتم عن الأوضاع عندكم في وزيرستان فأوافقكم الرأي فيما ذكرتموه عن التهدئة وتقليل الحركة للمحافظة على سلامتكم وسلامة الأنصار جميعاً وإخراج بعض الإخوة إلى السند لمدة عام أو عامين مع التركيز و المواصلة في أفغانستان ولاسيما بالعمليات الكبيرة النوعية.

* حبذا أن تنبهوا إخواننا في طالبان باكستان وأفغانستان إلى أن ينشروا بين كوادرهم الحديث عن حرمة دماء المسلمين ويشددوا عليهم في الاحتراز من الوقوع في دماء المسلمين ويقوموا بحملات توعوية شرعية واسعة في مسألة معاقبة الأشخاص بناء على الظنون (إياكم والظن فإن الظن أكذب الحديث) وهذه المسألة ينبغي تنبيه إخواننا المسؤولين عن مكافحة الجواسيس لديكم عليها وطرقها معهم باستمرار ليحذروا أشد الحذر من التعدي على الرجال دون التأكد مما اتهموا به .

كما أود تنبيه إخواننا في طالبان على الأهمية القصوى للرفق في التعامل مع القبائل وأهل القرى و بشكل عام (الرفق ما كان في شيء إلا زانه وما نزع من شيءإلا شانه) وفيما يخص القبائل التي دخلت أو تهم بالدخول في المشروع الأمريكي للصحوات فحبذا أن تحذروهم تحذيراً شديداً من أن تكون ردة الفعل منهم مبالغ فيها تجاه هذه القبائل مما يزيد تجمعها وتألبها لقتالهم ويهم في توضيح الأمر لهم ذكر تجربة إخواننا في العراق .

* بخصوص الهدنة مع الحكومة الباكستانية فمواصلة التفاوض على النحو الذي ذكرتم أمر من مصلحة المجاهدين في هذه الفترة .

وفيما يخص الشيخ أبا يحيى فأرى رأيكم بأن لا نشغله بالأمور الإدارية عن البحوث العلمية لأهميتها وعظم احتياجنا لجهوده وخاصة بعد تمكين إخواننا في الصومال فهذه إمارة على أرض الواقع عدد رعاياها بالملايين تحتاج إلى متابعة قوية وتوفير ما يحتاجونه من البحوث الشرعية ولا يخفى عليكم عظم المسؤلية الملقاة على عاتقنا بعد انضمامهم إلينا فيجب أن يفرغ جزءً كبيراً من وقته لهذه المهمة لا أن يعد البحوث التي يطلبونها فقط بل يفكر فيما سيحتاجونه ويعده لهم أيضاً وأما الأمور الإدارية فيمكن لبعض إخواننا الآخرين أن يقوموا بهذه المهمة وإن كان مستواه الإداري متميزاً عنهم .

* بخصوص تعيين نائباً لكم فأرجو إفادتي عن قدرة الشيخ أبي خليل في هذه الفترة لهذه المهمة فإن لم يكن هناك مانع من استلامه النيابة فأرى أن يقوم بهذه المهمة وعندها تخبروه بأنه قد تم تعيينه نائباً لكم لمدة سنة قابلة للتجديد تبدأ من تاريخ وصول الرسالة وأما النائب الثاني فأرى أن يكون الأخ أبو عبد الرحمن المغربي فحبذا أن تفيدوه بذلك وأنه لمدة سنة قابلة للتجديد تبدأ من تاريخ وصول الرسالة

وإن تعذر تعيين الشيخ أبي خليل في هذا المنصب فيقوم الأخ أبو عبد الرحمن المغربي بهذه المهمة ويكون الأخ عبد الجليل نائباً ثانياً .

* حبذا أن ترسلوا إلينا السير الذاتية لجميع الإخوة الذين قد يرشحوا الآن أو في المستقبل لمناصب إدارية كبرى كما أستحسن أن تطلبوا من كل منهم كتابة تصوراته عن العمل الجهادي بشكل عام وآرائه ومقترحاته على أي من الساحات الجهادية.

*وصلني من طرفكم كتاب (نقاط الارتكاز) للأخ أبي أحمد عبد الرحمن المصري بتقديم الشيخ أبي محمد المقدسي فهو كتاب في غاية الأهمية ينبغي التأكيد على الإخوة بقراءته

ونشره في الإنترنت بأوسع نطاق للاستفادة منه في توعية الشباب عامة وشباب الجماعات الدعوية خاصة وكذلك ينبغي نشره في العالم الإسلامي عامة والإشارة على جميع الأقاليم بنشره حيث إنه عامل مهم في توعية الإسلاميين الصادقين للخروج من تيه الجماعات الدعوية المقرة بشرعية الحكام المرتكبين لنواقض الإسلام فتتم ترجمة الكتاب بما يتاح من اللغات كالأردو والبشتو والفارسي والتركي والساواحلي والملاوي والإنجليزية والفرنسية وغيرها.

كما يستحسن الاتصال بالشيخ أبي محمد المقدسي لاستئذان صاحب الكتاب في اختصاره فإن وافق يرسل إلى أحد المشايخ ويقال له أنه كتاب مهم ولكن فيه بعض الطول فحبذا أن يختصره ليسهل انتشاره ويكثر قراؤه وحبذا أن يزوده بهوامش مفيدة مختصرة .

*. ينبغي الانتباه إلى خطورة إرسال الأمور السرية الخطيرة عبر بريد الكتروني بشكل عام ولاسيما من منطقة وزيرستان وما حولها أو أن يرسل إليها وما حولها إلا أن يكون التواصل من دول أخرى كإيران أو تركيا مثلاً فينبغي أن تنبهوا الشيخ يونس بهذا الأمر وكذلك تفيدوا جميع الإخوة المعنيين بأن الإرسال عبر بريد الكتروني يكون في حسابنا أن الأعداء قد يطلعون عليه فيبقى للأمور العامة والتي لا تترتب على معرفة الأعداء بها ضرر ذي بال وأن لا يكون هناك أي استخدام للأجهزة المتطورة فيما يخص الأمور الخطيرة لاسيما العمل الخارجي وأن لا يعتمدوا على أنها مشفرة حيث إن العدو متاح له بيسر مراقبة جميع الرسائل القادمة إلى مناطق المجاهدين ومن ثم الحصول على رسائلهم وكما لا يخفى عليكم أن هذا العلم ليس علمنا ولسنا من اخترعه وبالتالي نجهل كثيراً منه ومن هنا أرى أن إرسال أي أمر سري خطير عبر البريد معتمدين على التشفير مغامرة حيث إن المتوقع أن من صنع هذا البرنامج يستطيع فتح الرسالة المشفرة مهما كان نظام التشفير فالاعتماد على التشفير يكون لتعجيز العامة عن فتح الرسالة أما في الحروب وبإمكانيات دول وخاصة عندما تكون ذات باع في هذه التخصصات فلا ينبغي الاعتماد على التشفير حيث إن الاحتمال وارد بشدة لطبيعة الأمور فلا يكون التواصل إلا عبر الأشخاص ليبلغوا الرسالة المطلوبة للطرف المعني .

وقد يكون من القرائن على أن العدو يطلع على رسائلنا أنه بعد إرسال رسالة الأخ بصير والتي تحدث فيها عن رأيه بأن يكون الشيخ أنور العولقي هو الرجل الأول صرح الأمريكيون بأن الشيخ أنور العولقي هو الأمير الفعلي للتنظيم

* بخصوص ما ذكرتم عن الاثنين مليون التي استلمتموها والأربعة التي تنتظرونها فدية الدبلوماسي الأفغاني فهو أمر مستغرب بعض الشيء حيث إنه في مثل وضع أفغانستان عادة لا تدفع الحكومة مثل هذا المبلغ لتحرير أحد رجالها

فهناك احتمال ليس قوياً جداً وهو أن يكون الأمريكيون على علم بتسليم المبلغ وخاصة أن انتشار الأخبار في أفغانستان سريع جداً ووافقوا على أساس أن يكون تحرك المبلغ تحت دائرة مراقبة الطيران للوصول إلى القائد الميداني في المنطقة وإلى القيادات التي سيصلها من هذا المبلغ إلا أنه مما يعين على تقدير نسبة ورود هذا الاحتمال معرفة أهمية الأسير لدى الحكومة وهل هناك أحد أقربائه مسؤول كبير في الحكومة أم لا ولكن على أي حال إن ظهرت لكم في الأمر شبهة مراقبة فاعتبروا أنفسكم تحت دائرة المراقبة وفي أي فرصة جو غائم تقوموا بتغيير المنازل (الموضوع للمدارسة).

ومع كون الاحتمال ليس قوياً إلا أنه في مثل وضعنا و شدة الطلب علينا فلا ضرر من التحرز من مثل هذه الأمور ولذا أحببت أن تكونوا منه على حذر في هذه المرة وفي أي مرة قادمة .

ومما ينبغي فعله مع أي مبلغ تستلمونه من الأعداء هو أن تقوموا بعملية قطع للمراقبة الأرضية والجوية وكذلك يتم تبديله على دفعات مع أحد المصارف في المدن الكبيرة وتبديله سيستلزم تغيره من عملة إلى أخرى فإن كانت العملة التي استلمتموها هي الدولار مثلاً وهوما تريدون فتقوموا بصرف الدولار إلى اليورو ثم تصرفوا اليورو إلى دولار من مصرف آخر

وسبب ذلك أن تكونوا في الجانب الآمن من أي مواد ضارة أو اشعاعات ممكن وضعها على الأوراق المالية وهي لا ترى بالعين .

* بخصوص الجماعات التي طالبتكم ببعض المبالغ المالية أرى أن يتم التعامل معهم بالروبية ويكون مجموع ما سيتم إنفاقه على المساعدات لهذه الجماعات حول مئة ألف دولار وذلك مع الوعد لهم بأنه إن شاء الله إذا جاءت مبالغ أخرى سنتعاون معكم وإن بدا لكم أن الأمر يحتاج إلى أكثر من ذلك فيمكن أن يصل المجموع إلى مئة وخمسين ألف دولار .

* بالنسبة لإعطاء الإخوة رواتبهم متقدمة يستحسن أن يكون كل شهر على حدة إلا الحالات التي تعاملتم معها ولديكم ثقة بقدرتهم على ضبط المال وعدم صرفه قبل أوانه وسبب ذلك أن بعض الإخوة لا يملكون قدرات إدارية تؤهلهم للمحافظة على المال سواء بضياعه أثناء الحركة أو بصرفه في غير موضعه فسنكون في موقف حرج إن صرف الأخ المال وطلب قرضاً فلن نملك إلا أن نعطيه فلا ينبغي أن نضع أنفسنا في هذه المواقف ، وللإخوة تجربة سابقة لم تكن مشجعة أعني المبالغ الإحتياطية التي أعطيت للأسر أثناء حركتهم من إيران إلى باكستان .

* ياحبذا أن تزيد وتطور معلوماتك في التعامل مع الأموال لنستطيع مواصلة العمل بها لأطول فرصة ممكنة وقد جاء في الحديث [إن الله ليرزق العبد رزق عشرة أيام في يوم واحد] أو كما قال نبينا صلى الله عليه وسلم (كتاب كشف الخفاء)

فهذا المبلغ الذي من الله به على المجاهدين قد يكون رزقاً لهم لخمس أو ست سنوات قادمة وفي الحديث الآخر عن رسول الله صلى الله عليه وسلم أنه قال [ما عال من اقتصد]

ومن الضرورة بمكان أن تكون على علم دائم بحركة الأموال والرصيد المتبقي وأن يكون هناك تقرير يقدم لكم بشكل دوري نصف شهري من المسؤول المالي لديكم عن ذلك واعتمدوا إرسال نسخ من تلك التقارير إليَّ.

كما أرجو أن يكون حفظ الأموال في عدة أماكن آمنة عند أشخاص موثوقين والحرص والاقتصاد في صرفها على أن لا يكون المبلغ فوق الطاقة النفسية للأخ المؤتمن فبعض الإخوة قد يحتملون حفظ خمسين ألف كحد أقصى لو زاد الأمر عن ذلك قد يخرج عن اتزانه وبعض الإخوة قد يحتملون حفظ مئات الآلاف فأرجو مراعاة ذلك .

* حبذا أن تفيدونا بما تم في تذكير الإخوة في الأقاليم بالسياسة العامة وطلب أجوبة منهم عما تبعثوه إليهم .

*كنتم قد ذكرتم ضمن الإخوة الذين تشاورتم معهم إثر مجيء الرسائل من الأقاليم الأخ بشير المدني فحبذا أن تعرفوه لي مع ملاحظة أني قد أرسلت للشيخ سعيد رحمه الله في رسالة سابقة بأن تجتنبوا تغيير الكنى إلا لضرورة .

* بخصوص أخينا صاحب المهندس فأرى التريث في ترشيحه إلى إشعار آخر وتتم مناصحته بين الحين والآخر فهو سهل قريب وإن كان داء الهندسة متمكن منه .

* . ذكرتم في رسالتكم بأنكم قد أوقفتم بيان الشيخ أبي محمد حفظه الله بخصوص تركيا ثم بعد ذلك نشر خطاب له على الإعلام يتحدث عن تركيا وأسطول الحرية فهل هو نفس ذلك الخطاب حبذا أن توضحوا لنا الأمر وترسلوا إلينا الخطاب حيث إن الإعلام لم ينشر إلا جزءاً يسيراً منه .

* حبذا أن تفرغو إخوة ليسحبوا من الانترنت الوثائق التي تسربت من البنتجون بخصوص أفغانستان وباكستان ليترجموها وتتم دراستها حيث إنها محتوية على سياسات العدو في المنطقة وقد صرح وزير الدفاع الأمريكي بأن تسرب هذه الوثائق سوف يؤثر سلباً على الحرب علماً أن الموقع الذي بدأ ينشرها قد أعلن عن اثنين وتسعين ألف وثيقة ثم أعلن عن خمسة عشر ألف وثيقة أخرى .

* حبذا أن ترسلوا إلينا باستمرار خطابات الشيخ أبي محمد وكذلك خطابات الشيخ أبي يحيى علماً أني قد طلبت من الشيخ أبي يحيى إصداراته السابقة .

*. حبذا أن ترسلوا إليّ لقاء الشيخ أنور العولقي مع صدى الملاحم كاملاً.

* نحن بانتظار إتمام الردود على ما ورد في رسالتنا السابقة والتي كان من ضمنها ترشيح أخ كفء لأن يكون مسؤلاً عن عملية كبيرة في أمريكا.

*. إن كان لديكم بعض الإخوة الذين لهم باع في وزن القصائد فحبذا أن تفيدوني بذلك وإن توفرت لديكم كتب في علم العروض فحبذا أن تبعثوا بها إليَّ .

* بخصوص ما ذكرته عن الأسئلة التي بعثها الأخ عبد الرحمن المغربي فسأشرع بإذن الله بالإجابة على ما في القائمة من أسئلة مهمة.

*. فيما يخص البرنامج الذي سيقوم بإعداده أحمد زيدان فأخبره أنه يستحسن أن يكون في الذكرى العاشرة لأحداث الحادي عشر علماً أن مدة عام لإتمام الأمر ليست وقتاً طويلاً فهو سيحتاج أن يضع تصوراً للبرنامج ومراجعته عدة مرات وسيلتقي بعدد كبير من الناس في مناطق مختلفة من العالم ناهيك عن أسئلته إلينا وجوابنا عليها ثم أسئلته على الأجوبة فحبذا أن تسرعوا في الاتصال به ليفيدكم بالأسئلة التي سيحتاجها للبرنامج ومن المهم لنجاح المشروع أن لا نتدخل نحن فيما يسمى بالسيناريو وتفاصيل خطة البرنامج باستثناء أن نطلب منه عدم إجراء أي لقاء مع أي من أفراد أسرتي ويمكن إيصال ما هو مهم لكي يتضمنه البرنامج بشكل غير مباشر دون توسع كأن يقال له إن الإخوة استحسنوا بعض أعمالك في ذكرى سابقة لأحاث الحادي عشر وخاصة تأكيدك على أن هذا التنظيم يختلف عن التنظيمات الأخرى لعدم ارتباطه بأي حكومة من الحكومات

وفي مسألة أن تكون حقوق النشر محفوظة للجزيرة والسحاب فبدا لي لأمور منها أن الجزيرة قد جعلت محتوياتها مشاعة في الانترنت أن يتم التفاوض مع زيدان على أن تكون حقوق النشر للإصدار مرئياً للجزيرة ومسموعاً ومكتوباً للسحاب مما يعني أن بعض الإجابات على الأسئلة تكون مسموعةً وبعضها مرئيةً وعلى كل حال يتم التفاوض بهذا الشأن إلى أن تصل السحاب إلى اتفاق مرضي ومجزي ونبقى على اطلاع بسير المفاوضات بهذا الخصوص .

* بخصوص ما ذكرتم عن وضع مبلغ من المال هدية في حسابي فجزاكم الله خيراً وأنا أقبله بشرط أنه قرض عليّ ومع مجيئ أي أموال خاصة لي تقتطعونه منها وحبذا أن يتم إرساله إليّ مع الوسيط.

* أرجو إرسال نسختين من أي رسالة من رسائلكم ترسل إلى الأقاليم واحدة لي والأخرى للشيخ أبي محمد لنكون مطلعين على الوضع ومتابعين له .

*أرجو إبلاغ سلامي إلى الشيخ أبي محمد وإلى جميع الإخوة لديكم كما أرجو أن تطمئنني عن أحوالكم بعد الأمطار الغزيرة والفيضانات أما نحن فلله الحمد بخير وعافية .

*كنت قد أشرت سابقاً بتخزين كميات من القمح لعلكم علمتم بذلك فحبذا أن تفيدوني ماذا تم بهذا الشأن .

* فيما يخص ذكركم بأنكم قد تحاولوا مع الإيرانيين لإطلاق سراح ابني حمزة إلى قطر مباشرة فإن ذلك قد يشعر الإيرانيين بالخطر من أن يتحدث على الإعلام في قطر عن ظلمهم للمجاهدين مما يدفعهم إلى عدم إطلاق سراحه إلى أي مكان حيث إن ذهابه إلى قطر من هنا أمر وارد .

* مرفق بيان بخصوص التغيرات المناخية ولاسيما فيضانات باكستان حبذا أن ترسلوه إلى قناة الجزيرة .

* مرفق رسالة للشيخ أبي يحيى ورسالة للأخ إلياس ورسالة للأخ أبي أنس السبيعي وأخرى للأخ عبد اللطيف فحبذا أن تصلنا ردود عليها .

* أرجو إبلاغ الوسيط بيننا بأن يكون قريباً في المكان المتفق عليه في السابع والعشرين من هذا الشهر أغسطس حيث أني أنوي إصدار بيان للشعب الأمريكي في الذكرى التاسعة لغزوات الحادي عشر من سبتمبر مما يستدعي وصوله إلى قناة الجزيرة قبل الحادي عشر بمدة كافية .

وفي الختام : أرجو الله سبحانه وتعالى أن يوفقكم ويحفظكم ويعينكم على القيام بهذا الواجب العظيم وأوصي نفسي وإياكم بالرفق والحلم مع الإخوة وأن نقبل من محسنهم ونتجاوز عن مسيئهم وخاصة في هذه الظروف مع تقديم النصح لهم وآخر دعوانا أن الحمد لله رب العالمين والصلاة والسلام على نبينا محمد وعلى آله وصحبه أجمعين .

السلام عليكم ورحمة الله وبركاته

أخوكم زمراي الجمعة، 26/شعبان/1431

(TN: Full translation; this letter was summarized previously.)

Page 1

In the name of God, the most merciful

Praise be to God, and prayer and peace be upon our prophet Muhammad, his family and companions. Amen.

Dear Brother, Shaykh Mahmud (May God protect him)

God's peace, mercy, and blessing be upon you

I hope that you receive this letter while you, your family, your children, and all the brothers are in a good health. May God help you and support you in carrying out all your responsibilities.

I received your good letter and I read its content and I read your suggestions regarding the regions. First, I will start by expressing my opinion regarding the regions and then I will talk about the other issues.

Regarding Somalia:

- I have attached a letter to ((Abu-al-Zubayr)) that contains a response to some of what was mentioned in his letter. I also told him that the response to the other issues will be in a letter from you, and a copy of it will go to Brother ((Abu-Muhammad)) and to him.

Regarding what you said about the issue of judges, it might be difficult for the brothers to implement this due to the vastness of the region, distance between people, and the difficulty of finding judges. Locating and appointing qualified judges is very difficult. Also, it is difficult to provide buildings and salaries for them. This issue is beyond their current capacity. Based on that, it would be easier for them to appoint a judge in each heavily populated area. These judges would provide rulings on all areas of life, except for trade issues, because as you know they are vast and would require a judge with distinct skills that require studying.

Page 2

This is especially true at this time, due to many developments in the trade business.

- Regarding the pledge of allegiance from the brothers in Somalia, it should be based on jihad for establishing an Islamic Caliphate.

- Regarding education for girls, I think that this issue should be left up to them.

- Regarding their request to mention them in our statements, this is good and we will do that.

- Please remind the brothers in Somalia to be compassionate with the people and remind them of the Hadiths on this. Regarding the Sufi groups, make sure to tell them to do their best to keep them unaligned, and if some of them refuse to stay unaligned, they should not treat all of them the same way. We do not want them to become an instrument for the enemy to use against us. Any provocation from our side would push them more toward the enemy.

They should be warned that there are differences between our enemies and they should distinguish between enemies with the conviction to fight us and those without conviction. These things should be considered for us to win the war.

- Please talk to the Somali brothers about reducing the harm to Muslims at Bakarah Market as result of attacking the headquarters of the African forces. Instead, they should focus on attacking them on their way to and from the airport. They should not carry out operations against their headquarters unless these are large, special operations or through digging tunnels that will allow them to reach the heart of the camp.

Please study the matter and let me know.

Page 3

As a comment on the Uganda operation, they were supposed to arrange a good plan for assassinating the President of Uganda, ((Museveni)), for this can affect the war there. However, if they cannot, they should target vital military and economic targets.
I also suggest sending a Somali delegation of tribal dignitaries to the Gulf area to meet with businessmen and scholars to inform them on the poverty in Somalia, the death of children because of this poverty, and to remind them of their responsibility toward their brothers. They should explain the suffering of the people there, using pictures and statistics available to relief organizations. They should tell them that the poor people are waiting for some effort to save their lives. They should also present some ideas for irrigation projects.

One of the ways for completing a project is to start one and then take pictures of it and send those pictures to donors.

Page 4

The idea is to show the people that in spite of their poverty, they tried to start something, but they do not have the money to complete it.

Locals can also promise to rent lands for years in exchange for money to build the project. Keep in mind that one irrigation system can provide water for 40,000 acres. If the land is flat, as it is in Somalia, they can plant some very fruitful plants that can provide for people very quickly. They also can plant strategic plants, such as dates and fruit trees.

Other trees that would be appropriate for the area are palm olive trees, and they can be imported from Indonesia or
Malaysia. Also, the palm trees are available around Somalia, but the trees that come from Malaysia are mutated and can be more rewarding economically. Each acre can bring 57,000 dollars and more. The land in Somalia is one of the most fertile in the world, and once used, the suffering of millions of Muslims will vanish, and people will start protecting the existence of the Islamic emirate. Also, building irrigation projects will create jobs for most Muslims. Also, we should plant things that need to be manually harvested so as to keep the jobs.

Page 5

Some of the brothers might think that their enemy might destroy these projects and the agriculture projects, but I think that it would be difficult for the enemy to do so, because they cannot enter in a direct clash with the humanitarian needs of the people. Also, these projects are not military targets, and attacking them would create great animosity from locals toward the collaborating government in Somalia.

The brothers working for the Islamic emirate should be warned against getting involved in the trade business because it could be very dangerous and contradictory to the mission of the state. People working for the state should be concerned only with security and justice.

Employees of the state should not compete for trade because this can destroy the Islamic state and movement and create a gap between the state and the people. You should learn from the Islamic movement in Sudan. The people there became distracted with business and trade and forgot about the implementation of the Shari'a. Today, Sudan is considered one of the most corrupt countries in the world.

Page 6

Also, among the important issues is that any matters or secrets that are discussed in the Shura councils should be kept as secrets, and people cannot discuss them with their children or relatives.

You should warn the brothers against cutting down trees on a large scale for the purpose of creating charcoal without replacing them. Cutting down trees should be limited to the needs of the people and local consumption and not for export.

I am sure that you are aware that climate change is causing drought in some areas and floods in others. The brothers in Somalia should be warned about this and they need to implement all necessary preparations.

Among the important preparations is to create an early warning system and establish an advanced monitoring system at the beginning of the river to be able to issue an alarm using a wireless system at the time of flooding.

Note: Be extra cautious and make sure that no letters or documents fall in the hands of the enemy. Communications with the brothers in Somalia should be handled like letters that contain secret and dangerous information.

Page 7

Regarding the Islamic Maghreb, I read a letter that talks about some entities that would like to reach ceasefire agreements with the brothers, and we believe that such agreements that are based on Shari'a principles are a good thing. We want the maximum number of entities to take the sidelines as we fight our greatest enemy, the US. As for the issue of the ten million euros per year, I do not think that we should be inflexible about it. The important thing for us now is to reach a ceasefire. As for the second letter, unfortunately, we were not able to open it. It is from brother Abu-Mus'ab (('Abd-alWadud)). Please resend it to us after you make sure that it can be opened.

Regarding Yemen, in your letter you mentioned that you are waiting for a letter from ((Abu-Basir)) that contains detailed information on the situation in Yemen. Please send it to me. You also mentioned that you will start the correspondence with AbuBasir to facilitate for the new policy. I suggest that we wait on this until we see what they have on the matter, and then we can make the best decision.

Regarding what the brothers in Iraq mentioned about the disagreement between them and Ansar al-Islam, please continue to communicate with them and remind them to do their best to avoid disagreements and conflicts. Also, ask them to resolve their differences by using the tribal leaders and scholars and those who were members of Jama'at Ansar al-Sunnah.

Regarding what you mentioned about the situation where you are in Waziristan, I agree with what you said regarding cooling things down and reducing the movement for your security and safety and the security and safety of all the foreigners. Also, get some of the brothers out to the Sind area for a year or two, while focusing on continuing with special large operations in
Afghanistan.

Please warn our brothers in Taliban Pakistan and Afghanistan to spread the prohibition of the shedding of Muslim blood among their members and to avoid the killing of Muslims. They should also implement an awareness campaign against punishing people based on suspicion.

Page 8

This issue applies to people working on counterintelligence.
They should be reminded that they should not punish anyone without confirming their guilt.

I also wish to remind our brothers in the Taliban of the great importance of treating the tribes and villagers with compassion.
Regarding the tribes that joined or intend to join the US awaking project, please warn them not to overreact in dealing with these tribes so as to not anger these tribes. Explain this to them and remind them of the experience of our brothers in
Iraq with this.

Regarding the ceasefire with the Pakistani government, the continuation of the negotiations in the fashion that you described is in the interest of al-Mujahidin at this phase.

Regarding Shaykh ((Abu-Yahya)), I think that we should not get him busy with administrative issues and keep him away from his research, because they are very important. We need his efforts especially after the brothers in Somalia took control. This is an emirate on the ground, and it is real and has millions of people in it. It will require strong care and support in terms of religious research. Do not forget the magnitude of our responsibility since they decided to join us. He should dedicate a large part of his time toward this mission. As for the administrative issues, some other brothers can perform these duties.

Regarding appointing a deputy for you, please inform me of the capability of Shaykh ((Abu-Khalil)) at this time with regard to this mission. If there is no objection for him to become a deputy, then he should become one. You should inform him that he was appointed as a deputy for you for a year and that it can be extended. This year should start from the day when the letter arrives.
Page 9

As for the second deputy, I think that brother Abu-'Abd-al-Rahman al-((Maghribi)) (Var.: al-((Maghrebi))) should be the one, Please inform him of this and tell him that it is for a year and can be extended. If for some reason you are unable to appoint Shaykh Abu-Khalil to this position, then Abu-'Abd-alRahman al-Maghribi should be in that position and brother 'Abdal-Jalil should be the second deputy.

Please send me the resumes of all the brothers who might be nominated for high administrative positions now or in the future. Also, please ask each one of them to write something about their vision of the jihadi work in general and provide their opinions and suggestions regarding any of the jihadi fronts.

I received from you the book, "The Points of Focus" by brother Abu-Ahmad 'Abd-al-Rahman al-((Masri)) with an introduction by Shaykh Abu-Muhammad al-((Maqdisi)). It is a very important book and we should make sure that all brothers read it. We should publish it widely on the Internet to benefit from it in building awareness among the youth in general and the youth in jihadi groups in particular. It should be spread all over the Muslim world and we should ask all the fields to spread it. It is a great instrument for good Muslims to get out from underneath the groups that recognize the regimes that are based on foundations that are contrary to true Islam. This book should be translated into Urdu, Pashto, Farsi, Turkish, Swahili, Malawi, English, French, and other languages.

It also would be a good idea to contact Shaykh Abu-Muhammad alMaqdisi and ask him to get the permission of the author of the book to have it summarized. If he agrees, then we should send it to one of the shaykhs and ask him to summarize it and write helpful notes in the margins.

- We should be careful not to send big secrets by email, especially in Waziristan and the areas around it.

Page 10

We should also warn Shaykh Yunis about this. We should assume that the enemy can see these emails and only send through email information that can bring no harm if the enemy reads it. They should not trust it just because it is encrypted, because the enemy can easily monitor all email traffic to the al-Mujahidin area. Computer science is not our science and we are not the ones who invented it. I think that depending on encryption in sending secrets is a great risk. Encryption system works with ordinary people, but not against those who created email and the Internet. All sensitive communications should be done through carriers.

Example of the evidence that the enemy is looking at our messages is that after brother Abu-Basir sent a message in which he suggested that Shaykh Anwar al-((‘Aulaqi)) (Var.: al-((Awlaqi))) should be the first man, the Americans stated that al-Shaykh Anwar al-‘Aulaqi is the actual emir of the organization.

Regarding what you mentioned about the two million that you received and the four million that you are expecting from the Afghan government as a ransom for the Afghan diplomat, I am surprised by this because the Afghan government does not usually pay this kind of money to free its men.

There is a small chance that the Americans might be aware of the delivery of the money, especially because news in Afghanistan spreads very fast.

Page 11

They might have agreed to have the money within the aircraft monitoring area so as to reach the field commander in the area and the leaders that will receive that money. One way to find out the level of the accuracy of this theory is to know the importance of the hostage within the government or whether he is a relative of some high-ranking official in the government. In any case, you should consider yourselves under surveillance and you should change houses only on cloudy days.

I want you to be careful this time and in the future too.

With any amounts of money that you receive, you should make sure that you evade surveillance and you should exchange the money for another currency and at a bank in a large city, such as euros and then exchanging the euros to dollars at another bank.

The reason for this is for you to be protected from any harmful materials or rays that can be on the money.

Regarding the groups that asked you for money, I think that you should deal with them in rupees, and the total that you can spend is 100,000 USD. You can promise them that there will be more donations if we receive more money. If you see that you need more, then the total can reach 150,000 USD.

Page 12

Regarding paying the brothers their monthly salaries in advance,
I think that we should pay them on time and not give them any in advance, because they could spend the money and then come back and ask for a loan, and we will find ourselves in an uncomfortable position with the brothers.

I would like for you to advance your knowledge in managing money and finances so as to be able to make the money last for a long time.

This money that God gave to al-Mujahidin might be enough for five or six years.

You should always be aware of the movement of money and the remaining amounts. You should ask for semi-monthly reports from the financial official. Please send me copies of these reports.

Please save the money in various safe locations with trustworthy individuals. Be prudent in the way you save this money. The amounts that will be kept with individuals should not be more than they can handle. Some brother can take up to fifty thousand, while other brothers can keep hundreds of thousands. Please pay attention to this matter.

Page 13

Please let me know what items related to the general policy get sent to the brothers in the fields. Also, please send me their responses to them.

You mentioned that one of the brothers that you consulted with after the letters from the field arrived is Bashir al-
((Madanis)). Please identify him. Note: In the past, I asked
Shaykh Sa'id (may God rest his soul) to not change aliases unless it is important to do so.

Regarding our brother, the friend of the engineer, you should slow down and not nominate him until further notice. He should be mentored from time to time. He is close by and reachable, but the sickness of engineering has taken hold of him.

In your letter, you mentioned that you stopped the statement of
Shaykh Abu-Muhammad (may God protect him) regarding Turkey and the Freedom Flotilla; is this the same statement? Please clarify and send us the statement, because the media published only small parts of it.

Please dedicate some brothers to translate the documents on Afghanistan and Pakistan that were leaked from the Pentagon because these documents contain the strategy of the enemy in the area. The US secretary of defense stated that the leak of these documents will negatively affect the war. The Website that published these documents revealed 92,000 documents and then another 15,000.

Please send us the speeches by Abu-Muhammad on a regular basis.

Also please send me the speeches of Shaykh Abu-Yahya. Keep in mind that I asked him for all his previous publications.

Please send me the entire interview of Shaykh Anwar al-'Aulaqi with Sada al-((Malahim)).

Page 14

We are waiting for your responses to what we mentioned in our previous letter, which included a request to nominate a qualified brother to be in charge of a large operation in
America.

Please let me know if you have brothers who are good with poetry. Also, please send books on poetry.

Regarding what you mentioned on the questions that Brother 'Abdal-Rahman al-Maghribi sent, I will start answering the important questions on the list.

Regarding the media program that Ahmad ((Zidan)) is working on, please let him know that it would be better if it gets postponed until the tenth anniversary of 9/11. Also, one year for finishing it is not enough. He needs to create a vision for the program and review it several times. He will also need to interview a large number of people in various areas in the world, in addition to getting his questions to us and us getting the answers to him. Please get in touch with him and get the questions that he has for the program. We should not get involved in the scenario and the details of the program, except making sure to ask him not to interview anyone in my family.

As for the preparatory rights for Al Jazeera and Al Sahab, I think that we should negotiate to have audio materials for Al Jazeera and the written materials for Al Sahab. This means that some of the answers will be in audio and others will be in writing.

Page 15

Negotiations on this issue should continue until an agreement that will satisfy Al Sahab is reached. Please keep me posted on these negotiations.

Regarding the amount of money that was placed as a gift in my account, may God reward you for it. I will accept it, but as a loan. You should deduct this amount from my personal money when it arrives. Please send the money with the carrier.

Please send two copies of your letters to the regions: one to me and one to Shaykh Abu-Muhammad in order for us to be aware of what is going on.

Please convey my greetings to Shaykh Abu-Muhammad and to all the brothers. Also, please let me know how you are doing after the hard rain and floods. As for us, we are healthy and doing well.

In the past, I asked you to store an amount of wheat. Please let me know what happened with this.

Regarding what you said about trying to work with the Iranians on releasing my son Hamzah directly to Qatar, this plan might be threatening to the Iranians because of fear that their mistreatment of al-Mujahidin might be exposed to the media and cause them to not to release him.

Enclosed is a statement regarding the climate change, especially the floods in Pakistan. Please send it to Al Jazeera Television.

Enclosed are letters to Shaykh Abu-Yahya, Ilyas, Abu-Anas al-((Subay'i)), and 'Abd-al-Latif. Please have them send me responses to them.

Page 16

Please inform the middleman between us to be near the agreedupon area on 27 August, because I intend to send a statement to the American people on the 9th anniversary of 9/11 to make sure that it reaches Al Jazeera Television before 9/11.

Finally, I pray to God to grant you success and protect you and help you with this great duty. I remind myself and you to be gentle and compassionate with the brothers. We should accept their good behavior and forgive their mistakes, and we should counsel them.

God's peace, mercy, and blessings be upon you.

Your brother, Azmarai
07 August 2010

بسم الله والحمد لله والصلاة والسلام على رسول الله

الإخوة الأفاضل | كاترينا والخال السلام عليكم ورحمة الله

نسأل الله تعالى أن تكونوا بخير وعافية وأن يتقبل منكم صالح الأعمال ويحفظكم بحفظه ويجمعنا وإياكم على عز الدنيا وفوز الآخرة وبعد

جزاكم الله خيرا على ما قمتم به في موضوع سعد ومن معه والله يوفقكم لإتمام الأمر ويجري على أيديكم الخير وبعد بالنسبة للأمور الثلاثة التي طلبتموها في رسالتكم فنحن الآن مقطوع الإرتباط بيننا وبين سعد ونظن أن أحسن طريق لذلك يكون عن طريق الناس الذين هم عندهم (نسميهم الغرب) إذا وافقوا على إخراجهم طرفكم ففي رأي أن تكون الخطوة الأولى الحصول على موافقتهم فإذا وافقوا فيحددوا لنا طريق للإتصال بسعد ومرافقيه إما عن طريقنا بواسطة ناس شيخ الإسلام في زاهد—أو عن طريقكم ونفضل الطريق الأول لسهولته وسرعته لنا

أما عن شرطي قبول الوساطة بعدم علم أي أحد بها وأن تكون من الوالد فنحن نضمن لهم الأمرين ونستطيع تأكيد ذلك لهم بعد الموافقة علي الخطوة الأولى

لا بأس بكتابة رسالة بالنيابه عنهم من طرفكم لحين الإرتباط بهم

كتبنا لكم هذه الرسالة قبل إرسال رسالتكم للوالد لسرعة أخذ الخطوة الأولى التي هي ضرورية على كل حال ولأن الإرتباط مع الوالد وأخذ رد ه قد يتأخر وإن شاء الله نرسل رسالتكم له في أسرع وقت ممكن وإذا أتى رده نرسله لكم في أسرع وقت

جزاكم الله خيرا والسلام عليكم ورحمة الله

أخوكم المحب

قاري عبد السلام (عثمان)

تاريخ 27 ربيع الثاني

Full translation

In the name of God. Praise be to God and prayers and peace be upon the messenger of God.

To the honorable brothers, Katrina and the uncle, God's peace, mercy, and blessings be upon you.

I pray to God for you to be well and in good health and I pray to Him to accept your good deeds, protect you, gather us in glory in this life, and grant us eternity.

May God reward you greatly for what you did on the issue of Sa'd and those with him. May God grant you success so that you can complete the matter and make your hands accomplish good things.
Regarding the three things that you asked for in your letter, the link between us and Sa'd is disconnected for now and we think that the best way for this is through the people that he is with (we will call them the West). If your side agrees to get them out, in my opinion, the first step is to get their approval. If they agree, they should determine a way for us to contact Sa'd and those accompanying him, either through us using Shaykh al-Islam in Zahid or through you. We prefer the first method, for it is easier and faster for us.

As for the two conditions for accepting mediation: without anyone knowing about it, and for it to be from the father... we guarantee these two things for them and we can confirm this to them after the approval of the first step.

It is fine for you to write letters on their behalf until linking up with them.

We wrote this letter to you before we sent your letter to the father, in order to speed up the first step which is very important in any case, and because connecting with the father and getting his response might be delayed. God willing, we will send your letter to him as soon as possible. If his response arrives, we will send it to you as soon as possible.

May God reward you greatly.
Your loving brother,
Qari 'Abd-al-Salam ('Uthman)
Date: 27 Rabi' Thani (TN: no year given, early April)

بسم الله الرحمن الرحيم

الحمد لله رب العالمين والصلاة والسلام على نبينا محمد وعلى آله وصحبه أجمعين

أما بعد

إلى الأخ الكريم محمد أسلم حفظه الله

السلام عليكم ورحمة الله وبركاته

أرجو أن تصلك رسالتي هذه وأنت بخير وعافية

وبعد

بالنسبة للأخ الذي اقترحتموه ليرافقنا وذكركم للأمور التي تعيق تركه لوظيفته فنقترح أن تعرض عليه أن يعمل في العمل الحر ويقنع أقاربه أنه يرى أن العمل الحر أفضل من الوظيفة وأنه وجد شريك ليعمل معه (مع أن راتب الوظيفة متواصل)

وهذه بعض الخيارات التي ممكن أن يعمل بها كما أرجو أن تفيدني عن خبرة الأخ وميوله في العمل إذا لم تناسبه هذه الخيارات .

1- مكتب للعقار

2 - محل لقطع غيار السيارات

3- محل ادوات منزلية ¶

4 - بقاله

5 - مزرعة دجاج صغيرة

وهل لديكم مقترحات أخرى إذا اعتذر عن مرافقتنا أفيدوني

بلغنا من الحجة أم حمزة أن لديكم كتب مدرسية أرجو أن ترسلوها مع الوسيط من طرفنا لنصورها بالإسكنر ثم نرجعها لكم بإذن الله وجزاكم الله خيراً

أخوكم

الجمعة، 19 جمادى الأولى، 1432

(TN: begin Full translation)

(TN: page 1 of 1)

In the Name of God, the Merciful and Compassionate

Praise be to God, the Lord of the worlds, and prayers and peace be upon our Prophet Muhammad and his family and companions, all of them.

Now then…

To the noble brother Muhammad Aslam. May God have mercy on him.

May God's peace, mercy and blessings be upon you.

I hope this letter of mine reaches you and that you are well and in good health.

Now then…

With regard to the brother whom you recommended be our associate (TN: possibly partner) and your mentioning the things that are preventing him from leaving his position, we suggest that you propose to him that he be self-employed (TN: in business) and that he convince his relatives that self-employment is better than a position and that he found a partner to work with (even though the salary of a position is steady).

And these are some of the choices that he might work at, and please let me know about the brother's experience, and what kind of work he is inclined to like, if none of these choices are suitable to him:

1- A real estate office
2- An automobile spare parts store
3- A household appliances store
4- A grocery store
5- A small chicken farm

Do you have any other suggestions if he declines to be our associate, let me know.

We learned from Hajjah Um Hamzah that you have school books. Please send them with the courier from our side, to copy them by scanner, so as to help her and then we will return them, God willing and may God reward you well.

Your brother,
22 April 2011

(TN: end of translation)

بسم الله والحمد لله والصلاة والسلام على رسول الله وآله

فضيلة الشيخ/ أبي عبد الله حفظه الله ورعاه

السـلام عليكم ورحمة الله وبركاته..وكل عام وأنتم بخير أعاد الله رمضـان وأعياد المسلمين علينا وعليكم وعلى أمتنا باليمن والبركة والنصر والفتح إن شاء الله.

أسـأل الله العلي القدير أن تكون بخير وعافية في دينك ودنياك أنت والعائلة الكريمة ومن تحب...وبعد.

فإنه مرفق مع هذه الرسالة لفضيلتكم هدية رمضان وهو عبارة عن تقرير يوضح ظروف حال الصـراع مع أعداء الله مع بشـائر النصـرالتي لاحت في الأفق بالإضـافة إلى ما وفقنا الله في إخراجه من كتب تنهض بدعوتنا مترجمة إلى اللغة الأوردية والباشتو وهم ثلاث:

1- منهج الغرباء في مواجهة الجاهلية.

2- صفاء المنهج..أهم من تبرئة الأشخاص.

3- أحكام الغارات الفدائية والتترس.

وقريبا بمشـيئة الله سـنخرج كتاباً عن "الصـراع الإسـلامي الصـهيو صـليبي..حقيقته وجذوره وأبعاده", ضمن سلسلة سميتها "سلسلة بناء الشخصية المسلمة" أسأل الله أن يوفقنا لإخراجها على أحسن وجه.

وقد كتبت رسالتي هذه تواصلا مع فضيلتكم داعيا المولى عز وجل أن تصلكم رسالتي هذه وأنتم في أحسن حال وأصلح بال متمنيا أن تردوا عليها كي نسعد بالتواصل معكم والاطمئنان عليكم من ناحية وحتى نتأكد من وصـول الرسـالة وعدم ضـياعها في الطريق كما ضـاعت سابقتها.

من عندنا الجميع يهدونكم السلام خاصة أبنائي أسد الله المقداد وسيف الله خالد.

وإلى أن نلقاكم على خير نستودعكم الله الذي لا تضيع ودائعه.

أخوكم/ عبد المجيد عبد الماجد "أبو المقداد"

12رمضان 1430

(Page 1 of 1)

In the name of Allah, and may prayers and peace be upon his messenger and his companions

The honorable Shaykh Abu 'Abdallah...may Allah bless him

May Allah's mercy and peace and blessings be upon you...and happy 'Eid...and we ask Allah to bring back to Muslims al-'Eid holiday and the month of Ramadan and to grant us and our nation in Yemen victory and blessing...

I ask Allah the almighty that you and the ones you love and the honorable family are in good health...furthermore,

Attached with this letter is a gift for the month of Ramadan. It consists of a report clarifying the condition of the struggle with Allah's enemies, in addition to good news about victory, which was visible on the horizon. Furthermore, books that we were able to compose that reflect our mission were translated into Urdu and Pashtu, and the three books are:

1- "Manhaj Al-Ghuraba' Fi Muwajahat Al Jahiliyah" (TN: The Approach of the Strangers/Foreigners In Confronting the Pre-Islamic Epoch, i.e. state of ignorance)

2- "Aham Min Tabri'at Al Ashkhas...Safa' Al Manhaj" (TN: The purity of the methodology (Muslim approach) is more important than absolving (the guilt) of the people)

3- "Ahkam Al-Gharat Al-Fida'iyah Wa Al-Tatarrus" (TN: The Rulings Covering Martyrdom Attacks and on Taking Humans as Shields)

And shortly, Allah willing, we are going to compose a book titled "Al Sira' Al Islami Al-Sahyu Sahlibi...Haqiqiya Wa Jathurah Wa Iba'dah" (TN: Islamic Zionist Crusaders...the Truth about Them and Their Distant Roots), which falls under a series we called "Salsala Bina' Al-Shakhsiya al-Muslima" (Series on the Building of the Muslim Personality). And we ask Allah the almighty to guide us to success while composing this series.

I wrote this letter in order to keep in contact with you, and I hope that you receive my letter and respond to it, to make sure that our letter arrived, since the last letter was lost on the way. Everyone over here sends their regards, especially my children Asadullah Al-Miqdad and Sayfullah Khalid. And, until we meet, we ask Allah not to waste our trust... Your brother, 'Abd-al Majid 'Abd-al-Majd, "Abu Miqdad" 12 Ramadan 1430 (TN: 2 September 2009)

بسم الله الرحمن الرحيم

حوادث يستفاد منها بعد سقوط الإمارة الإسلامية

{1} قصف بيت محمد صلاح بعد حلوله به بنصف ساعة في خوست .

{2} قصف تجمعات المجاهدين في وزارة الدفاع السابقة أي قصر الأمان في كابل ومقتل 40 مجاهد .

{3} قصف بيت الطيب آغا في قندهار بعد اتصاله بالستالايت ونجاة الأخوة بقدر الله .

{4} قصف بيتنا (سيف العدل) بد خروجنا منه بيومين وذلك بسبب تواجد الناس بكثرة في تلك المنطقة لأخذ أموال الأمم المتحدة بعد رحيلها وقد لاحظ سيف العدل ذلك وقال لي أن الناس عرفوا المنزل وكان ما توقعه من قصف .

{5} أسر خالد الشيخ وذلك عن طريق تجنيد عميل واستخدام المال وحاجتنا إليه كطعم لمختار .

{6} أسر أبي ربيدة وذلك لانفاحا الكبير على لشكر طيبة أو لاستخدام الهواتف والإنترنت .

{7} أسر مجموعة اليمنيين وذلك لكثرة خروجهم واتصالهم و أشكالهم المغايرة لأشكال القوم.

{8} أسر فراس و وقاص وذلك لاكتشافهم بأن معهم أسلحة .

{9} أسر أبو ياسر لكثرة تردده على الإنترنت أو لخيانة لشكر طيبة .

{10} مقتل الأخوة في عملية دويجر لأن المكان انكشف وشاع أمره وغدا منتزه للأخوة القادمين من أماكن بعيدة ولأن الأخوة لم يحتاطوا عندما انكشف أمرهم .

{11} أسر أبو المنذر وذلك بسبب مراقبته في مير علي وتم أسر ه عندما خرج من بنو والله أعلم .

{12} المذبحة التي حدثت في لوارا بسبب استخدام السيارات في الإنسحاب وتجمعنا في نقطة واحدة مع سماعنا لصوت الخبيثة -C130- .

{13}مقتل نواب وأهله وذلك لعدم المبالاة بالتحذيرات التي وصلته قبل مقتله وانفتاحه على الجميع وعدم الخروج من مير علي وتغيير الطاقم المخترق والله أعلم .

{14} أسـر أبي الفرج وذلك لعدم احتياطه عندما تأخر عليه صـاحبه ولم يأتي كان الأولى في هذه الحالة أن يرسل من ينوبه .

{15} أسـر شـريف الله المصـري بسـبب تعامله مع أناس هو يعلم أنهم مخترقين ولهم صـلة بال isi .

{16} مقتل عكرمة وإخوانه بسـبب عدم تغيير البيت بعد أن تم كشـفه وقد غدا معلوماً للقاصي والداني .

{17} مقتل الشـيخ الكندي وذلك لعدم أخذه بجدية ما جاءه من نية الباكسـتان الهجوم وعمل حملة على المجاهدين .

{18} أسر ومقتل العديد من الأحبة على البتكات وذلك لتساهل الأخوة وتغاضي أطراف الردة عن حركتهم ومش كل مرة تسلم الجرة .

(Fully translated)

In the Name of Allah, the Merciful, the Beneficent.

Lessons learned via incidents following the fall of the Islamic Emirate

1) The bombing of Muhammad ((Salah))'s house a half an hour after arriving to it in Khost (Var. Khowst).

2) The bombing of mujahidin assemblies at the former Ministry of Defense [facility] or the al-Aman Palace in Kabul, killing 40 mujahid.

3) The bombing of the al-Tayyib Agha house in Qandahar after its satellite communications and the brothers were rescued with Allah's grace.

4) The bombing of our house (Sayf al-(('Adl))'s) after our departure two days prior due to heavy traffic of people in the region to take funds from the United Nations after its departure. This is what Sayf al-'Adl noted. He told me that the people knew of the house and it was expected that it would be bombed.

5) The arrest of Khalid al-((Shaykh)), which was carried out by recruiting an agent and by using money and what we needed as far as food for Mukhtar.

6) The arrest of ((Abu Zubaydah)), due to our opening up so much to Lashkar-e Tayyiba or to use the phones and the Internet.

7) The arrest of the Yemeni group, due to the excess in their departure, their communications, and their outward appearance that differs from the outward appearance of the [others].

8) The arrest of Firas and Waqqas, due to finding that they had weapons.

9) The arrest of ((Abu Yasir)), due to his excess in responding frequently on the Internet, or the treachery of Lashkar-e Tayyiba.

10) The killing of the brothers in the Dawigar operation because the location was

discovered and the [information] spread and due to brothers from distant locations [parking] at the house. [Due to] the brothers not acting once they heard of the disclosure [of their location].

11) The arrest of ((Abu al-Mundhir)), due to observing him in Mir Ali. He was arrested after he left Banu, Allah knows.

12) The slaughter that took place Lawdar due to the use of vehicles in departing and in gathering in one location after having heard the sound of the khabith - C130. (TN: Khabith meaning "malicious," is often used in reference to American aircraft.)

13) The killing of Nawwab and his family after not heeding warnings that he received prior to his death and due to his openness to people and his refusal to leave Mir Ali and to change his penetrated crew, God knows.

14) The arrest of ((Abu al-Faraj)) due to his lack of precaution when his associate was late and didn't come, with this being the first time that he sent someone as his deputy.

15) The arrest of Sharifallah al-((Masri)) due to his interactions with individuals he knew to be penetrations with contacts to ISI.

16) The killing of 'Ikrimah (Var.: 'Akramah) and his brothers due to a lack of changing residence after it was discovered and became well known to everyone.

17) The killing of Shaykh al-((Kindi)) after not taking the attack on Pakistan seriously in a campaign against the mujahidin.

18) The arrest and killing of a number of loved ones on [unclear] (TN: transliterated: al-Batkat) due to the easy-going nature of the brothers and indifference to the infidel factions regarding their movements, the pot is not safe each time it falls. (TN: Arab saying meaning, "you may get away with it once, but not every time.")

بسم الله الرحمن الرحيم

الحمد لله رب العالمين والصلاة والسلام على نبينا محمد وعلى آله وصحبه أجمعين

وبعد...

أتيحت فرصة كبيرة جداً عند قيام الجهاد الأفغاني ولم يستفاد منها ....لابد من الحديث عنها بتفصيل.

أضيعت الفرصة الأفغانية عام 1399 هـ الموافق9 197م .

آخر فرصة قبل الجهاد الأفغاني أتيحت للمسلمين بأن يتحرروا من الهيمنة الغربية عندما كان الاحتلال احتلال عسكري ظاهر للعالم العربي فهو ما يوفر الحوافز المطلوبة دون جهد كبير لتحريك الناس لقتاله لكن كان الوعي ضعيف فكان التحرر عسكري فقط .

من أواخر الفرص كانت في الجزائر عام 62 ومرت للأسف دون الاستفادة منها ومن 62 إلى الآن 38 عام فعندما ضيعت الفرصة لتحرير الجزائر لم تتح إلا بعد قرابة أربعة عقود.

نطرح للناس الخروج وعمل غرفة عمليات ولكن لا نتكل على الناس في ذلك وإنما نحن القاعدة نشكل غرفة عمليات لإدارة الأحداث فالوضع خطير ومن تصدر في المشهد اليوم لا يملك التصورات التي نلم بها بفضل الله ولدينا الانترنت وما شابه

الكلمة القوية النافذة.

طريق إلى الخلافة أو طريق إلى تحرير الأمة.

ينبغي أن نطلب من المحللين والمثقفين في تونس وخارجها دراسة تجربة تونس بتفصيل والإشارة إلى كيفية الاستفادة منها ونسخها.

والذي حصل أن في الفترة الماضية دخل في المعادلة عنصر لم يكن موجوداً وهو الثورة الإعلامية تكنلوجيا لم تكن موجودة بهذا الشكل من قبل فرق بين تلفاز مسيطر عليه من الدولة فيصبح أداة إضافية لاحتلال عقولنا وبين الثورة الحديثة التي سحبت الخيوط من أيدي الحكام وهذه الثورة الإعلامية لها

عقدين ونيف منذ أن أتيح للناس في العالم العربي مشاهدة جميع القنوات الفضائية عبر الأقمار الصناعية أصبح الناس يرون بأعينهم لا بالسماع وحصل التغيير الجذري بعد ظهور قناة الجزيرة وظهور المجاهدين معها وكان ظهور قناة الجزيرة عام 96 م ثم انتشار الانترنت وإتاحته للجميع فحجم المعلومات في الانترنت أضخم منه في الجزيرة بكثير من حيث الحرية.

لديهم أمن جيش وشرطة يعتقدون أنهم صالحون ومن سيخرج عليهم سينشر الفتن هنا ينبغي الانتباه إلى أن الأجهزة الأمنية جزء من الشعب بقدر ما يرتفع وعي الشعب يرتفع وعيهم وعندما يرتفع وعيهم تضعف قبضتهم على الزناد .

فالمساحة بين الحاكم والشعب عندما ارتفع وعي الشعب لم تتسع مساحة الشعب وتبقى مساحة الحاكم كما هي وإنما اتسعت مساحة الشعب على حساب مساحة الحاكم وكلما ازداد الشعب وعياً كلما ضاقت مساحة الحاكم وقد لا يشعر الحاكم بضيقها إلا عندما لا يجد متسعاً للبقاء فيفير كما فر ابن علي وقد طلب ابن علي من قائد الجيش أن يحضر الجيش ليقمع المتظاهرين فرفض فأمره بالاستقالة فرفض أيضاً عندها اضطر بن علي للهروب وحتى الشرطة لم تستجب له في قمع المتظاهرين كما يريد فالقمع و القتل الذي تم في المتظاهرين كان من حرس ابن علي ولذلك كانت نسبة الإصابات محدودة بالنسبة لخروج ثورة شعبية ضد الحاكم .

تونس حالة تعمم على المنطقة .

نشير إلى نسبة الوعي لا يخيفنا الحاكم طالما سنقنع عساكره فإنه عند ذلك لن يجد حلاً إلا المنفى.

تغيير فكرة أن أجهزة الأمن العدو الأول للشعوب ..لكنه يتغير..

علم النفس علم خطير ومهم جداً يقال أن اليهود تمكنوا من السيطرة على القوة العالمية بهذين العلمين علم الاجتماع وعلم النفس .

فمن علم النفس تعرف أن العسكري طاقته لتحمل قتل الأنفس محدودة خاصة في مثل أوضاع بلادنا عندما يطلب منه أن يقتل ابن عمه أو ابن خاله لذلك ففي معظم الدول النظام أن الشخص المحكوم

عليه الإعدام رمياً بالرصاص يضرب عليه سبعة أشخاص أحدهم فقط في سلاحه طلقة فعلية ليحسب كل منهم أن غيره الذي قتله.

الحديث بتفصيل في هذه المسألة أمر مهم ليعلم الشعب أن أجهزة الأمن طاقتها محدودة .

الكويت مهيأة جداً لإسقاط الأسرة الحاكمة بهدوء سيساعد في المسألة أن يكون هناك تقريب وتبسيط لمسائل الفساد المالي من أذهان الناس كما ذكرنا في مثال الشاحنات والنفط مع الإشارة إلى أن ما صرفه الأمير لكل مواطن إنما تم نتيجة لثورة تونس وخشيته من تكرارها وهي مبالغ مقطوعة وحتى إن كان دائماً فهو يستطيع أن يسحبه إذا هدأت الأوضاع الإقليمية .

ربط حال الناس بالثورة النفطية .

لمن حاول النعيم نعيم لمن آثر الشقاء شقاء

*لا بد من تكرار الحديث عن قيادة الثورة ونكتب بالتفصيل عن ثورتي مصر ثم الجزائر وعن الانقلابات وما استقر عليه الوضع بصددها.

* قادة الثورة كما أن الشجاعة بحاجة إلى نماذج حية فإن كثير من الأمور كذلك يحتاج فيها الإنسان إلى نماذج حية ليكتسبها منها ومن هذه الأمور أن يتأهل القائد لتحمل مسؤولية أناس سيتخذ قرارات تعرض بعضهم للقتل هذه يسقط فيها الناس لأنهم لم يعيشوا حياة تدربهم على ذلك ولا تدرجوا في التدريب على هذه المسؤولية

الصحابة رضي الله عنهم كان جو العرب جو قتال وكان أحدهم يتحمل هذه المسؤولية وهناك مسؤول قبله الرسول عليه الصلاة والسلام فيكون هو من أمره ومن هنا لا يكون الثقل كاملاً عند اتخاذ القرارات التي ستعرض بعض الجيش للقتل وبعد مرات يتدرب على الأمر فإذا أصبح هو صاحب القرار الأول هو الخليفة يكون قادراً على اتخاذ القرار

أما هذه القيادات عبد القادر عودة رحمه الله والزنداني وعباسي مدني لم تتدرب وبالتالي وقعت في المحذور وضاعت الفرص .

كونه لم تُدرس الحادثة الأولى حادثة مصر وبالتالي لم تنتقد تكررت المصيبة عاد الزنداني فكررها ولم تدرس ثم عاد عباسي فكررها .

أما أنا فعلمت السبب عندما جربته في أفغانستان لأني لم أتدرب لم أستطيع .....

من هنا تكررت نفس المصيبة ولا يمكن أن نصل إلى إقامة دولة إسلامية بهذه النفسية لأن هناك حلقة مفقودة .

استطاعت الحكومة في الجزائر أن تتخذ قرار بأن من يخرج سيقتل حيث أن قائد الجيش خلفه مسؤولي الدولة وخلفه القوى الخارجية فهم أمروه فضلاً عن أنه كافر قلبه قاس ومعبأ على الإسلاميين .

وقد كان الشعب في الجزائر مستعد لتأدية ما عليه ولكن الخلل كان في القيادة

خلل أن رؤوس الثورة كانوا تحت يد النظام فاعتقلهم وقد كان ينبغي أن يكونوا في الخارج والقائد الذي استلم بعدهم وقع تحت ضغط شديد يقع فيه أي مسلم غير مدرب حيث هناك أكثر من مليون شخص سيخرجون للتظاهر إن اتخذ القرار والجيش قطع بأنه أي شخص يخرج سيقتل فتصور الشوارع مليئة بالدماء فتراجع عن المظاهرات وفي مثل ذلك الحدث يكون الحسم لصالح النظام إن تراجعت قيادة الشعب ومن يومها استقرت الأمور للعسكر 18 سنة فضلاً عما قبلها .

بقاء القيادة تحت قبضة النظام منافي للكمة وحسن الإدارة .

نسرد مثل هذه التجارب بحيث تكون خطة متكاملة بحكم تجاربنا حتى لا تقوم ثورات فاشلة .

*سبب نجاح الثورة في تونس أن لا رأس فيها لو كان لها رأس لتكرر خطأ عبد القادر عودة رحمه الله وخطأ القيادة الجزائرية أكبر رأس كان موجود هو حزب الشغل ولم يكن هو الرأس كان هناك قواعد ولم يكن هناك شخص واحد صاحب القرار يجب شرح ذلك بالتفصيل لنجاح الثورات .

*العلماء في نجد يشددون على عدم جواز التظاهر حجتهم قد تكون إذا كان الحاكم مسلم و من حديث سيد الشهداء حمزة أنقدح في ذهني أنه إذا كان الحاكم جائر أفضل الدرجات بعد النبوة الصديقية ودرجة الشهداء

من أفضل درجة الشهداء هي درجة سيد الشهداء تحريض شديد جداً حتى يخرج الفرد يضحي بنفسه يقول كلمة الحق أمام سلطان جائر ما الذي يمنع أن يخرج ثلاثة يقولون كلمة الحق وقد يزداد العدد

الأصل في الأمر العموم من رأى منكم منكراً فليغيره والنصح لأئمة المسلمين وعامتهم ما الذي يمنع ويقيد أن يخرج عشرة على الحاكم الجائر .

والذين قالوا بالمنع ما هي حججهم في حين أننا نتكلم عن حاكم كافر.

(وجوب الخروج على الحاكم الكافر وخلعه وقد أظهرت أحداث تونس أن الخروج الحاشد إلى الشوارع يخلعه ..)

الأحد 18 صفر 1432 هـ

أتابع الملف وأوكل الإخوة هناك في مناطقهم هم يحددون يوم مع التنسيق مع أكبر عدد من القوى والقيادات الشعبية.ألا تقيد؟

تكلمنا عن علم النفس وأن العسكري ينهار بعد فترة وإن كان مقهور إن ترك القتل سيقتل تصيبه هلوسة وأشد هذه الحالات ظهرت في العراق أثناء الحرب مع إيران فحفر العراق خنادق على حدوده وكان الخميني يرسل الناس كالغنم والعسكر العراقيين على الأسلحة يقتلون الإيرانيين قبل الوصول إلى العراق فمن كثرة ما يقتل الجندي العراقي تصيبه حالة هلوسة علماً أنهم لم يكون قتلهم ذلك في أبناء بلدهم أو دينهم وإنما هم معتدون على بلادهم يريدون احتلالها فقتالهم كان واجباً إلا أن الإنسان لا يستطيع القتل المتواصل بأعداد كبيرة .

هذه الفكرة نوضحها وهي جوهر التحرك لنزيل عن الناس أنهم إن خرجوا على الحاكم سيقتلون جميعاً فهو ما لا يمكن أن يتم .

أن الحاكم المرتد إذا قدم تنازلاً فهو مستعد للاستمرار فيه إلى أقصى درجة ممكنة لذلك نرى أمريكا عندما تضغط على الدول لا تقبل بالتنازل الأول كما حصل عندما طلبوا من السودان إخراجي بعد ذلك كان أول تعليق أمريكي أن هذه خطوة في طريق طويل على السودان والخطوات إلى اليوم لم تنتهي

فنحن اليوم عندنا عدد من الحكام قدموا تنازلات للشعب : ملك الأردن قدم تنازلات وحاكم موريتانيا قدم تنازلات وأمير الكويت وكذلك اليمن ورئيس الجزائر والنظام في بلاد الحرمين استنفر لفتح وظائف

يجب أن يفهم الناس هذه الحالة النفسية فالحكام على يقين أنهم مغتصبون لحقوق الشعوب ومستعدون لتقديم تنازلات فهذا ليس حق لهم مبدئي غير قابل للتفاوض أو التنازل .

الحذر الحذر من الالتقاء معهم في منتصف الطريق لا بد من المواصلة إلى أخذ جميع الحقوق مع ملاحظة أنه إن لم تؤخذ كامل الحقوق من الحاكم فعند أقرب فرصة تتيح له اغتصاب ما أخذنا من حقوقنا فلن يترد في ذلك .

*تونس تجربة ستتحدث عن كيفية تطبيقها وأسباب قيامها لنعرف إمكانية الإطاحة بالأنظمة بناء على نقاط نحددها مع اختلافات فرعية من قنطر إلى آخر

أكثر الدول العربية تحتاج أشهر لتعبئة الشعب حتى يتطابق مع تونس ليصبح نسخ للتجربة مع تعديلات تتناسب مع كل دولة.

كان شعار مظاهرات الأردن نحن والشرطة والجيش يجمعنا رغيف العيش .

مسألة مهمة: تحييد الجيش والشرطة وتتم المعاملة معهم على ثلاثة مراحل

1. امتصاص ردة فعلهم عند خروجنا على النظام

2. تحييد

3 . استمالتهم وكسب تأييدهم . مما يعني أن تتوقف العمليات من طرفنا على الجيش والشرطة في كل المناطق وخاصة اليمن

هذا هو الجزء الثاني من المعادلة الفكرة قائمة على تحييدهم بالوعي المشترك لهم وللمجاهدين وكذلك بالمعاملة الحسنة

لعلي ذكرت مسألة استنفار كل القوى الصادقة أصحاب الرأي وأصحاب الأقلام وفي الانترنت لتلخيص وتبسيط المسائل للعوام .

من التوعية : موضع النفط نبسطه للناس بعدة طرق

الشاحنات

والأنهار في بلادنا نهر النيل ودجلة والفرات ونهر الأردن والعاصي والليطاني فضلاً عن الأودية الكبيرة في جزيرة العرب

حساب النفط الذي يخرج من الخليج (الجزائر)يذهل الإنسان نهر النيل يجري طوال السنة والسد العالي طاقته سبعة مليار متر مكعب وطول بحيرة السد العالي 400 كيلو

ما يخرج من أرضنا من نفط خلال سنة يساوي المياه الموجودة في بحيرة السد العالي

ما يخرج من أرضنا من نفط أكثر مما يجري في أرضنا من نهر الفرات أو النيل ناهيك عن أودية جزيرة العرب أيام الأمطار

*نذكّر هذا ومثال الشاحنات ثم نحن نعيش في ذيل الأمم يعتدى على مقدساتنا ونعاني الفقر والبطالة

*نبسط وندع الناس تتكلم

*لو لم تغتنم الفرصة سنبقى قروناً وأبناءنا وأحفادنا

ولمن حاول النعيم نعيم ولمن آثر الشقاء شقاء

*الثورة ينبغي أن يقودها رجال في أمور الدين والدنيا فقهاء يستوي الموت عندهم والبقاء

والحذر ممن يزاحمون النصوص بعقولهم ويقولون ماذا سيستفيد بعد أن يقتله الحاكم فهذا قول خطير واستدراك على كلام رسول الله صلى الله عليه وسلم

سيستفيد جنة عرضها السماوات والأرض فهو لم يقدم كلام الناس على كلام رسول الله صلى الله عليه وسلم

هذا أحد أكبر الضمانات لمنع الحاكم المسلم من الظلم والاستبداد هذا تدبير اللطيف الخبير فلابد أن تقدم الناس وكما ذكرنا أن القتل يحرك النفوس والدماء تحقن الدماء فمن ينكر على الحاكم سيراق دمه فتحقن دماء آخرين

دعموا على الحرب السلام وطالما حقنت دماء في الزمان دماء

العرب تقول القتل أنفى للقتل .

عدوي عدو الله من كان في الورى ولو كان من أبناء عمي وعترتي

وأقربهم مني الولي له ولو تباعد عن عيني وداري ونسبتي

*أمريكا في العقد الأخير من القرن الماضي بناءً على مراكز

من حيث الواقع فقد رأيتم كيف فرّ حاكم تونس من الذين خرجوا ينكرون عليه ظلمه وفساده .

*تجنت الجبهات الفرعية يميناً وشمالاً وتجنب مناوشة من يستدعي ذلك مع ذكر المراد لتوعية الناس .

*أمريكا في العقد الأخير من القرن الماضي بناء على مراكز الدراسات قامت بأبحاث وخططت للقرن الحادي والعشرون فقالت هذا هو القرن الأمريكي فبفضل الله سبحانه وتعالى في السنة الأولى من العقد الأول للقرن الحادي والعشرون كسر قرنها

وفي السنة الأولى من العقد الثاني انكسرت وانفكت حلقة من سلسلة التحالف الصليبي الصهيوني الملتفة على رقبة الأمة . هذا القرن هو قرن المسلمين بإذن الله .

*مراجعة ما كتبناه سابقاً عن منهج التبرير نريد منهج التزكية والنقد الذاتي ونستشهد [عليكم أنفسكم.] و[وما أصابكم من مصيبة ..] إن أصابتنا مصيبة نفتش في أنفسنا ونترك التبرير لكل خطأ /منهج التبرير في كتاب الكيلاني (مناهج التربية الإسلامية) .....بمخدرات الأمجاد .... تسليط مكبرات الصوت التي تهجوا أذى الأعداء

نستشهد بمقاطع من كتاب الكيلاني ونعزيه

هذ المنهج يجعل الإنسان لا يأتي بنتيجة .. قول العربي أوسعتهم شتماً وفروا بالإبل

*حديث أنتم أعلم بأمور دنياكم

*الأمة غارقة بشكل كبير في منهج التبرير إلا من رحم الله وما أوقعها هو أنها لم تكن تعمل بمنهج النقد الذاتي ما حصل من عبد القادر عودة رحمه الله لم ينتقد فتكرر مع الزنداني ثم تكرر مع عباسي مدني وعلي با الحاج . قراءة هذا لمناهج عند الكيلاني من ص 75 إلى ص 63

*منهج التبرير يقابله منهج النصح والإصلاح والنقد الذاتي البناء

*منهج الإطراء

*حديث إن الله يبعث لهذه الأمة على رأس كل قرن

*هناك حكام وعلماء وكتاب يبررون زلات الحاكم وظلمه وفي المقابل ...

*أولى الناس بتشجيع منهج النصح والنقد البناء هم الحكام والولاة قول عمر رضي الله عنه رحم الله امرء أهدى لي عيوبي ..مراجعته من سير أعلام النبلاء أو تاريخ الخلفاء..

*منهج التبرير يتماشى مع الوضع في الجاهلية

*انصر أخاك ظالماً أو مظلوماً كان هذا السائد في الجاهلية فوضح الرسول صلى الله عليه وسلم نصرة المظلوم هي بحجزه عن الظلم

*منهج التبرير يولد الإمعات علماء السلطان هم إمعات ويريدون من الناس أن يكونوا كأنفسهم .

*منهج التبرير يولد وما أنا إلا من غزية .. وهو ما يولد التبعية والإمعة

*منهج الالتقاء في منتصف الطريق : هو مرض انتشر في المنطقة كثير من العلماء يريد تمرير حق فيسبقه بمدح الباطل ليسمح له الباطل بتمريره .

هذا منهج خطير تنبغي مقاطعته [ودوا لو تدهن فيدهنون..]

نقتبس من كلام سيد في الظلال عند هذه الآية .

*أهمية تجسيد النصر في رفع همم الأمة .

* خطة المجاهدين.أولا إضعاف الغرب ثم الوكلاء بفضل الله الغرب وصل إلى درجة من الإنهاك والانشغال وهذه فرصة لتنفك الأمة .

* الاهتمام بموضوع الصومال .

* إعطاء تصور حقيقي للخصم .

كجزء من الحرب لا بد أن نعرف عدونا .

اعرف عدوكم نحن في حرب ولا بد أن نعرف عدونا فعدونا قبل الإسلام والذي ازداد عداء بعد الإسلام إنها الحضارة الغربية احتلت أرضنا ألف عام الاحتلال اليوناني 400 عام ثم الروماني 600 عام إلى أن جاءت الفرصة وتحررنا بمجيء الإسلام ثم عاد اعتدائها علينا في الحروب الصليبية قبل ثم تحررنا بقيادة صلاح الدين رحمه الله ثم عادت في عام ....واحتلت معظم ديار الإسلام إلى أن ثارت الشعوب المسلمة وتحررت من الاستعمار العسكري إلا أنه نظراً لضعف وعيها آن ذاك بمكر الدول الكبرى لم تتحرر من الاحتلال السياسية والاقتصادي والثقافي وبقيت الأمة مقسمة يخضع كل جزء منها لأحد وكلاء الاحتلال ينفذ مخططاته فيه فهذا تاريخ طويل كتب بالدماء والجثث والأشلاء فالحذر ....الواقع المعاصر وحضارة الغرب موقفهم من غزة قول وزيرة الخارجية الفرنسية إن سجن اليهودي الفرنسي جريمة حرب وهناك أكثر من عشرة آلاف فلسطيني مسجون عند اليهود .

ظهر للعيان حقيقة الغرب وما يدعونه من رغبتهم في نشر الحرية فيوم فرار بن علي كانت هناك طائرتان فرنسيتان ستصل إلى تونس مزودة بقنابل مسيلة للدموع ليقمع ابن علي الشعب التونسي هذه هي الحضارة الغربية .

للأمة عامة واليمن خاصة

قال أحمد شوقي طلب النصر بلا ثمن عار على أهل الفطن .

لا بد أن نتحدث باسم الواجب الشرعي والعقلي أن لا أحد يدخر أي شيء ممكن يقدمه لمسيرة الأمة من الهيمنة الغربية ووكلاؤهم ولو بكلمة ولو بدرهم وقبل ذلك وبعده بالدعاء على أعداء الأمة ووكلائهم والدعاء للأمة بالنصر وإقامة شرع الله في الأرض.

*الأحداث تستدعي الإسراع في إخراج البيان الآن نضع الجوهر والتفاصيل نلحقها به بعد إرساله.

الأوضاع في اليمن تسير بسرعة نحو الثورة والنظام فاقد صوابه ووضع الناس يحتاج تشجيع وتحذير .

1. استمالة العسكر وتذكيرهم بالله وأن الرجوع إلى الحق خير لهم في دينهم ودنياهم وأن الحاكم يفسد عليهم دينهم ودنياهم .

2. واصلوا وسينهار النظام .

3 . أ، تكون القيادة في مأمن عن قبضة الحاكم .

4. أن تكون هناك قيادات احتياطية سواء عامة أو ميدانية .

امتصاص غضب الأمن ويحيدوه ثم يستميلونه .

حتى تنجح المسألة أميل أن أدع الأمر للإصلاح ولكن أضع خريطة عمل الإصلاح حزب رسمي ومن حقهم الدعوة إلى مظاهرات إن دعونا نحن للمظاهرات فسيقول للناس أن المتظاهرين قاعدة وسيسوء القوى الشعبية في اليمن أن أدخل في أدق التفاصيل من حيث تحديد الموعد وهم سيأخذون الرسالة هذا خيار وخيار آخر أن نحدد نحن يوم ندعوا فيه لعصيان مدني ومظاهرات ومن سلبيات هذا الخيار أن الإصلاحيين سيشعرون أننا نريد أن نقطف الثمرة دونهم فليقطفوا هم الثمرة فإن ثمرتنا أكبر الانكسار بعد سقوط النظام سيدب في المنطقة بشكل إيجابي .

نحن نعطي خطوط عامة ونحذر من الانكسار في منتصف المواجهة وتكرار أخطاء عبد القادر عودة والزنداني والقيادة الجزائرية الذين كانوا تحت يد السلطة .

لابد من التضحية لعدد محدد ثم يكون النصر والتحرر من التبعية بإذن الله .

بعد سقوط علي عبد الله في هذه الأجواء بعد تونس فالنظام السعودي وأمريكا سيكون غير ما كان عليه من قبل فيما يخص اليمن سيكون لديه ضعف شديد فالإصلاح عندما يستلم في هذه الأجواء سيكون مستأسداً وينبغي أن نزيد في إشعاره بذلك فأمريكا والسعودية سيكونوا هم أصحاب اليد السفلى .

المنهج السلفي منتشر داخل الإخوان هي مرحلة إلى أن يأتي جيل ليس بعيد داخل الإخوان ويقوم بالإصلاح

نبعث للإخوة بالسياسة العامة في هذه المرحلة إسقاط الأنظمة التابعة لأمريكا يتحرك الجميع في ذلك ونهتم بنشر الوعي والفهم الصحيح للإسلام .

التأكيد على أن يكون الدستور اليمني إسلامي وهو كذلك ظاهرياً ولكن الرئيس لا يلتزم به .

*نحن أمام جيل جديد متأثر بالثقافة والثورة الإعلامية الجديدة هذا سيخرج عن النمط السائد بالضرورة و الخط السلفي هو السائد في اليمن وكثرة أنصار الإخوان لأنهم قبلنا من حيث الزمن .

*الفرق بين اليمن والجزائر أن اليمن حزب الإصلاح فيها قوي جداً والأجهزة الأمنية ضعيفة والجزائر الأجهزة الأمنية ضعيفة والأحزاب الإسلامية قمعت خلال تسعة عشر عام .

*بث نفس أننا ضد الانفصال والصبر جيد .

*قراءة باب المكونات من كتاب الخطاب العربي المعاصر لعبد الباقي ص 250 وما بعدها فيه عبارة مهمة في هذا الموضوع :الوحدة ليست مطلب شرعي فقط بل مطلب على جميع المحاور شرعي اقتصادي سياسي . إن انفصل الجنوب ضرر عليه وعلى الشمال .

الوحدة على جميع المحاور واجب شرعي وضرورة عقلية وإن لم تتم الوحدة فلن يستطيع أحد حل أزمة البطالة.

الإصلاحيين ضد الانفصال والسعودية حريصة عليه.

كلام العمري رتب الله كثيراً من سنن النهوض والسقوط على إرادة البشر .....

يكمن في النفوس وعجزها وضعف الإرادة لا بد من التضحية.... ص274 ـ272

*من المهم تجنب فتح أي جبهات فرعية التركيز على الوكيل المباشر لأمريكا .

*توجيه الخطاب لطلاب المدارس والجامعات.

*الشرط الأهم للإحياء إرادة الإحياء الأنصاري .

* لا بد من العمل على إعادة تأسيس فكرة الوحدة في الوعي العربي باعتبارها من متطلبات الحاضر والمستقبل وحاجات النهوض....

*يعتقد المفكرون العرب أن الوحدة العربية هي إحدى المقومات الضرورية والأساسية للمشروع الحضاري العربي ... تحررها من التبعية والاحتكار بل تدخلها في سلسلة التنمية والإنتاج ....ص 299 وما بعدها

* لا تتحقق الوحدة العربية ....

الكويت مثلاً ترغب في إقامة مصنع للسيارات لا يمكن ذلك فالعدد قليل جداً...مسألة التكلفة حسب العدد ... أما على مستوى الأمة نستطيع فتح مصانع كبرى فالعدد مهم.

الوحدة مهمة للدولة القطرية نفسها فهي المتنفس الوحيد السليم والطبيعي لنكون أمة واحدة وهذه الحاجة للتكتل والاجتماع........وإنما هي مسألة بقاء أو ذوبان بالتبعية و الغزو الفكري والسياسي عبر العقود نكون أو لا نكون ...ضرورة........

*إن مستقبل العرب رهين لما يستطيع العرب قطعه من خطوات عملية في طريق التعاون والتكامل والاتحاد .

*الوحدة ليست حاجة عاطفية وإنما هي ضرورة عقلية ينبغي العمل على إعادة مفهوم الوحدة في العقل العربي ....دون وحدة حقيقة لا نهضة عربية ولا تقدم ....

المهدي يقول : هناك دعوة للمسؤولين العرب ليست مشكلة ....

هي مسألة حياة أو موت وجود كيان أو تذويب.

*قواعد عامة ووصايا عامة في التحرك :

1. أن ينسى الجميع خلافاته مع تركيز الجهود على إزالة العدو الأكبر .

2. تغيير جذري والحذر من الالتقاء في منتصف الطريق ...

3 . عدم الرضى ببعض التغييرات الفرعية ولا نسمح لأحد من هؤلاء يخادعنا .

وإن هذه الثورة وتداعياتها لها دلالات كثيرة من أهمها:

1 . حجم قوة الشعوب الهائلة ... حديثه عن الشعوب ....

In the name of the Lord the merciful

Thanks to god the lord of the universe and prayers and peace be upon our prophet Muhammad and his flock, Amen.

...

There was a good opportunity when Afghanistan had Jihad but we were not able to take advantage of it ... we need to talk about it in detail.

The Afghani opportunity was lost in 1399 Islamic calendar which equates to 1979

The last opportunity for Muslims to get free from the west, before the Afghani Jihad, was when there was a military occupation that was obvious to the Arab world because it provides the reasons for the people to move and fight, but awareness was weak of the liberation as from military occupation only.

One of the last opportunities was in Algeria in 1962 and I am sorry to say there were no benefits from 1962 till now, 38 years, so when the opportunity to free Algeria came, it did not happen for four decades.

We recommend to the people to go out and establish operation rooms but we do not depend on people to do that as we are Al Qa'ida and we establish operations rooms to manage the events and the situation is dangerous and whoever is looking at the situation right now cannot imagine what we are doing for the sake of god, and we have the Internet and the like. The strong word that can be carried out. A way to a Caliphate or a way to liberate the nation.

We need to ask analysts and the educated in Tunisia and outside of Tunisia to study the Tunis experience in detail and to point to how we can use it and copy it elsewhere.

What happened in the recent past is that a new factor entered the equation and that is the information revolution technology which was not available in the past. Television was controlled by the regimes so it was an added tool for them to use to occupy our minds; and now with the new revolution which pulled the threads from the rulers and this information revolution since the Arab world was able to watch all of the satellite television and people were able to see with their own eyes what's going on instead having to hear about things from others. This resulted in changes at the root level especially after the appearance of the Al-Jazeera news channel and the appearance of the Mujahidin along with it, Al-Jazeera came on the scene in 1996. Then there was the spread of the Internet and it became available to the masses. The volume of information on the Internet is vastly larger than Al-Jazeera in terms of freedom of information.

They have the security forces and the army who think that they are righteous and whoever comes out against them spreads lies. It is important to note that security people are part of the people and when the people's awareness increases, their awareness increases too and that loosens their grip.

There is a space between the ruler and the people. The people's (space) area increases as they become more informed and aware.
The ruler's area does not stay constant. As the people's space increases it is at the expense of the ruler's. This forms a tightening around him and he finds no space for himself to stay in power and then they run like Bin Ali did. He asked the army's chief to fire on the demonstrators but the latter refused the orders, so the president asked him to resign but he refused to do that also. This forced Bin Ali to run away. Even the police did not follow his orders to shoot at the demonstrators like he wanted them to. As a result, the shooting and killing of the demonstrators was by Bin Ali's security apparatus and that is why, relatively speaking, the number of victims was somewhat low as compared to revolutions where the people rise against a ruler.

The Tunis situation can be copied throughout the region.

We point to the awareness that a ruler will not scare us as long as we are able to convince his security people, and as a result he will find no option but to step down.

We need to change the idea that security forces are the first enemy of the people.... But this can be changed.

The study of psychology is very dangerous and very important, and they say that the Jews were able to control world forces with these two sciences, sociology and psychology.

So, whoever studies psychology knows that a military person's ability to kill people is limited -especially when he is asked to kill his cousins and that is why, in most countries, when someone is sentenced to be executed by firing squad seven people are used to fire at him with only one having live ammunition; in that way everyone assumes that they were not the one who did the actual killing.

To discuss this issue in detail is very important so that people know the security forces' abilities are limited.

Kuwait is very ready for the quiet fall of the ruling family.
What will be helpful is to simplify the issue of monetary corruption in the minds of the people. As we mentioned in the examples about the petroleum and oil, while pointing out that what the Emir spent on each citizen was the result of the

Tunisian revolution and his fear that it would be repeated in Kuwait. This money can be cut off and even if it becomes permanent it can always be pulled back if regional things quiet down.

The connection between the situation of the people and the oil petroleum revolution

Whoever asks for comfort becomes comfortable and whoever looks for misery is miserable.

- It is necessary to repeat the discussion about the revolution leadership and we need to write in detail about the revolutions of Egypt and Algeria and the coups and how the situation had settled.
- Revolution leadership. Even though bravery needs live models there are many issues that man needs live models to benefit from. And under these circumstances, a leader needs to take responsibility for the people and needs to take positions that will subject some of them to being killed.

  This will happen because people are not used to this process and especially since they did not get to this stage gradually nor train to take on responsibilities.

The companions, bless them, they were the Arab atmosphere, the battling atmosphere (TN: verbatim) and one of them took on the responsibility and there is a responsible person that the prophet, lord's prayers upon him, accepted and who took his orders. Therefore the whole weight of the decision will be shared when a decision that may cost military members' lives is taken and, after training, this individual will be ready to be the first ruler (the one who starts the decision making process) and he will be able to take such decisions.

As for these leaders, Abd al-Qadir 'Awdah, bless his soul, and Zandani, and 'Abassi Madani, they did not train and, as a result, opportunities were lost.

The first incident in Egypt was not criticized and the problem was repeated and Zandani returned and repeated it and it was not studied and then Abbasi returned and repeated it.

As for me, I knew the reason because, when I tried it in Afghanistan, because I was not trained I could not .....

From here the problem was repeated and we will not be able to establish an Islamic Nation with this attitude because there is a missing episode.

(TN: Author is not articulate and he puts down thoughts lacking good clarity and flow. Translation is verbatim).

The Algerian government was able to take the position that whoever goes out will get killed and the leader of the army had behind him officials and external powers and they ordered him and he is with a non-believer and his heart is hard and he holds ill feelings towards Muslims.

The Algerian people were ready to do what was necessary but there were problems with the leadership.

It was that the leaders of the revolution were under the control of the regime so they were arrested and they were supposed to be outside; the leader that took over from them fell under heavy pressure that any untrained Muslim would fall under because there were more than one million people who were ready to come out and demonstrate if the decision were made; -even though the army announced that anyone who comes out would be killed. So he imagined the streets being full of blood and he backed down. This was to the advantage of the regime and since then the situation has settled down for 18 years.

For leadership to be under the control of the regime is counterproductive and good administration.

We mention these trials so it may become a complete plan so we won't have failed the revolution.

- The reason for the success of the Tunisian revolution is that it had no obvious leader, and if there were one then the mistake with Abd al-Qadir 'Awdah, bless his soul, would have been repeated. And the mistake of the Algerian leadership is that the senior leadership is the Labor party and if there were no head then there would be no one person to take responsibility for the report. This needs to be explained in detail so revolutions can succeed. (TN: verbatim)
- The scholars in Najd insist that there be no demonstrations and their excuse is that the ruler is a Muslim and based on the best of martyrs, Hamza, it occurred to me that if the despotic ruler achieves the best levels after the prophet and martyrs levels (TN: verbatim)

The best level for martyrdom is the position of being a leader of martyrs (TN: Unknown word) very strong until the individual sacrifices himself and says a word in front of the unjust Sultan what is there to stop three people who say the truth and their numbers could rise.

The basis of every rule is generality and whoever from among you sees something wrong should change it and the advice to the Islamic world is that with anyone that leads and resists they need 10 to go against the despotic leader (TN: verbatim)

And those who resist, what are their excuses when we are talking about a ruler who is a non-believer.

(It is a duty to go against the non-believing ruler; the Tunis situation shows that when the crowd goes into the streets they can remove him).

Sunday 18 Safar 1432

I am following the file and I delegate to the brothers that they need to organize and specify dates in their areas to get the largest numbers and popular leaders. Can you lead?

We talked about psychology and that the military person falls apart after a while and when he leaves the killing arena he starts to hallucinate, and the strongest proof of that appeared in Iraq during the war with Iran. The Iraqis dug foxholes at the border with Iran and when Khomeini sent his people in like sheep the Iraqi military opened fire and killed Iranians before they crossed into Iraq; and when the Iraqis killed so many they started to hallucinate even though they were not killing their own countrymen or their brothers in religionm but rather those who were attacking their country and wanted to occupy them; so killing them was a duty but man cannot continue to kill in large numbers.

We are clarifying this point to make people know that if they go out to protest against a ruler, they will not all be killed because that is not possible.

A reluctant ruler, if he gives in to demands a little, then he is ready to give up more as far as possible just as we note that when America pressures countries it does not accept the first offer like what happened when they asked Sudan to expel me. After that it was the first comment they made in a long line with Sudan and steps that have not ended to this day.

Today, we have a number of rulers who gave in to people's demands: The Jordanian monarch gave in to some demands and
Mauritania gave in as well as the Emir of Kuwait -also Yemen and the president of Algeria and the regime in the land of the two mosques (TN: reference to Saudi Arabia) responded by opening jobs.

So people need to understand that the psychology of the rulers is to know that they take rights of people forcibly but they are ready to compromise so there is no right that cannot be discussed and negotiated.

Warning and beware of meeting them in the middle of the road, as it is important to take back all of the rights and notice that if you don't take all of the rights from these rulers then he will take everything back at the nearest opportunity and he will not hesitate to do that.

We will talk about the Tunisian experiment and how it was executed and the reasons for the uprising so we may know how to bring down the regimes based on points that we will specify with differences from one region to the other.

In most Arab countries they need many months to fill the people so they become like Tunisia but there are adjustments to meet the situation of each individual country.

The common theme of the Jordanian demonstrations was: we, the police, and the army, we're all together for the loaf of bread for life.

Important note: Neutralize the army and the police and that can be achieved in three stages:

1- Absorb their reaction when we go out against the regime.
2- Make them neutral
3- Win their support -meaning we should stop operations against the army and the police in all regions especially Yemen.

This is the second section based on winning their neutrality with awareness between all sides and the Mujahidin and that is with civil treatment.

I think I mentioned that we need to mobilize all of the truthful voices with those who have opinions and those who use the pen and the Internet to simplify issues to the masses.

To raise awareness: The subject of oil, we need to simplify this to the people in various ways.

Trucks

And the rivers in our lands the Nile river and the Tigris andEuphrates, and the Jordan river, and the 'Assi and Litani in addition to the large valley in the Arabian Island (sic). (TN: Seems like Bin Ladin refuses to call it Saudi Arabia, he calls it the Arabian Island).

To calculate the amount of oil that leaves the Gulf and Algeria boggles the mind. The Nile runs all year and the Aswan Dam has the power of 7 billion cubic meters and the length of the Aswan Dam lake is 400 kilometers.

The petroleum that exits our lands exceeds the amount of water running thru the Nile or the Euphrates -not to mention the Arabian valleys during the rains.

- We mention that and the transport vehicles and then we live in humiliation as other nations attack our holy places and we suffer from poverty and unemployment
- Become simple and allow people to talk
- If we do not take advantage of the situation we will remain in the middle ages along with our children and grandchildren.

And whoever tries the comfort is comfortable and whoever tries misery is miserable.

- The revolution needs to be led by men of faith, who understand the world and who do not distinguish between life and death.

And beware of those who clutter their minds and say how they are going to benefit after getting killed by the ruler, because this is dangerous talk and is contrary to what the prophet, god's prayers upon him, said.

He will use a heaven that is as wide as the sky and the earth so he cannot put forward the talk of the people with that of the prophet, GPUH (TN: God's Prayers Upon Him).

This is the biggest guarantee to keep the Muslim ruler from being unjust and tyrannical, by a gentle expert approach that the people need to introduce and as we said, killing moves the people and blood produces more blood so whoever denies the ruler will have his blood spilled leading to the blood of others.

Impose peace over war, and as long as blood was spilled over time,

Arabs say that killing denies killing

My enemy is the enemy of god, even if it be my cousin and relative

And the closest one to me is the one who is loyal to him, far from my eyes and my house and my in law

(TN: Poem, verbatim)

- America is in the last decade of the last century. In reality you saw how the ruler of Tunisia escaped from those who came out to deny him his injustice and despotism.
- Avoid branches to the right or left and avoid anyone that claims that they are saying that to bring awareness to people.
- America, in the last decade of the last century based on study centers did research and planned for the 21 century.
  This is the American century but with god's largess its horn was broken in the first year of the first decade of the century (TN: eluding to 9/1).

And in the first year of the second decade, the circle of the Crusader/Zionist necklace that was around he Muslims' neck was broken. This is the century of Muslims with God's permission.

- Review what we wrote before with regard to excuses and we need a charitable and self support and we are witnesses to you and what hit you in calamity. If we have an issue we will search within ourselves and will leave excuses for every mistake /the excuses program by Al-Kilani (the program of the Islamic training) ... with euhoric drugs to point sound amplifiers that is directed against the ears of the enemy

We look at sections of the Kilani book and we respect it.

This program makes a person not come up with anything. Al-Arabi said it gave them too much cussing and they escaped by camel (TN: verbatim!).

- You are more knowledgeable in your religious affairs.
- The nation is drowning in a big way with the justification program except for who asked for god's mercy and what he did, did not work with the self supporting program which is what happened with Abd al-Qadir 'Awdah, bless his soul, he did not critique so it was repeated with Al-Zandani and 'Abassi Madani and 'Ali Al-Hajj. Reading about this program is with Al Kilani from page 63 to 75.
- The justification program is met with the advice and the self criticism programs.
- Praise program
- A thing that the lord sends this nation at the beginning of each century.
- There are rulers and scholars and writers who justify the sins of the rulers and his injustice and as a result .....
- The first people to encourage advice and self criticism are the rulers and the loyalists according to 'Umar, bless him, Amra give me my eyes and received from the nobles information or the history of the Caliphates.
- The justification program goes hand in hand with ignorance
- "Support your brother whether he is treated unfairly or even when he treats others unfairly" is a wrong thing to say since the prophet clarified that to support the one who is treated unfairly is to support justice.
- Justification program produces yes-men scholars for the Sultan. They are yes-men and they want other people to be like them.
- The program for justification is born and I am one of its victims. And this is what generates dependence and opportunism.
- The program of meeting at the middle of the road: It is a sickness that spread in the region and many of the scholars want to pass rights so they compliment the despot so he may allow them to pass the rights.

This is a dangerous program that need to be avoided The importance of using victory to raise the nation. The Mujahidin plan. First weaken the west then their agents and with god's largess the west has reached the level of exhaustion and preoccupation and that is an opportunity dismantle the nation

- Paying attention to the matter of Somalia
- Giving a realistic view of the enemy

Part of the war is undoubtedly to know our enemy.

Know your enemy as we are at war. It is necessary that we know our enemy. He was our enemy before Islam and who increased his animosity after Islam. It is the western civilization that occupied our land for 1000 years. The Greeks 400 years, the Romans 600 years. If the opportunity came and we had the chance and we became free with the coming of Islam then our enemies came back with the crusader and then we became free with Salah Al-Din (TN: Saladin), bless his soul, then they came back in the year and occupied most of the Islamic world until the Muslim people rebelled and they were freed from the military colonialism; but because of their ignorance at the time of the great powers' intentions, it was not really freed from political and economic and educational colonialism. The nation remained divided and split into sections between agents for the occupation executing their plans; so this is a long history written with blood, corpses, and the injured -so be cautious!! The present reality and the western civilization as they stand with regard to Gaza is what the French foreign minister said that if we imprison a Jew in France then it is a war crime and yet there are more than 10,000 Palestinians imprisoned by the Jews.

The truth about the west became clear and what they claim with regard to spreading freedom -because the day that Bin Ali escaped (TN: from Tunisia) there were French airplanes that were heading for Tunisia to deliver tear gas bombs so Bin Ali could beat on the Tunisian people. This is western civilization. To the Nation in general and to Yemen specifically.

Ahmad Shawqi said, he asked for victory without a price then he embarrassed the people of the nation.

We need to talk in the name of formal and mind obligation, no one should spare anything that he can offer to further the advance of the nation and protect it from the domination of the west and their agents even if it is just a word or a Dirham, and before that and after it the prayers against the enemies of the nation and their agents and the prayer that the nation will be victorious and the establishment of god's rule upon the earth.

The events call for speeding up the issuing of a report to show the key points and clarifications will follow.

The situation in Yemen is moving very fast towards revolution and a regime that lost its legitimacy and the situation of the people needs encouragement and warnings.

1- Convince the military and remind them of god and that the return to justice is better for them in their religion and their world and that the ruler is corrupting their religion and world

2- Continue and the regime will fall

3- The leadership should be safe from the hands of the ruler

4- There needs to be a spare leadership general and in the field.

They need to be able to absorb the anger of the security forces then they can turn them around (TN: co=opt them)

For the matter to succeed, I am leaning towards calling for the situation to be corrected and I draw up the map for the work of the correction work and formal group and they have a right to call for demonstrations; and if they ask us to demonstrate, then they will tell the people that the demonstrators are Al-Qa'ida and that will hurt the people's cause in Yemen. If I enter the minute details like specifying the time then they will look at the letter vey selectively. If we select a date to call for civil disobedience and demonstrations then the activists will think that we want to pick the fruits of their labor without them. So let them pick the fruit because our fruit is bigger.

The fragmentation in the region after the fall of the regime will make the area ripe for a positive response.

We are giving general instructions and we warn against being fragmented in the middle of the of the confrontation as this will be like repeating the mistakes of Abd al-Qadir 'Awdah and Zandani and the Algerian leadership who were under the control of the regime.

It is necessary to sacrifice some so there might be liberation and victory with god's permission.

After the fall of 'Ali Abdallah Salih, in this environment after
Tunis, the Saudi regime and the Americans will not respond positively with regard to Yemen, but it will be very weak, so reform in this environment will be strong and we need to increase awareness and America and Saudi Arabia will have a low hand in the matter.

The Salafi program is already known among the brothers as a generation not far from the brothers and they will produce reforms.

Brothers in general politics at this stage will be supported to help bring on the regimes that follow America and then everybody will be on the move, and we will focus on spreading awareness and the correct understanding of Islam. For sure, the Yemeni constitution is Islamic and it appears that way but the president does not follow it.

- We are in front of a new generation that is affected by education and the new information revolution; this is outside the current pattern by necessity and the Salafi line is the prevailing philosophy in Yemen. There are many Ansar brothers as they've been with us for a long time.

- The difference between Yemen and Algeria is that the Reform Party in Yemen is very strong while the security service is weak. In Algeria the security services are weak (TN: sic, but original must be in error. Should read "strong") and the Islamic parties were suppressed for more than 19 years.

- We need to spread information that we are against break up (separation) and patience is a virtue.

- The reading of the door to the happenings, in the Arabic speech by 'Abdul Baqi, page 250 and what's after it, has a very important observation with regard to this topic: Unity is not only a legitimate request, but it includes everything economic and political. If the south separates it will hurt them along with the north.

Unity is a legitimate duty for all and if unity is not established then no one will be able to resolve the unemployment problem.

Reformers are against separation and Saudi Arabia is supportive of that.

Al-'Umari said, the lord organized a lot of the steps for awakening and failures as desired by man ...

Maybe because of the self and its inability and the lack of will, it is necessary to sacrifice ..... page 272-274

- It is important to avoid opening any side fronts that focus on the direct agent of America

- Send speakers to school and college students.

- The most important condition for the living is victory for the living

- It is important to return the idea of Arab unity to the Arab consciousness because it is needed for the present and the future and the need for awakenings

- Some Arab intellectuals think that Arab unity is a necessary and basic program for the Arab civilization; it will free it from backwardness and monopoly and it will lead it to growth and production -page 299 and what follows this page.

- Arab unity will not be realized

  For example, if Kuwait wants to establish a car factory, this will not be possible since the numbers will be so small and the matter of cost is based on the numbers. But at the national level, we can open large factories so the number is important. (TN: the Arabic word used for national refers to "the greater Arab nation")

  Unity is important for Qatar itself because it is only natural that we should be one nation and this situation is for the society. So it is a matter of existing or dissolving by being invaded in the mind and politics and within decades we will stay or perish. ....necessary!.....

- The future of the Arabs will be hostage to what the Arabs can do in the way of practical steps in cooperation and complementing each other, and unity.

- Unity is not a romantic concept but a necessity that needs to be worked on in terms of planting it in the Arab mind ... without true unity there will be no progress or growth.....

  Al-Mahdi said: there is a call for the Arab officials, it is not a problem....

  It is a life or death situation, existing or dissolving

- General rules an suggestions for the movement:

1- All should forget their differences and should focus efforts on removing the greater enemy.

2- A basic change, and beware of meeting in the middle of the road.

3- Do not accept some off mainline (partial or divisive) changes and we should not allow others to trick us.

And this revolution has many points the most important ones are:

1- The size of the peoples' strength .... New to the people ....

(End of Text)

ضمن سلسلة

﴿ وَلِتَسْتَبِينَ سَبِيلُ ٱلْمُجْرِمِينَ ﴾

بيـ[٢]ـان

رسالة من الأخ المجاهد

صالح بن عبد الله القرعاوي

- حفظه الله -

إلى أهل السنة في بلاد الشام

كتائب عبد الله عزام

الأربعاء ١٨ ذي الحجة ١٤٣١هـ

الموافق ٢٤- ١١- ٢٠١٠م

ضمن سلسلة

(وَلِتَسْتَبِينَ سَبِيلُ الْمُجْرِمِينَ)

بيـ[2]ـان

رسالة من الأخ المجاهد

صالح بن عبدالله القرعاوي

- حفظه الله -

[≈

كتائب عبد الله عزام

الأربعاء 18 ذي الحجة 1431هـ

الموافق 24 - 11 - 2010 م

المصدر: (مركز الفجر للإعلام)

بسم الله الرحمن الرحيم

الحمدُ لله ناصرِ أهلِ الإيمانِ والعملِ، الذي جعَلَ سُنَّتَه في عباده:{إِنْ تَنْصُرُوا اللَّهَ يَنْصُرْكُمْ وَيُثَبِّتْ أَقْدَامَكُمْ} ، والصلاةُ والسلامُ على مَن خصَّه اللهُ بالنصرِ على عدوِّه بالرُّعبِ، الذي جُعِلَ رزقُه تحتَ ظلِّ رُمحِه، صلى الله عليه وعلى آله الأكرمين، وصحبِه المجاهدين.

من نجم الخير إلى أهلِه أهلِ السنةِ والجماعةِ في بلادِ الشام، السلام عليكم ورحمة الله وبركاته ......

أما بعد:

فإني مُحَدِّثُكمُ اليومَ حديثَ الناصحِ لقومِه، المحبِّ لأهلِه. أحدِّثُكم حديثَ الابنِ لأبيه، والأخِ لإخوانِه، وليسَ يحملني على هذا الحديث غيرُ الموالاةِ الإيمانية، والمحبَّةِ الفطريةِ، التي تجعلُني أحبُّ أن تذهبَ دنيايَ ليُحفظَ دينُكم ودنياكم، وأحملُ الهمَّ المؤرِّقَ لتصفُوَ نفوسُكم مِنَ الأكدارِ، فليسَ مبتغايَ منكم دنيا أصيبُها لنفسي، بل أنا أنشدُ عِزَّكم ورفعَتَكم، وحِفظَكم لدينِكم ودُنياكم، وليسَت تحلُو الدنيا في عيني، ولو حزْتُها كلَّها، وأنا أرى قومي وأهلي يتسلَّطُ عليهم عدوُّهم؛ فيمنعَهم مِن دينِهم، ويسلبَ منهم دنياهم، وكيف ينامُ ذو المروءةِ ولو ملك الدنيا كلَّها، وأهلُه مستضعفون يعيشون الذلَّ والهوان، يُسَجَّنُ أبناؤهم، ويُهانُ شِيبُهم، ويُخرجونَ مِن أرضِهم، وتؤكَلُ حقوقُهم كلُّها؟ يا أهلنا أهلَ الشام: إننا إن عصينا اللهَ فيكم ولم ننصرْكم، فإنَّ ذا المروءةِ والنجدةِ تأبى عليهِ نفسُه أن يرضى على أهلِه بهذا، فدافعُنا لنصرتِكم دافعٌ إيمانيٌّ، ودافعٌ جِبِليٌّ، فاسمعوا مني وتأمَّلوا في خطابي، فإن وجدتُمْ كلامي كلامَ نصحٍ ورُشد وهُدى فخذوه، وإلا يكن كذلك فاطَّرِحوه، لكن ليَكُن حكمُكم بنظرٍ متجرِّدٍ في طلب الرُّشدِ، ولا يؤثِّرْ فيه ما يلقيه إليكم شياطينُ الإنسِ الذين يزعمونَ أنَّهم إخوانكم، ثم لا ترونَ في أفعالِهم إلا طلبَ المصالحِ الشخصيةِ ولو كانَت بالتفريطِ في مصالِحِكم، فكَمْ خَدَعَنا مِن متسلِّقٍ علقميٍّ منافقٍ؛ يراعي مصالحَنا ما كان فيها مصلحتُه، ثم إذا وَجدَ مصلحتَه معَ عدوِّنا كان ظهيرَه ومعينَه علينا، ولا يؤثِّرْ عليكم كذلك إلفُ الدَّعَةِ والراحةِ القريبةِ وكراهةُ العَمَلِ والنَّصَبِ والصبرِ، فليسَت تُنتزَعُ الحقوقُ، ولا ترجعُ الكرامةُ، ولا يَسُودُ الناسُ، إلا بعملٍ جادٍّ، وصبرٍ على المشاقِّ؛ فبالتعبِ القريبِ تُطلَبُ الراحةُ الدائمةُ، وبالعملِ لدينِ اللهِ يُطلَبُ النصرُ مِنَ اللهِ.

يا أهلنا أهلَ الشامِ المباركةِ، قال اللهُ تعالى في أرضِكم التي أنتُم ساكنوها: {سُبْحَانَ الَّذِي أَسْرَى بِعَبْدِهِ لَيْلًا مِنَ الْمَسْجِدِ الْحَرَامِ إِلَى الْمَسْجِدِ الْأَقْصَى الَّذِي بَارَكْنَا حَوْلَهُ} ، قال أهلُ التفسير: قولُه: {الَّذِي بَارَكْنَا

حَوْلَهُ﴾ (الذي جعلْنا حولَه البركةَ لسكانِه في معايِشِهم وأقْواتِهم وحُرُوثِهِم وغُرُوسِهِم) انتهى.
وقالَ بعضُ أهلِ العلم: (حولَه: أرضُ الشام).
وروى البخاريُّ عن ابنِ عمرَ رضي الله عنهما، أنَّ النبيَّ صلى اللهُ عليهِ وسلمَ قال: (اللهم باركْ لنا في شامِنا).
وفي الصحيحين عن سعد بنِ أبي وقاصٍ -رضي الله عنه- أن النبيَّ -صلى الله عليه وسلم- قال: (لايزالُ أهلُ الغربِ ظاهرينَ على الحقِّ؛ حتى تقومَ الساعةُ).
قال معاذُ ابنُ جبلٍ رضي الله عنه: وهم بالشام.
وقال الإمامُ أحمدُ رحمه الله وغيرُه مِن أهلِ العلم: أهلُ الغربِ هم أهلُ الشام.
وفي كتابِ اللهِ وسنةِ رسولِه غيرُ ذلكَ مما فيه ذِكرُ فضلِ الشام، وبركتِها، والحثُّ على لزومِ أرضِها، والهجرةِ إليها، وأنَّ الحقَّ والعملَ لدينِ اللهِ لا يَخلو منهُ أهلُها.. فطُوبى لكمْ أهلَ الشام!
والشامُ وأهلُها – منذُ أن فتحَ بيتَ المقدسِ عمرُ رضي الله عنه- كانوا خيرَ ذُخرٍ للإسلامِ وأهلِه، فوقفوا في وجهِ الحَملاتِ الصليبيةِ، وكانوا مِن أوّلِ الإسلامِ مرابطين؛ لمُجاورتِهم للنصارى ومجاهدتِهمْ لهم، ومغازيهم مع النصارى والشيعة وغيرِهم مِنَ الطوائفِ المنافقة معلومةٌ؛ كما قال بعضُ أهلِ العلم.
وإنَّ هذه الفضائلَ للشامِ وأهلِها، وهذا التاريخَ المشهودَ لهم بنصرةِ الإسلامِ والجهادِ في سبيلِ الله؛ لَتُبشِّرُ المؤمنينَ بنصرِ الله، ومباركتِه لهم في أعمالِهم، وتمكينِه لهم، بشرطٍ: أن ينصروا هم اللهَ، ويعملوا لدينِه، ويتوكلوا عليه باذلينَ وُسعَهم في تحصيلِ أسبابِ النصرِ، وطَرقِ أبوابِ التمكينِ.

تحريم الظلم ووجوب إعادة الحقوق:

يا أهلَ الشامِ المباركة، إنَّ مِنْ أعظمِ الواجباتِ الدينيةِ؛ رفعَ الظلمِ وردَّ الحقوقِ وانتزاعَها بالقوَّةِ مِن الظلمةِ المتسلطينَ؛ وبه تستقيمُ الحياةُ ويذهبُ الاستضعافُ ويسودُ العدلُ وتذهبُ الفتَنُ ، كما قال تعالى: ﴿وَمَا لَكُمْ لَا تُقَاتِلُونَ فِي سَبِيلِ اللَّهِ وَالْمُسْتَضْعَفِينَ مِنَ الرِّجَالِ وَالنِّسَاءِ وَالْوِلْدَانِ الَّذِينَ يَقُولُونَ رَبَّنَا أَخْرِجْنَا مِنْ هَذِهِ الْقَرْيَةِ الظَّالِمِ أَهْلُهَا وَاجْعَلْ لَنَا مِنْ لَدُنْكَ وَلِيًّا وَاجْعَلْ لَنَا مِنْ لَدُنْكَ نَصِيرًا ۝ الَّذِينَ آمَنُوا يُقَاتِلُونَ فِي سَبِيلِ اللَّهِ وَالَّذِينَ كَفَرُوا يُقَاتِلُونَ فِي سَبِيلِ الطَّاغُوتِ فَقَاتِلُوا أَوْلِيَاءَ الشَّيْطَانِ إِنَّ كَيْدَ الشَّيْطَانِ كَانَ ضَعِيفًا﴾ ، وقال تعالى: ﴿وَقَاتِلُوهُمْ حَتَّى لَا تَكُونَ فِتْنَةٌ وَيَكُونَ الدِّينُ لِلَّهِ فَإِنِ انْتَهَوْا فَلَا عُدْوَانَ إِلَّا عَلَى الظَّالِمِينَ﴾ ، ويدخلُ في الفتنةِ صدُّ الناسِ عن دينهم، واستضعافُ المنافقينَ للمؤمنين، وكلُّ ظلمٍ فهو فتنةٌ.

ويكونُ الدينُ للهِ؛ إذا ارتفعَ تسلُّطُ الظلمةِ – مِنَ الباطنيةِ الشيعةِ وغيرِهم- عن أهلِ الإسلامِ وبلادِ المسلمينَ، وإذا لَم يكُن على عبادِ اللهِ – مؤمنِهم وكافرِهم- سلطانٌ غيرَ سُلطانِ اللهِ العَدلِ الحقِّ؛ الذي لا ظُلمَ فيه لمؤمنٍ ولا لكافرٍ، بل كلُّهم يعيشُ مستوفيًا حقوقَه التي تكْفلُها له شريعةُ اللهِ، في حفظِ نفوسِهم وأموالِهم وأعراضِهم، ونصرةِ مظلومِهم، والانتصارِ لضعيفِهم، حتَّى قال بعضُ أهلِ العلمِ: إنَّه إن اعتدى معتدٍ على أهلِ الذمةِ؛ وَجَبَ الجهادُ لذلكَ، وبُذِلَت في سبيلِ ذلك نفوسُ المسلمينَ وأموالُهم؛ حتى لا تكونَ فتنة، فشريعةُ اللهِ تحرِّمُ الظلمَ أبدًا، لا تفرِّقُ في ذلك بين مؤمنٍ وكافرٍ، أو عربيٍّ وأعجميٍّ؛ وقد جاء في صحيح مسلمٍ عَن أبي ذرٍّ –رضي الله عنه- عن النبيِّ – صلى الله عليه وسلم- فيما يرويه عن ربِّه جل وعلا أنه قال: (يا عبادي، إني حرّمتُ الظلمَ على نفسي، وجعلتُه بينكم محرَّما؛ فلا تظالموا ...) الحديث .والضميرُ في قوله تعالى (بينكم) يرجعُ إلى قوله (عبادي) فهو عامٌّ يَشملُ كلَّ عبادِ اللهِ؛ فلا عبرةَ هنا بكونِ الظالمِ مسلمًا أو كافرًا، ولا بكونِ المظلومِ مسلمًا أو كافرًا؛ فيجبُ نصرةُ المظلومِ أيًّا كان دينُه وجنْسُه، ويجبُ دفعُ الظالمِ وردعُه أيًّا كان؛ وسواءٌ كان الظالمُ نظامًا أم مؤسسةً حكوميةً أم حزبًا أم طائفةً أم كان فردًا مِن الأفرادِ .ونحن إذا نظرْنا إلى أحوالِ أهلِنا في لبنانَ وسوريَّةَ وسائرِ بلادِ الشامِ؛ وَجدْنا أنَّهم مِن أعظمِ الطوائفِ المظلومةِ المستضعفةِ في هذا الزمانِ، فالظلمُ نازلٌ بهم بكلِّ صورِه، وبأعظمِ مستوياتِه؛ فهو ظلمٌ في الدينِ وظلمٌ في الدنيا؛ على يَدِ الطوائفِ المهيمنةِ على عبادِ اللهِ في أرضِ الشامِ، الناهبةِ لثرواتِها، المفسدةِ لها؛ مِنَ الباطنيةِ العلويةِ والشيعةِ الصفويةِ، وأنا أمهِّدُ لندائي لكُم يا أهلي أهلَ السنةِ مِن أهلِ الشامِ، بتساؤلات :

– لماذا لا يستجابُ لدعاوى رفعِ الظلمِ إلا إذا كانَت هذه الدعاوى مِن رَحِمِ الطائفةِ الشيعيةِ؟

– لماذا يتجاهلون ما وقع عليكم يا أهلَ السنةِ من قبيحِ الظلمِ وعظيمِ الجرائمِ؟

– ولماذا لا يُفتَح تحقيقٌ في مصيرِ مئاتٍ ممَّن قُتلوا مِن التعذيبِ في السجونِ، ومَن قُتلوا بدمٍ باردٍ في الطُّرُقاتِ وتُركوا تخضِّبُهم دماؤهم؛ على يدِ هذه الطائفةِ الشيعيةِ الظالمةِ وأذرُعِها في البلدِ؟

– ولماذا لا يُحاسَبُ مَن قتل أهلَ السنةِ في السابعِ من آيارَ، مع أنَّ زعيمَهم الآثمَ يتبجَّحُ بذلك اليومِ، ويَعُدُّه يومًا مجيدًا من أيامِ المقاومةِ الشيعيةِ المزعومةِ؟

– ولماذا لا تُردُّ حقوقُ الأُمَّهاتِ الثكالى، اللاتي قُتِلَ أبناؤهنَّ على أيدي عناصرَ مِنَ الجيشِ يغطِّيها بل
ويؤزُّها حزبُ الشيعةِ ؟

– ولماذا لا يُحاسَبُ النظامُ العلويُّ على جرائمِه الكثيرةِ في لبنانَ وسوريَّةَ؟

كخطفه للمئاتِ مِنْ مدينة طرابلسَ في تشرينَ الثاني سنةَ ألفٍ وتسعمئةٍ وستٍّ وثمانينَ؟ ثم تصفيتِه لهؤلاءِ المخطوفين، حتى وُجِدَت جُثَثُهم بالعشرات؛ ملقاةً في أحياءِ طرابلسَ وضواحيها.

وكما فعلَ المجرمونَ؛ فيما عُرِفَ بمجزرةِ حماةَ.

وما فَعَلُوا في سجنِ تدمُرَ.

وما كانَ مِنهُمْ في سِجنِ صيدنايا.

وكفتكِ هذا النظامِ العلويِّ وبطشه بالأكراد في شمالِ سوريةَ؛ فأينَ محاكمهم من هذا كلّه؟ وهل هذه الجرائمُ معدودةٌ حتى تُغتَفرُ؟ وهل انقطَعَت هي أو آثارُها حتى تُنسى؟ بل هي كثيرةٌ جدًّا.. ومُتكرِّرةٌ أبدًا... فهي سُنَّةُ اللهِ الدائمةُ.. والنصرُ كذلك لا يكونُ إلا بفقه سنة الله وبطاعته.. ولم يقلِ اللهُ لنا: إن تستنصرُوهُمْ ينصرُوكم، بل قالَ تعالى ضِدَّ هذا؛ قال: {أَيَبْتَغُونَ عِنْدَهُمُ الْعِزَّةَ فَإِنَّ الْعِزَّةَ لِلَّهِ جَمِيعًا} ، فمَن طلبَ النصرَ مِن عدوِّ اللهِ وعدوِّه زادَ ظلمُه وهوانُه، وما النصرُ إلا مِن عندِ اللهِ، وما العزةُ إلا بطاعةِ أوامره، وإن تنصروا اللهَ ينصرْكم، وزوالُ الفتنة مِن الظلمِ والقهرِ، وزوالُ سلطانِ الظلَمة، وعلُوُّ العدلِ بين الناس؛ لا يكونُ إلا بالقوةِ كما قال تعالى: {وَقَاتِلُوهُمْ حَتَّى لَا تَكُونَ فِتْنَةٌ وَيَكُونَ الدِّينُ لِلَّهِ} ، ولو كان لذلك سبيلٌ أهدى مِنَ القوّة لوجدناهُ في كتابِ الله، فإن فيه النورَ والهدى تامَّين كاملَين، قال تعالى :{وَأَنَّ هَذَا صِرَاطِي مُسْتَقِيمًا فَاتَّبِعُوهُ وَلَا تَتَّبِعُوا السُّبُلَ فَتَفَرَّقَ بِكُمْ عَنْ سَبِيلِهِ ذَلِكُمْ وَصَّاكُمْ بِهِ لَعَلَّكُمْ تَتَّقُونَ} إلى قوله: {وَهَذَا كِتَابٌ أَنْزَلْنَاهُ مُبَارَكٌ فَاتَّبِعُوهُ وَاتَّقُوا لَعَلَّكُمْ تُرْحَمُونَ ۝ أَنْ تَقُولُوا إِنَّمَا أُنْزِلَ الْكِتَابُ عَلَى طَائِفَتَيْنِ مِنْ قَبْلِنَا وَإِنْ كُنَّا عَنْ دِرَاسَتِهِمْ لَغَافِلِينَ ۝ أَوْ تَقُولُوا لَوْ أَنَّا أُنْزِلَ عَلَيْنَا الْكِتَابُ لَكُنَّا أَهْدَى مِنْهُمْ فَقَدْ جَاءَكُمْ بَيِّنَةٌ مِنْ رَبِّكُمْ وَهُدًى وَرَحْمَةٌ}.

ولذا؛ فإنَّنا في كتائبِ عبد الله عزام؛ نطالبُ بتشكيلِ لجانٍ شرعية، يقومُ عليها أهلُ العِلمِ مِنَ القضاةِ الأمناء؛ مِن أيِّ بلدٍ، يُحَكّمونَ في هذه المظالمِ شرعَ اللهِ، ليردُّوا الحقوقَ إلى أصحابها، ويرفعوا الظلمَ عَن المستضعفين، ويَقضوا في دماءِ المسلمين المسفوكةِ، وأعراضِهم المنتهكةِ، وأموالِهم المسلوبةِ، وأرضِهم المغتصبة؛ يقضون في كلِّ ذلكَ بحكمِ اللهِ فيه، ويَدُلُّون أهلَ الإسلامِ إلى سُبلِ تطبيقِ هذه الأحكامِ الربانيةِ، لئلا تكونَ حقًّا معروفًا في الضمائرِ، موجودًا في الأمانيِّ، يخلو منهُ الواقعُ!

فإلى متى نرى هذا الظلمَ جاريًا على أهلِ السنةِ، وحُرُماتُهم مُنتهكةً، وليس ثَمَّ من أهلِ الإسلامِ مَن يُحرِّكُ ساكنًا نصرةً لإخوانه وأهله؟

أينَ العملُ بما تعْلَمُه العامَّةُ مِن أهلِ الإسلامِ – فضلا عن الخاصة- مِن وجوبِ نصرةِ المظلومِ، وحرمةِ

خذلانه؟

بل أينَ عملُ السياسيينَ بالقانونِ الذي يَجعلونَ سلطانَه على أنفسهم وعلى عبادِ الله فوقَ سلطانِ الشرع؟ ألَمْ يَعِد السياسيونَ بمحاسبةِ مَن بَطَشَ بأهلِ السنةِ وظَلَمَ وقتلَ وأجرَم؟ فأين المحاسبةُ؟ ولماذا هذه التغطيةُ؟ ولماذا يُسامُ أهلُ السنةِ في عمومِ بلادِ الشامِ أشدَّ العذابِ لعقودٍ طِوالٍ، فلا ينتصرُ لهم أحدٌ ولا يدافعُ عَنهم صاحبُ دينٍ أو قانونٍ يزعم صاحبه فيه العدل؟

لماذا لا يحاسَبُ عناصرُ المخابراتِ الذين يأسُرونَ الأبرياءَ، ويعذبون الأسرى، ويُقَتِّلونهم في سجونِهم؟ لماذا لا يحاسَبون هم ومن يقفُ وراءهم ويدعمُهم؟

ولماذا يتهرَّبُ القضاةُ الظلمةُ مِن نصرةِ الأسرى بقانونِهمُ الذي يدينونَ به؛ بقولِهم إذا اشتكى لهمُ الأسرى مِنَ التعذيبِ: إنَّ هذا ليس مِن اختصاصِ المحكمة؟ فأيُّ عدلٍ يُرجى مِن قاضٍ ليسَ مِنِ اختصاصه النظرُ في المظالم؟ فكأنَّهم يقولون: إنَّما دَرَسْنا ثُمَّ وُضِعْنا قضاةً، وإنَّما صُرِفَتْ أموالُ الدولةِ في رواتبنا وإنشاءِ محاكِمنا، إنما كان ذلك لا لشيءٍ ممَّا نُزخرِفُ به محاكِمَنا مِنَ العباراتِ الدالةِ على تحقيقِ العدلِ، ولا لأمنِ هذه الدولةِ وأمنِ مواطنِيها ..إنَّما وُضِعْنا هنا لظُلمِكُمْ يا أهلَ السنةِ! ولإصدارِ أحكامِ الإعدامِ لشبابِكُم يا أهلَ السنةِ! ولإفناءِ أعمارِ أبنائكُمْ في السجونِ يا أهلَ السنةِ!

أحكامُهم وتصرُّفاتهم تقولُ هذا وإن كذَبَتْ بقولِ غيرِه ألسنَتُهُمْ، بل إن ألسنتَهم كثيراً ما تقولُ ما يدلُّ على ذلك.

فهل عرَف أهلُ السنةِ مَن يغطِّي جرائمَ المحاكمِ العسكريةِ أداةِ القهرِ الشيعيةِ، ومَن يحمي ضباطَ المخابراتِ التابعين في حقيقةِ الأمرِ للشيعة؛ ممن يقومون على أشدِّ صورِ تعذيبِ أبنائكم المستمرِّ إلى اليوم؟

باكورة الخطوات العملية:

يا أهلَنا أهلَ السنةِ والجماعة، لقد سمعتُم ما صدَرَ مِن أقطابِ ما يُسمَّى بالمعارضةِ أخيراً مِن رفضِهم التعاملَ معَ المؤسساتِ الأمنيةِ لمخالفيهم، وطَلَبِهم التمرُّدَ عليها، وعدمَ الاستجابةِ لها، وأنها ما هي إلا عصابةٌ ومافْياتٌ كما ذكروا، فإن كان ما ذكروه حقًّا من كونها مافيات؛ كان مِن حقِّهم أن يَدعوا لذلك جلباً لمصالحِ طوائفِهم. هذا؛ غيرَ أنَّ المعارضةَ نفسَها كانت مِنْ قبلُ أقرَّتْ تلك المؤسساتِ -في اتفاقِ الدوحةِ المشهورِ- ودخلوا معَهم في حكومةِ وفاقٍ وطنيٍّ؛ بكاملِ رضاهم، وعلى ما يَشتهونَ مِنَ الشُّروطِ، ثمَّ بعدَ ذلك انقلبوا على الوفاقِ، ونازَعوا بعدَ الاتِّفاقِ، وحالُ تلك المؤسساتِ هو حالُها لم يتغيَّر، فما الذي تغيَّرَ؟

ونحن هنا ندعو أهلَنا أهلَ السنةِ دعوةً دافعُنا إليها ليس خصومةً سياسيةً ومصالحَ شخصيةً، بل هو إحقاقُ

الحقِّ وإحلالُ العدلِ، وعُمدتُها فيه ليس أمراً نزعمُه على خصمٍ قد يكون صدقًا وقد يكون كذبًا؛ بل هو ما تعرفونَه جميعًا وتعايشونه وتشتكونَه وتعانون منه.

فندعوكُمْ إلى مقاطعةِ المؤسساتِ الظالمةِ لكُم والمضيعةِ لحقوقِكُمْ أيًّا كان انتماؤها، وبخاصة مخابراتِ الجيشِ وعساكرِه؛ فلترفضوا التعاملَ مع حواجزِه، ولتدعوا إلى عدمِ الانصياعِ لمطالبِه، ولتضغطُوا بكلِّ وسيلةٍ من شأنها أن تؤدي إلى إيقافِ حملاتِ الاعتقالاتِ الظالمةِ، وحوادثِالقتلِ والتعذيبِ، ولتتكاتفوا في سبيلِ ذلك بكلِّ أطيافِكُمْ تكاتُفًا حقيقيًّا عمليًّا يُرى أثرُه على الأرضِ، ولتتَحرَّكوا بالحكمةِ بدفعِ العلماءِ وطلبةِ العلمِ والدعاةِ والخطباءِ والوجاهاتِ السنيةِ التي ليس لها انتماءٌ مشبوهٌ؛ والتي لا تعملُ لهدفٍ غيرِ نصرةِ قضايا أهلِ السنةِ وانتزاعِ حقوقِهم؛ ليتصدَّروا هذا الأمرَ، ويُطالبوا بنظيرِ ما طالَبَ به القومُ.

وأنتم لستم بحاجةٍ إلى أن يثبتَ لكم أحدٌ أنَّ هذه المؤسساتِ لا تعملُ لمصلحةِ البلدِ ولا لأمنِه ولا لتحقيقِ العدلِ في مواطنيه؛ فلماذا لا تقومُ مخابراتُ الجيشِ بالمداهماتِ إلا على بلَداتِ أهلِ السنةِ؟ ولماذا لا تنتشرُ الحواجزُ الأمنيةُ إلا في بلَداتكم وأحيائكم؟ ولماذا لا نرى حاجزًا للجيشِ أو لغيرِه من المؤسساتِ الأمنيةِ في مناطقِ الشيعةِ كالضاحيةِ مثلاً؟

فالمطلبُ العدلُ والدعوةُ الحقُّ الآنَ؛ أن ندعُوَكم إلى منعِ التعامُلِ معَ مخابراتِ الجيشِ ومعَ حواجزِه التي توجَدُ اليومَ بكثافةٍ في مناطقِكُمْ، وإلى أن تُبدُوا رفضَكُمْ لهذا الظلمِ البيِّنِ الواقعِ عليكُم، والذي هو –بلا شكٍّ– بتسليطٍ من حزبِ اللهِ يَؤُزُّ إليه أذرعتَه في مراكزَ حساسةٍ في الجيشِ. ونطالبُكم أيضًا بتوثيقِ ما يَنزِلُ بكم من الظلمِ وما يَلحقُ بكُمْ مِنَ الأذى بالصوتِ والصورةِ ما أمكنَ ذلك؛ فإنَّ الإعلامَ الموثَّقَ هو سلاحُ العصرِ الأقوى، وحتى يكونَ على ما نقولُ أدلةٌ عينيةٌ تُظهرونَها للأمَّةِ الغافلةِ عَنكم، هذا؛ وعِندنا من ذلك حقائقُ هامَّةٌ ووقائعُ أليمةٌ سنكشفُها لكم في أوانِها بإذنِ اللهِ.

الكيل بمكيالين:

ودونكم هذه المفارقةَ العجيبةَ، التي نرجو أن تتأملوها وتفقهوا دلالاتِها، أليستِ الانتهاكاتُ التي تقعُ لكم –يا أهلَ السنة– وحوادثُ القتلِ والتعذيبِ؛ تمرُّ دونَ تحقيقٍ؟ بل ولا يُسمَحُ لكُمْ حتى برفعِ شكوى صوريةٍ؛ وهي صوريةٌ لأنَّكم بالشكوى تخاصمونَ ظالمَكُمْ إلى نفسه؛ ففيه الخصامُ وهْوَ الخصمُ والحَكَمُ! ومعَ ذلك لا يأذنونَ لكم بالشكوى؛ إمعانًا منهُم في الظلمِ والإذلالِ، فماذا يُقابِلُ هذا؟ يقابلُه أنَّه إذا وقعَ حادثٌ أوِ انفجارٌ في مناطقِ الشيعةِ التي يسيطرونَ عليها سيطرةً تامَّةً كالضاحيةِ مثلًا، أو في منازلَ محسوبةٍ على عناصرِ الحزبِ في الجنوبِ اللبنانيِّ؛ إذا وقع ذلك فإنَّ الحاصلَ –باعترافِهم هم– أنْ

يُنشئ الحزبُ طوقًا أمنيًّا ويُبعدَ الناسَ عن مكانِ الحَدَثِ، ويأتي الجيشُ متأخِّرًا بعدَ أن يستأذنَ الحزبَ فيأذنَ له الحزبُ؛ ليُنشئ طوقًا خلفَ طوق الحزبِ، وهذا ما شاهدَه كثيرٌ منَ الثقاتِ بأعينِهم، ثمَّ بعد أن يفرغَ الحزبُ مِنْ تنظيفِ المكانِ وعملِ ما يلزمُ لتغييرِ ما يريدونَ؛ يأذنُ لِمَنْ شاءَ بالمعاينة؛ إذنَ السيِّد المتصرِّف لِمَنْ تحتَ يدِه! ولا يجرؤُ أحدٌ على الاعتراضِ ولو بالكلامِ.

وهذه المهزلةُ حقيقةٌ بأن تكونَ فصلاً من فصولِ مَلهاة؛ تثبتُ أنَّ القانونَ الذي أزالوا باسمه سلطانَ الشرعِ لا سُلطانَ له إلا على أهلِ السنةِ، وأما الحزبُ فهو فوقَ كلِّ سلطانٍ سماويٍّ أو وضعيٍّ، فهو لا يخضعُ إلا لمحرِّكيه في الخارجِ؛ وحدَهُمْ لا شريكَ لهُمْ. فإنَّ مِنَ المبادئِ الإجرائيةِ التي يعرفُها المحامون وقضاةُ التحقيقِ وكلُّ القانونيينَ؛ يعرفونَها بالضرورةِ مِنَ القانونِ الوضعيِّ الإنجلوسكسونيِّ، أو القانونِ الفرنسيِّ الذي تحكمُ به دُوَلُ العالَمِ؛ أنَّ مِن شروطِ سلامةِ التحقيقِ – إن كان هناك تحقيقٌ أصلاً- أنْ يكونَ قاضي التحقيقِ الجنائيِّ أوَّلَ مَن يحضرُ لمعاينة مكانِ الحادثِ، وأنْ يُمنَعَ إحداثُ أيِّ طوقٍ على الموقعِ إلا بأمرِه، وأن تُحدثَ السلطاتُ المختصةُ المكلَّفةُ بالحادثِ هذا الطوقَ، ولا يجوزُ في شرعةِ القانونيينَ أن يكونَ الطوقُ مِن غيرِهم، ومِنَ الشروطِ أيضًا أن يباشرَ هذا القاضي فورَ حضورِه استجوابَ الشهودِ المعاينينَ؛ ويعاينَ هو بنفسِه محلَّ الحادثةِ ويتفحَّصَه، ويُوَثِّقَ كلَّ ما يَجِدُ من أدلةٍ وقرائنَ وعلاماتٍ تبيِّنُ معلوماتِ الحادثِ وتساعدُ في التحقيقِ؛ ويحفَظَها، كرفعِ البصماتِ ونحوِ ذلك منَ الإجراءاتِ الجنائيةِ المعروفةِ، لكن هذه الإجراءاتِ لم تطبَّقْ أبدًا في أيِّ حادثةٍ حصلت في مناطقِ الشيعةِ، بل الحاصلَ المطبَّقَ عمليًّا هو ما ذكرناه؛ من تطويقِ الحزبِ للمكانِ وإخفائه لكلِّ ما يريدُ مِنَ الأدلةِ وطمسه لما يشاءُ مِنَ المعالمِ والأماراتِ، ثم إذنِه لِمَن شاءَ بمعاينةِ المكانِ، فأيُّ قيمةٍ عندَ الجنائيين لهذه المعاينة؟ هي بلا شك ليس لها أيُّ قيمةٍ؛ بل هيَ تجعلُ ادِّعاءَ سيادةِ القانونِ على الجميعِ؛ نادرةً يَضحكُ منها الناسُ، وكَذبةً يَردُّها العقلاءُ.

سورية الأسيرة:

ثمَّ أعرِّجُ على أهلِنا في سوريَّةَ الأسيرةِ، لأذكِّرَهُمْ بأنَّ دورَهم –في مُقبلاتِ الأيامِ – هامٌّ جدًّا ورئيسٌ في توجيه أحوالِ أهلِ السنةِ في عمومِ بلادِ الشامِ؛ إلى عزةٍ وعلوٍّ أو إلى مزيدِ تدنٍّ وذُلٍّ. هذا لأن الحكومةَ العلويةَ المجرمةَ هي القائدُ الميدانيُّ للمعركةِ في بلادِ الشامِ عمومًا، وفي لبنانَ بنحوٍ مؤثِّرٍ، وأمنُ لبنانَ واستقرارُه مرتبطٌ بتقليلِ نفوذِ الحكومةِ العلويةِ في لبنانَ وتحركاتِها فيها، فإنَّ دورَكُم أنتم في رفعِ الظلمِ عَن أهلِكم في لبنانَ عظيمٌ لو تعلمونَ، ولا يجوزُ بحالٍ أن يبادَ أهلُكم في فلسطينَ ولبنان، بأيدي اليهودِ والحكومةِ العلويةِ، ثمَّ يَسلمون – أعني اليهودَ والعلويةَ وتابعيهم مِنَ الطوائفِ الباطنيةِ- مِنَ المقابلةِ والردودِ المماثلةِ، فإنَّ التمكينَ

للبعضِ منا في بلادِ الشامِ لا يكونُ إلا بعملٍ مِن الكلِّ، ولا يكونُ إلا تمكينًا للكلِّ؛ وإنَّ المصيرَ واحدٌ كما أنَّ الدينَ واحدٌ، فإذا كان لأهلِنا الأبطالِ في سوريَّةَ حركةٌ وعملٌ؛ كان التوازن بيننا وبين أعدائنا يحصلُ شيئًا فشيئًا؛ وخفَّ الضغطُ عَن أهلِنا في لبنانَ وقويَ أمرُهم، وإذا قويَ أمرُهم كانَت بدايةُ نهايةِ تسلُّطِ الباطنيةِ على بلادِ الشامِ، فالعملُ يتكاملُ ومجراه واحد، ولا يصحُّ أن تأمنَ الحكومةُ العلويةُ وطائفتُهم وأتباعُهم مِنَ العقوبةِ ويَسلموا مِنَ النَّكالِ .

نجاد واليهود:

وأمَّا راعيةُ الباطنيةِ والقائدُ العامُّ لمشروعِهم الاحتلاليِّ؛ إيرانُ الصفويةُ؛ فقد رأى العالَمُ كلُّه رئيسَهُمُ المنتخبَ بقوَّةِ السلاحِ! رآه العالَمُ كلُّه يمثِّلُ مسرحيتَه الهابطةَ المكرورةَ المملةَ، مِن زيارتِه لجنوبِ لبنانَ، وتكرارِه لتهديداتِه الجوفاءِ لليهود، التي هي تكرارٌ لحديثِ أسلافِه الذين كانوا {إِذَا لَقُوا الَّذِينَ آمَنُوا قَالُوا آمَنَّا وَإِذَا خَلَوْا إِلَى شَيَاطِينِهِمْ قَالُوا إِنَّا مَعَكُمْ إِنَّمَا نَحْنُ مُسْتَهْزِئُونَ ۝ اللَّهُ يَسْتَهْزِئُ بِهِمْ وَيَمُدُّهُمْ فِي طُغْيَانِهِمْ يَعْمَهُونَ} ، فهو يهدِّدُ اليهودَ والأمريكان، ويجولُ بحريته، ويظهرُ علنًا، ولو كان اليهودُ يريدونَ قتلَه لقتلوه بيُسرٍ، فطائراتُهم تحتلُّ سماءَ لبنانَ وتحلِّقُ فيها؛ لكنْ حمايةً له لا تهديدًا.. فماذا لو ظهر أحدُ قادةِ الجهادِ علنًا كما ظهر نجاد؟ بل إنَّ جواسيسَ اليهودِ يكشفونَ لهم تحركاتِ مَن يحرصُ ويتخفى ليَقتلوه؛ ، بل إنَّهم يحرصون على قتلِ أفرادِ المجاهدين لا على قادتِهم فحسب؛ كما فعلوا مِرارًا بشبابِ الجهادِ في غزةَ مع حرصِهم على التخفي، فهل سماءُ لبنانَ أعصى عليهم مِن سماءِ غزةَ؟ كلا واللهِ.. وهل الشبابُ الصغارُ مِنَ المجاهدينَ أهمُّ عندَهم مِنْ رئيسِ دولةٍ معاديةٍ بحجمِ إيران مع ظهورِه علنًا؟ نعم؛ إذا كانَ العداءُ الظاهرُ باللسانِ، تخالفُه حقائقُ الأفعالِ، وكان بينهم في الباطنِ مِنَ التنسيقِ والتشاورِ والتفاهُمِ ما يجعلُه حليفًا لهم في هذه المرحلة.

فأينَ أهلُ القلوبِ الفقيهةِ والعقولِ النبيهةِ والبصائرِ النافذةِ من إدراكِ حقائقِ تلك العداوةِ الكاذبةِ؟ إنني أؤكِّدُ اليومَ على ما جاء في بيانِ الكتائبِ الأولِ بشأنِ قدومِ نجاد إلى لبنان؛ مِن أنَّه لم يأتِ إلا لتفقُّدِ حزبِه ودعمِه، وإشارةً إلى أنَّ لبنانَ له إقطاعًا، كما يفعلُ قادةُ أمريكا في قدومِهم إلى العراقِ وأفغانستان التي تحتلُّها جيوشهم؛ فهم في ذلك سواء. وما تحركات نجاد الواسعة في المنطقة، وتفاهمات إيران السياسية مع عددٍ من الدولِ؛ إلا للتهيئةِ لذلك، ولتكون تلك الصفقةُ الخسيسةُ أمرًا واقعًا.

وتذكروا يا أهلَ السنة، أنَّ (كذّاب الضاحية) زعيمَ حزبِ الله قد افتخرَ قريبًا بولايةِ الفقيه، وكرَّر اتهامَه للمجاهدينَ مِن أهلِ السنةِ بأنَّهم عملاءُ لليهودِ والأمريكانِ، فكان كما في المثل: رمتني بدائها وانسلَّت. واعلموا أنَّ الحزبَ قد جمع السلاحَ ليستعملَه في الصراعاتِ الداخليةِ؛ في ذبحِ أهلِ السنةِ والجماعةِ؛ وهذا ما

هددوا به، ورده كبارُ معمميهم، متخذين المحكمةَ الدولية مبررا لذلك.

والتاريخُ شاهدٌ على خيانتِهم للملةِ، وتآمرِهم على الإسلامِ وأهله منذُ نشأةِ دينِهم المبتَدَعِ؛ بَدءًا بما فعلَه واضعُ دينِهم؛ ابنُ سبأ اليهوديُّ، وما خلَّفه مِن فتنٍ، ثمَّ كان تآمرُهم مع التتارِ وتسليمُهم العراقَ لهم، وظهورُ دولتِهم العبيديةِ في مصرَ، واستعبادُهم لأهلِ السنةِ فيها، ثم تآمرُ دولتِهم الصفويةِ مع الصليبيين في قتالِ المسلمين، ثم تآمرُهم اليومَ مع الصليبيين واليهودِ في حملتِهم على بلادِ الإسلامِ؛ في أفغانستانَ والعراقَ، والآنَ في بلادِ الشامِ، التي بدؤوا فيها بحمايةِ حدودِ اليهودِ، ثم سينتهونَ إلى ابتلاعِ الشامِ بتنسيقٍ خسيسٍ مع الصليبيينَ واليهود. لكننا نحسبُ أنَّ لحمَ أهلِ الشامِ سيكونُ مُرًّا علقمًا على أبناءِ العلقميِّ الباطنية بإذن الله تعالى، وسيفسد اللهُ صفقتَهم بجهادِ أهلِ السنة، كما أفشل مشروعات هذا الحلف الآثم في العراق وأفغانستان بجهاد أهلِ السنة، قال الله تعالى في كتابه العزيز: {وَإِذْ يُرِيكُمُوهُمْ إِذِ الْتَقَيْتُمْ فِي أَعْيُنِكُمْ قَلِيلاً وَيُقَلِّلُكُمْ فِي أَعْيُنِهِمْ لِيَقْضِيَ اللّهُ أَمْراً كَانَ مَفْعُولاً وَإِلَى اللّهِ تُرْجَعُ الأُمُورُ}.

والحاصلُ أن الفرسَ الشيعةَ وأتباعَهم مِن سائرِ الشيعةِ سيلتقون معَ اليهودِ؛ في اتِّباعِ المسيح الدجالِ، لحربِ أهلِ الإسلامِ في آخرِ الزمان، كما أخبر بذلك الصادق المصدوق صلى الله عليه وسلم، فقد جاء في صحيح مسلم عن إسحاقَ بنِ عبدِ الله، عن عمِّه أنسِ بنِ مالك، أن رسول الله صلى الله عليه وسلم قال: (يتبعُ الدجالَ مِن يهودِ أصبهانَ سبعون ألفًا، عليهم الطيالسة).

مكر حزب الله الشيعي:

إنَّ حزبَ الله ما زال في غيِّه سادرًا؛ وبتهديداته الصورية هاذرًا، وفي مشروعه الحقيقيِّ للهيمنة على لبنانَ سائرًا، ولسانُ حالِه يقول: {مَنْ أَشَدُّ مِنَّا قُوَّةً} ؟ فنقول له: {أَوَلَمْ يَرَوْا أَنَّ اللَّهَ الَّذِي خَلَقَهُمْ هُوَ أَشَدُّ مِنْهُمْ قُوَّةً}.

وتحريكُ الحزبِ لمخابراتِ الجيشِ وضُباطِه للبطشِ بأهلِ السنةِ ما زال مستمرًّا، وليس بخافٍ علينا استعمالُه لبعضِ السفلةِ المنتسبين زورًا لأهلِ السنة؛ ليُحْدِثوا الفوضى والاضطرابَ في مناطقِ أهلِ السنةِ، وليُشغَلَ أهلُ السنة بهؤلاء، وينقسموا حولَهم بينَ عالمٍ بعمالتهم للشيعة يهاجمُهُمْ، وجاهلٍ بحقيقتهم يظنُّ بهم خيرًا، كما قال تعالى: {فَمَا لَكُمْ فِي الْمُنَافِقِينَ فِئَتَيْنِ وَاللَّهُ أَرْكَسَهُمْ بِمَا كَسَبُوا} قال أهلُ العلم: المعنى: (فما شأنُكم - أيُّها المؤمنون- في أهلِ النفاقِ فئتين مختلفَتَين) انتهى.

فالشيعةُ يقدِّمونَ الأموالَ والسلاحَ لبعضِ المنتسبينَ إلى السنة، ليهدِّدوا بألسنتِهمْ لكن لمصلحةِ الحزبِ؛ مَن يسعى إلى عِزِّ أهلِ السنةِ؛ يهددونَهم بالقتلِ والويلِ والثبورِ وعظائمِ الأمور.

ونحن نعلم أن هذا بتدبيرِ مِن الحزبِ وتمويله وإشرافِه وأمرِه المباشرِ، ظانًّا أنَّ أهلَ السنةِ غافلون عَن مكرِه وخُبثِه، لكنَّ لمحاسبته على هذا وغيرِه يومًا سيأتي بإذن الله، وإنَّ غدًا لناظرِه قريب.

وأمَّا هؤلاءِ الذينَ باعوا دينَهم وقومَهم، ورضوا بأن يكونوا يدًا للحزب على أهلِ السنةِ، وعينًا تسعى في كشفِ أسرارِهِمْ للحزبِ، وشيطانًا يَنشرُ بينهم الفتنةَ، وأداةً للتغريرِ بالشبابِ بادِّعاءِ أنَّهم ينصرون المقاومةَ وبإغرائهم بالأموالِ، رضوا بأن يفعلوا ذلك تمكينًا للحزبِ ونصرةً له ومظاهرةً على أهلِ السنةِ؛ طمعًا في مالِه، واستحباباً للدنيا على الآخرةِ، فهم عندَ كلِّ ذي فطرةٍ خونةٌ عملاء؛ خانوا دينَهم، وباعوا أهلَهم، وانحازوا لعدوِّهم الذي يحاربُ المسلمين حربًا صريحةً، ويكفِّرُ خيرَ هذه الأمةِ مِن أصحاب الرسول صلى الله عليه وسلم، ويطعنُ في عِرضِ أزواجه الطاهراتِ، ويستبيحُ دماءَ أهلِ السنة، ويتوعَّدُهم سرًّا وعلانيةً.

يا أهلَ العقولِ والنُّهى، إنَّ عدوَّ أهلِ السنةِ اليومَ له وجهان :العدوُّ الخارجيُّ المتمثّلُ باليهودِ والصليبيين، ولا يَختلفُ اثنان على أنَّ مَن كان عميلاً لهذا العدوِّ؛ فهو خائنٌ لدينه وأهله {ذَلِكَ بِأَنَّهُمْ قَالُوا لِلَّذِينَ كَرِهُوا مَا نَزَّلَ اللَّهُ سَنُطِيعُكُمْ فِي بَعْضِ الْأَمْرِ} ؛ وسواءٌ أكان دافعُهم للخيانة{أَنَّهُمُ اسْتَحَبُّوا الْحَيَاةَ الدُّنْيَا عَلَى الْآخِرَةِ} ، أم كانوا يعتذرون و{يَقُولُونَ نَخْشَى أَنْ تُصِيبَنَا دَائِرَةٌ} ، فهم في الخيانةِ سواءٌ.

فكذلك الوجهُ الثاني للعدوِّ، وهو العدوُّ الداخليُّ المتمثلُ في الشيعةِ الحاقدينَ الطامعين؛ ومَن كان عميلاً لهؤلاء فهو في ميزانِ العدل كالعميلِ للسابقينَ، ذلك لاشتراكِ الفئتينِ في حربِ أهلِ السنة والطمعِ في تبديلِ دينِهم وغصبِ أرضِهم وتقتيلِ شبابِهم، ومَن أعانَهم على شيءٍ مِن ذلك فهو مِنهم {وَمَنْ يَتَوَلَّهُمْ مِنْكُمْ فَإِنَّهُ مِنْهُمْ إِنَّ اللَّهَ لَا يَهْدِي الْقَوْمَ الظَّالِمِينَ} ، وإذا كان حالُ الحزب بالأمسِ خافيًا على بعضِ الناسِ، فإنَّه اليومَ ظاهرٌ معروفٌ لأهلِ السنةِ في لبنانَ وليس يَجهلُه حتى العجائزُ !فبماذا سيعتذرُ الخونةُ لأهلِهم إذا كاشَفوهم بخيانتِهم؟ وبأيِّ عذرٍ سائغٍ سيعتذرونَ لفعلِهم الخسيسِ؟ فعلى كلِّ عميلٍ انحازَ لأيِّ عدوٍّ من أعداءِ أهلِ السنة أن يراجعَ نفسَه، ويتوبَ إلى ربِّه قبل أن تفوتَه الفرصةُ، فربما كان هلاكُه على يد مَن باعَ دينَه وقومَه لهم، وأمثِّلُ هنا بجناحٍ في حركة المرابطون انتعلتْه حركةُ أملَ الشيعيةُ مِن قبلُ، ولما حقَّقَ للشيعة ما أرادوا منه، غدروا بهم كعادةِ الشيعةِ؛ وكانَ هلاكُ هذه الجماعةِ بيد الشيعةِ أنفسِهم، وهذا جزاءُ مَن باعَ دينَه وقومَه، والغادرُ يُغدَرُ به.

واليومَ ينتعلُ الشيعةُ في حزبِ اللهِ أحذيةً جديدةً، على رأسِها المدعوُّ (مصطفى حمدان) ، ليخترقَ مجتمعَ أهلِ السنةِ؛ بإغرائِهِمْ بالمالِ ، وخداعِهم بالتلبيسِ عليهم بأنَّه إنَّما ينصرُ المقاومةَ! وليس في لبنانَ أحدٌ يجهلُ حقيقةَ هذه المقاومةِ المزعومةِ؛ فليست إلا مقاومةَ الوجودِ السنيِّ بالقتلِ والتهديدِ والإذلالِ، لمدِّ نفوذِ الشيعةِ

تحقيقِ مصالحِهم الطائفيةِ. فنقولُ لهذا وأمثاله: أيَّ مقاومةٍ تنصرُ في بيروتَ ومناطقِ أهلِ السنةِ؟ لو كنتَ تريدُ المقاومةَ كما تزعمُ، فإنَّنا نتحدَّاك أنتَ وحزبَك أن تطلقوا رصاصةً واحدةً على اليهودِ! فأرونا في اليهودِ بأسَكُم إن كنتم صادقين.

وليَعلمْ هذا أنَّ له مدةً بعدَها سيستبدل به أسيادُه أحذيةً أخرى:

ما أنتَ إلا النعلُ أهونُ مَركَبٍ .... فإذا تَلفتَ رَمَتْكَ رجلُ الراكِبِ !

هذا إذا مدَّ اللهُ له، ولكنَّه لن يُفلتَ مِن العقابِ قبلَ ذلك بإذنِ اللهِ ما لم يَتُبْ؛ فإنَّ الطائفةَ المظلومةَ أهلَ السنةِ ستتحرَّكُ ولا بدَّ؛ للاقتصاصِ ونصرةِ نفسِها مِنْ عدوِّها الرئيسِ رأسِ الأفعى، ومن أدواتِه الخسيسةِ في لبنان.

ونحذِّرُ في هذا المقامِ مِنْ أنَّ هناك مشايخَ محسوبينَ على أهلِ السنةِ لهم نفسُ الدورِ الذي يمثِّلُه (حمدان) هذا، وبنفسِ المبرِّراتِ الفاسدةِ، ونقول لهؤلاء: إنَّ هذا التحذيرَ هو التحذيرُ الأخيرُ لهم، وإنَّهم إلا يتوبوا ويرتدعوا بحمدان، ويقلعوا عَن غيِّهم وضلالِهم؛ وعمالتِهم السافرةِ للشيعةِ، وخيانةِ أهلِهم؛ فإنَّنا سنكشفُ عَن أسمائهم، وعن أعمالِهم في نصرةِ الحزبِ على أهلِ السنةِ، ليَعرفَ أهلُنا أهلُ السنة حقائقَهم القبيحةَ، ويجري عليهم ما يجري على سائرِ العملاءِ، قال تعالى: ﴿إِلَّا الَّذِينَ تَابُوا مِنْ قَبْلِ أَنْ تَقْدِرُوا عَلَيْهِمْ فَاعْلَمُوا أَنَّ اللَّهَ غَفُورٌ رَحِيمٌ﴾ ، وللتائبِ علينا كتمانُ ما كانَ منه، والسَّترُ عليه، وإعانتُه على إصلاحِ أمرِه.

ثمَّ أذكِّرُ أهلَنا بأنَّنا في كتائب عبد الله عزام، لسنا ننحازُ معَ أيِّ فريقٍ سياسيٍّ ضدَّ آخر، ولا تهمُّنا اللُّعبةُ السياسيةُ القذرةُ التي تُدارُ في لبنانَ، وننأى بأنفسنا عنها، ولا ننادى بأهلِ السنةِ إلى أن يَصطفُّوا خلفَ هذا أو ذاك، وإنَّما يَهمُّنا أهلُ السُّنةِ ومصالحُهم الدينيةُ والسياسيةُ والاقتصاديةُ؛ وأن ينهضُوا لانتزاعِها بالعملِ الجادِّ، ونسعى إلى حفظِ الضروراتِ الخمسِ على أهلِ السنةِ في لبنانَ وبلادِ الشامِ كلِّها؛ فلا بُدَّ مِنْ حفظِ الدينِ والنفسِ والعِرضِ والعقلِ والمالِ؛ فمَنْ تركَ أهلَ السنة ولم ينلْهم بسوءٍ؛ تركناه؛ ومَن تجرَّأ على إحدى هذه الضروراتِ وأرادَ أن يعتديَ على أهلِ السنةِ؛ فليَتحمَّلْ تَبعاتِ ذلك؛ ووِزْرُ طائفته عليه، ولا عدوانَ إلا على الظالمين؛ ونحنُ لا نرضى بأن يُظلَمَ أحدٌ في أيِّ أرضٍ كان، ومِن أيِّ طائفةٍ كانَ، بل وعلى أيِّ ملةٍ كان؛ ونعلمُ أنَّ علينا نصرةَ المظلومِ ما استطعنا؛ لكنَّ الأولويةَ في ذلك لأهلِنا الذين نشتركُ معَهم في الدينِ، فلن نرضى بأن يخافَ أهلُنا أهلُ السنة ويُرَوَّعُوا ولا يأمنوا على أنفسِهِمْ وتُسلَبَ حقوقُهُمْ مِنْ قِبَلِ حزبِ اللهِ وأدواتِه؛ ثمَّ يأمَنَ الشيعةُ المعتدون في دُورِهِمْ ويَسلَموا في نفوسِهم ومعايشِهم، بلِ العدلُ أنَّ العَينَ بالعينِ

والسنَّ بالسنِّ والبادئَ أظلمُ، وهو الظالمُ لنفسه وطائفته بظلمه لأهلِ السنة وعدوانه عليهم.

وأمَّا العملاءُ؛ فليَعلموا بأنَّ مَن يحرِّكُهم إن وَعَدَهُمْ بالنصرةِ والحمايةِ فوعدُه وَعدُ غرورٍ، وقولُه قولٌ زورٌ، فهو لن يستطيعَ أن يدافعَ عَن طائفته ويمنعَهم مِنَ القِصاصِ إذا ما نهضَت الطائفةُ المظلومةُ لأخذِ حقوقِها ورفعِ الظلمِ عَن أبنائها؛ فكيف يحمي عملاءَه؟ فليُبادروا بالتوبةِ أيَّامًا على العملاءِ نَحساتٍ؛ وليتوبوا قبل أن يقال لَهُمْ: {آلْآنَ وَقَدْ عَصَيْتَ قَبْلُ وَكُنْتَ مِنَ الْمُفْسِدِينَ} ؟ والعاقلُ هو مَنْ يَعتبرُ، والمسكينُ مَن كان عِبرةً لغيرِه.

خاتمة:

وفي الختامِ، ألتمسُ مِن إخواني الذين يحملونَ همَّ هذا الدينِ، ويُحبّونَ نصرةَ أهلِ السنةِ؛ أنْ يَسعوا حثيثًا في إيصالِ صوتِنا إلى العلماءِ وطلبةِ العلم والدعاةِ والمفكرين، وإلى كلِّ مَن له تأثيرٌ في مجتمعه؛ بنشرِ بياناتِنا وإصداراتِنا في هذه الفئاتِ، وفي عمومِ المسلمينَ. كما أوصيهِمْ بالصبرِ على مَن لا يَلقونَ منه استجابةً مِنَ العلماءِ، واللينِ في خطابِهم، والرفقِ بهم؛ فإنَّه مِنَ الدعوةِ ولو كانَ مِن الأدنى عِلمًا إلى الأعلى؛ فيجبُ فيه مراعاةُ آدابِ الدعوةِ؛ وأهمُّها الصبرُ على المدعوِّ والرفقُ به، وعليهم بالتذلُّلِ لإخوانِهم وكسبِ مودَّتِهم وتعاطفِهم ونصرتِهم لقضايا المسلمينَ، وعليهم بتحمُّلِ الأذى في سبيلِ ذلكَ؛ ومَن لم يجدْ في نفسه طاقةً على الصبرِ والتحمُّلِ؛ فليشتغلْ بغيرِ هذا مِن أبوابِ النصرةِ وليتركْ هذا البابَ لمَن هو قادرٌ على الالتزامِ بآدابِه وتحمُّلِ تَبعاتِه؛ فلا خيرَ في عملٍ لا يلتزمُ أهلُه بشرعِ اللهِ تعالى وسنةِ رسولِه صلى الله عليه وسلم.

وأسألُ اللهَ تعالى أن يَجمعَ كلمتَنا على الحقِّ والهدى، وأن يوحِّدَ صفوفَنا ويجمعَ قلوبَنا، وأن يجعلَنا كمن قال فيهم: {أَشِدَّاءُ عَلَى الْكُفَّارِ رُحَمَاءُ بَيْنَهُمْ} ، ومَن قال فيهم: {فَسَوْفَ يَأْتِي اللَّهُ بِقَوْمٍ يُحِبُّهُمْ وَيُحِبُّونَهُ أَذِلَّةٍ عَلَى الْمُؤْمِنِينَ أَعِزَّةٍ عَلَى الْكَافِرِينَ يُجَاهِدُونَ فِي سَبِيلِ اللَّهِ وَلَا يَخَافُونَ لَوْمَةَ لَائِمٍ ذَلِكَ فَضْلُ اللَّهِ يُؤْتِيهِ مَنْ يَشَاءُ وَاللَّهُ وَاسِعٌ عَلِيمٌ} ، اللهم اهدنا وأهلَنا أهلَ السنة سُبُلَ النصرِ وطُرُقَ التمكينِ، ومكِّنا اللهم مِن رفعِ الظلمِ عَن أنفسِنا، وانتزاعِ حقوقِنا، لنعيشَ في أوطانِنا آمنينَ مطمئنين، لا سلطانَ لأحدٍ مِن عبادِك علينا، إلا سلطانَ شرعِك الذي لا يُظلَمُ تحتَ ظلِّه أحدٌ.

وصلِّ اللهم وسلِّم وبارك على عبدِك ورسولِك محمدٍ وعلى آله وأصحابِه وأزواجِه أجمعين

وآخرُ دعوانا أنِ الحمدُ للهِ ربِّ العالمين

كتائب عبد الله عزام

الأربعاء 18 ذي الحجة 1431هـ

الموافق 24 – 11 – 2010 م

المصدر: (مركز الفجر للإعلام)

Page 1

(TN: Cover page)

From the series (and you will uncover the road of the criminals)

Report 2

A letter from the Mujahid brother Salih Abdullah Al-Qar'awi

May God bless him

To the Sunnah people in Syria

Abdul 'Azzam Brigades

Page 2

(TN: Repeats information on cover page)

Wednesday, 24 November 2010

Production: Al-Fajr Center for information

Page 3

In the name of the Lord the merciful the compassionate

Thanks to the Lord who makes the believers and workers victorious. Who made the Sunnah his worshippers {if you make the
Lord victorious then he will make you victorious and will implant your feet}. And prayers and peace be upon whom the Lord gave victory with fear, and who made his living under the shadow of his spear, the Lord prayed over him and his people, and his Jihadist friends.

From the star of the news to his people, the Sunnah people in Syria, peace be upon you and his mercy and his blessings .....

Today, I am talking to you as that of a counselor to his people, the one who loves his family. I am talking to you like a son to his father, like a brother to his brothers. There is nothing prompting me to do this except for loyalty to the faith and inherent love, which make me want to leave the world to protect your religion and world. I carry the worries so you can free yourselves from distress. My desire is not a worldly thing that I want for myself. I do not desire a world for myself but I seek that you get more pride and elevation, and for you to protect your religion and world. The world will never look nice in my eyes even if I had the whole world, if I am seeing my people and family under the onslaught of their enemy. And the enemy keeps them from their religion and steals from them their world. How can someone sleep under these conditions, even if they are the king of the world? While his family is weakened, living the life of humiliation and degradation, their children are imprisoned and their elders are mistreated and they are expelled from their land and their entire rights are taken away from them. Our people of Syria, if we angered God and did not help you to achieve victory, then salvation would leave oneself, so how can he accept that for his family? So our support for your victory is a religious duty, and it is a mountainous defense, so listen to me and be hopeful with my speech. If you find my words good advice, then take it. If it is not, then ignore it. Your judgment should not be impacted by the devil that pretends to be your brothers; you would not see that their actions are for their own personal gains even if it is at your expense. And how many times were we fooled by a slick person who looked after our interests as long as it coincided with his interest; and if he finds his interest with the enemy, then he will go against us and it will not affect you, one thousand prayers. Rights and self respect will not happen to people without serious work and patience. Being tired requires long rest and working with the faith that is needed for the victory for God.

Our people, the people of the blessed Syria, the Lord said about the land you live in: "Praise the one who took his slave at night from the haram mosques to the Aqsa mosque, that we

Page 4

blessed." The interpretation of "That blessed us around him" is "He who made blessings around him, for the inhabitants and the residents." Some scholars say "around him" means "the land of Syria."

Al-Bukhari said about Ibn 'Omar, may the Lord bless them, that the prophet - Lord's prayers upon him - said, "Oh Lord bless for us our Syria."

And in the Sahihain about Sa'd Bin Abi Waqqas - bless him - the prophet - prayers of the Lord upon him - said, "The people of the west still with the truth until the Day of Judgment."
Mu'az Bin Jabal - bless him - said, "And they are in Syria."
Imam Ahmad - bless his soul - and other scholars said, "The people of the west are the Syrians."

And in the Lord's book and his prophet's Sunnah it mentions Syria favorably and its blessing and the need to hold onto the land and the migration to it and the truth and the work for the sake of God is part of its people, so bless you people of Syria. Since 'Umar - bless him - opened the holy house (TN: Jerusalem) they were the pride of Muslims, near the Christians. Their problems with the Christians and the Shi'ites and other fringes are known, as was stated by scholars. And these good things are for Syria and its people. And this is the history that is witness to their victory for Islam and the Jihad for God. To give the good news to the believers in the victory for God, and his blessing for their efforts, and his enabling them, with the condition that they make the Lord victorious, and they work for his religion, and they entrust in him expending their efforts to providing victory and the way for doors of enablement.

To make injustice taboo and the duty to return rights:

Oh blessed people of Syria, the grandest of religious duties is to lift injustice and the return of the rights and to take it by force from the despotic regimes. That way life will be straightened out, justice will prevail, and temptation will leave. As the Lord said:

"And for you not to fight for the sake of the Lord and those weak from men, women, and children that say to our Lord, get us out of this village with the unjust residents and give us a loyal one and give us victory. Those who believe fight for the sake of the Lord and those who do not believe fight for the sake of Satan. Fight those who are loyal to Satan because who supports Satan is weak." And the Lord said, "Fight them so there no temptation and the religion will be for the Lord and when it is over, then your enemies will be the unjust ones." And temptation keeps people from their religion and the nonbelievers will grow in numbers and every unjust one is a temptation.

Page 5

And religion will be for God and if injustice rises - from the
Shi'ites and others - over Muslims and the land of the Muslims, and if it is not over the servants of God - believers and non believers - a ruler who is not for justice and right, that has no injustice neither for the believer and the non-believer alike, but all live with their rights that are guaranteed by God's Shari'a; to protect themselves, money, and honor and the victory for the oppressed ones. Some scholars said, "If they attack then they attack the whole nation and Jihad will be required and Muslims' money and souls will be spent for the sake of that, as God's Shari'a forbids injustice completely and this does not distinguish between Muslims and non-Muslims or Arab and a non-Arab." In Sahih Muslim, Abi Zirr - bless him - said the prophet - Lord's prayers upon him - with what he was saying about his God, said "Oh my subjects, I made injustice taboo for myself and made it taboo for you, so don't be unjust..." And the idea of the Lord saying "among you" returns to his saying "my subjects;" it is general and includes all of the Lord's subjects, so it does not matter whether the unjust person is Muslim or non-Muslim. And the one whose injustice is directed against them, it does not matter whether they are Muslim or nonMuslim, so we need to support those who are receiving injustice, regardless of whether they are Muslims or non-Muslims and regardless of their sex. And the unjust one needs to be pushed back no matter where, and no matter whether the unjust ones are a regime, organization, a fraternity, or individuals.

When we look at the situation of our people in Lebanon and Syria and the whole Levantine region, we find out that they are the most mistreated people of our times. Injustice is practiced against them in every way and at its worst. It is injustice in religion and in life at the hands of the various sects that intimidate God's servants in the land of Syria. They steal their wealth, they corrupt it from the 'Alawites and the Shi'ites. So I make my call to you my people, the Sunnis in Syria, with these questions:

- Why are calls to end injustice not answered unless these calls are coming from the leaders of the Shi'ite sect?

- Why do they ignore what happens to you Sunni people when you face crime and injustice?

- Why do they do not open investigations to find out the fate of hundreds who were killed from torture in prisons? And those who were killed in cold blood on the streets and were left to bleed at the hands of these sects, the unjust Shi'ites and their arms in the country?

- And why are the ones who killed the Sunni people on May 7th not held accountable, while their leader is proud of that day and counts it as a great day for the people's resistance?

- Why are the rights not upheld for the mothers whose children were killed by elements of the army, which is covered and supported by the Shi'ites?

- Why is the Alawite regime not being held for their crimes in Lebanon and Syria?

Page 6

Like the kidnapping of hundreds from the city of Tripoli (TN: Syrian Tripoli) in October 1986 and then his neutralization of the kidnapped people; their corpses were found by the scores, through Tripoli and its surroundings.

And what did the criminals do in what was known as the slaughter of Hama?

And what did they do in Tadmur prison?

And what happened in Saidnaya prison?

And this Alawite regime crushed the Kurds in north Syria. Where are the courts in all of this? So are these crimes so many that it is forgiven? And was their evidence lost and so it is forgotten? Or is it so many that it gets repeated always? Is it God's permanent Sunnah...so victory will not be possible without understanding God's Sunnah and to obey him... God did not tell us, “If you make them victorious they will help you be victorious.” He said, “If they covet pride God has pride for all.” Those who ask for victory from the enemies of God will receive increase in injustice and humiliation. There is no victory except from God and there is no pride without obeying his commands. If you make the Lord victorious he will help you be victorious. And to get rid of injustice and unfairness and getting rid of the unjust ruler and to bring justice to people you can only do it by force. The Almighty said, “Fight them until there is no distress and faith will be for the Lord” and if there was a method other than force we would have found it in the Quran. Because in light and calm there is complete faith. The Almighty said, “This is my straight line so follow it, do not follow the road that will divide you from this cause.” And he is asking you for that so you may be good. Then he said, “This is a book that we sent so follow it, then you'll get mercy. If you say he sent the book to two sects before us and we were unaware of their studies, or you say if he sent us a book we will be wiser than them, so it came to you from God with guidance and mercy.”

And so, we from the Abdullah ‘Azzam battalion, ask to form legal councils, using scholars from honest judges, from any country who should rule according to God's law and return the rights to their legitimate owners and to raise injustice from the weak and to protect Muslims' blood, and their broken honor, and their stolen money, and their confiscated lands. They will rule about these things with God's guidance, and they should lead Muslims to the right path via the Godly rulings, until it becomes a well-known right, devoid of the goings-on.

So how long are we going to put up with what's happening to the
Sunni people while their honor is violated and there is no voice from the Islamic people, who move a thing to help support their brothers and family?

Where is the work that I taught to Muslims with the duty to support the oppressed and to prevent his humiliation?

Page 7

Where is the work of the diplomats who allow the ruler to be above them and the people, and above the legal rulers? Don't the diplomats know or account for those who violate the Sunnah and who commit injustice, killings, and criminal activities? Where is the accounting? Why the cover-up?

And why do the people of Syria have to put up with such atrocities for many long decades, when no one seems to come to their support, and religious people do not defend them and there are no laws for their justice?

Why are the intelligence people not held accountable for imprisoning the innocent? And they torture them and kill them in their prisons. Why are they not held accountable and who supports them and backs them up?

And why are the unfair judges escaping from supporting the prisoners with their laws? When the prisoners complain about torture, the judges say that this out of the jurisdiction of this court. So what kind of justice do we expect when the judges do not deal with injustice? It is as if they are saying, "We studied and appointed him to the court, we spent the county's money to pay their salaries and to establish their courts." But there is evidence that our courts are not used to looking at evidence and ruling in a just way, and it is not for the security of the country and its citizens; they are appointed to mistreat the Sunnis and to issue rulings, such as the execution of our young people, oh Sunni people! And to waste the years of the lives of your children in the prisons, oh Sunni people!

Their rulings and behaviors say one thing and they speak of other things, but some of what they say is proof of their corruption and is evidence.

Don't the Sunni people know that those who cover the crimes of the military courts are the Shi'ites, and the ones who protect the intelligence officers are really Shi'ites, who continue to torture your children to this day?

Early operational steps:

Our people, the people of Sunnah , you heard what was issued by the so-called opposition lately with regard to their refusal to deal with the security forces, and they asked to oppose them and not to respond to them, as they are only a Mafia organization as they stated. And if what they said is true - about them being Mafia - it was their right to say that it was to their benefit.
But, it was the opposition itself who agreed to these institutions - according to the famous Doha agreement - and they entered with them into a national unity government with their total agreement. And with what they desired from conditions, after that they turned on the agreement and they disagreed and as for the institutions, they have not changed. So what changed?

Page 8

So we ask our people, the people of Sunnah, a call that is not issued for political reasons or personal ones, rather it is for bringing justice and truth. It is not for a claim that we make and it can be true or a lie, it is for what you already know and live in and complain about and suffer from.

So we ask you to boycott these unjust institutions that do not respect your rights, as they took them away. Especially the military intelligence and their members, so you must refuse to deal with them and announce not to respond to their requests and you need to apply pressure in every way to stop their unjust arrest campaigns and the incidents of killings and torture. You need to work together in numbers for the sake of God with all your groups, a true concentration, real and operational, that its effect will be seen on the earth. You need to push the scholars and students and preachers and speakers and the Sunni groups that do not have suspicious associations; people who have no goal other than to help the cause of the Sunnah and to fight for their rights. You do not need any proof that these institutions do not work for the good of the nation or its security or to impose justice for the sake of the citizens. Why does the military intelligence not conduct any attacks except against Sunni areas? Why does the security apparatus only come to your areas and neighborhoods? Why do we never see the army or others covering Shi'ite areas like the suburbs, for example?

So we request a call for justice right now. We ask you to refrain from dealing with the military intelligence and their associates that are in your areas in large numbers and you need to start to refuse this obvious injustice that is falling on you. And that is - without a doubt - directed by Hizballah, which extends its arm to sensitive centers with the army. We also ask you to document the injustice that happens to you and the harm that follows, using sound and video whenever possible.
Because good, accurate information is the strongest modern weapon. And what we say can be proved in front of the eyes of the sleeping nation. We have important facts and painful events that we are going to expose to you at the proper time, with God's permission.

To measure using two different measuring tools:

There is a strange separation among you that I hope you will see and understand. Are not the raids that you suffer from - Sunni people - and the killing and torture incidents, happening without any investigations? Aren't you not allowed to file even a virtual complaint? It is virtual because when you complain you're asking your oppressor to judge themselves and there is litigation and it is the legal action and the rule! And with that they don't suffer from the complaint - excessive injustice and humiliation from them - so how do you deal with that?

Page 9

If an explosion takes place in a Shi'ite area, they cover it completely, like in the suburbs for example. Or in houses that belong to the party in Southern Lebanon. If this takes place then what happens - by their own admission - is that the party (TN: Hizballah) establishes a security zone and keeps the people away from the site of the incident. Then the army comes in late, after getting permission from the party, to establish a zone behind the one established by the party. And that is what is witnessed by the people with their own eyes. Then after the party is done with cleaning up the place and after they make all the changes that they want, they ask for help from others, and then the Saiyid (TN: Possibly Hasan Nasrallah, the leader of Hizballah) deals with whomever is under his hands, and no one dares to challenge him, even with words.

And this joke, in truth, is an entertaining play; it proves that the law that they called the legal chief is only applied against the Sunnah. As for the party (TN: Hizballah) they are above all legal chiefs, whether they are local or from above. They do not submit except for external entities. They are alone with no partners. The basic rules that are known to lawyers and investigative judges and all law people, which they know based on Anglo-Saxon law or French law, which are used throughout the world; are that one of the conditions of investigations - if there is an investigation in the first place - is that the judge should be the first one to come to the incident site; keeping under his control those special units who specialize in such investigations. According to law, specialists are the only people who should take over an incident site for investigation. It is also a condition that the judge needs to proceed and take statements from witnesses. He himself should review the site of the incident and examine it. He should certify and secure all items that are found (TN: evidence materials) and anything that will help with the investigation, like the lifting of fingerprints and the like. This seems to never take place whenever there is an incident in Shi'ite areas. But what happens is what we mentioned; the party surrounds the site and they hide all evidence and everything, so what value does that have? Without a doubt it is meaningless. It claims that the law is applied against all, a rarity that people laugh at and a lie that wise people know.

Syria the prisoner:

I want to call on our people in Syria the prisoner. I want to remind them that their role - in the coming days - is very important and central in the direction of the Sunnah throughout
Syria, to pride and elevation and more humiliation. That is because the criminal Alawite government is the main leader in the war in Syria, and in Lebanon indirectly. Lebanon's security and its stability are tied to the reduction of the Alawite government's influence in Lebanon. It is your role to help lift the injustice against your people in Lebanon, as you know. And `Page 10`
you should not leave your people in Palestine and Lebanon to the hands of the Jews and the Alawite government. And they get away with it - I mean the Jews and the Alawites and their followers - and they don't have to worry about challenge or reactions. To give the ability for some of us in Syria needs to be done by all. Fate is one as the religion is one. So if our heroic people in Syria started a movement, the balance between us and our enemies would be balanced, little by little. And if their situation became stronger, this would lessen the pressure on our people in Lebanon and would strengthen them. And if they became stronger, then it would be the beginning of the end for the corrupt authorities in Syria. Because the activities in different locations complement each other and it is not right that the Alawite government should feel safe from being held accountable and safe from punishment.

Najad (TN: president of Iran) and the Jews:

As for the inward group and the general leader of their occupation program, Safawi Iran, the whole world saw how their president was elected by the power of weapons! The whole world saw him with his repeated boring theatrics, when he visited south Lebanon, and his repeated empty threats to the Jews, and that is a repetition with his

predecessors who were "if they find the ones who believe what they said they believe, and if they allowed their Satan(s) they said, `We are with you but we are being mocked.' God mocks them and he extends them with their oppression (TN: Unknown word)," as he threatens the Jews and the
Americans, and he does as he pleases and makes announcements, and if the Jews wanted to kill him they would have easily as their airplanes occupy Lebanon's skies and fly over it, but to protect him and not to threaten him. So why, if one of the Jihadist leaders announced his appearance like Najad? Jewish spies would uncover the movements of those who take precautions and they would kill him. They would even kill individual jihadists and not just their leaders. As they did repeatedly in Gaza, even though they are careful and stay out of sight. So is Lebanon's sky harder for them than the Gaza skies? No, by God. And are the young Jihadist people more important than the head of an enemy state the size of Iran, who announces his appearance? Yes, if animosity appears on the tongue and is different from the acts and there is between them negotiations an agreements which make him an ally to them at this stage. So where are the knowledgeable hearts and the alert minds and the sharp eyes to expose these facts with the lies? I am sure today that the reports regarding the coming of Najad to Lebanon was not to support his party, but a sign that Lebanon is his province, like when the American leaders come to Iraq and
Afghanistan, which they occupy with their military, they are equal in that regard. And what about Najad's wider movements in the area and the political understandings between Iran and other countries? They are only a preparation, and that is the reality and the fact.

Page 11

And remember, people of the Sunnah, that "the liar of the suburb," the head of Hizballah, was proud with the state of the knowledgeable and he repeated his accusation that the Mujahidin from the Sunnah were agents for the Jews and the Americans. Like this example. And know that the party is gathering weapons for use in internal conflicts, to kill the people of the Sunnah and the group. And that is what they threatened to do and it was repeated by their seniors, and they used the International Court as an excuse to do that.

And history is witness to their betrayal of the faith and their conspiracy against Islam and its followers from the beginnings of their religion, beginning with what was done by Ibn Saba' AlYahwdi and the problems he left, and then they conspired with the Al-Tatar and they handed Iraq over to them and the appearance of their slavish country in Egypt and the animosity to the people of Sunnah in it, and then the conspiracy of their Safawi nation with the crusaders in the killing of Muslims, and their conspiracy with the crusaders and the Jews in their mission against the Islamic nation - in Afghanistan, Iraq, and now Syria. They started with it by protecting the Jewish borders and they will finish it by swallowing Syria with the aid of the crusaders and the Jews. But we figure that the flesh of the people of Syria will be bitter "alqam" (TN: word unclear) against the bad people, with God's permission. God will make their plans fail against the Jihadist

Sunnis. The Lord said in his precious book, "And remember when ye met, He showed them to you as few in your eyes, and He made you appear as contemptible in their eyes: that God might accomplish a matter already enacted. For to God do all questions go back for decision."

So what's happening is that the Shi'ites and their followers will meet up with the Jews in following Christ to fight the people of Islam till the end of time. Like it was informed by the honest - God's prayers upon him - as it came to a true
Muslim about Ishaq Bin Abdullah about his uncle Ans Bin Malik, that the prophet - God's prayers upon him -said, "The Dujjal follow the Jews of Asbahan 70,000, they have pallium (TN: men's robe)."

The deceit of Hizballah and the Shi'ite party:

Hizballah is still very reckless and in their threats they are boisterous, and for their real hegemony over Lebanon is progressing and their tongue says, "We are the strongest." So we say, "Don't they see that God who created them is stronger than them?"

And the party's use of the military intelligence and its officers against the Sunnis continues and we should be afraid of despotic ones who are faking belonging to the Sunnis so they may cause chaos in Sunni areas. And to preoccupy the people of Sunnah with that, and they split them with those knowledgeable and those ignorant of their reality, who think they're good like the almighty Lord said, "And from the non-believers there are two groups and the Lord responded to what they gained" and the scholars said the meaning is, "What matters to you - oh

Page 12

believers - that with the nonbelievers there are two different groups." So the Shi'ites provide money and weapons to Sunnis, to make threats of their own for the benefit of the Shi'ites, but he who goes to the aid of the Sunnis will be threatened with death and dire consequences.

And we know from the party about their financing, honoring, and their direct orders; thinking that the Sunnis are asleep and not aware of their deceit. But the day of reckoning will come with God's permission and tomorrow for those who wait for it is near.

As for those who sold out their religion and nation and who agreed to become tools for the party against the Sunnis - an eye attempts to uncover their secrets with the party, and the devil spreads conflict between them; and there is the luring of the young people by telling them that they are supporting the resistance and they will lure them with money. They agree to do that to allow the party to succeed against the Sunnis; and for their money and to love the world more than the hereafter. They are traitors who betrayed their religion and sold their families and took sides with their enemies that fight Muslims in an open war. And they make non-believers out of the young people from those who hail from the prophet, God's prayers upon him, and they dishonor their pure wives and makes the blood of the Sunnis flow and threaten them in secret and openly.

Oh people of sound minds and wisdom, the enemies of Sunnis have two faces: The outside enemies consisting of the crusaders and the Jews and the two do not differ, other than he who becomes an agent for the enemy is a traitor to his religion and family. "They said to those who hate what the Lord sent, we will make you obey some orders," and if they are pushed to be traitors
"They loved life in the world better than the hereafter" or they are apologizing "they say we are afraid that a circle will touch us," they are equal in the betrayal. And that is the second face of the enemy. They are the internal enemy that is represented by the wicked ungrateful Shi'ites. And he who becomes an agent for those in the justice scale, he is an agent to the past ones. The partnership between the two groups to fight the Sunnis and the greediness to make them change their religion and to rape their lands and to kill their youth, and whoever helps them with that is a traitor. "And whoever takes their side from your people becomes one of them and God does not lead the unjust people to the right path." And if the party's situation was not clear to some people yesterday, it is now very clear to the Sunnis and even the elderly know the truth! So how can the traitors apologize to their families if they are discovered? And what kind of apology do they have for their despotic work? So every traitor who joined the enemy of the Sunnis needs to review his actions and repent to his God before it's too late. Because maybe his mistake was because of someone who sold out his religion, and I look here at a wing in the Murabitwn fighters who were recruited by the Shi'ite Amal movement. And when the Shi'ites achieved what they were looking for, they left them just like the Shi'ites would do, and the end of this group was at the hands of the Shi'ites themselves.

And that is the reward for those who sold out their religion and nation and the one who abandons gets abandoned.

Page 13

And today, the Hizballah Shi'ites wear new shoes. On their top is a man called Mustapha Hamdan, who was to penetrate the Sunnis by luring them with money and fooling them by claiming that it is their duty to support the resistance! And no one in Lebanon is fooled by truth of this alleged resistance movement. It is nothing less than a resistance against Sunnis that threatens with killing and humiliation, in order for them to carry out their sectarian goals. So we say to that and those like them:
What resistance do you need in Beirut and the areas where the Sunnis are? If you want to resist, as you claim, we challenge you and your party to shoot one bullet against the Jews! So show us the Jews as your targets if you were telling the truth.

And you should know that after a while, his masters will exchange for another set of shoes:

(TN: appears to be a poem)

"You are not but a shoe easy to ride,

And if you looked around, the leg of the rider will toss you out"

That is what the Lord provided. But he will not escape punishment before that with God's permission, if he does not repent, and the abused sect, the Sunnis, will start moving, no doubt, to conquer the enemy from its head, the head of the snake, and his cheap tools in Lebanon.

And we want to warn that there are Sunnis who will be held accountable as they play the same role that was done by Hamdan, and for the same corrupt excuses, and we say to those: This is the last warning to you and you should repent. And they should be discouraged from doing so, as Hamdan is an example. And they say about their misguided behavior and their deeds, that they are for the sake of Shi'ites, along with and the betrayal of their families. We will uncover their names and their deeds in helping make the Shi'ites victorious against the Sunnis, so that our people may know the ugly deeds and they can be treated like traitors. The Almighty said, "And those who repent before you get to them will be accepted by God for God is forgiving and merciful." And for those who repent we are obligated to keep their secrets and to help him get things straight.

I want to remind our people that we are from the Abdullah Al-
'Azzam battalion, and we do not take political sides and we don't care about the dirty politics of Lebanon. We rise above it. And we do not ask the Sunnis to stand behind this or that. The Sunnis, however, matter to us in their religious, political, and economic interests. We want them to rise, and take this as serious work And we seek to protect the five necessary things for the Sunnis of Lebanon and Syria. So it is essential to protect the religion, oneself, honor, mind, and money. We will not harm anyone who leaves the Sunnis alone; those who dare to go against any of these five items and want to attack the Sunnis Page 14
should beware of the consequences. And there will be no animosities except against the oppressors, and we do not accept injustice against anyone on this earth regardless of their sect or affiliation, and we know that we need to help the oppressed if we can, but our priority is for our own people with whom we share the same faith. We will not accept that our people, the Sunnis, are afraid and do not feel safe and their rights are taken from them by Hizballah and their apparatus. And the attacking Shi'ites feel safe in their homes with themselves and living conditions. Justice is eye for an eye and a tooth for a tooth and he one starts it is the oppressor.

As for the traitors, they need to know that he who promises them with victory and protection is giving them empty promises. Because they will not be able to protect their own sects and keep them from harm if the oppressed sect rises to take its rights and to lift oppression against its children. So can they protect the agents (TN: They won't be able to protect their own much less their agents)? So they're better of repenting and they need to repent before they are told, "Now that you were bad before and were one of the despots." And the wise one is the one who takes advice, and the poor one who becomes an example to others.

Conclusion:

In conclusion, I ask my brothers who carry the faith and want to make Sunnis victorious, that he should make efforts for our voices to reach the scholars and the students of knowledge and thinkers, and to anyone who has influence in their society; to spread our reports and essays to all sects and Muslims. I also ask them to be patient with non-receptive scholars and to be polite in dealing with them and being with them, because the call is from the lowest point to the highest; it is essential to stick to the civility of the call and most importantly, to be patient. They need to plead with their brothers and to win their trust and sympathy and to make them want to help making Islamic causes victorious. And they need to be able to accept harm while doing this. And those who cannot be patient and thick-skinned, need to work on something else and leave this to those who can stick to civility and who can take it. There is nothing good in any work where the people cannot stay with the message for the sake of the Lord and his prophet - Lord's prayers upon him.

I ask the Almighty Lord to gather our word for the truth and the straight path. And may he align us and gather our hearts. And

Page 15

may he make us like the ones he said about, "hard ones against the non-believers and merciful among themselves" and the ones he said about "and the Lord will come and he loves them and they love him, humble with the believers and above the non-believers, and the struggle for the sake of the Lord and are not afraid of the blame of others and that is what the Lord gives to he who wants because the Lord is large and knowledgeable." Lord lead us and our Sunni people to the victorious path and the roads of possibilities. Allow us the ability to lift injustice from ourselves and the taking from us our rights, so we may live in our lands safe and secure, with no rulers from your servants above us, except for the ruler who follows your rules and who will not mistreat under the shadow of someone.

And the Lord prayed and blessed your servant and prophet Muhammad and his people, friends, and wives, and all.

And our first prayer, Thanks to the Lord the Lord of the
Universe

Abdullah Al-'Azzam Battalion

Al-Arba'a, 18 Dhu al-Hijja 1431
Wednesday Nov 24 2011

Source: (Fajr Center for Information)

بسم الله الرحمن الرحيم

الحمد لله وحده والصلاة والسلام على من لا نبي بعده

الأخ الفاضل الدكتور/ أبو محمد (حفظه الله ورعاه)

تحية من عند الله مباركة طيبة ودعاء إلى الله أن تكون والأهل والإخوان والأحباب في خير صحة وأحسن حال يرضي الله عز وجل

السلام عليكم ورحمة الله وبركاته

أخانا الكريم : نسأل الله أن تكونوا جميعاً موفقين لطاعة الله عاملين لنصرة دينه آملين في عفوه ورحمته إنه ولي ذلك والقادر عليه.

أخانا الكريم: واتتنا هذه الفرصة الطيبة للتواصل معكم فقد طال الفراق والبعاد بيننا لسنوات طويلة وقد جرى في النهر ماء كثير.

أخانا الكريم:قدر الله رجوعنا مصر لنعيش بأنفسنا مرحلة تفعيل مبادرة الجماعة وقطف ثمارها وهذا والله فضل من الله عظيم فله الحمد والشكر .

أخانا الكريم: ترجع بنا الذاكرة إلى اللقاء الطويل الذي دار بيننا على انفراد في مجمع قندهار وآثارها وعواقبها وأتذكر كلمات حضرتك حول أهمية أن تسعى الجماعة لحل مشاكل كل المعتقلين وليس معتقلي الجماعة الإسلامية فقط وهذا – والله – هو عين ما يحدث الآن فقد شرع إخواننا في جماعة الجهاد وعلى رأسهم الدكتور/ فضل في خطوات إيجابية عملية للوصول إلى ما وصلت إليه الجماعة الإسلامية من تصحيح المسار ومحاولة تصفية كل المشاكل العالقة نتيجة المواجهات خلال حقبة التسعينات من القرن الماضي وأهمها الإفراج عن المعتقلين وعدم إبقاء أحد منهم داخل السجون وفتح أجواء إيجابية في العلاقة مع الأمن تسمح بأفق دعوي سياسي مستقبلي بإذن الله .

أخانا الكريم: إن ما عشناه ولمسناه خلال تواجدنا في مصر هو تحويل تاريخي بكل المقاييس على مستوى فهم الواقع من كل الأطراف على أرض مصر (الجماعة – النظام) وإدراك الجميع أنه ليس من مصلحة أي طرف – ناهيك عن مصلحة الإسلام العليا استمرار الصراع المسلح بالشكل السابق وأن علينا جميعاً السعي الحثيث لبناء أرضية مشتركة من المصالح العليا التي تخدم أهداف الإسلام العليا ومصر والجماعات الإسلامية ...

ويشهد الله يا دكتور أنه يوجد في كل الأطراف أفراد على مستوى عالٍ جداً من المسئولية والوعي والإدراك لهذه المهمة العظيمة والتي تحتاج فعلاً إلى همم رجال أقوياء مخلصين لله ظاهراً وباطناً ونسأل الله أن يجعلنا وإياكم منهم لننال شرف خدمة هذا الدين العظيم في كل وقت وكل حين.

أخانا الكريم: الجميع هنا يودون ويرغبون في التحدث إليكم والتواصـــل معكم (الجماعة – الجهاد) ولكن بلا شك الجميع أيضاً مدرك أن ظروفكم الأمنية غاية في الصعوبة – نسأل الله لكم العافية – ولعل الله قدر لنا هذه الفرصة لنكون جسراً بينكم وبين إخوانكم في مصر .

فاستعن بالله أخانا الكريم وكن مفتاح للخير مغلاقاً للشر ونسأل الله لنا ولكم حسن الخاتمة وخير العاقبة.

أخانا الكريم: كل ما نرجوه من حضرتكم خلال هذه المرحلة – وهذا اجتهاد منا نريد به وجه الله سبحانه – أن تتفاعل إيجابياً مع مبادرة إخواننا في جماعة الجهاد فالكثير من الشباب ينتظر منكم تفاعلاً إيجابياً يدفع هذا المشروع للأمام للوصول إلى مبتغاه ومنتهاه بإذن الله... وأما إن كانت ظروف حضرتك لا تتيح لك التفاعل إيجابياً مع هذه المبادرة فنتمنى عليك أن تلتزم الصمت حيالها حتى يقضي الله أمراً كان مفعولا ...

فتقديرنا أن هذا سـيكون فيه مصـلحة كبيرة بإذن الله يفرج الله بها عن آلاف الشـباب من إخواننا في جماعة الجهاد كما فرج الله عن أكثر من 12 ألف من إخواننا في الجماعة الإسلامية حتى الآن وما ترتب على ذلك من فتح أجواء جديدة على المستوى الاجتماعي والاقتصـادي لهؤلاء الأخوة, ونسـأل الله أن يتيسـر قريباً فتح آفاق دعوية وسياسية لتحقق هذه المبادرات أهدافها المرجوة بإذن الله.

أخانا الكريم: نسأل الله أن يجعل كل ما تقوم به من أعمال خير في ميزان حسناتك يوم القيامة.

ونسـأل الله أن يوفقك لخطوة إيجابية لدعم إخوانك في مصـر في هذه المبادرة تكون في ميزان حسـناتك يوم القيامة ناهيك أن تكون رصيداً لك في تفريج الكروب عن إخوانك بمصر فتفتح لك أبواب الخير في كل مكان بإذن الله.

أخانا الكريم: نحن على استعداد تام لسماع وجهة نظركم كاملة من خلال الوسيط الذي بيننا وهذا – والله – يسـعدنا ... المهم أن يكون هناك تحاور وتواصـل بيننا قبل الإقدام على أي خطوة من طرفكم وأيضـاً سنحاول الإلمام خلال الفترة المقبلة بكل التفاصيل التي قد تفيدكم في تقدير الموقف الصحيح بإذن الله.

ونسـأل الله أن يجعلنا وإياكم من الذين يتعاونون على البر والتقوى ولا يتعاونون على الإثم والعدوان وإلى أن نلتقي نستودعكم الله الذي لا تضيع ودائعه ولا تنسونا من دعائكم فنحن ندعو لكم دوماً.

والسلام عليكم ورحمة الله وبركاته

إخوانك

أبوحازم (مصطفى)

أبوعمر (أسد)

ملحق مزرعة طره

الاثنين 4 جمادى الأولى سنة 1428هـ 21 مايو 2007م

Translation begins here

Page 1

In the name of Allah, the most Merciful, the most Compassionate

Thanks be to God, peace and prayers be upon our prophet

The respected brother, Dr. Abu Muhammad (May God protect him)

Blessed and good greetings from God, and invocations to God (TN: that this letter) finds you, your family, the brothers and beloved all in good health that would satisfy Allah, the Almighty

Peace, mercy, and the blessings of Allah be upon you.

Our generous brother: We ask God that you all are successful in obeying Allah, working for aiding His faith and seeking his pardon and mercy because He is the protector and has power

Our generous brother: We had a good opportunity to communicate with you after a long separation between us for long years and so much water had flown into the river (TN: meaning so many things have happened since)

Our generous brother: God had estimated for us to return to Egypt to live a phase of activating the group's initiative and reap its fruit with the grace of Allah the greatest, to Him we give thanks and praise

Our generous brother: We reminisce about the long meeting we had privately at the Qandahar compound and its impact and consequences. I remember your esteemed words concerning the importance of the group seeking to resolve the problems of all detainees and not just the detainees of the Jama'ah Al-Islamiyah (TN: the Islamic Group). By God - this is the same as what is happening now. Our brothers in the Jama'ah Al-Jihad (TN: the jihad group) headed by Dr. Fadl began these operational and positive steps to achieve what the Islamic group had achieved - such as the course correction and attempt to liquidate all the suspended problems as a result of the clashes during the nineties of this past century. The most important being the release of prisoners and not keeping any one of them in jail; also opening positive environments in relations with the security that would allow a future political and da'awa (TN: call) horizon, God willing.

Our generous brother: What we had lived and touched during our presence in Egypt was a historical transfer with complete criteria at the level of understanding the actual situation from all entities on the Egyptian land (al-Jama'ah and the regime); everyone realized that it was not in the interest of any entity not to mention the supreme interest of Islam and continuing the armed conflict in the previous fashion. We all have to quickly seek to build a joint platform of supreme interest that would serve the supreme Islamic interest, Egypt, and the Islamic groups.

God is my witness O Doctor, there are elements in all entities with very high levels of responsibility, awareness, and realizations that this great mission is, in fact, in need of strong individuals and sincere to Allah of all seen and unseen. We ask Allah to count us and you amongst them to receive the honor of serving this great faith at all times and everywhere.

Our generous brother: Everyone here is eager to talk to you and communicate with you (Al-Jama'ah - Al-Jihad). However, no doubt we realize your security conditions are extremely difficult. We ask Allah to grant you health and perhaps God had provided us this opportunity to be a bridge between you and our brothers in
Egypt.

Page 2

Seek Allah's help, our generous brothers, and be a key to bounty and a lock for evil, as we ask Allah to grant us a bountiful
ending for you and us and good conclusion

Our generous brother: All we ask from your Excellency during this phase is diligence on our part, as we want, in the face of Allah, praise be to him, to react positively with our brothers' initiative in the Jama'ah al-Jihad. Many of the youths are waiting for your positive reaction, driving this project forward to reach its achievement and its completion, God willing. If your highness' circumstances do not allow you to have a positive reaction with this initiative, we would wish for you to remain quiet about the matter until Allah would order having a reaction.

We assess this would have a substantial interest, God willing, that would release thousands of brothers' youths in the Jama'ah al-Jihad as Allah had released more than 12 thousand brothers in the Jama'ah Al-Islamiyah thus far. It entails opening new environments at the social and economic level for these brothers. We ask Allah to soon facilitate the opportunity to open da'awa and political horizons to achieve these initiatives with promising goals, God willing.

Our generous brother: We ask Allah to place all of your good deeds in the balance of your righteous actions until Judgment
Day.

We ask Allah to grant you success for a positive step to support your brothers in Egypt in this initiative, not to mention to be in the balance of lifting the worry off your brothers in Egypt - also to open doors of bounty everywhere, God willing.

Our generous brother: We stand ready to listen to your complete point of view through the mediator between us - May God please us - most importantly is to have a dialogue and communication between us before taking any step on your end. We shall also attempt to provide you with all the details that might be useful to you in assessing the real situation, God willing.

We ask God to help one another in righteousness and piety, but help ye not one another in sin and rancor. Until we meet, I commend you to God whose entrustment shall not be lost; and do not forget us in your invocations, as we pray always for you.

Peace, mercy and the blessings of Allah be upon you

Your brothers
((Abu Hazim)) (Mustafa)
((Abu 'Umar)) (Asad)
Turrah Farm Annex

Monday, 4 Jamadi Al-Awal 1428H - corresponding to 21 May 2007

بسم الله الرحمن الرحيم

الحمد لله رب العالمين والصلاة والسلام على الرسول الأمين محمد بن عبد الله وآله وصبه أجمعين

وبعد

أخي الكريم حمزة حفظه الله ورعاه

أحييك بتحية الإسلام تحية أهل الجنان

السلام عليكم ورحمة الله وبركاته

بداية الحمد لله الذي أنجاكم من سجون الرافضة المجوس الملاعين كنا نتابع أمر خروجكم عن كثب وبحرص شديد

3 – أنا أنتظر مجيئك لنشد عضضنا فالطريق أمامنا طويل وشاق والواجبات علينا عظيمة وكثيرة

أخي الكريم يوجد عند الشيخ محمود بطاقتي مع رخصة قيادة للسيارة وسألنا الشيخ يرسلها لنا أم يسلمها لك لتخرج بها إلى طرف (بلوشستان) فكتبنا للشيخ محمود أن يسلمها لك ، لتخرج بها لتأتي عندنا بإذن الله .

أخي الكريم فور وصولك إلى بلوشستان تسأل عن الوضع الأمني في المكان الذي أنت فيه وكن حذرا جدا وأكثر من الذكر والدعاء ، فإذا كان الوضع أمن فلا بأس أن ترسل صورتك للأخ عبد الله السندي ليخرج لك بطاقة أصلية لتتحرك بها من بلوشستان إلى كراتشي إذا كان الطريق تصعب الحركة فيه من غير بطاقة أصلية وإذا كان يمكن الحركة من دون بطاقة أصلية فتحرك ببطاقتي على بركة الله إلى كراتشي ثم إلى بشاور عبر الطائرة أو القطار وعندما وتصل

بالسلامة اتصل على هذا الرقم (2261263) وأخبره أنك حمزة وأنزل عنده وهو لديه علم أنك ستنزل ونحن سنرتب مجيئك إلينا بعدها بإذن الله

ملاحظة إذا كانت البطاقة مع الرخصة ستأخرك في الخروج من المنطقة أو ليس لك فيها حاجة أرجو أن تعيدها للشيخ محمود ليرسلها لنا .

وختاما

الله ييسر مجيئك إلينا لنطمئن عليكم

وأرجو المعذرة على اختصار الرسالة بسبب انشغالي مع الوالد وهو يسلم عليك كثير السلام

أخوك خالد

2011/04/26

مرفق مع الرسالة رسالة للأخ عبد الله السندي

(Page 1 of 2)

In the name of God the merciful the passionate

Thanks to God the Master of Heavens and prayers and greetings on the faithful messenger Muhammad Bin Abdullah, his kindred and all his companions.

Thereafter:

My generous brother Hamzah, may God preserves and guide
Greetings to you by the Islamic greetings, the greetings of
Heaven dwellers

Peace be upon you with God's mercy and blessings

To start with, thanks God for saving you from the prisons of the Rejectionists (TN: Shi'a) the wicked Magi. We were following your exit with great patience. I am awaiting your arrival as the path in front of us is long and the tasks are great and plenty.

My brother, Sheikh Mahmud got my ID with driver's license. We asked the sheikh to give it to us or to you, so that you can go to the outskirts of Baluchistan. We wrote to Sheikh Mahmud to give it to you, so you can come to us with God's permission.
My generous brother, immediately after arriving at Baluchistan, inquire about the security situation in the place where you are; be very cautious and say many prayers. If the security situation is alright, you may send your photo to Brother Abdullah Al-Sindi, so that he can extract for you an original ID, so that you can move from Baluchistan to Karachi. The road is difficult to move without an original ID. If it is possible to move without the original ID, then use my ID, with God's blessing, to Karachi, then to Peshawar by air or train. When you arrive safely, contact this number. Inform him that you are Hamzah and stay with him; he is informed that you are coming and we will arrange for you to come to us later.

Note: If the ID and the license will delay you from leaving the region or you do not need it, kindly return them to Sheikh
Mahmud so that he can return them to us.

Finally:

(Page 2 of 2)

May God facilitate your coming to us so that we can be assured about you.

I apologize for the short message, because of my occupation with the father, who sends you his greetings.

Your brother Khalid
April 26 2011

Attached with this message is another message to Brother
Abdullah Al-Sindi

2

بسم الله الرحمن الرحيم

أخي الحبيب أبا بصير حفظك الله أيدك وقوّاك / السلام عليكم ورحمة الله وبركاته

سبق وأشرتُ لك بأن الشيخ أبا عبد الله، عنده رأي في "الحرب في اليمن وجزيرة العرب" وأنه أرسل إلينا عدة رسائل لكنها مازالت في طور التشاور بيننا وبينه، ولم يذ تِهِالتشاور بعد..

وهنا أنا الآن أعطيك بعض النقاط، لكن هذه الرسالة لك خاصة، لا تطلع عليها إلا واحداً أو اثنين أو ثلاثة من أصحابك، والأمور كلها قابلة للتشاور، ويكون مرادُنا هو الحق والصواب وفعل الخير والصلاح، كما أمرَ الله تعالى وأحبَّ : {وافعلوا الخيرَ لعلكم تفلحون}.

:

ـــ يميل الشيخ إلى أن الحرب في اليمن وفي جزيرة العرب مع النظام المحليّ المرتد فيهما، ليس مناسباً الآن، والواجب هو أن نوجّه كل طاقتنا وقدراتنا وإمكانياتنا إلى ضرب الرأس، وهو أمريكا، وذلك بالتركيز على "العمل الخارجي"..

ـــ لكن الحرب في اليمن مع النظام المحليّ صارتْ واقعاً الآن، فيدرس الشيخ معنا الآن ـــونريد أن نشاوركم ولا بدّ- في كيفية تكييف هذا الواقع مع استراتيجيتنا، وأن نحافظ على خطنا الاستراتيجي (وهو الاشتغال بضرب الرأس) وتفادي أي معارك جانبية يجرنا إليها الأمريكان عبر وكلائهم.

ـــ فهل يكون الحل هو الحفاظ على مرحلة توازن (لا حرب ولا سلم) مع النظام، وهذا يعني : عدم التصعيد مع النظام، بل نبقيه في الحالة المذكورة، وننشغل نحن بضرب الأمريكان، وربما يكون هناك رسائل ضمنية أو حتى صريحة عبر وسطاء مثلا إلى النظام بأنْ : اتركونا وشأننا نترككم، نحن نريد أن نضرب الأمريكان.

ـــ أو هل هناك فرصة لعقد هدنة مع الحكومة المرتدة، ولو بواسطة القبائل وتحت غطائها، على أن نحافظ على الإخوة المجاهدين أحسن حفاظ في أمن، ويكون المقصد ـــونفهّم جميع شبابنا وقواعدنا ذلك- أن نتفرغ للعمل الخارجي (ضرب الرأس).

أو غير ذلك من الخيارات ..

ـــ ولذلك فالانشغال الآن بعمليات في "السعودية" لا يؤيده الشيخ أصلا، بل يميل إلى منعه، فأرجو منكم أن تتأملوا الكلام جيداً، ولكم فرصة في مناقشة الأمور والمذاكرة معنا هذه المدة، لكن في هذه الأثناء تعتمدون عدم التصعيد وخصوصاً في السعودية، ولا ينبغي للقيادة أن يغلبها الشبابُ (قواعد وأفراد التنظيم)، بل نحن نقود الناس ونرشّدهم ونهديهم بإذن الله، ونجتهد في إصابة الخير ثم عمله بكل قوة وقيامٍ بالممكن، مستعينين بربنا عز وجل متوكلين عليه، حتى يهدينا الله وإياكم لأحسن التصرف، والله هو المولى وهو ولي التوفيق {وما توفيقي إلا بالله عليه توكلتُ وإليه أنيب} {وما النصرُ إلا من عند الله العزيز الحكيم}.

نحتاج إلى مذاكرتكم.. والأمر أمر استراتيجيات، فلا يطلع عليه أحدٌ أبداً، وهو تحت الدراسة والنظر والتدقيق كما أشرتُ [حتى يمكن أن تكتفي بالاطلاع عليه أنت والشيخ أنور مثلا في مرحلة أولى، وعلى كلٍ يتعهد كل مَن يطلع على مثل هذه المناقشات بالأمانة التامة والمحافظة على السرّ]

والبارحة ونهار اليوم (الأحد6شعبان) نحن نتابع في إذاعة البي بي سي أخبار وضع أمريكا اسم الشيخ أنور العولقي على قائمة الإرهاب، وتفاعلات الموضوع، ولذلك نطلبُ منكم أمراً وجَزْماً أن تحتاطوا كل الاحتياط للشيخ أنور، لابد أن يغير طريقة حياته بشكل كامل، سيركز عليه أعداءُ الله، فاحذروهم {يا أيها الذين آمنوا خذوا حذركم}، واعلموا أن الحرب الجاسوسية خطيرة جداً، وقد عانينا منها، والتهاون من المجاهدين هو أحسن بيئة تنمو فيها وتنجح ، لا أنجحها الله، فاتقوا الله وانتبهوا، لابد أن يكون للشيخ أمن جيد وتعليمات لكل تحركاته وكيف يظهر ومَن يقابل ومَن يمتنع من مقابلتهم...إلخ.

ملاحظة : لا تعطِ نسخة من الرسالة لأي أحدٍ بل تكون عندك (وتقرأ من فلاشك فقط مثلا) حتى تُعدِمها فيما بعد الاستغناء عنها :

وإليك بعض مقتطفات من رسائل الشيخ إلينا ، وهي فقرات متفرقة للفائدة المعجَّلة، وإلا فهي مسوّدات تحتاج إلى ترتيب وتنقيح :

[استراتيجية القاعدة ، وضرورة المحافظة على خطها الصحيح ألا ينحرف] :

رسالتي هذه تتضمن مواضيع عدة أهمها موضوع رئيسي لم يستكمل وإنما هو جهد مساهم مع جهودكم في تطوير العمل الجهادي حيث إن تنظيم القاعدة بعد أكثر من عقدين من الزمان يبدأ مرحلة جديدة مهمة وخطيرة لها ما بعدها فلابد من تطويره تطويرّايتناسب مع هذه المرحلة في أدبياته وخطاباته وسياساته وبين يدي التطوير أود تذكيركم بالسياسة العامة للقاعدة في المجال العسكري والإعلامي فقد تميزت القاعدة في تركيزها على العدو الأكبر الخارجي قبل الداخلي وإن كان الأخير أغلظ كفرّإلا أن الأول أوضح كفرا كما أنه أعظم ضررّافي هذه المرحلة فأمريكا هي رأس الكفر فإذا قطعه الله لم يعص الجناحان كما قال عمر رضي الله عنه للهرمزان عندما استشاره وقال له انصح لي فإنك أعلم بأهل فارس قال نعم إن فارس اليوم رأس وجناحان فقال له : فأين الرأس؟ قال نهاوند ثم ذكر موضع الجناحين وقال الرأي عندي يا أمير المؤمنين أنك إن تقطع الجناحين يهن الرأس فقال عمر كذبت يا عدو الله بل أعمد إلى الرأس فأقطعه فإذا قطعه الله لم يعص الجناحان.

ورغم أن هذه السياسة واضحة في أذهان الإخوة الكبار إلا أنه ينبغي التذكير بها مكتوبة لجميع الإخوة مع ملاحظة أن هناك أجيال جديدة من الشباب انضموا إلى مسيرة الجهاد ولم تتم توعيتهم بهذا الأمر مما يؤدي إلى القيام بعمليات فرعية بدلا من التركيز على الأصل كما سمعنا في الأخبار من بعض العمليات على قوى الدولة في مأرب وعتق فعسى أن تكون هناك ضرورة دفعت إليها كالدفاع عن النفس.

وقد سبق أن ضربت مثالابخصوص توضيح السياسة العامة للقاعدة في التركيز على أمريكا وهو أن أعداء الأمة اليوم كشجرة خبيثة ساقها أمريكي قطره 50 سم وفروعها كثيرة متفاوتة الأحجام منها دول حلف النيتو وكثير من الأنظمة في المنطقة ونحن نريد إسقاط هذه الشجرة بنشرها في حين أن قوتنا وطاقتنا محدودة فطريقنا السليم والفعال لإسقاطها هو بتركيزنا المنشار على أصلها الأمريكي فلو ركزنا في عمق الساق الأمريكي حتى وصلنا إلى عمق 30 سم تقريبّاثم سنحت لنا فرصة تمكننا من النشر في الفرع البريطاني فلا نفعل مع وجود الإمكانية بأن نجعل النشر في الأصل الأمريكي لأن ذلك تشتيت لجهدنا وطاقتنا ولو بقي النشر في عمق الساق الأمريكي إلى أن يسقط سيسقط الباقون بإذن الله .

ولكم مثال على ذلك الآثار التي ترتبت على قطع المجاهدين في أفغانستان لساق شجرة الروس وسقوط فروعها تبعًالذلك واحدًابعد الآخر من اليمن الجنوبي إلى أوربا الشرقية دون أن نصرف أي جهد على تلك الفروع في ذلك الوقت .

وعليه فكل سهم وكل لغم يمكن أن يتم استهداف الأمريكيين به وهناك غيرهم فينبغي صرفه نحو الأمريكيين دون غيرهم من حلف النيتو فضلاعمن دونهم .

فلو ترصدنا للعدو في الطريق بين قندهار وهلمند ومرت عربات للجيش الأفغاني وأخرى لحلف النيتو وثالثة للأمريكيين فينبغي التركيز عليها وضربها وإن كان عدد الجنود في العربات الأخرى أكبر .

يستثنى من ذلك ما ينبغي استثناؤه كأن تكون قوة من جيش الدولة التي يوجد فيها المجاهدون متوجهة نحو مراكز الإخوة لا في دورية عامة، وبعبارة أخرى كل عمل للدفاع المباشر عن الجماعة المجاهدة في تلك الدولة ضد القوى المحلية للمحافظة عليها حتى تقوم بمهمتها الأساسية في هذه المرحلة وهي ضرب المصالح الأمريكية فهي تستثنى من القاعدة العامة .

والمتابع للأحداث يرى أن المرهق والمجهد حقيقة بعملياتنا ورسائلنا هم الأمريكيون وخاصة بعد أحداث الحادي عشر فينبغي زيادة الضغط عليهم إلى أن يحصل توازن في الرعب وتصبح تكلفة الحرب والاحتلال والهيمنة على بلادنا أكبر من فوائدها عليهم ويصلوا إلى حالة من الإجهاد تدفعهم إلى الرضوخ والانسحاب من بلادنا وإيقاف الدعم عن اليهود .

وينبغي التأكيد على أهمية التوقيت فهو في غاية الأهمية وذلك ما تؤكده الأوضاع والأحوال عبر التاريخ الحاضر فيجب أن نضع نصب أعيننا في هذا الوقت أن ترتيب العمل في قيام الدولة المسلمة يبدأ بإنهاك الكفر العالمي صاحب النفوذ الكبير على دول المنطقة شريان حياتها والداعم الأساسي لها الذي يملك قوة كبيرة مكنته من إسقاط الإمارة الإسلامية في أفغانستان ودولة العراق برغم أنه تم استنزافه بصورة كبيرة لكنه مازال لدية قوة لاسقاط حكومة أي دولة إسلامية تقوم في المنطقة في هذا الوقت لذا ينبغي المواصلة والاستمرار في استنزافه وإرهاقه ليصل إلى حالة ضعف لا تمكنه من إسقاط أي دولة نقيمها وعندها يتم مراعاة ضرورة العمل على جمع وتوحيد كل من يمكن توحيده من الجهود والطاقات المسلمة التي قعدت عن الجهاد بعذر أو بغير عذر ثم يكون الشروع بالبدء في إقامة الدولة المسلمة بإذن الله وإن استدعى الأمر تأخير ذلك سنة أو أكثر فلا بأس .

وتعلمون أن كثيرًامن الجماعات المجاهدة التي أصرت على البدء بالعدو الداخلي قد تعثرت مسيرتها ولم تحقق أهدافها كالإخوان المسلمين في سوريا وما وقع من مصائب وخاصة في حماة مما أصاب الناس بصدمة مازالت آثارها موجودة رغم مضي ما يقارب ثلاثة عقود وكذلك في محاولة الجماعة الإسلامية في مصر وجماعة الجهاد وكذلك حال الإخوة في ليبيا وفي الجزائر ومثل ذلك في جزيرة العرب رغم أن العمل كان على بعض المراكز الأمريكية وليس لإسقاط الدولة وقد حقق فوائد من أهمها إخراج قواعدهم الكبرى من بلاد الحرمين وكذلك توعية الناس بعقيدة الولاء والبراء وانتشار روح الجهاد بين الشباب ثم ما لبث العمل العسكري أن تعثر للأسباب السابق ذكرها بينما حركات المقاومة ضد العدو الأجنبي المحتل حققت نجاحات كبيرة خلال القرن الماضي في العالم الإسلامي وكان من آخرها في أفغانستان ومن أسباب النجاح وجود أحد أهم عناصر النجاح وهو العنصر المحفز للعامة أعني وجود احتلال الروس الكفار الأجانب مما يوفر تعاطفًا شعبيًاأكبر وهو أمر مهم جدًافالشعب للحركة كالماء للسمكة فأي حركة تفقد التعاطف الشعبي تضعف قوة الدفع لديها باستمرار إلى أن تتلاشى الحركة أو تكمن ، وكذا الحال في غزة التف معظم الشعب حول رايات المقاومة الإسلامية ضد عدو خارجي وهم لا يعلمون بأخطاء حامليها وكذا الحال في العراق دخل العدو الخارجي غازيًاللبلاد و أخطأ خطأًفادحًا لجهله بالمنطقة وطبيعة أهلها فأثار القبائل وألبها مما أدى إلى تعاطف الشعب مع المجاهدين ومدهم بعشرات الألوف من أبنائه للجهاد ضد الأمريكيين إلى أن حصلت بعض الأخطاء كان من أكبرها ضرب بعض أبناء قبائل الأنبار في غير حالة الدفاع المباشر عن النفس [كأن يكونوا متوجهين إلى الإخوة لقتالهم] وإنما كانوا في تجمع للاكتتاب في قوى الأمن مما ألهب مشاعر القبائل ضد المجاهدين وانتفضوا عليهم وتعلمون أن قتل رجل واحد من قبيلة كفيل باستثارتها في تلك الظروف فكيف بقتل المئات .

و هناك مسألة مهمة يجب فقهها فمقصد الشريعة هو جعل كلمة الله هي العليا فواجبنا أن نسعى لما سيحقق هذا الأمر في مآله مع مراعاة الضوابط الشرعية في تقدير المصالح والمفاسد ومعلوم أن هؤلاء اكتتبوا في القوى العسكرية وعندما يؤمرون بالحضور سينفذون ولكن ينبغي ملاحظة أنهم لا يمتلكون عقيدة قتالية وإنما اكتتبوا للإغراءات المادية وبالتالي فهم غير مستعدين للتضحية بأنفسهم من أجل أمريكا ولن يندفعوا بشجاعة لقتل أبناء عمومتهم ولو قتل منهم أحد أثناء هجومهم علينا فرد الفعل سيكون ضعيفًابينما قتلهم عند الاكتتاب بأعداد كبيرة يولد صدمة على كل القبائل ويستثيرهم ضدنا.))اهــ

[أيضا : استراتيجية القاعدة، وضرورة المحافظة على خطها الصحيح ألا ينحرف] :

((أبدأ رسالتي هذه بالتأكيد على ضرورة أن يكون هدفنا الأساس في حربنا مع أمريكا واضحًانصب أعيننا حتى لا نتجه تدريجيًا بعيدًاعن هدفنا في خضم التفاعل مع الأفعال وردودها بيننا وبين خصومنا .

إن مرادنا هو ما لخص في القسم بعد الحادي عشر

أن تكف أمريكا شرها عنا كدعم اليهود وتترك المسلمين وشأنهم ليتيسر لنا إقامة دولة الإسلام حقًا .

ولا يخفى عليكم أن للقتال عند المسلمين غايات كثيرة والغاية العظمى أن يكون الدين كله لله كما في قوله تعالى [وقاتلوهم حتى لا تكون فتنة ويكون الدين كله لله فإن انتهوا فإن الله بما يعملون بصير]

ومن الغايات أن ينتهي الكفار عن الاعتداء على الإسلام وأهله كما في قوله تعالى [فقاتلوا أئمة الكفر إنهم لا أيمان لهم لعلهم ينتهون]

فنحن نريد قتالايجبر العدو على إنهاء اعتدائه وقتاله لنا ويتحقق هذا بقوة وسرعة بإذن الله بالتركيز على أئمة الكفر وأئمة الكفر اليوم هم أمريكا ومعلوم أن السيادة و السلطة العليا في أمريكا هي للشعب وهو صاحب القرار الأول ويمثله مجلس النواب والبيت الأبيض فينبغي تركيز القتل والقتال على الشعب الأمريكي وممثليه .

وإن قتال الأمريكيين وحلفائهم في أفغانستان واجب وفرض عين لإخراجهم مهزومين بإذن الله رغم أنه يأخذ منا جهدًا ووقتًا طويلا، إلا أن الآكد في حقنا هو إيقاف هذه الحرب من مصدرها الرئيسي بالقوى القادرة على إيقافها بأسرع وقت وهي كما ذكرت الشعب الأمريكي

وعليه فينبغي أن نضع غرفة قيادة عمليات العدو لحربنا وهي إدارة البيت الأبيض والكونجرس والبنتجون تحت الضغط المباشر وذلك باستخدام معادلة توازن الرعب بيننا وبينهم وهذا يتم بالتأثير على الشعب الأمريكي كله أو معظمه بشكل مباشر بعمليات داخل أمريكا تفقده أمنه وبالتأثير على اقتصاده أيضًاوذلك باستهداف النفط في الخارج وخاصة في الدول المصدرة لأمريكا وعندها يتم التأثير على دخل المواطن الأمريكي بارتفاع فاتورة معاشه وخاصة وقوده .

يرافق ذلك حملة إعلامية كبيرة مركزة منا يكون جزء منها عبر وسائل الإعلام الأمريكية إن تيسر رابطين هذه العمليات بفقدان الأمن في بلادنا ولاسيما في فلسطين والعراق وأفغانستان و باكستان والصومال كالقول لن تحلم أمريكا بالأمن حتى نعيشه وا قعًافي فلسطين ....

ولا يخفى عليكم أن من الأمور المهمة جدًاعند وجود النزاع بين طرفين أن يكون كل واحد منهما مطلعًاعلى ثقافة خصمه وتاريخه وكيفية تفكيره ونقاط ضعفه و قوته فإن هذا مما يعينه على اتخاذ القرارات الأصوب بعد عون الله تعالى له .

ولقد ظهر من خلال المتابعة لتصريحات ساسة الأمريكيين والاطلاع على تطور الصراع وواقع الحرب بيننا وبينهم فضلاعن حروبهم السابقة إلى أن ضرب أمريكا في عقر دارها له الأهمية القصوى وفي المرتبة الأولى وهو السبيل الأساسي الموصل لما نريد فتأثر الأمريكين من ضربهم داخل أمريكا لا يقارن بضربهم خارجها فضلاعن ضرب حلفائهم ووكلائهم .

فبتأملنا لبعض تاريخ أمريكا نجد أنها رغم خوضها قرابة ستين حربًامنذ نشوئها فإن القاسم المشترك لبعض هذه الحروب هو أنها لم يكن العمل العسكري من خصومهم في الخارج هو العامل الرئيس في حسمها وإنما حسمت عندما ازداد الغضب الشعبي والمعارضة الداخلية لها فعلى سبيل المثال حربهم في فيتنام قتل فيها 57000 جندي أمريكي ولم تحسم الحرب بهذا العدد الهائل من القتلى وإنما اضطروا للانسحاب عندما أخطأ رئيسهم نيكسون وأمر بالتجنيد الإجباري لمواصلة الحرب مما جعل القضية تمس أمن كل فرد أمريكي وعندها ثار الشعب ولاسيما طلاب الجامعات بمظاهرات حاشدة ضد الحرب والحكومة مما اضطرها للانسحاب .

ولا يخفى عليكم أن سياستهم الحالية لمعالجة نقص الجنود هي بالإغراءت المالية الهائلة من دون إكراه لتلافي خطأ نيكسون .

ومعلوم لديكم أن عدد سكان أمريكا 300 مليون ، قتل منهم في أفغانستان حوالي 1000 جندي خلال ثمان سنين وفي العراق حوالي 4000 جندي هذا يعني أن الضرر قد أصاب فئة يسيرة منهم لا تكفي لإثارتهم وتحركهم لإرغام الساسة على وقف الحرب .

وبعملية حسابية بسيطة إذا قسمنا عدد قتلى أمريكا في أفغانستان على عدد سكانها فستكون نسبة عدد القتلى من الشعب الأمريكي في أفغانستان ثلاثة فاصلة ثلاثة في المليون وهي نسبة ضئيلة جدًالا تذكر بينما نسبة عدد قتلاهم في فيتنام ثلاثمئة وثمانين في المليون حيث كان عدد سكان أمريكا وقتها مئة وخمسين مليونًا.

أي أن أمامنا أكثر من مئة ضعف حتى يكون عدد قتلاهم في أفغانستان كعدد قتلاهم في فيتنام ومع ذلك لم تحسم الحرب هناك بسبب هذا العدد الكبير من القتلى .

وبذا يتضح أن النسب الضئيلة في مصائب الأمم والتي لا تذكر لا تؤثر عادة في مثل قضايا الشعوب وغضبها وثورتها وتستطيع التعايش معها وتحملها وهذا يُظهر أن الطريق أمامنا طويل جدًالكسب المعركة في أفغانستان إذا كان الأمر متوقفًاعلى عدد قتلى الخصوم فقط .

إلا أن هناك عناصر أخرى مؤثرة في وقف الحرب منها ارتفاع عدد العاطلين عن العمل في أمريكا بعد الحادي عشر وحربي العراق وأفغانستان إلى نسبة عشرة في المئة من القوى العاملة هناك وهو ما يقدر بعشرة ملايين عاطل وهو رقم كبير جدًاإذا ما قيس إليه عدد قتلاهم في أفغانستان حيث تصل النسبة إلى واحد في كل عشرة آلاف

وهؤلاء العاطلون يعلمون أن جزءًامن الضرر الذي لحق بهم كان بسبب الإنفاق الهائل على الحربين في العراق وأفغانستان والجزء الآخر بسبب الجشع والفساد المالي والإداري في نيويورك وواشنطن

وهذا العدد الكبير من الناس لم يستطع بعد أن يحسم في إيقاف مصادر تلك الأضرار وإنما ساهم مع الآخرين في إسقاط إدارة الجمهوريين التي تسببت بتلك المصائب ورشحوا الديمقراطيين للكونجرس والرئاسة ومع ذلك لم تتغير الأمور كثيرًا .

فإذا كان عشرة ملايين عاطل عن العمل لم يستطيعوا أن يحسموا الأمور لدفع الضرر عنهم بشكل جذري فمن باب أولى أن لا يحسم الحرب الضرر الواقع عليهم بقتل ألف جندي في أفغانستان .

وبذا تتأكد أهمية العمل الخارجي ولا سيما داخل أمريكا للضغط على ثلاثمئة مليون أمريكي حتى يتحرك الشعب ككل لإيقاف الحروب الظالمة الضاغطة على شعوب المسلمين ولاسيما في فلسطين والعراق وأفغانستان وباكستان

و مما يؤكد هذا المعنى ،أثر الرعب الذي أصابهم برجل واحد أعني عملية عمر الفاروق فرج الله عنه رغم أن الطائرة لم تنفجر فقد اعتمدوا لاتخاذ احتياطات أمنية قرابة أربعين مليار دولار تكاليف مباشرة وغير مباشرة وهو أضعاف ما كانت تنفقه الإدارة على الحرب في كل سنة من السنوات الأولى لها في أفغانستان .

فالمصائب العامة كقتلى حوادث السيارات وموتى أضرار التدخين حيث يبلغ عددهم أربعمئة ألف 400000 شخص وهو عدد ضخم أمام عدد قتلى الحرب في العراق وأفغانستان إلا أنهم لم يخرجوا بمظاهرات حاشدة لإغلاق شركات الدخان وكذلك الحال بالنسبة للأمراض الوبائية والحروب وغيرها فعندما تكون نسبة الضرر على الشعب ضئيلة كثلاثة في الألف مثلاتستطيع الأمم والشعوب أن تتعايش معها فكيف ونحن نتحدث عن نسبة ثلاثة فاصلة ثلاثة في المليون فمن باب أولى أن يتعايش معها الشعب الأمريكي لعقود طويلة جدًا.

فإن عرفنا نقطة ضعف خصمنا أدركنا أنه طالما أننا نريد تحقيق هدفنا الأساس فيجب أن تكون عملياتنا تصب بشكل مباشر في الضغط على العصب الأمني والاقتصادي للشعب الأمريكي فمنذ أن أسست أمريكا لم تضرب في عقر دارها حتى بيرل هاربر كانت في جزيرة في المحيط تبعد أكثر من ألف ميل عن أمريكا فهم قد توارثوا الأمن وأن لا يتجرأ أحد عليهم في عقر دارهم فحسهم الأمني مرهف جدًااتجاه العمليات العسكرية داخل بلادهم ولذلك يسهل تضخم الأمر في حسهم مما يؤدي إلى غضبهم وثورتهم على ساستهم والتحرك لإيقاف الأسباب التي دعت إلى فقدهم لأمنهم .

وهنا تجدر الإشارة إلى أن من الأسباب الرئيسة لعدم تحقيق أي نجاح في قضية فلسطين منذ أكثر من ستة عقود أن الداعم الرئيس لليهود أمريكا لم يتعرض لأي ضغط يؤثر عليه داخليًاوبالتالي لم يشعر الشعب الأمريكي بمعاناة أهلنا في فلسطين عامة وغزة خاصة

وإن مثال الحال في فلسطين كوجود سفينة في البحر الأبيض لديها رافعة عملاقة أدلت بحبالها فيلا ضخمًاداخل فناء دارنا الضيق فهدم جدران الدار وآذى أهله فقاموا يضربونه بالعصي منذ أكثر من ستين سنة ليخرجوه من دارنا ولكن دون جدوى ومعلوم أن العصي لا تؤثر في الفيل.

والصواب أنهم كانوا وما زالوا بحاجة إلى أن يضربوا السفينة التي تمسك بحباله لترفعه عنهم وهذه السفينة هي أمريكا .

وإن الذين يقولون لابد من حصر الضرب على الفيل فقط وأن لا تخرج المقاومة خارج الدار هؤلاء يرفضون سلوك الطريق الأسلم والأقرب لتحرير الدار من هذا الفيل .

وكذلك من تدبر حال شعوب المنطقة يراها تعيش في معاناة عظيمة على أيدي حكامها وكلاء أمريكا وأن مفتاح الحل يبدأ أيضًامن أمريكا بضربها للتخلي عن هؤلاء الحكام وترك المسلمين وشأنهم .

فعلى سبيل المثال : إن قويت شوكة المجاهدين في مصر بما يفوق قوة النظام القائم وأرادوا إسقاطه وإقامة شرع الله حقًا فإنه لا يخفى على العقلاء أن أمريكا ستسارع لنجدته ابتداء بالقوى المرابطة في البحر الأبيض الأسطول السادس الأمريكي .

وإن كل التدريبات و المناورات المشتركة بين الجيش الأمريكي والمصري المسماة بمناورات النجم الساطع ليس المقصود منها الهجوم على ليبيا أو الإسرائيليين قطعًاوإنما المقصود منها هو إسقاط أي حكم إسلامي يقوم في مصر معارضًاللحكومة الموالية لأمريكا .

فإن لم يدفع الشعب الأمريكي ثمن الظلم والعدوان على أهلنا سيستمر الدعم لليهود وللحكام الظلمة وستبقى قضايانا بلا حل لعقود طويلة .

وخلاصة القول :-

إن من أهم أعمال التنظيم القيام بالعمليات التي تمس بشكل مباشر أمن واقتصاد الشعب الأمريكي ككل فالعمليات داخل أمريكا واستهداف النفط في الخارج ولاسيما الدول المصدرة لها من أقوى وأسرع ما يؤثر على الشعب ويجعله يشكل الضغط على الساسة.

فإن كان عندنا إمكانيات بشرية ومالية كافية لتنفيذ السياسة السابق ذكرها وفاض منها شيء فعندها يتم توجيه الطاقات لضرب الأمريكين في الخارج .

ومما لا يخفى أنه سيكون لدى التنظيم عدد كبير من المجاهدين للعمل ضد أمريكا في الجبهات المفتوحة نظرًالدقة المواصفات المطلوبة فيمن سيكون في قسم العمل الخارجي وأما من لا تتيح له ظروفه الأمنية السفر عبرالمطارات وهو من الطاقات التي توفرت فيها الصفات المطلوبة لقسم العمل الخارجي فيكون ممن يخطط أو يدرب الإخوة الذين سيكونون في هذا القسم .

وإن مثل صراع العالم الإسلامي مع أمريكا كمثل سد كبير أمامه على ضفتي النهر قرى طينية كثيرة ، فذهب إليه بعض الظالمين وفتحوا بوابات منه ما كان ينبغي لها أن تفتح ففاض ماؤه الهائل على القرى التي أمامه فهدم البيوت وتضرر الناس واستنفروا وهب منهم رجال شجعان لإنقاذ الشيوخ والنساء والأطفال في عمل دؤوب ليل نهار مخاطرين بأنفسهم لإنقاذهم وتأمين حياتهم ،

إلا أنهم كانوا بحاجة إلى فكرة مهمة وجوهرية تستدعي جهدًاأقل مما بذلوه لترفع عنهم المعاناة العظيمة المستديمة وتوفرلهم طاقاتهم، وهي أن يذهب بعض فرسانهم إلى الذين فتحوا بوابات السد وأنزلوا أنواع العناء بالناس فيعاقبوهم ويبعدوهم عنه ويعيدوا إغلاقه وبذلك تنتهي معاناتهم العظيمة.

فهذا هو حالنا فاستمرارالأعمال المؤثرة على الشعب الأمريكي وضغطه على أصحاب القرار في أمريكا البيت الأبيض والكونجرس و البنتجون هو الذي سيغلق بوابات السد بإذن الله .

وبذلك نكون قد اختصرنا الجهد والوقت على الأمة حتى يتحقق المراد من كف أمريكا عن دعمها لإسرائيل وإخراج جيوشها من بلاد المسلمين وتركهم وشأنهم مع أعدائهم.))اهـــ

[شأن القبائل وعصبيتها وثاراتها، وكيف ينبغي التعامل معها] :

((كما لا يخفى مدى عمق التعصب والثأر عند العرب وكم للدماء من آثار على الخواص فضلاعن العوام فقد كان معنا بعض الإخوة المجاهدين الملتزمين إذا رجعوا إلى اليمن وثارت حرب جاهلية قبلية بين قبيلتهم وقبيلة أخرى فكان بعضهم ينخرطون فيها ولا يستطيعون أن ينفكوا من عادة الثأر للدماء وإن الضغط الأمريكي على الحكومة اليمنية جعلها تخطئ في التعامل مع القبائل بقصف أبناء القبائل في المحفد وشبوة واستمرار الضغوط يجعلها مهيأة لأخطاء أكبر تؤدي إلى تألب بعض القبائل ضدها وإن أحسن المجاهدون التعامل مع القبائل فسيكون غالب انحياز القبائل إليهم فالمجتمعات القبلية أثر الدماء فيها عظيم وتذكرون قول أبي حذيفة رضي الله عنه يوم بدر لما بلغه أمر رسول الله صلى الله عليه وسلم بالنهي

عن قتل العباس بن عبد المطلب رضي الله عنه قال : أنقتل آباءنا وأبناءنا وإخواننا وعشيرتنا ونترك العباس ؟ والله لئن لقيته لألحمنه السيف .

وقول الصحابي رضي الله عنه عبد الله ابن عبد الله ابن أبيّ ابن سلول لرسول الله صلى الله عليه وسلم يا رسول الله إنه بلغني أنك تريد قتل عبد الله ابن أبي فيما بلغك عنه ، إن كنت لا بد فاعلافمرني به ، فأنا أحمل إليك رأسه ، فوالله لقد علمت الخزرج ما كان لها رجل أبر بوالده مني ، وإني أخشى أن تأمر به غيري فيقتله ، فلا تدعني نفسي أنظر إلى قاتل عبد الله ابن أبي يمشي في الناس ، فأقتله فأقتل رجلا مؤمنًابكافر فأدخل النار ، فقال له رسول الله صلى الله عليه وسلم(بل نترفق به ونحسن صحبته ما بقي معنا) وقول رسول الله صلى الله عليه وسلم لعمر رضي الله عنه عندما تولى قوم ابن أبيّ مجازاته إذا أحدث (كيف ترى يا عمر أما والله لو قتلته يوم قلت لي اقتله ، لأرعدت له آنفٌ ، لو أمرتها اليوم بقتله لقتلته) وهنا فلا يخفى على أحد أن الذين يقاتلون تحت راية الأمريكان ضد المسلمين يجب قتالهم وإنما الخلاف في التوقيت وهذا يمكن فهمه من قوله عليه الصلاة والسلام أما والله لو قتلته يوم قلت لي اقتله ....

فالوقت لإقامة الدولة المسلمة يقترب بخطى سريعة وهو في صالحنا لانتشار الفكر الجهادي وخاصة بين الشباب والأجيال الصاعدة مقارنة بالجماعات والحركات الإسلامية الأخرى فكلها لا تملأ الفراغ الذي يعيشه أبناء الأمة باستثناء الفكر السلفي الجهادي المتفاعل مع قضايا الأمة.

[خصوص الكلام على اليمن] :

وهنا أطلب مشورتكم في موضوع اليمن فلا شك أنكم تتابعون التطورات السريعة في اليمن من قبل طائرة عمر الفاروق فرج الله عنه ومن بعد فقد ظهر الإخوة مرارًابأسلحتهم في تجمعات كبيرة أمام الإعلام العالمي

كما ذكر سنتر أمريكي كان مع جون مكين في جولته في العراق أن أحد الأمريكيين في اليمن قال له قبل سنة إن حرب العراق هي حرب الأمس وحرب أفغانستان هي حرب اليوم وإن حرب الغد هي حرب اليمن إذا لم تتحركوا بسرعة

ولقد راسلت الإخوة قبل سنتين تقريبًاوقلت لهم إن إمكانياتنا المالية والإدارية لا تسمح بفتح جبهة اليمن ردّاعلى طلبهم مساعدات لفتح جبهة هناك إلا أن الأمور سارعت تجاه التصعيد.

وذكروا في رسائل سابقة قبل سنة ونيف أن وضع الحكومة ضعيف جدّاوأن هناك ضغطًاعليهم من الشباب والقبائل للتحرك

ولا يخفى عليكم أن تحسس الكفر العالمي والمحلي من المجاهدين في أفغانستان لا يقارن بتحسسهم وحذرهم منا عندما نكون في قلب جزيرة العرب حيث الكعبة المشرفة وأكبر مخزون نفطي في العالم كما تعلمون أضف إلى ذلك أن أهلنا وعشائرنا هناك.

وأحسب أن التحالف الصليبي ومن لحق بهم من المرتدين رغم ضعفه واستنزافه عسكريًا واقتصاديًافي العراق وأفغانستان واستنزافه سياسيًا أيضًافي فلسطين والسودان وإيران والصومال فإنه سيحاول أن يستجمع ما تبقى من قواه لمنازلة المجاهدين في اليمن فهم وحلفاؤهم غير مهيئين بعد لقبول دولة إسلامية وخاصة في جزيرة العرب ومع ذلك فهم لا يملكون من القوة والإرادة والموارد المالية والبشرية والدعم السياسي والشعبي ما يكفي لخوض حرب لسنوات طويلة دون قيام دولة الإسلام فينبغي تقليب الأمر والنظر إليه من جميع وجوهه.

مع ملاحظة ما يلي :

1- أن الشعب اليمني هو التكتل البشري الأكبر في جزيرة العرب ويبلغ تعداده أكثر من عشرين مليون سدسهم تقريبا في الجنوب

2- إن الشعب اليمني لم يتعرض للاحتلال الصليبي خلال القرون الماضية باستثناء مناطق محدودة في الجنوب وأهمها مدينة عدن

3- حكومة اليمن ضعيفة وسلطانها داخل المدن وأما الأرياف فالسلطان لشيوخ القبائل

4- عدد قطع السلاح في اليمن أكثر من ضعفي عدد الشعب ، وهم الفتيان الأول إذا بلغوا الحلم أن يقتنوا الكلاشنكوف .

5 - الشعب اليمني متمرس وجريء على القتال .

6 - نسبة الفقر تتراوح بين 30 إلى 40 %

7 - أهل الجنوب لديهم مظالم كثيرة ضد الحكومة ويشعرون بالأثرة وقد تعصبوا فيما بينهم ضد علي عبد الله صالح ومظاهراتهم شبه يومية وأبرز وجوه الحراك الجنوبي في الميدان الشيخ طارق ابن السلطان ناصر الفضلي فهو شيخ مشايخ عشائر محافظة أبين ، وهي أحدى المحفظات الست للجنوب وهي : عدن ، لحج ، أبين ، شبوة ، حضرموت ، المهرة ، مع ملاحظة أن المهرة منطقة صحراوية عدد سكانها قليل جدا قد يصل إلى خمسين الف نسمة .

محافظة عدن تشمل مدينة عدن وبعض الضواحي المجاورة .

محافظة لحج صغيرة من حيث المساحة كثافتها البشرية جيدة تضاريسها الجبلية وعرة وأهلها أهل قتال وكانت هي المدد الرئيسي لأحد جناحي الحزب الاشتراكي في السابق.

محافظة أبين أكبر من لحج كثفتها البشرية جيدة قبائل مقاتلة ترابطها جيد مع الشيخ طارق الفضلي والصحوة فيها جيدة وللمجاهدين فيها نفوذ كبير مع العلم أن الشيخ طارق الفضلي كان من إخواننا المجاهدين في أفغانستان أيام جلال أباد وعلاقته بنا قوية والحكومة تصنفه على أن جذوره قاعدية .

محافظة شبوة كثافتها جيدة ومساحتها كبيرة قبائلها مقاتلة مشهورة بشدة البأس من أشهرهم قبيلة العوالق وقبيلة الباكازم كما أن الصحوة الجهادية فيها جيدة وبعض شيوخ القبائل مبايعين مع القاعدة .

محافظة حضرموت الصحوة فيها ممتازة والكثافة جيدة والقبائل من حضرموت الساحل غير ميالة للسرعة في اتخاذ قرار القتال يشتغلون بالتجارة وقبائل حضرموت الداخل قبائل مقاتلة من أبرزهم نهد والصيعر ولكنهم أيضًايتسمون بالحذر والتريث في أمور القتال .

محافظة المهرة محافظة نائية ومنسية الحضر فيها قليل ج دًا.

في فترة أوائل الستينات نشب صراع بين عبد الناصر والنظام السعودي على أرض اليمن وكانت قبيلة حاشد مع الجمهوريين وقبيلة بكيل مع الملكيين واشتهر في تلك المرحلة شراء الذمم واستفادت القبائل من إغداق المال والسلاح عليها ، ثم في منتصف السبعينات ظهرت الصحوة بشكل جيد في اليمن وكان للإخوان دور بارز في ذلك ، ثم في أوائل الثمانينات ظهرت الصحوة الجهادية واستمرت في النمو وكان المجاهدون من اليمن يشكلون في بعض الأوقات العدد الأكبر من عامة المجاهدين العرب والمقصود أن جيلا جديدًافي اليمن يغلب عليه الالتزام والتمسك بتعاليم الإسلام وأن كثيرًامن القبائل أصبح شيوخها من الملتزمين ولكن مع ذلك في اليمن طبع قديم متوارث لدى القبائل فبرغم كونها مقاتلة إلا أنها ترغب في أن يكون لها سند وظهير من قوة معنوية ومادية فأحسب أنه من الصعوبة أن تتحرك القبائل الكبرى في هذه الظروف بدون وجود دعم مالي ومعنوي قوي فمعظم شيوخ القبائل الكبرى في اليمن بيني وبينهم عهود ومواثيق ولكن نتيجة للبعد الزمني والجغرافي ولعدم توفر إمكانيات مالية كافية لهذا الأمر ومع دخول عناصر جديدة دولية وإقليمية في حلبة الصراع فأحسب أن شيوخ القبائل الكبرى سيقفون على الحياد ويكتفون بالدعاء لنا دون أن تكون سيوفهم معنا لكن هذا لا يعني أن يصادروا حرية جميع أفراد القبيلة فإذا وصلت الأمور إلى درجة الاشتعال فسيقفون معنا بإذن الله . والقبائل اليوم تحتضن الإخوة وهي تحتضنهم منذ بضع سنوات ورغم ضغوط الدولة عليهم لكي يسلموا الإخوة رفضوا ذلك ومن الأمثلة على ذلك أن رفضوا تسليم أمير التنظيم الشيخ أبو علي الحارثي وإخوانه وعجزت الدولة عن أخذه منهم وأخيرًاتدخل الأمريكيون وقصفوا سيارته في وادي عبيدة بالطائرة وقتل عليه رحمة الله .

ملاحظة : العلماء الرسميون وشبه الرسميين هم ضد القاعدة والإخوان كما لا يخفى عليكم ضد القاعدة ... ومن المتوقع أنه إذا قويت شوكة الإخوة بشكل كبير في اليمن فإن النظام السعودي سيتجاوز الدعم المالي لحكومة صنعاء إلى الدعم العسكري خاصة عبر الطيران .

يظهر أن الإخوة في اليمن متحمسون جدًالمواصلة التصعيد والقتال فينبغي التواصل معهم وطلب تقرير مفصل عن الأوضاع هناك.

فأمامنا وضع مهم وخطير جدًاشائك ومتشابك ينبغي التعامل معه بانتباه شديد ودقة فترك الأمر أو تهدئته قد يعني تضييع فرصة كبيرة جدًالنصرة الإسلام. والدخول فيه بغير معرفة كافية وإمكانيات مناسبة قد يعني إدخال المنطقة في أحداث عظام قد يترتب عليها خسارة كبيرة

فهذه بعض أخبار اليمن بين يديكم للتفكير فيها وإثرائها والتشاور فيها وأنا بانتظار مشورتكم .

ملاحظة : في إحدى إصدارات الإخوة في اليمن ذكر عن أحد المنفذين للعملية على السفارة الأمريكية أنه هو مهندس العملية فأرجو التنبيه على أن يكون المخطط للعملية أخ ًايتمتع بفطنة جيدة وخبرات واسعة ويتم انتقاء طاقم الاستطلاع والتخطيط والاحتفاظ به حتى تتراكم عنده الخبرات.))اهـ

[في العمل الخارجي] :

أرجو إعداد رسالة بخصوص العمل الجهادي يتم إرسالها إلى جميع الإخوة في الأقاليم تتضمن بعض الأسس المهمة لنجاح العمل

كأن لا يرسل في العمليات الفدائية أخ واحد للقيام بها فإنه خطأ فادح وإنما يكونون اثنين أو ثلاثة وتذكرون أن من أسباب ضعف أثر عملية تنزانيا أن أخانا أحمد عبد الله رحمه الله كان لوحده في الشاحنة بخلاف عملية عزام رحمه الله حيث إنه أصر على وجود مرافق معه حتى ظن الشيخ أبو محمد أنه متردد ثم تبين له خلاف ذلك وإنما الأخ في مثل ذلك الظرف يكون بحاجة ماسة إلى أخ يعضده نفسيًاوللإخوة عبرة في طائرة أخينا عبد الجبار فرج الله عنه حيث تعثرت عمليته وقال الركاب أنه كان قلقاقبل محاولة إشعال العبوة وينبغي أن تنشر هذه المعلومة في الانترنت بتفصيل وتبين أن إرسال أخ واحد ربما يعثر العملية وأنه أمر مجرب .

ضرورة أن يكون الأخ الذي بجانب المفجر في الطائرات وما شابه قوي البنية وم تدربًاعلى الجودو وغيره مما يلزم ومعه جريدة كبيرة يغطي بها أخاه عندما يمارس التفجير وعلى أن تكون الجريدة في حقيبته قبل دخول الطائرة وعدم الاعتماد على ما يوزع في الطائرة .

أفضل وقت للتفجير هو وقت الاسترخاء الشديد من اثنين إلى أربعة ليلاً.

الأصل أن يتم استيعاب الكراسي الثلاثة لما في ذلك من البعد عن الناس وتوفير النجاح للعملية .

أن يكون الإخوة القائمون بالعملية ليس في أشكالهم ما يلفت النظر فيكونوا من الغرب أو متشابهين بهم (قدر الإمكان).

نحتاج إلى مسألة في غاية الأهمية وهي تجنيد شباب في أول التزامه ونبعده عن الوسط الملتزم بحيث لا يكون عليه أي معلومات أمنية وتتم توعيته بأنه ثمة مخبرين داخل الوسط الملتزم وأن مهمته ليست الدعوة إلى الجهاد أو إظهار آرائه بين الناس وإنما هي القيام بالعمليات الجهادية .

عدم الإكثار من العمليات في الحين الواحد والحرص على إتقان عملية واحدة ونجاحها هو المطلوب فكل ما كثرت العمليات وعناصرها كل ما ازدادت نسبة وقوع الخلل ومشاركة أشخاص مراقبين في العملية كما حصل في عملية الطائرات في بريطانيا العام الماضي حيث إن المراد والأثر المطلوب لتوازن الرعب بين الطرفين كان يمكن أن يتم بطائرة واحدة فقط ونسبة النجاح بإذن الله تكون أكبر بكثير من اشتراك عدة طائرات في وقت واحد ، ويتم التأكد والتأكيد على الإخوة الذين سيقومون بأعمال فدائية أن يفقهوا أهمية الاتقان في العمل وخاصة في هذا المجال ويذكروا بحديث رسول الله صلى الله عليه وسلم إن الله يحب إذا عمل أحدكم عملاأن يتقنه ، وأرجوا أن تتحروا وتعلموني ماهية طبيعة الخلل الفني الذي وقع في عملية أخينا عمر الفاروق فرج الله عنه مع العلم ينبغي أن يكون الأخ المنفذ قد قام بتفجير العبوة أثناء التدريب عدة مرات على جسم مشابه إلى حد ما لجسم الطائرة إلى أن يصل إلى درجة اليقين بأن العبوة ستشتعل وأن نوعها وكميتها كافية للمهمة المطلوبة .

[في السياسة الإعلامية] :

أرجو أن تتشاوروا على أن تكون ضمن رسائلنا الإعلامية بشكل ثابت تقريبًاهو أن نركز على أن أصل القضية هي ظلم الأمريكيين وحلفائهم لنا في فلسطين فإن بدا لكم أن هذا الأمر جيد فأرجو أن تعمموا الأمر على الإخوة في الأقاليم ، وعلى سبيل المثال رسالة إخواننا من اليمن تعقيبًاعلى عملية طائرة الفاروق فرج الله عنه لم تكن هي الأنسب فقصف الأمريكيين لليمن هي مسألة متفرعة عن قتالنا وضربنا لهم يوم الحادي عشر لسبب فلسطين وغالبية الشعب الأمريكي لا يعرفون اليمن فضلاعن أن يعرفوا أنها قد قصفت فحادث الطائرة حادث كبير جدًا جدًاوتداعياته ستستمر لفترة طويلة بإذن الله وهو لم يمس الشعب الأمريكي كله فحسب بل أيضًاالشعوب الأوربية المتحالفة معه فكانت فرصة عظيمة لتنبيه وتحذير تلك الشعوب أن سبب العملية هو دعمكم لليهود في فلسطين وليس كما قيل أنه رد على القصف الأمريكي لليمن فهذا على أهميته سيحل بالتبع بإذن الله بعد أن نحقق الانتصار في فلسطين حيث إن تخلي الغرب عن الإسرائيليين في فلسطين هو تحول جذري في سياساتهم المتسلطة على بلادنا مما يعني حلحلة قضايانا الرئيسية الأخرى المتأثرة بتلك السياسات العدوانية ، وكذلك رسالة أخينا همام البلوي رحمه الله فكانت عملية كبيرة جدا ومؤثرة ولها صدى في العالم أجمع فكان ينبغي أن يكون عنوانها الرئيس فلسطين مع ما تضمنته من عناوين مهمة .

[مشاورة أخرى، في إدارة العمل الإعلامي في هذه المرحلة] :

((فيجب دراسة جميع محاولات المجاهدين وجهودهم وتبين الأخطاء وأخذ العبر منها ويتم التشاور فيما بيننا وتدارس ما يمكن نشره في هذا التوقيت على أن ينشر الباقي في أوقات لا يتسبب عنها ضرر على المسلمين والجهاد .

وقد لاحظتم من خلال الأسابيع الماضية بل وخصوصًامع بداية التركيز الدولي على اليمن بعد القصف على أبين وشبوة فقد أصبحت القاعدة حاضرة في الإعلام بقوة وهي المستهدف الأول وذلك لما قد ظهر للأعداء من أن القاعدة بفضل الله تتمتع بالحياة والحيوية وتشهد انتشارًا واسعًالفكرها الجهادي في الأوساط المسلمة فينبغي أن يزداد اهتمامنا بالجانب الإعلامي للتوعية ومقاومة شراسة الهجمة الإعلامية من خصومنا علينا بل يجب أن يكون لنا حضور إعلامي على مستوى الأحداث، و أرى أن تتم استشارة .....[مشاورة خاصة في استحداث منصب مسؤول إعلامي عام على جميع الأقاليم] ويكون من ضمن مهامه التحدث باسم التنظيم وإذا حصل خطأ ظاهر من المجاهدين غير مقصود فينبغي أن يعتذر عن ذلك في الإعلام)).اهـــ

[بعض الملاحظات الإعلامية الأخرى] :

- ينبغي تجنب الكلمات والعبارات التي تتنافى مع كون المؤمن ليس بالطعان ولا اللعان ولا الفاحش البذيء أو التي تتنافى مع السياسة الشرعية ومسألة جلب المنافع ودرء المفاسد ولا يخفى عليكم أهمية مراعاة المجاهدين لهذه المسألة وأرى أننا في هذه المرحلة بحاجة إلى متابعة دقيقة لإصداراتنا الإعلامية فهي صوتنا الذي يصل إلى الأمة ووسيلتنا لنلتحم معها وهي التي تظهر صورتنا أمام المسلمين فينبغي أن تكون بلغة يفهمها عوام الأمة وملامسة لهمومهم . ويجب أن يستشعر الإخوة في بياناتهم أن الهدف الرئيسي منها هو مخاطبة جماهير الأمة وتحريضهم ومحاولة إنقاذ أكبر قدر من الناشئة من أن يدخلوا في ظلمات التيه .

- ولتلافي بعض الزلل أرى أن تكونوا لجنة منكم ومن الشيخ محمود والشيخ أبي يحيى ولا يبث أي إصدار للسحاب إلا بعد مروره على هذه اللجنة وإن كان فيه بعض العبارات أو بعض زلات اللسان فيكون لهذه اللجنة حق في حذف المقطع غير المناسب أو مراجعة قائله فإن كان من عندي تراجعونني فيه وإن كان من عند الشيخ أبي محمد تراجعوه فيه وكذلك مع جميع الإصدارات .

- كما أرى أننا بحاجة إلى أخ يطور نفسه في مجال الإخراج بالبحث عن كتب في هذا المجال وقراءتها فهو علم مستقل و في غاية الأهمية للتأثير على المشاهد في حين أن هدفنا الرئيس من الأصدارت الإعلامية هو انتشار الوعي بين أبناء الأمة ويكون لهذا الأخ نصائح يوجهها لجميع الإخوة القائمين بإصدار البيانات سواء كانت مسموعة أو مرئية أو مكتوبة حتى يعينوه على إخراج مادة موضوعية مؤثرة تلقى قبولاعند أبناء الأمة ومن المسائل التي أرى والله أعلم أن من المهم تجنبها في إصدارات المجاهدين :

- 1- مراعاة رغبة الجماهير في الشيء الجديد فلا يكرروا العمليات والمقاطع الصوتية إلا أن تكون قويةتناسب مع الحدث الوارد في الفلم وكذلك يجتنبون قص المقاطع الصوتية وتلصيق جزء آخر فيها مما يغيير سياق الكلام كما حصل في مقطع صوتي لأخينا أبي مصعب الزرقاوي رحمه الله حيث بثته مؤسسة الفرقان مرتين بشكل مختلف كانت الأولى في فلم إعدام للمرتدين والثانية في فلم خذو الدولة من أفواههم ....

- 2- مراعاة مشاعر المشاهد وتجنب الصور المؤثرة جدّاوالتي قد تؤدي إلى نشوء بعض المشاكل النفسية لدى الناشئة أو التي قد تدخل الخوف على قلب من ينوي النفير إلى الجهاد .

وهذه بعض العبارات التي صدرت في إصداراتنا الإعلامية من وزير استان و من بعض الأقاليم أرجو إرسالها إلى الإخوة القائمين على الإخراج وتنبيههم عليها

- 3 - (تحقير الخصوم كأن يقال بأنهم أحقر من الذباب أو سنمسح بكم البلاط)

- 4- (الاستهزاء)

- 5 -(التلفظ بألفاظ تحوم حول القذف كأبناء فرنسا [فيه شيء من التفصيل])

- 6 - شتم الأعداء كأن يقال (كلاب صيد) (البهيمية) (الأنذال) [كذلك فيه تفصيل].

- أرجو ارسال ردود الفعل من الانتر نت على رسالة ابني خالد كما أرجو إرجاء بث رسالة ابنتي مريم إلى اشعار آخر .

اهـ

وأخيراً هذا ما تيسّر جمعه من فقرات مفيدة..

ونريد مشاوراتكم، وتقاريركم المفصلة لكي نرفعها للشيخ.

وتبلغون الشيخ أنور سلامنا، وأن يحافظ على نفسه فهو قد دخل عالماً جديداً وحياة جديدة مختلفة، وتعلقت به أحكام وواجبات وتكاليف جديدة، والله يرعاه ويقويه، وأهم شيء هو تحقيق العبودية لله عز وجل، واحرص على الموت في سبيل الله توهب لك الحياة بكل معانيها، والقليل يبارك فيه الله عز وجل خيرٌ من الكثير الذي تعدوه بركةُ الله، اللهم لا غنى لنا عن بركتك يا رب العالمين.. ونريد منه يكتب رسالة لأخينا آدم غدن (بالانكليزية) ويفتح معه أفكار العمل الدعوة والجهاد باللغة الانكليزية ويدعوه للكتابة في مجلتكم، ترسلون الرسالة لنا.

وفي الأخير ، بلغوا سلامنا لأخينا أبي سفيان، وأخينا أبي هريرة، اللهُ يحفظهم ويرعاهم.

والسلام عليكم ورحمة الله وبركاته

محبكم عطية

6شعبان1431هـ

This is a letter dated 18 JUL 2010 by 'Atiyyah asking Abu-Basir for his feedback on a very sensitive matter which is still in discussion with Abu-'Abdallah [T.C: UBL] about the war in Yemen and the Arabian Peninsula and only to be handled by very few such as Anwar al-'Awlaqi besides the recipient. The opinion is to keep the status quo in Yemen [No war and No peace] with the government by signing a truce under the cover of the tribes or sending messages thru mediators to leave "us" alone in exchange of focusing on America. The purpose is to focus on striking inside America and its interests abroad especially oil producing countries to agitate public opinion and to force US to withdraw from Afghanistan and Iraq. The letter recommends extra security measures for Anwar al-'Awlaqi that requires him to change his way of life and to write a letter in English to Adam Ghadan for cooperation in Jihad media efforts. 'Atiyyah recommends not repeating the mistakes by AQIZ against the tribes in Iraq and assures that he signed treaties with tribes in Yemen and they are harboring al-Qaida, stating that similar mistakes have been made in Yemen by attacking the tribes. 'Atiyyah is referencing to the attack on the US embassy in Yemen recommending more experienced persons, and to carry out future suicide attacks by more than one individual for moral, cover up and backup inside airplanes and elsewhere. 'Atiyyah recommends forming a committee of Abu-Basir, Shaykh Mahmud, and Shaykh Abu-Yahya to filter the products of As Sahab publication.

بسم الله الرحمن الرحيم

أخي الفاضل/ الشيخ الكريم حفظه الله ورعاه

السلام عليكم ورحمة الله وبركاته ... وبعد

الحمد لله وحده المستعان والميسر دائما لما يحب ويرضاه، وأسأله مولانا الكريم المتعال أن تصلكم حروفي هذه وأنتم وأسركم الكريمة في خير الدين والدنيا وأن يحفظنا الله وإياكم والمسلمين سلما لأوليائه حربا على أعدائه إنه ولي ذلك والقادر عليه.. كما وأنني أنتهز هذه الفرصة العزيزة في أن أسأل الله تعالى أن يبارك لكم بعيد الفطر وأن يجعله الله بداية فتحه علينا وعلى الأمة الإسلامية وأن يجعلنا وإياكم ومن نحب ممن تقبل المنان منه رمضان وعتق رقبته ووالديه فيه من النيران إنه الكريم الحنان المنان.

أخي الحبيب ...

في البداية أود أن أعاتبكم عتاب الأخ الصغير لأخيه الكبير على أنكم لم تطمئنونا عن صحتكم وأحوالكم بالقدر الذي تاقت له أنفسنا فعلم الله أنني في غاية الشوق للقائكم والاطمئنان عنكم وعن صحتكم التي طالما شغلتنا عنكم طيلة فترة سجننا في تلك الأرض الظالم أهلها، وخاصة تأخر أخباركم ومداخلاتكم الكريمة الصوتية بين الحين والآخر، ولعلكم تعلمون مكانتكم في قلوبنا التي نسأل الله أن يجمع بحبنا لكم بيننا وبينكم مع نبينا المصطفى صلى الله عليه وسلم في مستقر رحمته وفي عليين مع النبيين والصديقين والشهداء والصالحين وحسن أولئك رفيقا، وأسأله أن يكتب لنا ولكم الأجر فيما نجده في هذا الطريق الذي نحسبه تعالى ونظن به بأن يختم لنا ولكم فيها بشهادة في سبيله يحبها ويرضاها في أحب زمان ومكان يرضاه وأن يشفي صدورنا من عدوه وعدو دينه في هذا الطريق وصدور قوم مؤمنين آمين آمين آمين.

أخي الكريم ..

أما إن سألتم عن أحوالنا خلال المدة السابقة، فلا يخفى عليكم غربة الدين مع قوم هم أقرب لليهود والمنافقين في أكثر ما رأيناه منهم ولكن بحمد الله كفانا إياهم الله وأنزل رعبه في قلوبهم المريضة حتى ينالوا الخزي في الدنيا قبل الآخرة، ولقد كانت فترة لمراجعة النفس والتزود مما سخره الله لنا في تلك الخلوة إلى حد ما من طاعة وإعداد والحمد لله وحده على ذلك.

لقد تلقيت طلبكم الكريم بملخص عن تلك الفترة وسأحاول قدر المستطاع ذلك وتعذرنا في أي تقصير في ذلك..

أخي الحبيب.. بعد سقوط مظلة الإمارة الإسلامية في أفغانستان، تم تحرك الكثير ممن خرج من أفغانستان إلى دولة الروافض الفارسية، وبعد أن تم اعتقال المجموعة الأولى التي غدر بها بعد دخولها إيران، تم بفضل الله ترحيلهم إلى بلدان تركوا–أخزاهم الله وانتقم منهم– للإخوة اختيارها طبعا بعد تصويرهم وأخذ بصمات الكثير منهم،ومن تلك البلدان التي اختارها الإخوة بلدانهم التي

قدموا منها كالمغرب واليمن والسعودية وبريطانيا وغيرهم، أو بلدان غضت الطرف عن قدوم الإخوة لا أدري عن قصد أو عن غفلة مثل ماليزيا والصين وأندونيسيا وسنغافورة وغيرهم، وطبعا تم اعتقال أسر هؤلاء الإخوة في الفنادق وبعد ذلك تم اقتيادهم إلى مدرسة في منطقة أراك.

ثم بعد غلق ملف باكورة الإخوة القادمين وبعد قدوم وتوافد العديد من الأسر والإخوة نظرا لتوجيهات الملا محمد عمر حفظنا الله وإياه بضرورة إخلاء أفغانستان والشريط الحدودي لباكستان معها من الإخوة العرب لتخفيف الضغط على المجاهدين والمسلمين في تلك المناطق وخاصة الذين تضيق بهم الخيارات في أماكن يتوجهون لها إن لم تنعدم عند الكثير منهم، وبعد ضيق أرض باكستان بنا وبدء حملة الاعتقالات في المدن الرئيسية فيها مثل كراتشي ولاهور وبعض المدن الصغيرة الأخرى، بدأ ذلك التوافد الثاني على إيران ومحاولة التوزع فيها على بعض المدن مثل زاهدان وشيراز ومشهد وطهران وكرج وغيرهم وتقريبا كان بعد عيد الأضحى لسنة **1422**هـ، وفي نهاية رمضان **1423**هـ بعد تقريبا سنة من سقوط إمارة أفغانستان الإسلامية بدأت الحملة الثانية في إيران على المجاهدين العرب بمحاولة تحديد أماكنهم بمراقبة أنصارهم من الإيرانيين الذين يستأجرون ويؤون الإخوة ويشترون لهم خطوط التليفونات النقالة نظرا لصعوبة ذلك على الأجنبي لضرورة توفر وثائق رسمية سواء للإيرانيين أو للأجانب، طبعا مع الإشارة أنه خلال هذه السنة لم يتوقف الاعتقال ولكن لم يكن شاملا للجميع، فتم بذلك رصد بيوت الجميع تقريبا عدا القلة التي لم تكن تتعامل مع أولئك الأنصار إما لعدم الضرورة والحاجة لذلك أو لأمنيات بعض الإخوة، وبعد أن اكتشفت المراقبات وتم التعامل معها بتغيير بعض أماكن الإقامة وزيادة الحرص في الأمنيات وخوفا من غياب الإخوة مرة أخرى عن نظر الاستخبارات الإيرانية تم توجه الاستخبارات والأمن الفارسي لحل القبض عليهم قبل أن يغيب الإخوة عن أنظارهم مرة أخرى، وبالفعل تم الزج بالإخوة فقط دون العائلات في السجون ومن ثم تم إلحاق الأسر بتجميعهم بهم في معتقلات محصنة ومدارة من قبل ثلاثة أجهزة أو أكثر مثل الاستخبارات والحرس الثوري والقضاء المتمثل في إدارة السجون وكذلك مكتب قائدهم وشيطانهم الأكبر الخامنئي أخزاه الله وأراه في الدنيا قبل الآخرة ما فعله بعباده المجاهدين المهاجرين وأسرهم وأطفالهم، فتفتق كيدهم ومكرهم المتوارث عن آبائهم عن فكرة التجميع (هذا ما حاولوا إطلاقه على مكرهم ولكن هو اعتقال وسجن للعوائل بالنساء والأطفال) وتم لهم ما سعوا إليه وقسم الإخوة في البداية على أربعة أقسام:

المجموعة الأولى وتضم قيادات القاعدة الشيخ سليمان أبو غيث والشيخ محمد الاسلامبولي وأبنائكم سعد وعثمان ومحمد وأحمد حسن وأبو محمد المصري و سيف العدل وجهاد ابن ابو جهاد(أي تقريبا أفراد منطقة شيراز) مع الأخ الإيراني القائم عليهم.

المجموعة الثانية وتضم الإخوة في الجماعة الاسلامية المقاتلة وهم الشيخ أبو المنذر والشيخ صالح والشيخ موسى وأبو حازم وأبو مالك وشاكر الله وسراج (مصور الجزيرة) وأبو الورد وعبد الغفار وحاطب والعبد لله وبعدها بأشهر قبض على الشيخ عبد الله سعيد والزبير المغربي (المقيمين في طهران) مع الأخ الإيراني القائم عليهم.

المجموعة الثالثة وتضم الشيخ أبو حفص الموريتاني وقبض عليه اولا ثم أبو السمح وأبوصالح وأبو دجانة وأبو المقداد عبد العزيز المصريين وأبو عبد الله الجزائري وأبو صهيب العراقي وابنه صهيب وأبو الحارث العراقي وهارون الكردي وغيرهم (أي الإخوة الذين كانوا يقيمون في منطقة كرج) مع الأخ الإيراني القائم عليهم.

المجموعة الرابعة وتضم أبو زياد الموصلي وأبو عمرو وسالم وأبو همام الصعيدي وعبد المهيمن وبسام وأبو إسلام البوسنة وأبو حفص العرب وخباب وصلاح اليمني (المقيمين في مشهد).

أما من كان من غير هذه المجموعات من الإخوة فهم:

العزاب: قسام والضحاك (قبض عليه ثم ألحق بالمجموعة التي سجنت في طهران (والتي كنت فيها) بعد تجميعهم بالعائلات وقبل الانتقال بنا إلى كرج بعد أربعة سنوات تقريبا فصل عنا بطريقة خبيثة باتهامه بسب عدو الله شيطانهم الأكبر خامنئى.

وكان من العزاب صهيب وحنظلة الأردنيين وعبد الرحمن الكردي وعبد الغفار الليبي وصلاح الليبي وأخ ليبي قدم من ليبيا وآخر إبن أخ في بريطانيا، وأظن كما سمعت من الإخوة أن ابن أبو جهاد وابن الشيخ الاسلامبولي.

المتزوجون والعائلات:

أبو طارق المصري وعائلته والشيخ أبو الوليد المصري (طهران) وأرامل وزوجات الإخوة المأسورين واللاتي كن في مشهد مثل عائلات الشيخ أبو خباب وشاكر المصري وأبو الحسن المصري وبناته المتزوجات، وكذلك في شيراز أظن عائلة الشيخ أبو حفص الكومندان.

الشيخ الحبيب...

في نهاية الأمر تقريبا وكما أعلم استقر الأمر على ما يلي:

المجموعة الأولى وكان يرمز لمكانها بالسى سات أي الثلاثمائة بالفارسي وكانت مقسمة في المعتقل الأول في طهران في منطقة عسكرية وهو عبارة عن مكان لتدريب المجموعات المتعاطف معها من قبل نظام الروافض في إيران تقريبا على ما رأيت من آثار تدل على ذلك كالموانع وبقايا رصاص ومقذوفات وغيرها، (وهو بعد التجميع بالأسر أي بعد سنة تقريبا من الاعتقال) :

المجموعة ألف: وتضم عائلتكم الكريمة (بما فيهم عائلات الأبناء) وعائلة الشيخ ابو حفص الكومندان وعائلة أبو محمد المصري وعائلتا سيف العدل وعائلة كل من الشيخ سليمان وعائلتا الشيخ الإسلامبولي وابنه وجهاد (ابن أبو جهاد) فيما أظن.

المجموعة باء: في نفس المعتقل وتضم كلا من الشيخ أبو حفص الموريتاني والشيخ أبو السمح والشيخ أبو صالح وأبو عمرو وأبوحفص وأبو دجانة وأبو همام الصعيدي المصريين و أبو زياد الموصلي وأبو مالك والعبد لله الليبيين ومن العزاب قسام والضحاك.

المجموعة جيم: وتم الاتيان بها بعد أشهر لنفس المعتقل: وتضم الشيخ أبو عبد الله المهاجر وأبو الورد الليبي وأبو طارق المصري، وطبعا بعد عملية تكسير للأبواب والكاميرات وغيرها من أعمال الشغب من قبل المجموعة باء نظرا للظروف التي كانت تعامل بها المجموعة جيم واكتشافنا لكاميرات في سقف غرفاتهم موصل لها الكهرباء والأسلاك رغم أن أعداء الله الروافض نفوا أنها تعمل وهذا من تمام نفاقهم قاتلهم الله وفضحهم على الملأ وأئمتهم، فبعد ذلك تم تجميع المجموعة باء بالمجموعة جيم بفضل من الله ونعمة.

الشيخ الحبيب...

بعد مرور أربع سنوات في ذلك المعتقل سيء السمعة وكثير من المواجهات مع أعداء الله القائمين عليه مع محاولتهم التهدئة كل حين بالوعود أو بتوفير شيء من مستلزمات المعيشة أو التعليم للأبناء، المهم تم نقلنا إلى تجمع آخر في منطقة كرج في منطقة كيهان مهر وهو عبارن عن ملحق سكني لمطار تدريبي ولعله يكون لهبوط خاص المهم تم إعداء إثني عشر وحدة سكنية بتحصينات أسوار بطول تقريبا ستة أو سبعة أمتار تعلوها أسلاك شائكة وكاميرات وأبواب حديدية ضخمة للبوابة وهذه الأسوار عبارة عن حلقتين من الأسوار الخارجية أقل طولا طبعا هذا ناهيك عن حراسة المطار والأبراج التي كانت فيه، المهم كانت وحدات سكنية رممت حديثا وكانت أفض من ناحية الإقامة ولكن لا يخفى عليكم ليس هذا هو مطلب الإنسان المجاهد العزيز الكريم بدينه ثم بأخلاقه ونسبه،ولا يخفى عليكم أن بعضنا رفض حتى الانتقال إليه بل أتكلم عن نفسي طالبت بتسفيري لأي مكان حتى إسرائيل قلت لهم أنها أشرف منكم وكان رغبة في حل للأبناء الذين بدأ سنهم يكبر وهم في حاجة إلى أمور لن توفرها مثل هذه الأماكن، وطبعا تم تحويل أبو دجانة للإقامة في بيت في طهران محصن ولكن أهون في المعاملة وتم إلحاق الشيخ أبو حفص بالمجموعة ألف.

أخي الكريم...

قبل مجيئ إلى هنا (في رجب **1431**هـ) وبالتحديد في يوم **5-3-2010**م وبعد عملية شغب كبيرة في المجميع الجديد تم اقتحام المعتقل الجديد بقوات خاصة تلبس وتتقنع بالسواد وتم الاعتداء على الرجال والأبناء وبعض البيوت وتم اعتقال الرجال لمدة مائة وواحد يوما، والحمد لله خلفنا الله كما عودنا دائما في أهالينا خيرا، ولكنهم كان ظاهرا أنها عملية كسر عظام ولم تفلح معنا بتثبيت من عند الله وحده وكالعادة أخزاهم الله وتم بعد ذلك بدء عملية الإفراج وكان الفاتحة بفضل من الله ومنة في معتقلنا للعبد لله وأسرتي التي بفضل الله وصلت إلى أهلي بخير وعزة وأمان منه وحده وله وحده الشكر ولهم الذل والهوان بإذن الله ونسأل الله أن يمكننا من الثأر منهم شفاءا لصدورنا وصدور أسرنا وأبناءنا وقوم مؤمنين، وتم بفضل الله اللحاق بركب الجهاد نسأل الله أن يستعملنا ومن نعول لدينه ويشرفنا بذلك الشرف العظيم ويختم لنا ولهم ولعباده المجاهدين بالشهادة في سبيله إنه ولي ذلك والقادر عليه.

شيخنا الغالي... آسف للإطالة مع محاولة الاختصار قد الإمكان في النهاية، وأتمنى أن لا يكون اختصارا مخلا بالموضوع، وأكرر أسفي للإطالة.

في نهاية كلامي ووريقاتي هذه أسأل الله أن يجمعني بكم قريبا تحت ظل راية الإسلام والدولة الإسلامية وراية الجهاد التي ما انفكت تمدنا من عند الله بمدد اليقين بقرب وعد الله لعباده المؤمنين بالتمكين، وفي النهاية أوصل لعائلتكم الكريمة سلام أهلي، وسلامي إلى إبنكم الكريم خالد وأسأل الله أن يتقبل الله منكم ما قدمتموه قرابين لدين الله من أسرتكم الكريمة وأن يعلي لكم بذلك الدرجات وأن يرزقنا وإياكم الاخلاص في القول والعمل، كما ولا يفوتني في هذه السطور أن أذكركم بالدعاء لنا ولذريتنا بالصلاح والاستعمال لدينه وهذا طلب أظن أنكم لن تنسوه لنا، ويجمعنا الله بكم قريبا على خير في الدين والدنيا وأن يحفظكم غصة في حلق أعداءه شفاءا وابتسامة وفرحا في صدور أولياءه الصابرين على طريق الهجرة الجهاد والدين.

وآخر دعوانا أن الحمد لله رب العالمين....

محبكم دوما

أخوكم أبو عبد الرحمن أنس السبيعي

تمت في 5 ذو القعدة 1431هـ

13 أكتوبر 2010م

Summary: This is a letter dated 13 OCT 2010 from Abu-'Abdal-Rahman Anas al-Subay'i to unidentified shaykh (TN: Possibly UBL), giving him a summary per the shaykh's request for the previous period, which was the imprisonment in Iran. Al-Subay'i mentioned that after the fall of the Islamic Emirate of Afghanistan, many of the Arab Mujahidin left for Iran. The first group was arrested after they entered, but they were deported, after their pictures and fingerprints were taken, to countries of their choosing. Most of them chose to go back to the same countries where they came from, such as Morocco, Yemen, Great Britain, and Saudi Arabia. Due to the instruction by Mullah Muhammad
'Umar for the Arabs to leave Afghanistan, the tightening of the border with Pakistan, and the arrest of the mujahidin in Pakistan, the Arab mujahidin started fleeing to Iran again. The Iranians were watching the mujahidin through their Iranian supporters and started arresting them in groups, where they were detained in a secured place. The writer described how the Iranians divided the Arab mujahidin into four groups. The first group contained the leadership of al-Qa'idam to include Shaykh Sulayman AbuGhayth, Shaykh Muhammad al-Islambuli, the shaykh's sons,
Abu-Muhammad al-Masri, Sayf al-'Adl, Jihad son of AbuJihad, and the Persian individual responsible for the group, which means most of the group in Shiraz (TN: More groups and names mentioned in the source document). After four years in this concentration camp, they were moved to another place in Karaj area, which is a guarded residential place that was an attachment for a training airport, but many refused to be transferred to this residential area.

(Full translation)

Page 1

In the name of God, the Most Gracious, the Most Merciful
Dear Brother and Honorable Shaykh, may God protect him and keep him safe

Peace and God's mercy and blessings be upon you,

Praise be to God whom we call on for help and who suffices everything for us. I hope that this message finds you and your kind friends. I also hope that God fights his enemies for He is the only one who has the strength to do that. I am going to take this rare opportunity to ask God Almighty to bless you during the Fitr Holiday (TN: Festival of the breaking of the Fast). May He make it a good beginning for us and for the entire Muslim community. I am also going to pray to God that He accepts our [fasting] during the month of Ramadan and to save us all from hellfire. He is compassionate and generous.

Dear brother,

In the beginning, I want to criticize you the same way a younger brother would criticize his older brother for not letting us know how you are doing. God only knows how much I want to see you, to know how you are doing, and how your health is. (TN: our concerns about) Your health preoccupied us while incarcerated in that land of the oppressive people. We were especially concerned because of delay in your news and audio speeches. I hope you know how much you mean to us. I ask God to reunite us with the Prophet, peace and prayers be upon him, along with the martyrs, the pious ones, and righteous. I ask God to reward us with martyrdom for His sake in a way, time, and place that would please Him. May God comfort our hearts by allowing us to strike
His enemy and the enemy of the believers. Amen, Amen, Amen

Dear brother,

If you asked about our circumstances during this past period, it is no secret how out of place this religion is among these people whose mannerisms resemble those of the Jews and the hypocrites from everything we have seen of them. Praise be to God, He saved us from them. He has instilled fear in their weak hearts so that they get what they deserve in this life before the afterlife. This was a time for self-reflection and to take advantage of everything that God made available to us during that period. Praise be to Him.

I have received your kind request to summarize the events of this past period, and I will do my best to do so.

Dear brother,

After the fall of the Islamic Emirate in Afghanistan, many of those who left Afghanistan moved to the rejectionist Persian country. The first group was betrayed upon their arrival to Iran and was detained. By the grace of God, they were deported to countries of their choice. This was only after many of them were photographed and their fingerprints were taken. May God seek revenge on them (TN: the Iranian authorities). Some of the countries the brothers chose were countries from which they had come.

Page 2

Some of the countries were Morocco, Yemen, Saudi Arabia, and Britain, along with other countries. Whether intentionally or unintentionally, other countries, like

Malaysia, China, Indonesia, Singapore, and others, overlooked the arrival of the brothers. Of course, the families of those brothers were detained in hotels and then they were taken to a school in Arak area (TN: City in Iran).

After the case of the first group of brothers was closed, many families, along with the Arab brothers, left Afghanistan based on advice from Mullah Muhammad 'Umar, God bless him and us, to evacuate the border area between Afghanistan and Pakistan so as to ease the pressure on the mujahidin and the Muslims in the area who do not have many resources. After Pakistan started closing in on us, and detentions were taking place in main cities like Karachi, Lahore and smaller cities, a second group started to move toward Iran and tried to spread out within cities like Zahedan, Shiraz, Mashhad, Tehran, Karaj and others. This was approximately after the 'Id al-Adha in 1422 (TN: February 2002). At the end of Ramadan 1423 (TN: November 2002), approximately one year after the fall of the Islamic Emirate of Afghanistan, the second campaign against the Arab mujahidin in Iran started. There was an effort to locate them and to monitor their Iranian supporters who were aiding and abetting them. They were renting out homes for them and buying them mobile phones because it is difficult to do so, for Iran requires official documentation for such matters whether one is Iranian or foreign. Of course, the detentions did not stop throughout this year, but only some were detained and not all. Homes were being monitored, with the exception of a few homes of those who did not deal with these supporters either because it was not necessary or because of security considerations. After the monitoring was discovered, some changes were made to the security protocol. In fear that they would lose sight of the brothers once again, the Iranian intelligence and authorities went in and arrested the brothers. Without doubt, the brothers, without their families, were imprisoned. The families were all rounded up and later met up with the brothers in tightly secured and fortified detention centers. The detention centers were run by three security systems: The intelligence, the Revolutionary Guard, and the judicial authority in the prison system. There was also [security] from the offices of their evil leader Khameini. May God humiliate him in this life before the afterlife for what he has done to the mujahidin, their families, and their children. They (TN: the Iranian authorities) were united in their wiliness, which they have inherited from their fathers, and came up with the idea of gathering the [mujahidin] in one place (This is what they tried to deceive to make it look like, but it was really the detention of families along with women and children). They achieved what they wanted to do in the beginning, and the brothers were split into four groups

The first group included al-Qa'ida leaders Shaykh Sulayman

Abu-Ghayth; Shaykh Muhammad al-Islambuli; and your sons Sa'ad, 'Uthman, Muhammad, and Ahmad Hasan. It also included Abu-Muhammad al-Masri, Sayf al-'Adl, Jihad Ibn Abu Jihad, and the Iranian brother who took care of them (this is almost all the members in the Shiraz area).

The second group included brothers from the Islamic Fighting Group. They are Shaykh Abu al-Mundhir, Shaykh Salih, Shaykh Musa, Abu-Hazim, Abu-Malik, Shakir-Allah, and Siraj (the al-jazeera cameraman). Also there are Abu al-Ward, 'Abd-al-Ghaffar, Hatib, and 'Abdallah. A few months later, Shaykh 'Abdallah Sa'id and al-Zubayr al-Maghribi, who were living in Tehran, were arrested along with the Iranian brother who took care of them.

Page 3

The third group included Shaykh Abu Hafs al-Muritani, who was arrested first. He was followed by Abu-al-Samh, Abu- Dujanah, Abu-al-Miqdad 'Abd-al-'Aziz al Masriyyin, Abu-'Abdallah al-Jaza'iri, Abu Suhayb al-'Iraqi, Abu al-Harith al-'Iraqi, Harun al-Kurdi and others (Basically the brothers who are living in the Karaj area) and the Iranian brother who took care of them.

The fourth group included Abu Ziyad al-Mawsili , Abu 'Amr and Salim, Abu Hammam al-Sa'idi, 'Abd-al-Muhaymin, Bassam, Abu Islam al-Busnah, Abu Hafs al-'Arab, Khubab, and Salah al-Yamani (who lived in Mashhad).

As for those who were not in those groups, they are:

The single men: Qassam and al-Dahhak (he was arrested then joined with the group that was imprisoned in Tehran (I was in that group)). After the others were reunited with their families and before sending us off to Karaj, about four years later, he was separated from us in a deceitful way. They charged him with cursing Khameinl, God's greatest evil.

Among the single men were Suhayb and Hanzala the Jordanians, 'Abd-al-Rahman al-Kurdi, 'Abd-al-Ghaffar al-Libi, Salah al-Libi, another brother who came from Libya, and the son of another brother who had come from Britain. I think that I heard the brothers say that the son of Abu Jihad and the son of Shaykh al-Islambuli (TN: were among the single men).

Those who are married and families: Abu Tarik al-Masri and his family, Shaykh Abu al-Walid al-Masri (Tehran), the widows and the wives of the imprisoned

brothers who were in Mashhad like the families of Shaykh Abu Khabbab, Shakir alMasri, Abu al-Hasan al-Masri and his married daughters.
From Shiraz, I think that it was the family of Shaykh AbuHafs al-Kumandan (TN: the commander).

Dear Shaykh,

In the end, as far as I know, the situation settled as follows:

The first group, whose location was referred to as Sisast, or 300 in Farsi, was divided within the first detention center in Tehran and was located in a military area. This area was basically a training ground for the groups that were sympathized with by the rejectionist regime in Iran. This is based on evidence I saw that would point to that.
There was evidence such as prohibited items, traces of bullets, mortars, and other things. (This was after we were reunited with families, about a year after detention.)

Group A: This includes your family (including the families of your children), the family of Shaykh Abu Hafs the commander, the family of Abu Muhammad al-Masri, the families of Sayf al-'Adl, the family of Shaykh Sulayman, and the families of Shaykh al-Islambull and his son, and
Jihad (the son of Abu Jihad), I think.

Group B: In the same detention center were Shaykh Abu Hafs al-Muritani; Shaykh Abu al-Samh; Shaykh Abu Salih; Abu 'Amr; Abu Hafs; the Egyptians Abu Dujanah, Abu Humam al-
Sa'idi, and Abu Ziyad al-Musali; the Libyans 'Abdallah and Abu Malik; along with the single men Qassam and al-Dahhak.

Page 4

Group C: They were sent to the same detention center a few months later. It included Abu 'Abdallah al-Muhajir, Abu al-
Ward al-Libi, and Abu Tariq al-Masri. This group was reunited with Group B after Group B broke some of the hidden cameras and some doors to protest how Group C was being treated. This was especially after they discovered that the hidden cameras in the ceilings of their rooms were wired and powered on. The rejectionists and enemies of God denied that these cameras worked. This is just another example of their hypocrisy. May God fight them and embarrass them.

Dear Shaykh,

After four years of facing off with the enemies of God in charge of this infamous detention center, and after their promises to provide some sort of basic resources for us or education for our children, we were moved to another compound in Karaj. This was in the Kihan Mahr area and it consisted of a living compound that was part of an airport training facility that may have been used for private landings. Anyway, they prepared 12 housing units by fortifying them with six- or seven-meter high fences that were finished off with barbed wiring and cameras, and large metal gates. There were also two outer fences that were slightly shorter, in addition to the airport security and the towers within it. More importantly, the housing units had been renovated and offered a better living standard. I am not going to lie to you; this is not what a mujahid who cares about his religion and his morals wants. It is no secret that some of us did not even want to move there. Personally, I asked to be transferred anywhere else, even to Israel. I told them that it was probably more worthy than they were. There was also a need for those whose children were getting to an age where this place could not provide them with the resources they needed. Of course, Abu Dujanah was moved to a fortified house in Tehran where the treatment was better. Abu Hafs was also moved and was joined with Group A.

Dear brother,

Before I came here, specifically on 05 March 2010, after a huge act of disturbance in the new compound, Special Forces wearing black clothes and masks stormed the detention center and assaulted the men, children, and some houses. The men were detained for 101 days. Praise be to God, we returned to our families. It seemed to be that this operation was a plan to break our bones and by the grace of God, they were unable to break us and God defeated them.
Afterward, they started to release prisoners from our detention center and, praise be to God, they started with me and my family. I arrived safe and sound to the rest of my family, thank God. I ask God to humiliate them and aid us in seeking revenge against them. By the grace of God, I have rejoined the jihad effort, and I ask God to grant us and the mujahidin the great honor of martyrdom for He is capable of everything.

Our dear shaykh, I am sorry that this is so long. I tried to summarize toward the end as much as possible. I hope that my summarizing did not leave anything out. Again, I express my apology for the length of this.

Page 5

In closing, I ask God to reunite us with you soon under the banner of Islam, the Islamic State, and the banner of jihad, which will continue with the promise of God to His worshippers to aid them. I send the regards of my family to yours and my regards to your son Khalid. I ask God to accept from you what you and your honorable family have given as sacrifice for the religion of God. My God elevate your status and grant us faithfulness in our words and our deeds. Also, I remind you to pray for us and our children to be good and useful for His faith. I think that this is something you will not forget. I ask God to reunite us while we are doing well with faith and life. I ask God to protect you so that you continue to be a thorn in the throats of His enemies and a joy to those who are patient and on the path of jihad and the religion.

The last of our prayers is praise be to God, the lord of the universe.

Always,
Your brother, Abu-'Abd-al-Rahman Anas al-Subay'i
13 October 2010

بسم الله الرحمن الرحيم

الحمد لله رب العالمين والصلاة والسلام على نبينا محمد وعلى آله وصحبه أجمعين أما بعد...

السلام عليكم ورحمة الله وبركاته

أرجو أن تصلك رسالتي هذه وأنت بخير وعافية وإلى الله تعالى أتقى وأقرب

ابتداءً:أود أن تطمئنيني عن أخبارك التي طالما انتظرناها وكنا في أشد الشوق لمعرفتها طيلة سنين مضت لاسيما بعد أن وصلتنا البشرى السارة بخروجكم من إيران فلله الحمد والمنة وعسى أن تصلنا رسالتك الكريمة عند وصول أسطري هذه إليك وأنت في أتم الصحة والعافية بإذن الله.

كما أود أن تفيدني بأخبار الابن العزيز حمزة وإخوته الذين في إيران وسوريا وأخبار وفاء وأبناء سعد نسأل الله تعالى أن يرحمه ويتقبله في الشهداء ويعلي منزلته في أعلى عليين ويجعله مع النبيين والصديقين والشهداء والصالحين ويأجرنا فيه ويخلفنا خيراً .

وأما إن سألت عما أنا فيه فأنا فبفضل الله تعالى أتقلب في نعمه ومننه فله الحمد كما يليق بجلال وجهه وعظيم سلطانه إلا أنني منذ عدة سنين أسكن برفقة بعض إخواننا من أهل المنطقة وهم مرهقون جداً ببقائي معهم من ناحية القلق الأمني وما يترتب عليه ومن ثم يصعب عليهم القيام ببعض ما أطلبه منهم ومن أصعب ذلك عليهم أن أطلب مجيء أحد من الأهل ولكن نظراً لأهمية مجيئك وطول انتظارنا لخروجك من إيران والسنين التي صبرتيها هناك أسأل الله أن يجعلها في ميزان حسناتك فقد استنفذت جهدي وبذلت ما لا يعلمه إلا الله ليوافقوا على ذلك ولكن مع الأسف الشديد اتضح لي أنهم وصلوا إلى درجة من الإرهاق أدخلتهم في حالة إغلاق شديدة فطلبوا أن يتركونا جميعاً وذكروا أن عددنا كبير وفوق طاقتهم وأصبح قولي لهم بأنك ستأتي وحدك ولن يشعروا بأي حمل جديد لايجُدي معهم نظراً لحالة الإغلاق التي عندهم فعرضنا عليهم أن يذهب خالد لتأتينا أنت ويبقى عددنا كما هو فرفضوا ذلك ثم عرضنا عليهم أن تأتينا زيارة لمدة محدود ثم بعد ذلك ترجعي إلى حمزة ريثما نرتب أمورنا ومجيئك بشكل دائم فرفضوا ذلك أيضاً وقالوا بأنهم لا يستطيعونه وأنه فوق طاقتهم .ونظراًلما سبق ذكره بدا لي أنه لا بد من الانفصال عنهم ولكن ترتيب الأمور للانفصال عنهم يستدعي عدة أشهر ونحن نسعى في هذا الاتجاه لنرتب مكاناً آخر تكوني فيه معنا أنت وحمزة وزوجته بإذن الله فأرجو منك المعذرة وتفهم

الأوضاع والاجتهاد في الدعاء إلى أن يتيسر اللقاء بإذن الله وثقي تماما بشدة حرصي على اغتنام أي فرصة تيسره بإذن الله .

كما أود في هذه الأسطر أن أشركك في بعض أوضاعي هذه الفترة فنحن ننتظر الذكرى العاشرة لغزوتي نيويورك وواشنطن المباركة فبيننا وبينها تسعة أشهر ولا تخفى عليك أهميتها وأهمية استغلالها إعلامياً في تجسيد انتصارات المسلمين وإيصال ما نريد إيصاله للناس وقد تراسلت مع الإخوة على أن تبدأ الجزيرة تغطية تلك الأحداث منذ يوم واحد سبتمبر على أن نزودها بعدة بيانات ونظراً لذلك فقد أرسلت لكم جميع ما في حاسوبي من بيانات أو أفكار لتساهموا في تجهيز بيانات هذه الذكرى المهمة إلى أن ييسر الله تعالى دخول السرور على قلوبنا بمجيئك ومساعدتك لنا في طريقنا وخطاباتنا وقد أرسلت ما يلزم إلى الأخ طرفكم ليشتري لكم حاسوباً ومستلزماته وشرائح ترسلون بها إلي رسائلكم وما تقوموا بكتابته وما تشيرون به علي من أفكار أضمنها للبيانات .وقد أرسلت لكم بيان مصور قبل حوالي شهرين تقريباً إلا أنه لم يبث بعد على الإعلام وقد نويت إعادته ببعض التعديلات قبل بثه.

ملاحظة :ذُكر لناأنكِ قد زرتِ طبيبة أسنان رسمية في إيران وتخشين مكروهاً من حشوة وضعتها لكِ فإن كان وضعها للحشوة قبل خروجك من إيران بأكثر من عام فلا حرج بإذن الله وإن لم يكن فحبذا أن تذهبي إلى الطبيب وتشتكي من الحشوة التي في الضرس الكبير وتطلبي تغييرها.

ملاحظة: وضعنا الأمني لا يسمح بالذهاب إلى الأطباء فحبذا أن تقضي جميع احتياجاتك الطبية لاسيما الأسنان وتحتفظي بروشتا كل طبيب تذهبين إليه لصرف الدواء عند مجيئك إلينا بإذن الله متى احتجت إليه نرجو لك الصحة والاستقرار.

ومن المهم جداً من الناحية الأمنية أن تحرصوا على تعلم الأردو ووجودكم عند أسر من أهل المنطقة يعينكم في ذلك فحبذا أن تجتهدوا فيه وتخبري حمزة بأن يعلم ابنه أيضاً فإخوانه الصغار يتعلمونه منذ فترة

وفي الختام : أسأل الله تعالى أن يحفظكم ويرعاكم وأن يوفقكم لما يحبه ويرضاه وأن ييسر مجيئكم من حيث لا نحتسب إنه ولي ذلك والقادر عليه .كما أود إفادتي بما ذكروه لكم قبل إطلاق سراحكم عن الأسباب التي من أجلها كنتم أول من أطلق سراحه من أسرتي وما ذكروه عن الأبناء وفاطمة وزوجها وبقية إخواننا في إيران.الجميع عندنا يسلمون عليكم والسلام عليكم ورحمة الله وبركاته / أبو عبد الله كما أود في هذه

الأسطر أن أشركك في بعض أوضاعي هذه الفترة فنحن ننتظر الذكرى العاشرة لغزوتي نيويورك وواشنطن المباركة فبيننا وبينها ثمانية أشهر ونصف ولا تخفى عليك أهميتها وأهمية استغلالها إعلامياً في تجسيد انتصارات المسلمين وإيصال ما نريد إيصاله للناس وقد تراسلت مع الإخوة على أن تبدأ الجزيرة تغطية تلك الأحداث منذ يوم واحد سبتمبر على أن نزودها بعدة بيانات .

وسوف أطلب من الأخ طرفكم أن يشتري لكم حاسوباً ومستلزماته وأرفق لكم جميع ما في حاسوبي من بيانات أو أفكار فعسى أن تطلعوا عليها وتبدي ملاحظاتك وآرائك وكذلك يشتري شرائح ترسلون بها إليّ رسائلكم وآراءكم ومقترحاتكم .

Page 1

In the name of God, The Most Merciful, The Most Compassionate.

Thanks be to God, The Lord of the universe, and peace and prayers be upon our Prophet Muhammad, his family and all his followers.

Peace and God's blessings be upon you.

First, it comforts me to hear your news, which I have waited for so long and longed for in years passed, especially after I received the great news of your departure from Iran, thanks be to God. I hope that my letter finds you well and in good health, God willing.

I also would like you to inform me of the news of the dear son

Hamza and his brothers who are in Iran and Syria, as well as the news of Wafa' and Sa'd's children, may God have mercy on his soul and may He accept him among the martyrs and elevate his stature and may He have him in the company of the prophets, the lovers of truth, the martyrs and the righteous people. We also pray that God reward us for his loss and grant us a successor.

As far as I am concerned, God Almighty has been very generous to me, thank God. However, I have been living for years in the company of some of the brothers from the area and they are getting exhausted – security wise – from me staying with them and what results from that. Consequently, it is hard for them to do some of the things I ask them to. One of the hardest things is to ask them to bring one of my family members. However, because of the importance of your coming, how long I have waited for your departure from Iran, and the years that you spent there patiently (may God add them to your good deeds), I have used all my energy and I have tried so hard, as God is my witness, to convince them to agree. But sadly, I came to realize that they have reached a level of exhaustion that they are shutting down, and they asked to leave us all. They mentioned that our number is large and beyond what they can handle, so we started telling them that you will come alone and they will not feel any new burden. They did not care - that's how much they are in a state of shut down. So I suggested having Khalid leave and having you come instead, so that our number remains the same, and they refused. Then we suggested having you come for a visit for a limited time and then having you return to Hamza while we work on your permanent return, and they refused that also and stated that they can't and that it is beyond their ability. As a result of what I mentioned above, I think that I have to leave them, but it will take few months to arrange another place where you,

Page 2

Hamza, and his wife can join us. I ask for your forgiveness and

I hope you will understand the situation and pray that God makes it easy to reunite, God willing. Trust me; I am determined to take advantage of any opportunity, God willing.

I also would like to share with you some of my positions. We are awaiting the tenth anniversary of the blessed attacks on New York and Washington which will be in nine months. You are well aware of its importance and the importance of taking advantage of the anniversary in the media to embody the victories of

Muslims and communicate what we want to communicate to people. I have been in correspondence with the brothers to provide Al-

Jazeera with several statements when the channel starts covering the attacks on the first of September. So I sent you all the statements and ideas I have on my computer to contribute to putting together the statements for this important anniversary, while waiting for God Almighty to facilitate your return and fill our hearts with joy, and to assist me in my path and in my messages. I have sent the brother from your side what is needed to purchase a computer for you and everything that is needed for it and flash drives which you will be using to send me your letters, writings, and ideas that you would like me to include in the statements. I have sent you a video statement about two months ago but it has not been broadcast in the media yet. I plan to redo it before broadcasting it.

PS: I was informed that you visited an official dentist in Iran complaining about a filling she put in for you. If she put in the filling for you more than a year before your departure from Iran, then do not worry about it. Otherwise, you need to go the doctor and complain about the filling in your molar and ask to have the filling replaced.

Comment: Our security situation here does not allow us to go to doctors, so please take care of all your medical needs, particularly your teeth, and keep the prescriptions from every doctor you go to, so we can get you the medication when you come to us, God willing, whenever you need it. I wish you good health and stability.

It is also of extreme importance, security wise, to learn Urdu and your presence with families from the region will be of help to you. I hope you work hard at it. Please ask Hamza to teach Urdu to his son. His younger brothers have been learning Urdu for a while.

In closing, I pray to God Almighty to protect you, may He grant you success in what pleases Him, and may He facilitate your return. He is Most Capable. I would like you to inform me of the reasons they told you before your release justifying why you were the first in my family to be released, and also what they

Page 3

mentioned to you about the children, Fatima, and her husband, and the rest of our brothers in Iran. Everybody here sends their regards. Peace and God's blessings be upon you.

Abu 'Abdallah

[TN: The following are duplicate paragraphs copied from the letter and pasted at the bottom.]

I also would like to share with you some of my positions. We are awaiting the tenth anniversary of the blessed attacks on New York and Washington which will be in nine months. You are well aware of its importance and the importance of taking advantage of the anniversary in the media to embody the victories of

Muslims and communicate what we want to communicate to people. I have been in correspondence with the brothers to provide AlJazeera with several statements when the channel starts covering the attacks on the first of September.

I will ask the brother from your side to buy you a computer and all that is needed for it. I will attach all the statements and ideas I have on my computer for your review hoping you will provide me with your observations and ideas. I will also ask the brother to purchase flash drives you will be using to send me your letters, ideas, and suggestions.

جماعة أنصار السنة

(من أبي عبد الله الحسن بن محمود أمير جماعة أنصار السنة

إلى الإخوة الكرام في تنظيم القاعدة)

بسم الله الر

الحمد لله القوي المتين و افضل الصلاة و ا ... ي الملحمة و على اله و صحبه اجمعين و من تبعهم باحسان الى يوم ال

إلى الاخوة الكرام في تنظيم القاعدة؛

قال سبحانه: {وَلا تَهِنُوا وَلا تَحْزَنُوا وَأَنْتُمُ الأَعْلَوْنَ إِنْ كُنتُمْ مُؤْمِنِينَ} [آل عمران: 139].

بقلوب راضية بقدر الله ان وعد عب ... ين..
و بدموع جمعت بين الفرح و الحزن في الوقت نفسه

نودع إخوة لنا في الله و على راسهم اخونا الحبيب الشيخ (ابو مصعب الزرقاوي)، سائلين الباري عزوجل أن يتقبله و الذين معه في الشهداء وأن يرزقهم ما وعدهم ويبلغهم الفردوس الاعلى..

ولا عزاء في الشهداء..

إنَ مسيرة الجهاد المباركة تتطلب لإستمرارها الدماء و الأشلاء و ليس أزكى من دماء من يقودها وقوداً لتحريض النفوس و شحذ الهمم..

وإلى إخواننا المجاهدين .. الذين عقدوا العزم على المواصلة رغم تكالب الأعداء من كل حدب و صوب.

وإلى [illegible] أينما [illegible]

إن المعركة مستمرة و [illegible] ضراوتها، و [illegible] إفشال المخططات الجديدة كسابقاتها والتي كانت ترمي إلى [illegible] بعدها الذي يضرب الأعداء آخذاً بحق المسلمين.

و ليسمع منا عباد الصليب و أعوانهم غضبة يصم دويها آذانهم [illegible] تشل بها أركانهم..
غضبة لله بالأسلحة و القنابل لا بالكلام و الأقلام [illegible]

والله اكبر .. ولله العزة و لرسوله [illegible]

أبو عبدالله الحسن [illegible]

أمير جماعة أنصار السنة

13/جمادى الأولى/1427 هـ

2006/6/9 م

Page: 1

Ansar Al-Sunnah Group

(From Abu-'Abdullah Al-Hasan Bin-Mahmud, the emir of al-Ansar al-Sunnah to the noble brothers in al-Qai'da organization)

In the name of Allah, the most compassionate, the most merciful
Praise be to Allah, the mighty and best prayers and peace be upon the Prophet of mercy and Prophet of battle and upon his family, his companions all and those who follow them until the day of resurrection.

To the noble brothers in al-Qa'ida organization,
Praise be to His name said, "So lose not heart, nor fall into despair, for ye must gain mastery, if you are true in faith."
Al-'Imran: 139.

With hearts accepting the wishes of Allah, if He promised His mujahidin worshipers one of two good things and with tears that
combined happiness and sadness at the same time,

We bid farewell to our brothers in Allah, headed by our beloved brother Shaykh Abu-Mus'ab al-Zarqawi. We ask Allah to accept him and those with him among His martyrs and provide them what He promised them and deliver them to paradise.

There is no need for offering condolences for the death of martyrs.
Page 2

The blessed journey of jihad requires blood and bodies to continue, and there is no purer blood than the blood of those who lead the march, and become the fuel to motivate the people and strengthen the determination.

And to our brothers the mujahidin, who intend to continue despite the rush of the enemies from every place and every direction.

And to the Muslims everywhere,
The battle continues, and it is fiercer. God willing, the next phase is to defeat the new plans like the old ones, which aimed to cut off the vein of the nation and its arm that beats the enemy to achieve justice for the Muslims.

Let the worshiper of the Cross and their supporters hear our thunderous anger that will deafen their ears and paralyze them. Allah's anger is with weapon and bombs, not with words and pens.

Allah is the greatest. Praise to Allah, and glory to His messenger and to the believers

Abu-'Abdullah al-Hasan Bin-Mahmud
The Prince of Ansar al-Sunnah Group
09 June 2006

بسم الله الرحمن الرحيم

الحمد لله رب العالمين وأشهد أن لا إله إلا الله وحده لا شريك له وأشهد أن محمداً عبده ورسوله النبي الكريم، صلى الله عليه وعلى آله وصحبه وسلم إلي يوم الدين.

والدي الغالي.. السلام عليكم ورحمة الله وبركاته، كيف حالك وما هي أخبارك أسأل المولى سبحانه أن تكون في أتم صحة وأحسن حال.. أكتب إليك هذه الأسطر وأنا في شوق شديد إليك لا يعلم مداه إلا الله سبحانه وتعالى، وفي نفس الوقت تختلجني مشاعر عملاقة، وعواطف متنوعة، وأحاسيس مختلفة، فقلمي سعيد بكتابة هذه الأسطر إليك، ولساني فرحٌ لإلقائه التحية عليك، ووجداني مشتاق لوصول الرسالة إليك لتعرف عني أي شيء، ولكن عن طريقي بنفسي، كما أن قلبي حزين لطول الفراق، ومشتاق للقياك، وقلق من ازدياد مدة الفراق، فلا أدري متى سيسر المولى سبحانه لنا اللقيا، ولكني في نفس الوقت لا أدري من أين أبدأ ومن أين أنتهي، فالكلمات تتزاحم والأفكار تتداخل، لا أدري أأبدأ بألم الفراق.. أم بأمل اللقيا.. أسأل الله سبحانه وتعالى أن يجمعنا بك عاجلا غير آجل.

والدي الحبيب.. لم أكن أتصور عندما فارقتك أنا وأخي خالد وأخي بكر عند سفح الجبال التي ذهبتم إليها عند مزرعة الزيتون أن يكون طول هذا الفراق المر.. ثمان سنوات متتابعات، ولا زالت عيناي تَذكر آخر نَظرةٍ نظرتُها إليك عندما كنت تحت شجرة الزيتون وأعطيت كل واحد منا (سُبحة) نذكر الله بها، ثم ودعتنا وذهبنا وكأنما خلعنا أكبادنا وتركناها.

وكم كنت ياوالدي الكريم أتمنى من أعماق قلبي أن أكون بجاوارك وخاصة في فترة النمو التي مررت بها حيث كان عمري عندما تركت ثلاث عشرة سنة وأصبحت الآن على مشارف الثانية والعشرون، كنت أتمنى أن أكون بجوارك لأتطبع بطباعك الحسنة وأكون كما تريد أو أفضل، وكما تتمنى أو أكثر، فقد مررت بمواقف عصيبة كنت أتمنى فيها أن أراك ولو دقيقة واحدة آلأخذ رأيك السديد فيها، وكنت كل مرة أجد القيود بيني وبينك تمنعني، ولكن علمتني هذه المواقف كيف أكون رجلا، والحمد لله نحن الإخوان نساعد بعضنا البعض، ويشير كل منا بالنصح لأخيه، ونحن جميعا حريصون على التطبع بطباعك الحميدة، ودائما نذكر بعضنا البعض بها، وخاصة من أخواني الذين كانوا معك فترة أطول. وشاءت الأقدار ووقعنا في أيدي هؤلاء القوم ولا حول ولا قوة إلا بالله، حيث لا نزال في أيديهم، ولكن ما يحزني حقا والله، أن قوافل المجاهدين قد

سارت ولم ألتحق بها، وأن المجاهدين قد قطعوا في هذا المجال المفاوز الطوال ولا ز لت واقفا مكاني تمنعني قيود الحديد، وقد قضيت فترة المراهقة وأنا في هذا المكان، ثم بدأت في فترة الشباب وقطعت منها شوطاً ولا زلت في نفس المكان، وأخشى أن أقضي بقية شبابي خلف قضبان الحديد، كما هو حال كثير من الذين نسمع عنهم في أماكن شتى من العالم، لكني أريد أن أطلب منك طلباً بسيطاً مع أنني على يقين تام بأنك تسعى لإنجازه، وتتمناه قبل ما أتمناه وهو: أن تحاول مع القوم بكل الطرق المناسبة لإخراجنا من أيديهم سالمين آمنين.

والدي الكريم: إنه مما يسليني بعد ما سقته لك من بعض آلامي، أني أحتسب هذا كله في سبيل الله عز وجل، وأننا لنا بإذن الله سبحانه وتعالى على هذا البلاء الأجر الكبير والكثير عند الله عز وجل، فقد أخرج البخاري في صحيحه من حديث أنس رضي الله عنه: {أنَّ رسولَ الله صلى الله عليه وسلّم رجعَ من غزوةِ تبوكَ فدَنا من المدينة فقال: إنَّ بالمدينةِ أقواماً ماسِرتم مَسِيراً ولاقطعتُم وادياً إلا كانوا مَعَكم. قالوا: يا رسولَ الله، وهم بالمدينة؟ قال: وهم بالمدينة، حَبَسَهمُ العُذر} ونحن هنا محبوسين بالعذر غير أننا زائدين عليهم بميزة أخرى وهي أننا نحتسب أنفسنا في المكان الذي نحن فيه، محبوسون في سبيل الله ومن أجل لا إله إلا الله..فكل ما أتذكر هذا أجد لنفسي راحة وطمأنينة وسعادة، فنحن هنا بفضل الله عز وجل راضين كل الرضا بما قسمه الله لنا، موقنون بأن الذي اختاره الله لنا هو الأنفع والأفضل.

والدي الحبيب: أبشرك بأنا جميعا أنا وإخواني ولله الحمد سائرين على نفس الطريق.. طريق الجهاد في سبيل الله الذي شرعه الله سبحانه وتعالى لنا، فأمتنا تشكو جراحا عميقة، وإخواننا يقتلون، وشيوخنا يهانون، ونساؤنا يغتصبون، وأطفالنا يذبحون.. في كل مكان ولا حول ولا قوة إلا بالله. ومن نعمة الله سبحانه وتعالى علينا، أن من علينا بأب صالح يسلك هذا الطريق في زمنٍ قلَّ فيه السالكون، وتقاعدوا فيه عن الجهاد بأعذار لا حصر لها وقالوا:{ لا تنفروا في الحر}، فنحن ماضون على هذا النهج، سائرون على هذا الطريق بإذن الله.. طريق الجهاد في سبيل الله ما عشنا.. إما أن ننال النصر وإما الشهادة التي هي غاية آمالنا، والمشايخ الذين معنا جزاهم الله خير الجزاء لم يقصروا في توجيهنا إلى هذا الطريق بالكتاب والسنة ومواقف السلف وبعض التجارب التي عاشوها، ونحن الآن لا ننتظر إلا أن تتاح لنا الفرصة قريبا بإذن الله عز وجل لنعوض ما فاتنا.

والدي العزيز.. منذ سنوات عدة وأنا أعد لك بشارة كبيرة أبشرك بها، لأدخل على قلبك السعادة والسرور، وأكون قد نلت بهذه البشارة جزءا من برّك الذي فاتني تقديمه لك، بأني والحمد لله قد من الله علي وحبب إلي طريق العلم، ووجدت أمامي فراغ كبير يساعدني على التفرغ لطلب العلم، ووجدت من الإخوة الأفاضل من يعنني ويوجهني ويدلني على هذا الطريق، فبدأت بحمد الله فيه وحاولت أن أحصل كل ما سمحت به الفرصة، فأنا والحمد لله قد أتقنت كتاب الله عز وجل، وشرعت في حفظ بلوغ المرام، ودرست في الفقه كتاب سبل السلام،ودرست العقيد ة الواسطية وجزءاً كبيرًامن العقيدة الطحاوية وكتاب فتح المجيد، ودرست كتابين في مصطلح الحديث، كما درست كيفية تخريج الأحاديث، ودراسة أسانيدها،و ودرست كذالك كتابين في أصول الفقه وأنا الآن في الكتاب الثالث،وكذالك درست القواعد الفقهية، والمقدمة اللآجرومية، و الرحبية في المواريث، وكان مما يشجعني ويحفزني على هذا بعد احتساب الأجر من الله سبحانه وتعالى، فرحك بابنك عندما تسمع أنه توجه في هذا الطريق، وبراً بك وبوالدتي العزيزة التي لطالما حثتني على تعلم العلم، ولا زلت بفضل الله مستمراً في تعلم المزيد، كل هذا بفضل الله عز وجل عليَّ فلولاه لا ما تعلمت عُشر هذا، فنعمه علينا كثيرة جدا لا يحصيها إلا هو، ثم بفضل النشأة والتربية الصالحة التي ربيتنا عليها، أنت ووالدتي الكريمة، ثم بإرشاد المشايخ الذين معنا وتوجيههم لنا، فأشكر الله سبحانه وتعالى على هذه النعمة التي أنعم عليّ بها، كما أشكرك على حسن تربيتك لي واختيارك الأفضل لنا ما استطعت فجزاك الله خيراً من أب، وأسأل الله أن يجعلني ابناً كما يحب وتحب، فلا تنساني من دعائك الصالح، ليعنني الله سبحانه وتعالى على تحصيل المزيد والمزيد، إلى أن أصل بإذن الله إلى القمة، لأنفع الإسلام والمسلمين وأخدم هذا الدين.

أبي الغالي.. كنت قد فارقتك وأنا طفل صغير لم أتجاوز الثالثة عشرة، ولكني كبرت الآن وبلغت مبلغ الرجال، ولعلك لا تعرفني عندما تلقاني فقد تغيرت ملا محي، وأنا ولله الحمد أعيش حياة مستقرة فقد من الله علي بالزوجة الصالحة ورزقني منها إبناً وسميته على اسمك أسامة وبنتاً وسميتها على اسم الوالدة، خيرية، وأسأل الله أن يقر عينك بهما ويجعلهما يقومان على خدمتك، وأسامة يبلغك السلام، وأسأل المولى عز وجل أن يجمعنا بك عاجلا غير آجل، فهاهي تباشير النصر قد ظهرت، وانجلى الليل الطويل وطلع الفجر الكاذب، ولم يبق إلا طلوع الفجر الصادق، وما أقربه، وسنخرج قريبا بإذن الله عز وجل كما خرجت والدتي ومن معها، لنلحق بركب الجهاد الذي لطالما انتظرنا اللحوق به.

وقبل الختام أودعك يا والدي العزيز وداعاً حاراً.. أتذكر فيه كل بسمة ابتسمتها لي،وكل كلمة وجهتها لي، وكل نظرة نظرتها لي، وأعتبر نفسي هذه المرة غلبت الحديد ، ووصلت إلى والدي العزيز، في زيارة خاطفة بهذه الرسالة، لحظات معدودة أبث له فيها بعض همومي، ويشاركني فيها بعض أفراحي، ثم أعود مرة أخرى إلى نفس مكاني، على أملٍ كبير من الرحيم الرحمن أن يفرج عنّا ويلم شتاتنا ويكتب لنا أجرنا عنده إنه جوادٌ كريم، والسلام عليكم ورحمة الله وبركاته.

لا تنسونا من صالح دعائكم ابنك المشتاق إليك: حمزة أبو أسامة رجب 1430 هـ

(Full Translation)

Page 1

In the name of God, the merciful

Praise God, the Almighty, I testify that there is no God but the one God with no equal, and I testify that Muhammad, his servant and messenger, is the honorable Prophet, God bless him, his family, and his followers until the day of judgment.

My beloved father,

Peace be upon you and the mercy of God and his blessings. How are you? What is your news? I ask the Master (TN: God), praise Him, that you are in more perfect health and better condition.

I write these lines to you, and I miss you very much. No one knows to what extent, but God, the Almighty, praise Him. I am filled with immense feelings, a sundry of emotions, and different sentiments at the same time. My pen is happy to write these lines to you, my tongue glad to greet you, and my emotions yearn for the arrival of your letter, so that I may know anything, but in my own manner. Just as my heart is sad from the long separation, yearning to meet with you, and worry from the increasing period of separation. I don't know when the Master, praise Him, will delight us with a meeting, but at the same time I don't know from where to begin or where to end, as the words jostle and the thoughts intertwine. I don't know how to begin in regard to the pain of the separation, or the hope of a meeting. I ask God, the Almighty, praise Him, to bring us together sooner rather than later.

My beloved father, I could not imagine the length of this bitter separation, when you left me, my brother Khalid, and my brother
Bakr at the foot of the mountains that you went to near the olive farm. Eight consecutive years. My eyes still remember the last time they saw you, when you were under the olive tree and you gave every one of us a Muslim rosary, God remembers this, then you bid us farewell and we left, and it was as if we pulled out our livers and left them there.

My honorable father, how many times - from the depths of my heart - I wished to be beside you, specifically while I was growing up, which passed by, as I was 13 years old when you left and have now become 22. I wished to be beside you, to have your exquisite character impressed upon me, and to be as you want or prefer, as you have hoped for or more. When I had crucial situations (TN: hard times), I wished that I could see you, if only for a minute, to get your pertinent opinion on them. Every time I found bonds between you and I that prohibited me, but these situations taught me how to be a man. Praise God, we as brothers help one another, every one of us gives advice to his brother. We are all eager to have your commendable character, and we always remind one another of this, especially the brothers who were with you the longest. Fate has willed that we are in the hands of the people. There is no power and no strength except with God, due to the fact that we are still in their hands. But what truly makes me sad, is the Mujahidin legions have marched and I have not joined them.

Page 2

The Mujahidin have impressed greatly in the field of long victories, and I am still standing in my place, prohibited by the steel shackles. I have completed the period of adolescence and I am in this place. Then, I began the period of young adulthood and I have impressed greatly in this phase, and I am still in the same place. I dread spending the rest of my young adulthood behind iron bars. This is the case for many of those we hear about in various places of the world, but I want to make a simple request of you, that I am completely certain you can accomplish. You wished for it before I wished for it, it is: make an attempt with the people (by all suitable means) to release us from their safe and secure hands.

My honorable father, a fact that comforts me from some of my pain is that after you make it possible, I will be sacrificing all of this for the sake of the glory of God, and for us with the authority of God, the Almighty, praise Him, in this highly rewarding tribulation for the glory of God. Al-Bukhari in
Sahihah, narrated by Anis, God bless him, "That when the Prophet of God (God pray for him) returned from the battle of Tabuk and left the city. He said, 'There are people in the city that march with you and cross valleys with you.' They said, 'Oh Messenger of God, they're in the city?' He (TN: the prophet) responded, 'They are in the city, as they're confined with a reason.'" We here are confined with a reason, with the addition of another distinction, that we have confined ourselves in the place that we are, we are confined for the sake of God. Every time that I remember this, I find happiness and peace of mind, because we are here because of God, the Almighty, and we accept His decree, completely convinced that this is what God chose for us that which is the best and better for us.

My beloved father, I announce to you that I and everyone (I and my brothers), God be praised, are following on the same path, the path of jihad for the sake of God, which God, the Almighty, praise him, prescribed for us. As we have suffered a deep wound, our brothers killed, our shaykhs weakened, our women raped, and our children butchered... everywhere. There is no power and no strength except with God. By the grace of God, the Almighty, praise Him, we have a righteous group to follow on this path in a time of few followers. They serve H through jihad with immeasurable obligation to it (TN: jihad), they said, "They don't have an aversion to the free." We are followers of this path. We are going down this path with God's permission. The path of jihad for the sake of God is what we live. Be it we achieve victory or martyrdom, which is our utmost hope. The shaykhs who are with us, may God bless them with the reward, they spared no pain or expense in guiding us down this path, with the book, the customary procedure, the stand of the venerable forefathers, and some trials that we live with. Now we are not waiting until we are foreordained, with the grace of God's glory, soon we will have the opportunity to recompense for what we have neglected.

Page 3

My dear father, for several years, I have promised you good tidings, to fill your heart with happiness and joy, which I have failed to present to you. With this good news I have gained a portion of your absolution, through God, I have been elevated and endeared to the path of knowledge, praise be to God. I found before me a large void, He is helping me to devote myself to the search for knowledge. I found from the learned brothers one who helps me, directs me, and guides me on the path. Praise God, I began on it and attempted to gain all that I could from the opportunity. As I, praise be to God, have understood the word of
God, and I strived to reach the highest level. I studied in jurisprudence science the book of "Subul al-Salam" (TN: The Path of Peace), and I studied al-'Aqidah al-Wasatiyah (TN: The
Central Faith), a large portion of the al-Tahawiyah, and the book Fatah al-Majid. I studied two books on the generally accepted Hadith, and likewise, I studied how to extract from the Hadiths and their ascriptions. I studied two books on the origin of jurisprudence and I am now on the third book. I studied the fundamentals of jurisprudence, the introduction to al-Ajrumiyah, and the vast cultural treasures of the past. What has inspired me and encourages me to do so are the good deeds that I will do for God, the Almighty.

You will be happy with your son when you hear that he is on this path, and I honor you and my dear mother, who urged me to gain knowledge. By the grace of God, I am continuing to learn more, all of this is by the grace and glory of God, the Almighty, without whom I wouldn't have learned a tenth of this, if not for the innumerous blessings that He has bestowed upon us, that no one could count but Him, as well as the good upbringing and education that you and my honorable mother have provided, and also the guiding hand and the direction of the shaykhs who are with us. I thank God, the Almighty, for this blessing that he has bestowed. Likewise, thank you for the superior education you gave me and your excellent choices for us, may God reward you well, as a father. I ask God to create for me a son that He loves and you love. I have not forgotten your good wishes for God, the Almighty, to aid me in gaining more and more, from the origin to the apex, God willing, so I can serve Islam, Muslims, and this religion.

My beloved father, I was separated from you when I was a small child, not yet 13, but I am older now, and have attained manhood. You might not recognize me when you meet me, as my features have changed. Praise God, I live a stable life, and God has blessed me with a pious wife, and she has blessed me with a son who I gave your name, Usamah, and a daughter who I named after the mother, Khayriyah. I ask God to place their image in your eye. He created them to serve you. Usamah says hello to you. I ask the Glorious Master to bring us together sooner rather than later. Omens of victory have appeared. They manifest themselves in the long night and appear at sunrise as a lie. It didn't perish except in the rising of the true sunrise, and with its' approach. We will leave soon, with glorious God's permission, like my mother left and who was with her, to join the jihad troop that is waiting for us to join them.

Page 4

Before concluding, I bid to you, beloved Father, a hearty farewell. I remember every smile that you smiled at me, every word that you spoke to me, and every look that you gave me. I consider myself at this time to be forged in steel, and I come to my beloved father in a quick visit with this message. Several moments have let in some of my anxiety and it partners with my happiness, then I return once more to my same place. God the merciful, I hope very much you comfort us in our separation, and write for us our recompense with God, the generous. Peace be upon you all, the mercy of God and his blessings.

I have not forgotten your good wishes.

I miss you.
Your son,
Hamzah ((Abu-Usamah))
Rajib 1430 Hijri (TN: July 2009)

بسم الله الرحمن الرحيم

الحمد لله رب العالمين والصلاة والسلام على نبينا محمد وعلى آله وصحبه أجمعين

وبعد...   إلى ابني الكريم حمزة حفظه الله

السلام عليكم ورحمة الله وبركاته

أرجو أن تصلك رسالتي هذه وأنت وأهلك وبنيك بخير وعافية.

وعلى كل حال أرى أن لا يخرج من البيت إلا للضرورة القصوى إلى أن يتيسر خروجك إلى طرف والدتك الكريمة وأبشرك بأن لنا ترتيب بعد تسعة أشهر بإذن الله يتيح أن تكون معنا أنت وأم أسامة

الحجة أم خالد

الذهاب إلى قطر دراسة محمد للعلوم الإستراتيجية وعلم الاجتماع وعلم النفس كتابة تفاصيل لا يعلمها إلا هو ليتأكدوا من أن كاتب الرسالة فعلاً حمزة

In the Name of God, the Merciful, the Compassionate

Thanks be to God Almighty, and prayers and peace be upon our Prophet Muhammad, his family and followers. Amen.

To my dear son Hamza, may God protect you,

Peace and blessings of God be upon you. I hope my letter finds you, your family, and children in good health.

Anyway, I think that he should not leave the house unless it is absolutely necessary until you get released to your dear mother.
I would like to break the good news to you that I have been working to get you to join us, along with Um-Usama and Hajja Um-
Khaled in nine months.

Travel to Qatar, Muhammad is studying strategic sciences, sociology and psychology; write details no one but he is privy to, that way they make sure that the letter is in fact written by Hamza.

بسم الله الرحمن الرحيم

الحمد لله رب العالمين والصلاة والسلام على نبينا محمد وعلى آله وصحبه أجمعين أما بعد......

إلى الإخوة الكرام أبناء الأخ الكريم الشيخ مصطفى أبي اليزيد رحمه الله

عبد الله وعبد الرحمن وأسامة وأحمد وإخوانهم

السلام عليكم ورحمة الله وبركاته

أرجو أن تصلكم رسالتي هذه وأنتم وأهلكم وذراريكم وجميع الإخوة بخير وعافية وإلى الله تعالى أتقى وأقرب وبعد

أبدأ رسالتي هذه إليكم بعزائي لنفسي ولكم في الوالد الكريم الشيخ سعيد رحمه الله ومن صحبه من أهلكم رحمهم الله جميعاً نرجو الله سبحانه وتعالى أن يكرمهم بما تمنو قيتقبلهم في الشهداء ويجعل صبرهم وثباتهم في ميزان حسناتهم .

فعظم الله أجركم وربط على قلوبكم ورزقكم الصبر والسلوان

لقد أمضى والدكم رحمه الله سبحانه وتعالى قرابة ثلاثة عقود وهو في ساحات الجهاد نصرة لدين الله نحسبه والله حسيبه و صمد صمود الجبال الراسيات ضد حملات العدو على وزيرستان صموداً وصبراً بقناعة ورضى واستعذاب طالما أنه في ذات الله سبحانه وتعالى فلا شكوى ولا تسخط حتى وإن هددت حياته وحياة فلذات كبده نحسبه كذلك ولا نزكي على الله أحداً

فأسأل الله سبحانه وتعالى أن يبارك فيكم وفي ذرياتكم ويثبتكم في على طريق الجهاد الذي ثبت فيه والدكم رحمه الله وأن يرزقكم التقوى واليقين إنه ولي ذلك والقادر عليه وآخر دعوانا أن الحمد لله رب العالمين .

السلام عليكم ورحمة الله وبركاته

أخوكم زمراي الجمعة، 26/شعبان/1431

(TN: Verbatim full translation from Arabic to English.)

In the Name of Allah, the Merciful, the Beneficent.

Praise Allah, the Lord of all worlds. Prayers and peace be upon our prophet Muhammad, his family, and all of his companions.

To the generous Brothers, the children of the noble Brother, Shaykh Mustafa Abu al-Yazid, Allah have mercy on him.

'Abdallah, 'Abd-al-Rahman, Usamah, Ahmad, and their brothers.

Peace be upon you, with the mercy and blessings of Allah.

I hope that my letter finds all of you, your families, your children, and all of the Brothers well and in the grace of Allah. In the Almighty Allah may we fear and desire [to emulate].

I will begin my letter to you with my deepest condolences, for myself and for all of you, for [the death of] your noble father, Shaykh Sa'id, may Allah have mercy on him. May Allah have mercy on all of your family. We ask that the Almighty Allah honor all them in accepting them as martyrs and grant them patience and provide them with the strength, given their good deeds.

May Allah reward all of you and mend your hearts and grant you the patience and solace.

Your father, may the Almighty Allah have mercy on him, spent nearly three decades on the battlefields of jihad, victorious for the religion of Allah. We regard him and Allah will account for his duties. He was persistent in his resistance, upon the highest mountains of Waziristan, against campaigns of the enemies. He was gladly persistent and patient. He was content and satisfied. He [always] pushed through, as long as he had the Almighty Lord along his side. He did not complain. He did not anger, not even when his life was threatened. We commend him for this, may we praise him with Allah.

I ask that Almighty Allah bless all of you and your children. I pray that He keep you devoted upon the path of jihad, the same in which your father, Allah have mercy on him, was so devoted. I
pray [that Allah] brings you piety and devotion. We ask that we are capable for Him and that we may be called upon. Praise Allah the Lord of all worlds.

Peace be upon you with the mercy and blessings of Allah.

Your Brother,
Zamray

Friday 07 August 2010

(TN: End of translation.)

بسم الله الرحمن الرحيم
الحمد لله رب العالمين والصلاة والسلام على سيد المرسلين   وبعد
إلى الوالد الغالي والشيخ الحبيب وأميري العزيز حفظكم الله ورعاكم
السلام عليكم ورحمة الله وبركاته
أدعوا الله سبحانه وتعالى أن تصلكم رسالتي وأنتم بخير وعافيه وصحة ممتازة .
يعلم الله الرسائل التي وصلة من الوالدة وأبي سليمان كانت في وقت أدخلة علي الفرح والسرور والصور للأولاد وأنهم وصلوا عندكم وكانت يوم فقد أسد من أسود الله على أعداء الملة والدين الشيخ أبو عبيدة المصري الذي كنت أشعر أنه أب ناصح للأخوة كم أستفد من هذا الرجل نسأل المولى أن يعظم أجرنا فيه وأن يخلف الأمة الجريحة خيرا منه.
والدي الغالي يعلم الله لاأريد أن أخذ من وقتكم الغالي ولكن والله أريد منكم التوضيح إذا ظهر مني شيء أو كتبت شيء أزعلكم أو أ كدر خاطركم والله ثم والله أني أحبكم في الله وأنتم أعز الناس وأحب الناس فلكم مني كل احترام وتقدير ويعلم الله كم أنا حزين على السنين التي مرة ولم أكن أقدم لكم أي خدمة و لما أرسلتم من قبل تريدون أنصاري كانت صعبه علي أني لم أكن بجواركم ولم أكن أنصاري وأول مرة كنت أتمنى أن أكون أفغاني أو باكستاني أميري العزيز والله ويعلم الله كم أكن لكم من معزه ومحبه واحترام وتقدير .

شيخي الحبيب أنا في انتظار أحد الأخوة ولقد أرسلت إليه لأنه ذهب يعيد وأسمع منه كيف يرتب توصيل الرسالة إلى الحجاز وأحدد له من يستلم هناك الرسالة ويوصلها إلى العم بكر .
شيخي لاتنساني من الدعاء بالصبر والثبات والله يجمعنا بكم على خير والسلام عليكم ورحمة الله وبركاته
ابنكم المقصر أبو عبد الله الحلبي يوم الاثنين 15 ذو الحجة

Page 1

In the name of God the compassionate and the merciful
Praise be to Allah and prayers be upon his messengers and companions,

To my precious father, my beloved Shaykh, and my dear Emir, may God protect you and take care of you.

May God's Peace, his grace and blessings be upon you.

I pray to God that my letter will find you well and in good health.

God knows how ecstatic and exultant I was to receive the letters of my mother and Abu Sulayman and to see the pictures of the children who had made it to you. The letters arrived during a sad time that witnessed the martyrdom of one of God's brave warriors, Shaykh Abu 'Ubaydah al-Masri, whom I felt was a guiding father to the brothers; so many learned from that man. We pray to God to reward him for his deeds and bestow on our wounded Ummah (TN: the nation) someone with even better qualities.

My dear father, God knows I don't want to waste any of your valuable time but I really need your clarification on whether I have done anything inappropriate, written something that made you mad or antagonized you. God knows how much I love you. You are my most cherished person. I have so much respect and appreciation for you. God knows how sad I am for all the years that passed by with me unable to provide you with any support. When you asked for my help, I was incapable of assisting you and being by your side when you needed me in the past. That was the first time I wished I was an Afghani or a Pakistani. My dear Emir, God knows how much affection, love, respect, and appreciation I have for you.

Page 2

My dear Shaykh, I am waiting on one of the brothers whom I have solicited. He will be leaving to celebrate a religious holiday and I need to know from him how he arranges for the delivery of a letter to Hejaz [TC: a region in Saudi Arabia]. I will tell him who will take delivery of the letter over there and take it to uncle Bakr.

My Shaykh, please include me in your prayer and ask God to grant me patience and steadiness. May God reunite us with you.

Peace be upon you.

Your son, the neglectful, Abu-'Abdallah al-Halabi

Monday 15 Dhu l-Hijja [TC: Hijri Calendar. Year unknown - either November or December]

(TN: END OF TRANSLATION)

بسم الله الرحمن الرحيم

الحمد لله رب العالمين والصلاة والسلام على نبينا محمد وآله وحبه أجمعين

وبعد

إلى الأخ الكريم عبد الله (حفظه الله ورعاه)

السلام عليكم ورحمة الله ورحمة الله وبركاته

أرجو من الله أن تصلك رسالتي وأنت بخير وعافيه

أخي الكريم

كنت قد أرسلت رسالة سابقة عبر الشيخ محمود أطلب منك رقم هاتفكم لأرتب معكم أمر زواجي من كريمة الشيخ أبي عبد الرحمن رحمه الله وأبلغنا الشيخ محمود وأن الرقم سيصلنا قريبا بإذن الله

أخي الكريم

أقترح عليكم ترتيب للقاء بكم وإذا كان لديكم اقتراح أرجو أن تكتبه لي

1 - نحن نتصل عليكم من بشاور ثم يكمل معك المكالمة الأخ الذي معي ونحدد مكان نلتقي فيه في بشاور

وختاما

والدي يبلغكم كثير السلام

الله حفظكم ويرعاكم ويسدد للخير خطاكم

والسلام عليكم ورحمة الله وبركاته

أخوك خالد

2011/04/26

Arabic

In the Name of God the Most Merciful

Thanks be to God and peace be upon his prophet and his companions

To dear brother 'Abdallah

Peace and God's mercy and blessings be upon you

I pray that you receive this letter while in good health

My dear brother,
I had sent you a previous message through Shaykh Mahmud, asking for your phone number so that I can arrange the affairs of my marriage to the daughter of Shaykh Abu 'Abd-al-Rahman (God's mercy be upon him) and I hope that we will receive the number very soon God willing.

My dear brother,
I would like to recommend to you that we arrange for a meeting.
If you have any suggestions, please write me and let me know.

1. We are calling you from Peshawar, and the brother who is with me will conduct the phone call with you and we agree to a place to meet at in Peshawar.

And lastly,
My father sends you his greetings. May God keep you. Peace and God's mercy and blessings be upon you.

Your brother,

Khalid
April 26, 2011

بسم الله الرحمن الرحيم

احمد لله والصلاة والسلام على نبينا محمد وآله وصحبه أجمعين .

إلي أخي الكريم عبد الطيف

السلام عليكم ورحمة الله وبركاته

أبعث رسالتي هذه راجيا من الله أن تصلك وأنت بخير وعافية وإلى الله أتقى وأقرب .

وبعد أرجو أن تكتب لي التفصيل عن أخبارك الأمنية أما نحن الحمد لله بخير وعافية وعبد الله وعائشة وأسامة وسهام جميعهم بخير والحمد لله .

عبد الله مواصل في دراسته بشكل جيد وكذا عائشة أما أسامة فداما يقول متى أدخل المدرسة معهم أما سهام فأول شيء عندها بعد الإستيقاظ من النوم هو أين خالي فالله يحفظهم ويجمعنا قريبا بك إنه ولي ذلك والقادر عليه .

أخي الكريم

بالنسبة للبطاقة الهوية رسلت لك صوري وصور الوالد فنحن نحتاجها سريعا إن أمكن ذلك

وفي أختام أقول لك نحن لم نستطسع إرسال رسائل في المرات السابقة بسبب إنشغالنا مع الوالد في البيانات وحتى هذه الرسالة أنتهزت الفرصة لكتابتها ولم ننساك فلا تحزن كل ما في الأمر هو الإنشغال في أمور الجهاد والأمة

<u>نقطة مهمة</u>

أرجو أن ترسل لي صور أخي سعد قبل وبعد إستشهاده

وكذا صور سيول جدة من الأنترنت موقع (يوتيوب) أو (فيس بوك)

أخوك في الله خالد

الإثنين، 12 محرم، 1431

Full translation begins here:

(Page 1)

In the name of Allah the most gracious the most merciful.

I praise God, peace and prayers be upon our Prophet Muhammad, his family and all of his companions.

To my generous brother 'Abd Al-Latif,

Peace, mercy and the blessings of Allah be upon you.

I hope that this letter that I have sent to you finds you well and in good health, as we fear Allah.

I urge you to write to me in detail about your security news.
We are fine, thanks be to God and, (('Abdullah)), (('A'isha)), ((Usamah)) and ((Siham)) are all doing well, thanks be to God.

'Abdullah is pursuing his studies as well as 'A'isha, however Usamah always asks when he is going to go to school with them.
The first thing Siham does when she wakes up is ask, where is my maternal uncle? May God protect them all and may he unite us with you, because he is our master and capable of doing so.

My generous brother,

With respect to the I.D. card, I sent you my picture and pictures of my father because we need them quickly, if possible

(Page 2)

Lastly, I told you we had previously been unable to send letters because we were busy with the father involving the statements. With respect to this letter, I took advantage of the opportunity to write to you; we did not forget you - so don't be sad. All there is to it, is that we were busy with the jihad and the
nation's issues

Important point:
Please send me the pictures of my brother Sa'ad before and after his martyrdom, as well as pictures of the floods in Jeddah from
the internet (Youtube site) or (facebook)

Your brother in Allah - Khalid

Monday, 12 Muharram 1431 HJ (29 December 2009)

بسم الله الرحمن الرحيم

الحمد لله رب العالمين والصلاة والسلام على نبينا محمد وعلى آله وصحبه أجمعين وبعد... إلى أخوين الكريمين عبد الله وأبا الحارث حفظهما الله

السلام عليكم ورحمة الله وبركاته

أرجوا أن تكونوا بخير وعافية في دينكم ودنياكم وإلى الله تعالى أتقى وأقرب

لعلكم تعلمون عن خطبتي لكريمة الشيخ أبي عبد الرحمن البي إم وبلغنا أنهم طرفكم وقد طلبنا من الشيخ محمود رقم هاتفكم حيث إني سأتصل عليكم لإتمام الأمر إن شاء الله وترتيب ما يلزم وسيكون معي أحد الإخوة وهو سيتابع الاتصال معكم لتحديد المكان الذي سنلتقي فيه وأرجو من الله أن ييسر الأمر ويقدر ما فيه الخير .

طمنوني عن أخباركم وأحوالكم ولا تنسوني من صالح دعائكم .

والسلام عليكم ورحمة الله وبركاته

أخوكم خالد

Gist:

To Abdullah and Abu al-Harish

Perhaps you're wondering about my engagement to Karima al-Shaykh Abu 'Abd-al-Rahman (B.M.) and we informed (TN: unclear; VAR were told that) they are your side, and so we asked Shaykh Mahmud for your telephone number. I will call you to complete the matter, God willing, and to prepare what is needed. With me will be one of the brothers, and he will follow the communication with you to specify the place that we will meet. I ask of God for safety to facilitate the matter.

Keep me informed of your latest news and well being.

Your brother Khalid

بسم الله الرحمن الرحيم

الحمد لله رب العالمين والصلاة والسلام على نبينا محمد وعلى آله وصحبه أجمعين ....وبعد

ابني الغالي حفظه الله

السلام عليكم ورحمة الله وبركاته

أرجو أن تصلك هذه وأنت بخير وعافية وإلى الله أتقى وأقرب وصلتنا منك شريحتان فتحت واحد بعد جهد جهيد وفيها رسائل منك لنا بتاريخ 17 ربيع الأول ورسالة من أم عبد الرحمن وبعض الأفلام ومن أبرزها إن القوة الرمي وشريط صوتي ويمكرون ويمكر الله والشريحة الأخرى لم تفتح

ابني الغالي قرأت رسالتك والله يبارك لك ويوفقك ويعلم الله حرصي على استقرارك وهذا ابني الوحيد إلى الآن لا أدري متى سيتم أمره وإني أدعو الله ليل نهار أن يجمعك بأبنائك على خير وهم لم ينسوك ويسألون عنك دائماً وهم بخير وعافية ونحتويهم بحبنا ونغدق عليهم بكل ما نملك من حنان كيف لا وهم قطعة من قطعة مني كانت يرحمها الله أختي وأمي ورفيقتي وسلوتي في هذه الدنيا فالحمد لله وإنا لله وإنا إليه راجعون اللهم اجرني في مصيبتي وأخلفني خيراً منها وإني منذ أكثر من عشر سنوات قالت لي يا أمي لا تحزني لقد رأيت نفسي أقف على باب الجنة وأقرع الباب وسألني من قلت أنا خديجة ودخلت تحت شجرة جميلة ثم جئتم معي جميعاً نعم لقد سبقتنا وسنلحق بها في الجنة إن شاء الله

ابني الغالي أرجو أن تكتب لي عن أخبارك دائماً لأطمئن عليك وبالنسبة لعبد الله أوشك على إكمال الجزء الثالث وأخذ في الحزب الخامس تقدير ممتاز أيضاً وقمنا بعمل مناهج مؤقتة لعبد الله وعائشة وأمورهم تسير على ما يرام والحمد لله وعائشة أنهت الكتاب الأول وبدأت في الثاني كما أنهت كتاب الرياضيات الأول وقاربت إنهاء

نصف حزب وما شاء الله عليها يبدو عليها الذكاء والفطنة وسرعة الحفظ وسهام تهرب من أمها وتذهب إلى المدرسة وتأخذ الكراسات وتقرأ باء و دا وتاء وأكثر تركيزها على الباء وأما حمزة فمنهمك في اللعب مع خاله إبراهيم ويحب عمل طائرا وسفن بالورق ويهفها بفمه لتطير أكثر .

وكلهم يسلمون عليك ووضعهم يسرك

وأخيراً والوالد يبلغك السلام

والسلام عليكم ورحمة الله وبركاته

أمك التي لا تنساك من الدعاء

بسم الله الرحمن الرحيم

الحمد لله رب العالمين والصلاة والسلام على نبينا محمد وعلى آله وصحبه أجمعين ....وبعد

إلى أخي العزيز عبد الله الحلبي

السلام عليكم ورحمة الله وبركاته

لقد وصلت رسالتك المؤرخة 16 ربيع الأول وسررت بها كثيرا وطمئننا عن أحوالك وأما نحن الحمد لله بخير

بالنسبة للبطاقة الهوية نعم الوالد عنده خبر ويا حبذا لو ترسلي الرد عنها في أسرع وقت ممكن والسلام عليكم ورحمة الله وبركاته

أخوك المحب لك خالد

الرسالة مختصر جدا لضيق الوقت وتأخره ليلا

وجزك الله خيرا على الأفلام التي أرسلتها

Page 1

In the name of Allah, the Merciful, the Compassionate.

Praise is to Allah, and prayers and peace be upon our Prophet Muhammad, his family and all his companions.

My precious son, God protect him Peace and God's mercy and

blessing be upon you.

I hope this letter will reach and you are in good health. We received two chips from you, and I opened one with a lot of effort. It contained messages from you to us dated 17 Rabi' Awal, and a message from Umm 'Abd-al-Rahman, and also some films -- the most noticeable of them being "Firepower," and a voice tape; ◌ "And the Unbelievers plotted and planned and God too planned and the best planner is God." And the second chip was not opened.

Precious son, I read your letter and God bless you and give you success, and only God knows how I feel about your stability, and this is my only son. Until this moment I do not know when his matter will be settled (TN: the writer began the letter talking to his son, and then he began talking to someone else), and I pray day and night to join you with your children, amen. They have not forgotten you, and they always ask about you. They are fine and well and we surround them with our love, and we shower them with all that we possess of compassion and affection -- why not, and they are a part of me, and "God have mercy on her." She was my mother, my friend, and my comfort in this life, but praise is to Allah, "We are to God and to him is our return." Oh Allah give me rewards in my misfortune, and compensate me better than her. Ten years ago, she told me, "Do not be sad. I see myself standing at the door of Paradise and knocking on the door. He asked who? And I said, I am Khadijah. And then I entered under a beautiful tree and all of you came with me." Yes, she preceded us, but we will follow her to heaven, God willing.

My precious son, please write to me your news, always to be assured that you are alright. But in regard to Abd Allah, he is almost done with the third chapter, and in the fifth part he received a grade of excellent. Also, we have established temporarily b programs for Abd Allah and 'Aisha, and praise is to Allah, their affairs are going very well. 'Aisha has finished the first book and began to study or read the second. She also completed the first math book and is about to finish half of a part on intelligence; remembrance and the ability to memorize **Page 2**

appear to be part of her. Siham runs away from her mother and goes to school. She takes the books and reads BA TA and DA. She concentrates on BA, but Hamzah, he is busy playing with his Uncle (Maternal) Ibrahim, and he likes to make airplanes and ships from papers and he blows on them by his mouth to fly higher.

They all send their regards and their condition will please you. And finally, my father

sends his regards. Peace and God's mercy and blessing be upon you.

Your mother who doesn't forget you in her prayers.

In the name of Allah, the Merciful, the Compassionate.

Praise is to Allah, and prayers and peace be upon our Prophet Muhammad, his family and all his companions.

Dear brother Abd Allah al-Halabi, Peace and God's mercy and

blessing be upon you.

Your letter, dated 16 Rabi' Awal, has arrived, and I was very happy for it, and it assured us of your status, and we are fine, Praise is to Allah.

In regard to the ID card. Yes, father knows, and it would be nice if you send me the answer about it as soon as possible, and peace and God's mercy and blessings be upon you.

Your brother Khalid

The letter is a very short summary due to the tight time and it is late at night.

God rewards you for the films you sent.

بسم الله الرحمن الرحيم

الحمد لله رب العالمين والصلاة والسلام على نبينا محمد وعلى آله وصحبه أجمعين.

أما بعد... إلى خالتي العزيزة:

السلام عليكم ورحمة الله وبركاته

أكتب إليك رسالتي هذه بعد أن امتلأ قلبي سروراً بالبشرى السعيدة التي طالما انتظرتها لسنوات عديدة راجية من الله تعالى أن ييسر وصولها إليك وأنت في خير حال وأهدأ بال وأسأله عز وجل أن يحفظك ويجمعنا بك وبحمزة عاجلاً غير آجل .

خالتي العزيزة:أرجو أن تكتبي لي عن أحوالك التي اشتقت لها منذ فراقك وأخبار أخي حمزة ومريم وأبنائهم حفظهم الله برعايته.

كما أرجو أن تفيديني بأخبار وفاء زوجة أخي سعد وأبنائها أسأل الله تعالى أن يرحم أخي سعد وأختي خديجة ويتقبلهم في الشهداء ويجمعنا بهم في الفردوس الأعلى.

وأخبار إخوتي وبنيهم وأختاي فاطمة وإيمان وأخي لادن .

خالتي العزيزة :نحن جميعاً بحمد الله في خير وأمان والجميع عندنا ينتظرون اليوم الذي سيسعدون فيه بلقائك ولا أنسى في هذه العجالة أن أقول جزاك الله عني خير الجزاء وجعل جهودك في ميزان حسناتك وأن أكتب لك أسطراً عن إخوتي الصغار وأبناء أختي خديجة رحمها الله فهم عندنا في رعاية أختي مريم وسهام لا تعرف لها أما إلا مريم .عبد الله وصفية: أنت أعلم بأعمارهم كثيراً ما تذكرني صفية بأختي إيمان.

و أختي آسيا: عمرها الآن سبع سنوات ونصف وعائشة تكبر عنها ببضعة أشهر وأخي إبراهيم عمره الآن ست سنوات وبضعة أشهر ويصغر عنه بشهر أسامة وأختي زينب عمرها الآن أربع سنوات وشهرين وتصغر عنها ببضعة أشهر سهام وأخي الحسين أصغر إخوتي عمره الآن سنتين ونصف .

أسأل الله تعالى أن ينبتهم وجميع أحفاد أبي نباتاً حسناً ويجعلهم من عباده الصالحين.

وفي الختام : أسأل الله تعالى أن ييسر لقاءنا بك ويحفظك وجميع إخوتي ويجمع شملنا بهم في عز وتمكين إنه ولي ذلك والقادر. وآخر دعوانا أن الحمد لله رب العالين .والسلام عليكم ورحمة الله وبركاته /ابنتك سمية

(Fully Translated)

In the name of Allah, the Merciful, the Beneficent.

Praise is to Allah, and peace and prayers be upon our Prophet Muhammad and his family and followers.

To my beloved Aunt:

Peace and God's Mercy and Blessing be upon you.

I write this letter to you after my heart was filled with joy for the happy news for which we have been waiting for many years, hoping that she would reach you in good health and peace of mind. I ask God to protect you, and to join you and Hamzah with us sooner and not later.

Dear Aunt, Please write to me about you, I have missed you since the day you left. Tell me about my brother, Hamzah, and Maryam and their children, God have them in his protection.

I also kindly ask you to provide with news about Wafa, my brother Sa'd's wife, and her children. I pray to God Almighty to have mercy on my brother Sa'd and my sister Khadijah and to accept them with the martyrs and to gathers us in them in the highest Paradise. Please inform me about my brothers and their children, and also about my sisters, Fatimah and Iman, and my brother Ladin.

Dear Aunt, we are all well and in peace, and we are all waiting for the day when you join us. In my rush, I do not want to forget to say that may God reward you with the best reward in the measure of your good deeds. and I want to write you about my younger siblings and the children of my sister Khadijah, they are with us and in the care of my sister Maryam; the only mother Suham knows is Maryam. And you know well the ages of 'Abdallah and Safiyah; Safiyah reminds me very much of my sister Khadijah.

My sister Asia is seven years old now, and 'Aisha is older by a few months, my brother Ibrahim is now six years and few months old, and Usama is a few months younger than he. Zaynab is four, and Suham is a few months younger, and Hussayn is two and a half.

I asked God to raise them and all my father's grandchildren well and to be good worshipers.

Finally: I ask God to make it easy for us to be united. Peace be upon you.

Page

بسم الله الرحمن الرحيم

وبه نستعين

إلى خالتي العزيزة أم خالد حفظكم الرحمن وجعل الفردوس الأعلى مثوانا ومثواكم

عظم الله أجركم وأجرنا وجبر مصابكم ومصابنا في فقيدكم وفقيدنا وفقيد الأمة

الإسلامية الجندي الخفي والرجل التقي صاحب الخلق الرفيع والصدر الوسيع أبي عبد الله

تقبله الله في شهداء الفردوس الأعلى

خالتي العزيزة لله ما أخذ وله ما أبقى وأعطى وكل شيء عنده بقدر مسمى وأجل مكتوب

والحمد لله على كل حال وكل تقدير ونحن لا نملك غير أن نقول كما قال رسولنا الكريم

إن العين لتدمع والقلب ليحزن وإنا على فراقك يا أبي عبد الله لمحزونون وسامحيني

على ضعف العبارة فالمصاب أكبر من أن يعزى عليه في سطور ولكن الله أعلم بما

في القلوب فلنصبر ولنحتسب فأسأل الله لنا ولكم دوام التوفيق والسداد وأن

تكونوا بأمن وإيمان وقرب وحفظ من الرحيم الرحمن وأن تكون كل أموركم بخير

كيف حالكم جميعاً وكيف حال الأولاد أسأل الرحمن أن تكونوا جميعاً بأتم الصحة والعافية

وأبلغك أني وأبني سعد بخير وصحة والحمد لله وأنا حامل في الشهر السابع وإن شاء الله

إذا رزقت بمولود أسميه محمد وإذا مولودة أسميها خديجة والحمد لله لقد وصلت

رسالتك الغالية وفرحت بها كثيراً وجزاك المولى خيراً وكما ذكرته في رسالتك عن

كيف استشهاد أبي عبد الله تقبله الله لقد خرج من عندي من بعد صلاة الفجر يوم تسعة

شوال وكان صائم وقد قضى من صوم شوال أربعة أيام خرج ليقضي عمله وقد جاءني خبره

اليوم الثاني من مقتله أنه قتل قبل أفطاره قبل المغرب أسأل الله الكريم رب العرش

العظيم أن يفطر في الفردوس الأعلى وهو في طريق رجوعه إلينا في سيارته مع الأخ سعدون

تغمدهم الله برحمته وفسيح جناته وكما كتبتي في رسالتك عن الوصايا وبعد مقتله

رحمه الله حرصت أن أسلم الأمانات بيد أم حمزة ولكن الظروف والإمكانيات منعتني

من ذلك وطلب الشيخ محمود أن أسلمها له وهو يسلمها إلى أم حمزة والأمانات خاصة

بكم وهي علبتين ذهب خديجة رحمه الله عليها وعلبتين صغير ذهب هدية لعائشة ومعها

وحقيبة صغيرة فيها أمانة الوالد حفظه الله ولسعد رحمه الله وخاتم أبي عبد الله وأرقام أهله

وشرطين كاميرا وكمبيوتر ومسدس وزرادية وأربع دفاتر منها وصايا أبي عبد الله رحمه الله

وجهاز ipod هدية لعبد الله وأسامة حفظهم الله وهدايا بسيطة مني للأولاد حفظهم الرحمن

(TN: Handwritten letter)

In the Name of God, the Most Merciful, the Compassionate
Upon God we rely

To my Dear [TC: Maternal] Aunt Umm-Khalid, may God protect you, and make paradise your last destination, may God enhance your rewards and ours. I express my sympathy for the demise of your loved one, he is indeed our loss, as well as the loss of the Islamic community; he was the secret soldier, the devout, who had superior manners and who was totally understanding and accepting of others (TN: The loss of Abu- 'Abdallah). May God accept him among
Martyrs in the Supreme Paradise.

Dear Aunt, God does not take nor give; to God, everything is measured and preordained, according to fate. Thanks to God almighty, we cannot do anything except to say, just as the kind God's messenger has said, "The eyes tear and the heart saddens." We are very sad for the demise of Abu'Abdallah. Please forgive my poor sentences, the loss is bigger than anyone just giving consolation in few lines. However, God knows what is in the hearts; we have to be patient. I ask God to bless your endeavors as well as ours. I ask God that you are safe and in tranquility, protected by God the compassionate, the merciful, and that you are fine. How is everybody, and how are the children? I ask God the compassionate that they are fine, in good health. I inform you that I and my son Sa'd are fine and in good health, thanks to God. I am seven months' pregnant. God willing, if I am blessed with a boy, I will name him Muhammad, and if it is a girl, I will name her Khadijah, thanks to God. I was very happy to have received your dear letter, may God bless you. In reference to your inquiry about the circumstances surrounding the martyrdom of Abu'Abdallah, nay God accept him, he left my place following al-Fajr (TN: Dawn) prayer, on the 9th of Shawwal (TN: 18 September, possibly 2010). He was fasting; he had fasted four days in the month of Shawwal. He went out to do some work. I received his death news the following day. He was killed before breaking the fast, right before sunset prayer, on his way to us in his vehicle, together with Brother Sa'dun, may God accept both of them with His compassion. I ask God Almighty, the God of the great throne, to allow (TN: the demised Abu-'Abdallah) to have his Iftar meal (TN: Breaking the fast meal) in the Supreme Paradise. In reference to your inquiry regarding the wills following his death, may God have mercy upon him, I was keen in delivering the fiduciary items personally to Umm-
Hamzah (TN: Hamzah's mother). However, the security situation did not allow that. So Shaykh Mahmud requested that I hand over the fiduciary items to him, and then he would deliver them to Umm Hamzah, and also deliver the fiduciary items pertaining to you, which are two boxes of Khadijah's gold, may God have

mercy on her; two small boxes of gold; gifts to 'Aisha and Siham; a small suitcase that contains fiduciary items belonging to father, May God protect him and to Sa'd, May God have mercy upon him; Abu'Abdallah's ring; his family's numbers (TN: Possibly phone numbers), two video camera tapes; computer; pistol; pliers; four notebooks to include Abu-'Abdallah's wills, may God have mercy upon him; two iPods that were gifts to 'Abdallah and Usamah, May God protects them; and small gifts from me to the children, may the compassionate God protect them.

Page 2 (7FA051D32D004997B5B7D1090ED9031E)

I ask God that you receive these fiduciary items safely, and I ask God to bless your path, finally, thanks to God almighty. Do not forget us in your prayers and supplications, and peace upon thee with God's compassion and beneficence.

Your daughter Umm-Sa'd (TN: Sa'd's Mother)

14 Muharram 1432 Hijri
(TN: 21 December 2010)

[End of Translation]

بسم الله الرحمن الرحيم

الحمد لله رب العالمين والصلاة والسلام علي رسول الله وعلي آله وصحبه وسلم

الي أبنى الحبيب حمزه حفظه الله ورعاه وقر أعيننا برؤياه.

نحمد الله سبخانه وتعالي أن أخرجكم من أيدي الظالمين , وأن كانت أيامكم عندهم محنه فهي بفضل الله منحه إلهية لكم في دينكم ودنياكم .

بارك لك زواجك وجعله زواج التقوي , وجعل أبناءك ذرية صالحه , وأنبتهم نباتا حسنا ,

الحمدلله الذي حبب اليك العلم وزينه في قلبك وأرجو الله أن يقرنه بالإيمان وفضائل الأخلاق وتكون شمسا مضيئة للأجيال القادمه وتتبوءمكانك بين أهل ذروة سنام الدين

أن الفكر والنضج وإكتمال الإدراك بحال الأمة لدي والدك حفظه الله قد أرتقي في درجات الكمال مبلغا وسما سموا,وهم الأمة والنهوض بها والشفقة علي أجيالها يثقل كاهله , فارجو الله أن يقرعينيه بك لتحمل بعض أعباءتبيعات هذا الطريق الموصل الي الجنة بإذن الله .

إبني : أن رقي الفكر والمعرفة هما الشغل الشاغل لأمير الأمةفي هذه البرهة فدائما

يقول ليست أزمة الأمة علماء وحفاظ ولكنها أزمة مفكرين فقهاءبفقه الدين والواقع , ودائما يرددأنتم أعلم بشؤون دنياكم , وجل إهتمام أبيك وطول إعمال فكره كيف يعم في عالم المسلمين الوعي وحسن الإدراك والإستفاده من الأفذاذوأولي الألباب ويفرغونهم في مراكزللبحوث ودراسة استرتيجيات الأمة , وكيف السبيل لانتشال أمة الإسلام من براثن الفقروالجوع والمرض, ويؤلمه ويدمع عينه رؤيية أطفال مرضي . ودائما يقول سؤالتغذية يولد أجيالا متاخره ذهنيا وعقليا, والمسلمون بحاجه ألي أجسام سليمه وعقول حكيمه إذ العقل السليم في الجسم السليم .

خلاصة الأمر يابني أب ذل قصار جهدك في المطالعه في أحوال الأمة وآمالهاوآلامها وكيف النهوض بها علي جميع المستويات والأصعدة , وأهتم بفقه الواقع

ولقد رأيت رؤيا طيبه لك رأيت توذن من فوق بناء عال جدا بنفس الصوت الذي تقول فيه أثبت أبي الخلد موعدنا إذا شاء الإله لنا االظفر

ثبتني الله وإياك علي الحق وجعلنا من أهل الخلدويسر لقاءنا بك وستر الله عليك وحفظك . المحبه لك خالتك أم خالد .

In the Name of God, Most Gracious, Most Merciful

Praise to God, the Lord of the universe, peace and prayers be upon the master of the messengers.

To the dearest and precious mother, may God preserve her.

Peace, mercy of God, and His blessings be upon you.

God willing, this letter finds you at your utmost health and wellbeing, and Happy Ramadan to you...

Glad tidings to you regarding the release of Hamzah, his mother, and his wife, praise God.

God willing, 'Abdullah, 'Aisha, Usamah, and Siham are not giving their mother Maryam a hard time. May God accept it from you and put that in the balance of your deeds, and may God bring us together for the best.

How is your wellbeing and what is your news and how about any visions or dreams? Good news, I saw that I had been chased by a huge black snake. Next thing, I was grabbing its head. I opened its mouth and I saw as if all the teeth had shattered. Praise God, there were brothers close by. I told them, "There is no harm" or "It won't hurt you because we smashed its teeth..." And praise God...

Attached is a message from Umm 'Abd-al-Rahman ((Al-Bi Em)) (TN: VAR, BM) to you, and they await the reply from you...

God willing, as soon as the programs (NFI) become available, I will send them to you, and may God reunite us with you for the best, sooner rather than later... O! Lord, Amen....

And my regards to all at your end and don't forget us in your prayers.

Peace, mercy of God, and His blessing be upon you.

Your negligent son, Abu 'Abdullah, 15th Ramadan

بسم الله الرحمن الرحيم

الحمد لله رب العالمين والصلاة والسلام على سيد المرسلين

إلى الوالدة العزيزة الغالية   حفظها الله

السلام عليكم ورحمة الله وبركاته

إن شاء الله تصلكم رسالتي وأنتم بخير وعافية ورمضان مبارك

وابشركم بخروج حمزة وأمة وزوجته والحمد لله

وإن شاء الله عبد الله وعائشة وأسامة وسهام مهم متعبين أمهم مريم الله يتقبل منكم ويجعل ذالك في موازين حسناتكم والله يجمعنا بكم على خير .

كيف صحتكم وأخباركم وكيف أخبار الرؤى وأبشركم لقد رأيت أن أفعى سوداء كبيره تطاردني بعد ذالك مسكتها من رأسها وفتحت فمها وإذا أنيابها تكسرت والحمد لله وكان موجود إخوه قريب مني قلت لهم لا ضرر منها قد كسرنا أنيابها ....والحمد لله

مرفق رسالة من أم عبدالرحمن البي إم لكم وينتظرون الرد منكم

وإن شاء الله أول ماتتوفر المناهج سوف أرسلها والله يجمعنا بكم على خير عاجلا غير آجل   اللهم أمين ....

وسلامي لجميع من عندكم ولاتنسونا من الدعاء

والسلام عليكم ورحمة الله وبركاته

ابنكم المقصر أبو عبد الله   15 رمضان

In the Name of God, Most Gracious, Most Merciful

Praise to God, the Lord of the universe, peace and prayers be upon the master of the messengers.

To the dearest and precious mother, may God preserve her.

Peace, mercy of God, and His blessings be upon you.

God willing, this letter finds you at your utmost health and wellbeing, and Happy Ramadan to you...

Glad tidings to you regarding the release of Hamzah, his mother, and his wife, praise God.

God willing, 'Abdullah, 'Aisha, Usamah, and Siham are not giving their mother Maryam a hard time. May God accept it from you and put that in the balance of your deeds, and may God bring us together for the best.

How is your wellbeing and what is your news and how about any visions or dreams? Good news, I saw that I had been chased by a huge black snake. Next thing, I was grabbing its head. I opened its mouth and I saw as if all the teeth had shattered. Praise God, there were brothers close by. I told them, "There is no harm" or "It won't hurt you because we smashed its teeth..." And praise God...

Attached is a message from Umm 'Abd-al-Rahman ((Al-Bi Em)) (TN: VAR, BM) to you, and they await the reply from you...

God willing, as soon as the programs (NFI) become available, I will send them to you, and may God reunite us with you for the best, sooner rather than later... O! Lord, Amen....

And my regards to all at your end and don't forget us in your prayers.

Peace, mercy of God, and His blessing be upon you.

Your negligent son, Abu 'Abdullah, 15th Ramadan

بسم الله الرحمن الرحيم

الحمد لله رب العالمين والصلاة والسلام على أشرف الأنبياء والمرسلين

وبعد

من أم خالد إلي أختي الحبيبة أم عبد الرحمن حفظكم الله من كل سوء

السلام عليكم ورحمة الله وبركاته

أدعوا الله أن تصلك رسالتي وأنت والجميع في خير وعافية وفضل من الله ونحن والحمد لله بخير ومنه من الله راضيين محتسبين في قرة العين فقد كانت

خديجتي حبيبة غالية　　هي طفلتي الواعية
هي زهرة الرابية　　هي أمي الحانية
هي بسمتي وأمنيتي　　في الحياة الفانية
أول من ناداني　　بالكلمة الغالية
فيا لوعة الفراق　　وليتني أجنبك مرة ثانية

ورغم ذلك فالحمد لله ماضي فينا حكمه عدل فينا قضاؤه ما أعظم فضله وكرمه يهبنا الأبناء فإن أخذ وديعته وصبر العبد وحمد وشكر بشره بقصر في الجنة وسماه بيت الحمد

كما أخبرنا بذلك رسول الله صلى الله عليه وسلم فأرجو من الله أن أكون من الفائزين بهذا القصر وأن يعوض أولادها خيرا .

أختي الحبيبة جزآك الله خيرا على رسالتك التي وضحت لي فيها تفاصيل ابتلائي في حبيبتي والله سبحانه وتعالى يبتلي ويدبر وقد دبرني أحسن تدبير وربط على قلبي فله الحمد و الفضل ولا نستطيع أن نكافئك بما بذلت من جهد وسعي مشكور ولا يخفي عليك أجر غسل وتجهيز الغالية وسترها ولله الحكمة في عدم حضوري ورؤيتي لها فلا نملك إلا أن نقول جزآك الله خيرا ولا أراك الله مكروها ولن أنساك وسأدعو لك كما دعوت لك من قبل أيام الشهيد أبي عبد الرحمن وأبنكم الشهيد عبد الله وصهركم الشهيد عليهم رحمة الله وأسأل الله أن يتقبلهم فو الله ما نسيتكم جميعا بالدعاء

أختي الحبيبة أحبك الله الذي أحببتني فيه ولك في قلبي مثل ما ذكرت وزيادة

وكم أتمنى وأدعو الله كثيرا أن يكون اللقاء بيننا قريبا لنراكم جميعا ونرى عروسنا الغالية أمة الحكيم وأخواتها .

وبالنسبة لشرطكم بقاء أبنتكم الغالية أربعة سنوات بجانبكم لا مانع لدينا في ذلك وسنبذل كل ما في وسعنا لنكون قريبين منكم بإذن الله .

وأما بالنسبة لمجيئه الآن عندكم لمشاركة إخوانه فظروفنا الأمنية لا تسمح بذلك حاليا .

وأما النظرة الشرعية فكما ذكرت بعد سنة تكون الأمور هدأت عندنا وعندكم وإن شاء الله إذا فرجت الأمور بعد سنة يكون ذلك ونحن مستبشرون يكون الفرج بإذن الله قبل ذلك والله يجمع شمل العروسين قريبا بإذن الله وفي أحسن حال .

وأخيرا وليس بأخر سلام مني ومن البنات لخاصة نفسك ولأمة الله وأخواتها .

وخالد يرسل سلامه لإخوانه الأعزاء عبد الرحمن وعبد العزيز وعبد التواب وصهركم حفظهم الله جميعا وجزآهم الله خيرا .

أختي الحبيبة أرجو دوام المراسلة بيننا عن طريق أبو عبد الله زوج الغالية عليها رحمة الله .

1428/12/07الموافق 2007/12/16

(Fully Translated)

In the name of God the merciful

[TN: Islamic greeting follows]

From the Umm ((Khalid)) to my dear sister Umm ((‘Abd-AlRahman)); may God protect you from every evil.

Peace be unto you all and God’s mercy and his blessings.

I pray to God that my letter reaches you and that you and everyone are doing fine, are in good health, and are in favor with God. We, thank God, are doing fine. A gift from God, we give in sacrifice to God (in anticipation of our reward) the sweetheart that she was.

My most precious dear ((Khadijah)) She is my
mature daughter. She is the flower of the field.
She is my compassionate mother. She is my
smile and my wish.
In this vanishing life
First one to call me With that
precious word.
O how painful the agony of separation.
If only I could be at your side again.

And despite this, thank God, we have a judge whose rule is just.
He judges as he sees fit and his generosity grants us children.
Indeed, God took what is his. However, the patience, praise, and thanks of his servant will be rewarded with a palace in heaven and a place in the house of praise as the Prophet so promised. So I hope from God that I be among the winners of this palace and that he compensates her children with goodness.

My dear sister, may God grant you success over your letter in which you explained to me the trying details of the little girl. God, may He be praised, puts one to the test and has a plan for each of us, and indeed, He took great care of me and gave me patience. To God be the glory and favor! We cannot say thank you enough for the effort you gave in washing, preparing, and covering the body. God was wise to make sure that I did not attend or see her. I will not bother you except to say may God grant you success and let not God see you as reprehensible. I will not forget you. I will call for you like I did previously before the days of the martyr Abu ‘Abd-al-Rahman, and your son, the martyr ‘Abdallah, and your in-law the martyr. May God have mercy and I ask God that he accepts them. By God I have not forgotten you all together in my prayers.

My dear sister, I love you, I promise. My sister who has loved me; you are in my heart as you have mentioned and more. O how I wish for and pray to God that a meeting between us is not far off in order to see you all together and see our dear brides Ummah al-((Hakim)) and her sisters. Regarding your condition that your dear daughter stay for four years next to all of you, we have no objections to that. We will make every effort to be close to all of you, God willing. However, as far as coming to all of you now so his brothers can participate, our security circumstances do not currently permit this.

Regarding the legal picture, as I mentioned, after a year, the situation will have calmed for all of you and for us. God willing, if the matters go away after a year, then it is so. Meanwhile, we are hoping for the good news that the release, God willing, will be before that. By God the grooms are gathering soon, God willing, and in the best condition.

Last but not least, greetings from me and girls, especially for yourself and for Ummah ((Allah)) and her sisters.

Khalid sends his condolences to his brothers for 'Abd-Al-Rahman and 'Abdallah.

My dear sister, I hope we can maintain correspondence between us through Abu 'Abdallah, her beloved husband, may God have mercy upon him.

07/12/1438 H, corresponding to 16 December 2007

بسم الله الرحمن الرحيم

الحمد لله حق حمده والصلاة والسلام على من لا نبي بعده وبعد

السلام عليكم ورحمة الله وبركاته

إلى خالتي الفاضله العزيزة أم خالد حفظكم الله ورعاكم وجعل الجنة مثوانا ومثواكم

اسأل الله أن تصلكم رسالتي وأنتم بأتم الصحة والعافية وأحسن حال كيف حالكم وما أخباركم عساكم بخير إن شاء الله

وكيف حال أخواتي مريم وسمية إن شاء الله بخير وعافية وكيف حال الأشبال الأبطال عبد الله وأسامة وكيف حال الوردات الحلوات عائشة وسهام أبعث لهم سلامي واسأل المولى القدير أن يحفظهم ويحفظكم من كل سوء وشر ومكروه وأبلغكم أني بخير ولله الحمد والمنه .

ابنتكم سارة

Full translation

In the name of God, The Most Merciful, The Most Compassionate.

Thanks be to God, and peace upon the last Prophet.

Peace and blessings be upon you.

My dearest maternal aunt Umm Khalid, may God protect you, and may He award us heaven.

I pray to God this letter finds you well and in great health.

How are you? I hope all is well, God willing.

How are my sisters Maryam and Sumayah? I hope they are well. How are the heroes 'Abdallah and Usamah? How are the sweet roses 'A'ishah and Siham? I send them my regards, and I pray to God that He protect you and them from any harm. I am doing well, thank God.

Your daughter, Sarah

بسم الله الرحمن الرحيم

الحمد لله والصلاة والسلام علي رسول الله وعلي آله وصحبه ومن والاه .

إلي إبنتي العزيزه أم سعد   حفظها الله

السلام عليكمورحمة الله وبركاته ,

رجائ من العلي القدير أن تصلكم رسالتي وأنتم جميعا بخير وعافيه وصبر وثبات ورضي فمن رضي فله الرضا كما قال رسول الله صلي الله عليه وسلم , والحمد لله علي نعمة الإسلام فالمسلم يحمل جنته بين جنبيه نرجو من الله يكرمنا ويجعلما من الشهداء .

إبنتي الحبيبة أن مصابنا جلل في أبي عبد الله ولكن حزننا علي أتفسنا جم , تري هل ننال الشهادة والسعاده في جنة الخلد ؟ هنيئا له نال ما تمني كان في كل رسالة يقول لي أدعي لي بالشهادة ياخالتي , فالحمد لله نالها وهوصائم ليفظر عند ربه . لقد رأت مريم إن قبور الشهداء تفتح وينادي عليهم من السماء بأسمائهم ليصعدواليها منهم أبو عبد الله فأي خاتمه أحسن من هذه الخاتمه نحسبهم والله حسيبهم , ونرجو ا الله أن يلحقنا بهم .

إبنتي الغاليه :

فرحنا زفرح الأولادبنبأ حملك ولعلك وضعت وهم فرحون كثير بأخيه سعد , وعبد الله وعائشه وأسامة أتقسموا إلي فريقين , عائشه تتمني المولود بنتا وعبدالله واسامه يتمنونه ولدا , وفصلت بينهم خالتهم سمية وقالت أدع الله لها بالسلامة بنتا أو ولدا .

نتمني أن تكوني قد يسر الله لك ساعة سهلة ميسره وعائشه تقول خبريها بنتا أم ولدا ؟ وأنا أقول حبذا أن يستمر التواصل بيننا ونعرف أخباركم بإستمرار وأن تكتبي لنا معلومات كامله عنكم وفي أقرب فرصة حتي تنفرج الأمور ولعلها قريبة إن شاء الله خصوصا بعد الثورات ,ونر تب لقاء معكم بإذن الله ويتم جمع الأولادمع بعضهم بعضا. بلغي سلامي للوالده المحترمه وجميع الأهل ونحن في خدمتكم وعلي أتم إستعداد فسعد والمولود الجديد أخوان لعبد الله وإخواته ولا فرق بينهم جميعا .

هل تم أي إتصال منكم بأهل الي عبد الله منكم وهل وصلهم نبأ إستشهاده عليه رحمة الله , ونحن لم نبلغ الأولاد بهذا الخبر حتي نحج الفرصة المناسبة عند كتابتي لهذا الرسالة كان بجواري الأولاد وهم يبلغونكم سلامه وسيكتبون لكم لاحقا أنشاء الله , والسلام عليكم ورحمة الله وبركاته .

المحبه لكم

خالتك أم خالـــــــد

Full Translation

Page 1

In the name of Allah the most gracious the most merciful
Thanks be to God, peace and prayers be upon the Prophet of Allah, his family, his companions and his followers

To my dear daughter Um Sa'ad - May God protect her
Peace, mercy and the blessings of Allah be upon you

I pray to the Almighty that this letter finds you all well, in good health, patient, with firmness and satisfied because he who is satisfied would be gratified as the Messenger of Allah, peace and prayers be upon him had said. Thanks be to God and the grace of Islam because the Muslim carries his paradise between his sides - we ask Allah to be generous and to make us amongst the martyrs.

My dear daughter,

Misfortune has enveloped us with Abu 'Abdallah and we were all sad; do we receive martyrdom and happiness in eternal paradise? Lucky is he, because he received what he wished for. In every letter, he would say to me, I pray for martyrdom my maternal aunt. Thanks be to God, he received it while he was fasting and would break his fast with his God. Miriam had seen that the tombs of the martyrs shall open, and he would be calling out their names from the sky to rise to it to include Abu 'Abdallah; what end is better than this end, we consider them as martyrs. Allah is the one to accept them as such; we ask Allah to join them.

My precious daughter:
We were very happy, so were the children, to learn about your pregnancy and perhaps you delivered - they were very happy with his (sic) brother Sa'ad, and 'Abdallah, 'A'ishah, and Usamah as they are divided into two teams; 'A'ishah wishes the newborn to be a daughter and 'Abdallah and Usamah wish for a boy. Their maternal aunt split them and said, pray to God for her to be safe, whether a girl or a boy.

We hope that God granted you an easy time - 'A'ishah wants to know whether it is a girl of a boy? I say, I would like to maintain communication between us and learn continuously about your news and also for you to write detailed news about you as soon as possible, until things would improve, and hopefully it would be soon, God willing. Especially following the revolutions, we would like to arrange for a meeting with you, God willing and gather all the children. Please give my regards to the respected mother and all the family and we remain at your service and are entirely ready. Sa'ad and the newborn are brothers to 'Abdallah and his sisters, as there is no difference between them all.

Were you able to communicate with the family of 'Abdallah, and did they receive the news of his martyrdom, may God have mercy on him. We did not inform the children of this news until we found the appropriate opportunity. At the time when I was writing this letter, the children were next to me and give you their regards. They will write to you later on, God willing.

Peace, mercy and the blessings of Allah be upon you.

The beloved,

Your maternal aunt Um Khalid

بسم الله الرحمن الرحيم

الحمد لله رب العالمين والصلاة والسلام على نبينا محمد وعلى آله وصحبه أجمعين

وبعد

إلى أختي الحبيبة الفاضلة أم عبد الرحمن حفظها الله

السلام عليكم ورحمة الله وبركاته

أبعث رسالتي هذه إليكم والله أسأل أن تكونوا ومن معكم بخير وعافية في دينكم و دنياكم .

كما أعتذر على تأخرنا عليكم في المراسلة بعد استشهاد عبد اللطيف رحمه الله في العاشر من شوال فالحمد لله وإنا لله وإنا إليه راجعون نرجو الله أن يجعله في زمرة الشهداء وقد كان هو الذي يتولى استلام الرسائل ويبعثها إليكم .

أختي الحبيبة

كيف حالكم وما أخباركم ولعلكم مرتاحين في المكان الذي أنتم فيه وما أخبار بناتي وأحفادي كم أنا مشتاقة للاجتماع بكم ولكن أسأل الله أن يفرج علينا وما بعد الضيق إلا الفرج وإن مع العسر يسراً.

أختي الحبيبة :

ويعلم الله مدى حرصنا على إتمام الأمر الذي طال ما انتظرناه وتمنيناه ونحن طيلة الفترة الماضية نسعى بكل حيلة ووسيلة لإيجاد فرصة مناسبة لإتمامه على ما اتفقنا عليه والوفاء بالشرط الذي

ترغبونه بقاء ابنتنا الغالية بجواركم لمدة عام على الأقل فنحن حريصون على الوفاء به ولكن يعلم الله أن الأمور الأمنية عندنا قد اشتدت وضاقت بنا السبل ونظراً لظروفنا وظروفكم أخشى أن نستمر في عالم الأماني التي نريد تحقيقها فقد مضت أكثر من ثلاث سنوات من عمرهم في المحاولات فأرجو الله أن يجعل ذلك في ميزان حسناتهم.

أختي الفاضلة أرى أنه من المفيد أ ن نحدد لا أنفسنا مدة معينة لإتمام الأمر ولعله من المناسب أن تكون أربعة أشهر حتى لا يطول بنا الانتظار ويفوت الطرفين القطار ونظراً لظروفنا وظروفكم فيتعذر علينا إتمام الأمر بالشرط السابق فإن تيسر إن شاء الله الأمر فذلك ما كنا نريد ونتمنى وإن تعذر فإن أخوتنا ومحبتنا في قلوبنا ثابتة لن تتأثر بإذن الله

ونحن في انتظار رسالتكم لنطمئن على أحوالكم .

وفي الختام :

لك مني خالص السلام وبلغي سلامي لبناتي وأحفادي وأرجو الله أن يجمعنا بكم قريباً إن شاء الله ولا تنسونا من صالح الدعاء ونحن لن ننساكم بإذن الله والسلام عليكم ورحمة الله وبركاته

.

أختك أم خالد

05 تشرين الثاني، 2010

Full Translation

In the name of God the merciful the compassionate

Praise God Lord of the Universe, Peace and Prayers upon his
Prophet Muhammad and his Companions

To My Beloved Sister Um-'Abd-al-Rahman

Peace be upon you

I hope my letter finds you well.

I apologize for not writing for a long time, because of the martyrdom of 'Abd-al-Latif on the nineteenth of September.

We hope you are comfortable where you are. Please communicate my greetings to my daughters and my grandchildren. (TN: This is the Middle Eastern way of saying that I love your daughters and your grandchildren like mine.)

We have been making every effort to meet your condition of providing a dwelling place for your daughter, in a location close to you for a period not less than a year. For security reasons, we were not able to achieve this goal. This has been going on now for three years. I am afraid that losing too much time waiting may result in missing the train for both of them. Therefore, I suggest setting a date for finding the right place, say four months from now. If we succeed in meeting your condition, we will go ahead with the marriage, otherwise we are sisters and your love is in our heart. (TN: Meaning terminating our marriage commitment.)

Please let us know of your comment on this proposal.
Greetings.

Your Sister,

Um-Khalid 5 November 2010

بسم الله الرحمن الرحيم
إلى أخي العزيز أبو سليمان حفظك الله
السلام عليكم ورحمة الله وبركاته
كيف حالك وما أخبارك أرجو الله أن تكون بخير وعافية كما نحن والحمد لله .
وأبشرك أني التقيت بخالة أم عبد الرحمن وقد أخبرتني أنهم لامانع لديهم من زواجك من ابنتهم واعتذرت لي عن تأخرهم في الرد علينا وقالت أن ابنتها طلبت منها إتمام حفظ القران قبل الزواج لهذا تأخروا وابنتها تسأل بأنه إذا تم الزواج بإذن الله هل ستأتي هنا لتجاهد معهم أم ماذا سيكون الترتيب وهم في انتظار ردكم وأسأل الله أن ييسر ويتمم ويكتب ما فيه الخير وأوصيك بالدعاء والاستخارة في كل شيء وأنا في انتظار ردكم وأسأل الله أن يجمعنا على خير قريبا إن شاء الله تعالى وبلغ سلامي للجميع وعبد الله وعائشة وأسامة بخير وهم يرسلون لكم كثير السلام .
والسلام عليكم ورحمة الله وبركاته
أختك أم عبد الله بتاريخ12جماد الثانية 1428

بسم الله الرحمن الرحيم
أخي الحبيب : أبو سليمان العريس حفظك الله ورعاك
السلام عليكم ورحمة الله وبركاته
إن شاء الله تصلك الرسالة وأنتم بخير وعافية

أخي الحبيب بالنسبة للرسالة الأخيرة فقد كان فيها إضافة وإيضا في رسالة الوالدة الغالية أضافه فلقد كان مني وأكيد أنه خبط بعض ما في الرسالة فالرجاء المعذرة .
العريس الغالي نصيحتي لك الاستخارة فأخوك بانتظار الرد وحياك الباري ياعريس وإن شاء الله ربنا يوفق لما فيه الخير لاتنسونا من الدعاء .
أخوك عبد اللطيف بتاريخ 12 جماد الثانية 1428
والسلام عليكم وحمة الله وبركاته

(Fully Translated)

In the Name of Allah, the Merciful, the Compassionate.

Peace ,and God's prayers be upon you.

To my dear brother Abu Sulayman, God protect him.

How are you, and what is your news? I pray to God that you are well, as we are, Praise is to Allah.

I want to relay to you good news. I met with Umm 'Abd-al-Rahman's [maternal] aunt, and she told me, they do not object to your marriage to their daughter. She apologized for the delay in their answer to us. She told me that her daughter asked her to finish memorizing the Qur'an before the wedding and that was the reason they were late. Her daughter asks, if the marriage happens, God willing, will you come here for Jihad with them or what will the arrangement be? They will wait for your answer. I pray to Allah to facilitate his issue and allow what is good. I ask to supplicate and ask God for the proper guidance in everything. I am waiting for your answer. Pray to Allah to join us soon. Give my regards to everyone. 'Abdallah, 'Aisha, and Usama are all fine, and they send their regards.

Peace, and God's Mercy and Blessing be upon you.

Your sister, Umm 'Abdallah
2 Jumadi al-Thani 1428 H (TN: 28 June 2007)

In the Name of Allah, the Merciful, the Compassionate.

Peace, and God's Mercy and Blessing be upon you.

To my dear brother Abu Sulayman, the groom, God protect him,

I pray my letter will find you in the best of health.

Dear Brother, regarding the recent message, it had additional things and also the letter from beloved Mother. The additional things that I put into it messed up the letter, and I apologize.

Dearest Groom, My advice to you is to ask Allah for proper guidance. Your brother is waiting for your answer, and God greets you, O groom, God willing, He will assist to what is good. Do not forget us in your prayers.

Your brother, 'Abd-al-Latif

12 Jumadi al-Thani 1428 H (TN: 28 June 2007)

Peace and God's Mercy and Blessing be upon you.

بسم الله الرحمن الرحيم

الحمد لله رب العالمين والصلاة والسلام على نبينا محمد وعلى آله وصحبة أجمعين

وبعد

أختي الغالية أم عبد الرحمن حفظها الله

السلام عليكم ورحمة الله وبركاته

أكتب رسالتي هذه إليكم في والفرح والسرور يغمرنا والحمد لله على فضله ومنه

أختي الغالية وعدناكم في الرسالة السابقة أننا سنواصل المحاولات للقاء بكم والحمد لله الذي من علينا بفضله ومنه وحقق لنا الرؤية التي أوصانا

فيها الرسول بالصبر ووعدنا أنها ستحل واحدة واحدة فبعد نقاش طويل و مرهق دام أكثر من شهر بين إبني ووالده من جهة وبين الأخوة المرافقين معنا استطعنا أخذ تعهد مكتوب وأطمئنك أن هذا الموعد هو الأخير و النهائي ولن يزيد بإذن الله حيث وقع والده تعهد مع الإخوة على أنه سيتم اللقاء بكم بعد الذكره العاشرة لغزوتي نيويوك وواشنطن والخروج الأمريكي من أفغانستان وهذا جعلنا في سرور بالغ وفرح من يفعل الخير لا يعدم جوازيه فالله يعينني على رد الجميل وأما ابني يقول سيعوضها كل ما فاتها وهي تنتظره الله يجمعه بها ويريح قلبهما

أختي

In the name of God the most merciful and gracious
Praises to God and prayers and peace upon our prophet
Muhammad, and his family, and all of his companions

And following

Dear sister Umm 'Abd-al-Rahman, God bless you

Peace be upon you and God mercy and praise

I am writing to you this letter and the happiness and joy are fulfilling us, and thank God for His generosity and kindness.

Dear sister, we had promised you in the previous letter that we would continue to make the efforts to meet with you, and praise to God who is overwhelming us with his generosity and kindness, and has granted us this wish, which the prophet had asked us to be patient and promised us that it is going to be solved one by one and after a long and strenuous discussion lasting more than one month between my son and his father, from one side and between the accompanying brothers with us. We were able to obtain a written promise and I want to assure you that this is the last and final appointment, no more and no less, God willing; so his father had signed an agreement with the brothers that we will be meeting with you after the 10th anniversary for the battle of New York and Washington and the American withdrawal from Afghanistan and this has made us overwhelmingly happy and joyful, who makes good deeds will be rewarded and God help me repay the favor back; and my son says he will compensate her for what she has missed and she is waiting for him, God reunite him with her and make them happy.

My sister (TN: end of text)

بسم الله الرحمن الرحيم

الحمدلله رب العالمين والصلاة والسلام على من لا نبي بعده

الأخ الكريم الفاضل أبي فاطمة السلام عليكم ورحمة الله وبركاته ومغفرته نسأل المولى عزوجل بأن تكون بخير وعافية أنت ومن معك ومن يعز عليكم ونسأله سبحانه أن يستر علينا وعليكم في الدنيا والاخرة وأن لا يجعل للكافرين والمنافقين علينا سبيلا .

وبعد

أما عن احوالنا فنحن بخير ولله الحمد والمنة ولا ينقصنا سوى رؤيتكم والانس بحديثكم وصالح دعائكم .

يعلم الله أن لكم وحشة وعامر يقولك وحشتنا يا مولنا نفسي اشوفك واؤلك تلتوميت مليون مبروك وانشاء الله الوليه الجديدة تتربا بعزك كان نفسي احضر السبوع واؤلها حاتا باتا وإنشاء الله تعالى تكون من الذرية الصالحة وتتربى يارب ياكريم بعزك ودلالك علشان مأنساش آه على فكره إزاي الواد صلاح واخته الكتكوته والله وحشتنا شأوتهم ربنايخليهم لك ويخليك لينا يارب يارب .

ونبارك لكم ايضا زواج ابنتيك نسأل الله عزوجل أن يجعله زواجا مباركا وأن يرزقهم الذرية الصالحة .

هذا مايحضرنا الان ونحن نتمى أن يكون لنا نصيب من دعواتك الصالحة بلغ سلامنا لجميع الاحباب وخاصة صاحب المعلم الذي كسر الخشب بلغه خالص التحية ونسأل هل مازال عازبا أم لا .

اخويك الصغيرين

عامر وحماده

Full translation begins here:

In the name of God the merciful, the compassionate:

Praise be to God, and peace and prayers upon the Prophet, who was the last prophet.

Dear Brother ((Fatimah)), greetings and God bless you and be merciful to you. We ask the Lord of greatness and splendor to grant you and yours health. We ask him and give him glory to protect us in the world and the next, and to not give the blasphemers and hypocrites a path to us.

As for us, we are well, thank God, and lack nothing except seeing you and enjoying your conversation and your righteous prayers.

God knows we miss you. 'Amir tells you we miss you, dear shaykh. We would love to see you, to tell you three hundred million congratulations. God willing the new girl will grow with your prosperity. I wish that I had been there for the seven-day celebration (TN: after the birth of the child) and to talk baby talk with her. God willing she will grow to be a good daughter for you, with your love and affection. By the way, how is the boy Salah and his sister the little chick? We miss their mischief. May God keep them with you, and you with us, oh God.

We also bless the marriage of your two daughters. We ask the God of splendor and glory to make it a blessed marriage and to grant them good children.

This is what we have prepared up until now. We hope that we will be included in your righteous prayers. Send our greetings to all of the loved ones, especially the companion of the teacher who broke the wood (TN: SIC, NFI), tell him hello and ask him if he is still single or not.

Your younger brothers,

'Amir and Hammadah

بسم الله الرحمن الرحيم

إلي إبنتي الغالية أم معاذ

السلام عليكم ورحمة الله وبركاته ,

كيف حاللكم وماهي أخباركم والله لقد أفتقدتكم كثير نعم أفتقدت الإبنه الباره بارك الله فيك وجعل كل ما قمت به تجاهي في موازين حسناتك, وجزا الله خيرا والداك علي حسن تريبتهما لكم وجعل الجنة مثواهم ومثوانا ,كم أحن لتلك الأيا م الجميلة التي قضيته معكم وخاصة في السفر أذكنت نعم الرفيق فبارك الله فيك . ما أخبار سعد وأين وصل في القرآن وهل بيدرس مواداخري أم لا ؟ أهتمي فيه كثيرا انت ووالده حيث أنه له قدرات لا يستهان بها علي الأقل المبادء الأساسيه في القرآة والكتابة والرياضيات , إضافة الي سرد علي مسامعه السيرة النبوية وقصص الأنبياء . وما هي أخر أخباره المضحكه , وما أخبار أخته خوله نفسي أسمعها وهي بتتكلم . الجميع كما ذكرت في الرسالة الثانيه مشتاقين لكم ويتمننون لقاءكم وربنا يجمع بيننا في أقرب فرصة أن شاء الله , الأفضل أن تخففوا من الأشياء التي تحملونا بقدر المستطاع , ولا تحملو إلا الشئ الضروري فقط , نحن بخير ولله الحمد وما ينقصنا إلا الإجتماع بكم .وإذا صدرمني - ولعله كثير - أي شئ زعلك فأرجو أن تسامحيني , وإذا كان مناسب والظروف الأمنية تسمخ بذلك سلمي علي الناس الذين أنتم عندهم . وأرجو المعذره علي قصر الرسالة لأن التيارالكهربائي كل شويه ينقطع , سلمي علي نفسك وأنتبهي كثر علي نفسك وعلي أبي معاذ وسعد وخولة وقولي لهم ستي تقول لكم وحشتوها كثير وإن شاء الله ربنا يجمعنا بكم قريب وأسمع كلام أمك وابيك وما تزعلهم.لا تنسونا من صالح دعاكم خاصة بالشهادة ومكبروك زوال الطغاة الجاثمين علي الأمة وعقبال البقية الباقية والسلام عليكم ورحمة الله و بركاته .

In the name of God, the Compassionate the Merciful

To my precious daughter, ((Umm-Mu'adh))

Peace, mercy, and blessings of God be upon you

How are you and what is your news? By God, I miss you so much.
Yes, I miss my pious daughter. May God bless you and reward you for all that you have done for me. May God also reward your parents for their good upbringing of you, and make heaven their final destination. I yearn much for the beautiful days I spent with you, especially during travel. Indeed, you were the best companion. May God bless you. How is Sa'd doing? How far is he in studying the Qur'an and does he study other subjects? Make sure you and his father take good care of him, as he has great capabilities. At least teach him the basic principles of reading, writing, and mathematics and read to him the Prophet's biography and the stories of the Prophets. What is his latest funny news? And how is his sister Khawlah? I wish I could hear her talking. As I had indicated in my second letter, everyone misses you and hopes to see you. May God get us together soon. It is preferable to travel light by reducing what you carry as much as possible; only carry what is essential. We are well, praise be to God. The only thing we're lacking is getting together with you. Please forgive me if I made you mad - and perhaps for having done so frequently. If the security conditions permit, please extend my regards to the people with whom you are staying. I apologize for this brief letter, because the power keeps going on and off. Take care of yourself and give my greetings to Abu-Mu'adh, Sa'd, and Khawlah. Give them this message from my grandmother: "I miss you very much. May God unite us soon. Listen to and obey your mother and father and do not anger them." Do not forget us in your prayers, especially for martyrdom. Congratulations on the departure of the tyrants who have oppressed the nation for a long time and God willing the rest of them will also go. Peace and God's mercy and blessings be upon you.

(TN: End of Translation)

بسم الله الرحمن الرحيم

الحمد لله رب العالمين والصلاة والسلام على سيد المرسلين وبعد

إلى الوالد والعم والشيخ الحبيب حفضكم الله ورعاكم تقبل الله منا ومنكم وكل عام وأنتم بخير وعافية ورحم الله موتا المسلمين أسأل الله تعالى أن تصلكم رسالتي وأنتم في أتم صحة وعافية ويقين بالفرج القريب .

الحمد لله وصلت رسالتكم وأول ماقرأتها وكتبتم أرجو منكم التنسيق مع الشيخ عثمان إرسال الأولاد والدي الحبيب والله أخبرته بعد قرأت الرسالة مباشرة سوف أرسلهم كلهم قال بقي عبد الله في المدرسة وسهام تبقى سنة ترضع فقلت له كلهم إن شاء الله والدي الغالي وأميري من غير ماتكتبوا أرجو فالسمع والطاعة في كل شيء لكم فأنا ابنكم المقصر وهم أحفادكم ويعلم الله اعرف ومتيقن أنكم في شوق إليهم .

شيخي الحبيب لا أخفي عليكم بعد وفاة الغالية رحمة الله عليها بعد ثلاثة أيام تقريبا كنت أريد أتقدم لأي أرملة حتى اجمع أولادي حتى لايكون الأم والأب غير موجودين فاستخرت وقلت انتظر مراسلتكم فكان الفترة الماضية والسنين التي مرة أغلب الوقت في البيت فصعب جدا علي وعليهم ولكن قدر الله وماشاء فعل ففي العيد كانت عائشة في حزن شديد إلى العصر لم يغير لها أحد وتلبس فستان العيد فأخذتهم في الصباح الباكر إلى بيتنا القديم وروشتهم كلهم وألبستهم ملابس العيد فالحمد لله ذهب الحزن منها شيء ما وصورتهم مرفقه مع الرسالة فبعد ذالك قررت أن ابحث وأتقدم لأي أرملة حتى لا أكون أثم في حق أولادي فتقدمة لبنت الشيخ عبد الرحمن pm رحمة الله عليه أهل أبو بكر رحمة الله عليه سبحان الله قبل وصول رسالتكم بثلاثة أيام.

والدي الغالي والله لقد تقدمت على مضض وبسبب عدم وجود الإتصال بكم ولو وجد ماتجرأت ولكن قدر الله وما شاء فعل وصعب الرجوع وإذا قدر الله عدم الموافقة فسوف انتظر حتى يفرج الله .

شيخي وأميري لاتنسوني من الدعاء بالصبر والثبات والدعاء بأن يرزقني الله الشهادة في سبيله مقبل غير مدبر وأنا جاهز لأي أمر تأمروني به والدي جزاكم الله خيرا على المبلغ الذي أرسلتموه فنصيب الغالية وضعته حيث يشفي الله صدور قوم مؤمنين فالله يتقبل منا ومنكم و صبرنا الله وإياكم والسلام عليكم ورحمة الله وبركاته ابنكم المقصر أبو عبد الله الحلبي بتاريخ 20 شوال

شيخي الحبيب الحمد لله ثم الحمد لله ثم الحمد لله لقد جاء الرد بعدم الموافقة على أهل أبو بكر السوري رحمة الله علية والحمد لله الأولاد سوف يكونون عندكم وهذا الموضوع هو الذي أجبرني على التقدم . فالحمد لله سوف انتظر وهذا حسن حتى تفرج الأمور عندنا وعندكم .

(Fully Translated)

In the Name of Allah, the Merciful, the Beneficent.

Praise be to Allah, the Lord of all worlds. Prayers and peace be upon His Messenger.

To the Father, the [paternal] Uncle, and the beloved Shaykh, may Allah protect and watch over all of you.

May Allah be pleased with us and with all of you. May each year find you well and in good health. May Allah have mercy on the deceased Muslims. I ask the Almighty Allah that this letter finds all of you well and in good health and soon to be relieved.

Praise Allah, I received the letter from you and I wrote back as soon as I read it. I ask that all of you coordinate with Shaykh
'Uthman [to] send the children. My beloved father, by God, immediately after reading the letter, I told him [and] he will send all of them. He said that 'Abdallah was still in the school and Suham still has a year of breast feeding. So I told him, "All of them." God willing, my dear father and emir, I want to adhere to what you wrote, listening and abiding by everything from your (TN: plural) end. For I am the negligent son to you, and they are your grandchildren. God knows that I understand that all of you miss them dearly.

My beloved shaykh, as all of you know, roughly three days after the death of [my dear wife], may Allah have mercy on her, I was wishing to propose to any widow so I that could gather my children and they wouldn't have to live without a mother and a father. I was wishing for guidance, and I told myself that I
would await your (TN: plural) correspondence, but this was before, and the years passed. Most of the time, I remained in the house and it was very difficult for me and for them; however, with God's grace, [we] made it through. During the time of the holiday, 'A'ishah (Var.: 'Ayisha or 'Aisha) was very sad up into the afternoon, and no one could make her feel better.
She was there wearing her holiday dress. So, in the early morning [the next day], I took them to our old house and bathed all of them and dressed them in their holiday clothes, and praise Allah, she was much more happy. A photograph of them is attached to the letter. After this, I decided to begin searching for any widow so that I wouldn't be living in sin for the sake of my children. I proposed to the daughter of Shaykh 'Abd-alRahman pm (TN: sic; "pm" as given in Latin characters in the original), may Allah have mercy on him, from the family of Abu Bakr, may Allah have mercy on him. By the grace of Allah, [I proposed to her] three days before receiving the letter from all of you.

My dear father, by God, I proposed without your knowledge, and the reason for this was a lack of correspondence with all of you. If [had been communication], I wouldn't have dared to do so; however, with Allah's grace, I did so. This is difficult to go back on; however, if Allah wills it and this is not agreed upon, then I will await until Allah relieves it.

My shaykh and my emir, do not forget me in your prayers, with patience and in being steadfast. Pray that Allah rewards me with martyrdom upon His path, advancing forward and not in retreat. I am ready for any order you may give me. My father, may Allah reward all of you for the amount (TN: of money) that you sent, it was a great amount. I put/deposited it such that Allah may heal the hearts of the believers. May Allah accept this from us and from all of you. May Allah be patient with us and with all of you. Peace be upon you, with the mercy and blessings of
Allah.

Your [delinquent] son, Abu 'Abdallah al-Halabi.

Dated: 20 Shawwal (TN: year not given)

My beloved Shaykh, praise be to Allah, then praise be to Allah, then praise be to Allah. The reply came with the rejection of the family of Abu Bakr al-Suri, may Allah have mercy on him. Praise be to Allah that the children be with all of you. This was the matter that made me feel compelled to propose. Praise Allah, I will wait, and this is best, so that both we and all of you may be relieved of these matters.

(5)

بوعدك معي وترسل الموافقة في أقرب وقت

شيخي الفاضل والله الصحة تراجعت كثيراً من النظر

إلى الإصابات المتتالية آخرها قبل ٦ أشهر فالحمد

لله فهذه أو سمة تشرف ألقى بها الله يوم القيامة

أسأله القبول لي ولكم ولجميع المسلمين وأسأل

الله لنا ولكم الحفظ من شياطين الإنس والجن ويحفظكم

أنتم والدكتور بحفظه الذي لا يستطيع أن يتعداه

إنس ولا جان

أخوك الصغير الفقير إلى عفو ربك

خالد حبيب

(TN: appears to begin in mid-sentence)

(5) ...of your promise with me and send the consent as soon as possible, my dear shaykh. Oh my, my health has declined quite a bit due to the successive wounds, the most recent six months ago. Praise God, God will grant me this as a badge on the Day of Resurrection. I ask him to accept me and you and all Muslims. I pray for us and you to be kept from Satan and man and the demons. May he protect you and the doctor with his safekeeping, which neither man nor demons can take away from us.

Your poor younger brother, at the mercy of his Lord.

Khalid Habib

بسم الله الرحمن الرحيم

الحمد لله رب العامين والصلاة والسلام على سيدنا محمد وآله وصحبه أجمعين

وبعد .

من خالد إلي أخي عبد اللطيف

السلام عليكم ورحمة الله وبركاته

أرجو أن تصلك الرسالة وأنت في أحسن صحة وعافية

الحمد لله وصلتني رسالتك المؤرخة 7ذي القعدة .

أي تقريبا بعد شهر من إرسالها وسررنا بها كثيرا

أولا بالنسبة لوضعنا الأمني بعد أن وصل الأبناء عندنا ،

أحب أن أطمئنك أن وضعنا الأمني فلا تقلق هو جيد ومستورين والحمد لله .

ثانيا : بالنسبة لما جاء في رسالتك .

(وبالنسبة لما قدمناه أنا والغالية رحمة الله عليها هذا واجب علينا وإن شاء الله سوف استمر حتى يرزقك الله الزوجة الصالحة ومع ذلك اشعر أني لم أقدم لك أو للوالد والدة أي شيء وأني مقصر) فأقول جزآك الله خير وسعيكم مشكور

أخي أنت وأختي خطبتم لي وتمت الموافقة والحمد لله وأنت أيضا خطبت من الوالد وتمت الموافقة .

والآن ما علينا سوى الدعاء .

أخي سبحان الله أنا والوالد حاولنا كثيرا أن تأتوا عندنا قبل وفاة أختي عليها رحمة الله ولكن هناك عقبة حالت دون ذلك وهي نفس العقبة التي

تحول دون أن يتم زواجي الآن وأسأل الله أن يجعل لنا فرجا ومخرجا من عنده أنه ولي ذلك والقادر علية .

1428/12/28

(Full translation)

In the name of God the Merciful, the Magnificent
All praises to God and peace be upon the prophet, family, companions.

Henceforth,

From Khalid to my brother 'Abd-al-Latif

Peace be upon you and God bless

I hope that you receive the letter and you are doing very well.
Thank God, I have received your letter dated on 7 Dhi Al-Qi'da
(TN: no year given, but possibly 17 November 2007, if referring to 1428, as below), which is one month after you sent it. We felt very happy.

First: Regarding our security situation after the kids' arrival right over here, I would like to let you know that it is good, and you do not have to worry.

Second: Regarding the contents of your letter
(Regarding what I and the precious, God have mercy upon her (TN: a female who passed away), this is our duty and, God willing, I will continue until God grant you a good woman. I feel that I did not provide you or your dad and mom anything. I feel that I am shortcoming). I would like to say may God reward you, and your effort is appreciated.

You, my brother and my sister, have gotten me a fiancé, and an agreement was granted. You also have asked for a fiancé from my dad, and an agreement was granted.

There is nothing else to do, except praying to God.

My brother, glory to God! I and my dad have tried many times to bring you in here before my sister's death, God have mercy upon her. However, there is a problem that prevented us from doing so, and it is the same problem that is preventing me from getting married now. I ask God to grant us a solution, and God is capable of doing so.

28/12/1428 (TN: 07 January 2008)

www.ingramcontent.com/pod-product-compliance
Lightning Source LLC
LaVergne TN
LVHW060018210926
848481LV00013B/3734
9781956601251